안데스를 걷다

안데스의 숭고한 자연과
역사에 보내는 헌사

조용환 지음

안데스를 걷다

진실의힘

안데스로 떠나며

2016년 가을 남미에서도 안데스산맥을 끼고 있는 다섯 나라를 여행했습니다. 변호사 생활 30년을 정리하면서 시작한 세상 구경의 일환입니다. 그 세월을 살아온 저 자신에게 주는 위로와 격려의 선물이었고 어린 시절부터 마음에 담아온 오랜 꿈이기도 했습니다.

서울 시내도 구경해보지 못한 가난한 소년의 가슴에 세상을 향한 동경과 호기심의 씨앗을 뿌린 것은 김찬삼 선생의 여행기였습니다. 머나먼 아름다운 곳에 살고 있다는 온갖 사람들의 이야기는 신기하고 황홀했습니다. 그의 여행기를 통해 제가 물려받은 유목민의 유전자에 불이 켜졌다고 할까요, 세상을 방랑하는 꿈을 꾸면서 마음만으로는 '여행하는 인간'Homo Viator으로 살게 됐습니다.

남미에 대한 환상을 키운 건 동화책입니다. 나스카 라인, 티티카카호, 마추픽추, 이스터섬의 석상들은 상상력에 날개를 달아줬습니다. 1992년 칠레 산티아고에서 열린 고문拷問에 관한 회의에 덜컥 참가한 것은 그래서였을 것입니다. 그 회의를 계기로 남미의 역사와 자연이 제 마음에 깊게 자리잡았습니다.

그때 칠레는 여전히 피노체트가 권력을 장악하고 있었습니다. 곳곳에 총을 든 군인들의 모습이 살벌했고 민간정부가 수립된 것을 실감하기 어려웠습니다. 군사정권의 그늘에서 벗어나지 못하고 있던 우리나라의 모습과 별로 다르지 않아서 오히려 익숙했지만, 당황스럽기도 했습니

5

다. 식민지배와 독립 후의 혼란, 좌우 대립과 군사 쿠데타, 인권유린, 고단한 민주화의 여정까지, 칠레의 역사가 곧 우리나라의 역사였습니다. 알고 보니 남미가 다 그랬습니다. 안쓰럽지 않은 나라가 없었습니다.

칠레에서 돌아오던 날 비행기에서 내려다본 안데스산맥은 차마 쳐다보기조차 어려울 정도로 아름답고 장엄했습니다. 만년설로 뒤덮인 끝없는 봉우리의 모습은 충격적일 만큼 감동적이었고 그대로 사로잡히고 말았습니다. 그날부터 안데스를 다시 찾는 날을 꿈꾸게 됐습니다. 이번 여행은 그 꿈을 이루는 과정이었습니다.

남미 대륙은 거대합니다. 놀라운 경관과 다양한 생태계를 자랑합니다. 그 품에 깃들인 사람들도 그렇습니다. 먼 옛날 우리와 같은 뿌리에서 갈라져 얼어붙은 베링해를 건너간 사람들의 후예일지도 모릅니다. 주어진 두 달 동안 어디를 갈 것인지 고민스러웠지만 페루, 볼리비아, 칠레, 아르헨티나를 선택했습니다. 안데스산맥을 따라 안데스인들의 문화가 꽃핀 곳이기 때문입니다. 근대 세계의 폭력에 휩쓸리면서 절멸의 파국을 겪었고 현대사의 상처를 안고 있습니다. 1980년대에는 '민주주의의 제3의 물결'이 퍼져나갔습니다. 우리나라의 민주화도 그 물결 속에서 첫발을 뗐습니다.

이 지역은 안데스 문명의 산실이자 중심입니다. 그 정수精粹인 잉카제국이 스페인 정복자들에게 멸망하고 식민제국이 번성했습니다. 사람과 종교와 문화가 뒤섞였습니다. 페루의 수도 리마가 식민제국 전반기의 중심지라면 아르헨티나의 수도 부에노스아이레스는 후반기의 중심지입니다. 리마와 볼리비아의 라파스가 화려한 안데스의 색깔을 보여준다면 부에노스아이레스는 완연한 흰색, 서양 분위기가 물씬합니다. 산티아고는 그 중간쯤 된다고 할까요?

우유니 소금사막, 아타카마 사막, 이구아수 폭포는 남미의 자연을 대표하는 상징입니다. 남미 여행에서 빼놓을 수 없지요. 하지만 안데스로 들어가 아름답고 평화롭고 숭고한 자연을 몸으로 느낄 수 있는 곳은 파타고니아입니다. 파타고니아의 거센 바람과 눈보라를 맞으며 인간으로 태어난 것이 얼마나 감사한지, 가슴 저리게 느꼈습니다.

남태평양 한가운데 외로이 떠 있는 이스터섬은 21세기 세계에 심각한 화두를 던지고 있습니다. 문명을 건설하면서 인간이 파괴한 생태계가 다시 문명의 몰락을 불러왔기 때문입니다. 인류의 '오래된 미래'를 보여주는 것이지요.

떠나기 직전 콜롬비아의 수도 보고타를 급히 추가했습니다. 2016년 10월 2일, 정부와 반군FARC 사이의 평화협정이 국민투표에서 부결됐습니다. 반세기 넘는 내전을 끝내게 되리라 믿은 전 세계가 충격을 받았습니다. 나름대로 관심을 갖고 지켜보던 저도 그랬습니다. 다시 내전에 빠져들지 모른다는 위기감이 고조됐습니다. 왠지 가봐야 할 것 같았습니다. 제 눈으로 분위기를 보고 싶었습니다.

번갯불에 콩 볶듯이 보고타를 돌아봤습니다. 평화협상 과정과 협정 내용을 조금 길게 썼는데, 일정에는 좀 안 어울리는 느낌도 있지만, 배울 점이 많다고 생각했기 때문입니다. 그 점을 깨달은 것이 이번 여행의 소득 가운데 하나입니다.

잠시 스쳐가는 여행자가 다른 나라를 제대로 이해하는 것은 불가능합니다. 관심 있는 분야에 관해 희미한 윤곽이나마 얻을 수 있으면 다행이지요. 제게는 박물관과 미술관이 그런 곳입니다. 볼거리도 많지만 그 나라의 역사와 문화와 사회를 드러내는 창과 같습니다. 무엇을 어떻게 보여주고 또 보여주지 않는지를 통해 그 사회가 어떤 사회인지, 어디를 향해 나아갈지 조금은 엿볼 수 있습니다.

안데스 나라들이 현대사의 비극을 어떻게 기억하는지 찾아보려고 한 것도 그런 연유에서입니다. 보고타의 '기억·평화·화해 센터', 리마의 '기억·관용 및 사회적 포용의 장소', 산티아고의 '기억과 인권 박물관', 부에노스아이레스의 '기억과 인권을 위한 공간' 같은 곳입니다. 문외한의 인상일 뿐이지만 많이 달랐습니다. 콜롬비아는 내전의 고리를 끊고 평화를 회복하겠다는 의지와 비전이 분명했습니다. 칠레는 청산할 과거와 미래의 방향에 관해 최소한의 사회적 합의를 이룬 것 같았습니다. 민주화 이후 칠레의 성과가 우연이 아님을 알 수 있었습니다. 아르헨티나와 페루는 질곡의 과거에서 벗어나려 노력하고 있지만 좀 더 시간이 필요해 보였습니다. 정작 가장 진보적이라고 하는 볼리비아의 모습은 아쉬웠습니다. 여전히 혼돈에서 길을 찾지 못하는 듯했습니다.

여행을 다니다 보면 좋은 것은 좋은 대로, 안 좋은 것은 또 그대로 우리나라를 돌아보게 만듭니다. 그런 의미에서 "모든 여행의 끝은 우리가 출발한 곳으로 되돌아와서 그곳을 새롭게 아는 것"이라는 시인의 말(T. S. 엘리엇, 〈네 개의 사중주〉)은 진리입니다. 이번 여행이 특히 그랬습니다. 여행을 떠난 때가 때인지라 그랬고, 장소가 남미라 더욱 그랬습니다.

여행을 떠날 무렵 박근혜 정권의 국정농단이 드러나고 촛불집회가 시작됐습니다. 몸은 안데스를 떠도는데 마음은 광화문 촛불광장에 가 있었습니다. 역사를 만들어가는 시민들과 함께하지 못하는 아쉬움과 미안함이 컸습니다. 마음은 시도 때도 없이 태평양을 넘나들며 안데스와 한반도를 오갔습니다. 이 글은 그런 제 마음의 여정을 담은 기록입니다.

세상을 돌아보고 싶다는 오랜 소망을 격려하고 지켜보고 기다려준 사람들, 제 가족과 동료들과 진심으로 성원해준 분들을 위해 여행기를 정리했습니다. 그런데 쓰고 보니 저를 위한 것이었습니다. 제가 본 것을 새롭게 이해하게 됐고 여행할 때 못 본 것이 눈에 들어오기도 했습니다. 여행에 정신이 팔린 나머지 정작 신경 쓰지 못한 저를 다시 만나고 저에게 말을 거는 계기가 됐습니다. 비로소 여행을 마무리한 느낌입니다. 그런 가운데 다른 분들과도 나누고 싶다는 생각이 들었습니다. 여행 중에 이따금 솟구친, 내 모국어로 누군가와 소통하고 싶다는 욕망이 다시 살아난 것인지도 모르겠습니다.

남미는 멉니다. 특별히 마음을 먹고 시간을 내지 않으면 가기 힘듭니다. 말도 잘 안 통하고, 두렵기도 합니다. 그런데도 많은 사람이 남미를 다녀왔고 점점 더 많은 사람이 남미를 꿈꾸고 있습니다. 저로서는 그런 젊은 세대가 늘어나는 것이 특히 반갑습니다. 세상 곳곳을 누비는 우리 젊은이들의 당당한 모습은 아름답고 부럽기까지 합니다. 그들이 남미의 자연과 사람과 역사를 더 넓게, 더 깊게 보는 데 조금이라도 도움될 수 있다면 무엇보다 큰 보람이겠습니다. 각자의 가슴속에 있는 보물을 발견하는 여정이 되길 빕니다.

차례

콜롬비아, 내전에서 평화로

페루, 잉카의 땅

볼리비아, 잉카 하늘의 황홀한 은하수

칠레, 모네다를 넘어서

아르헨티나, 소사의 나라

남미 여행 전체 일정 2016년 10월 20일~12월 18일

콜롬비아
보고타   10월 21~23일

페루
리마   10월 23~26일
나스카   10월 26~27일
아레키파와 콜카계곡   10월 27~30일
쿠스코·마추픽추·무지개산   10월 30~11월 5일

볼리비아
태양의 섬(코파카바나)   11월 6~7일
라파스   11월 7~11일
우유니 소금사막   11월 11~15일

칠레
산페드로데아타카마   11월 15~17일
칼라마   11월 17~18일
산티아고   11월 18~19일
이스터섬(이슬라데파스쿠아)   11월 19~23일
산티아고   11월 23~26일
푸에르토나탈레스   11월 26~28일
토레스델파이네   11월 28~12월 3일
푸에르토나탈레스   12월 3~4일

아르헨티나
엘찰텐   12월 4~7일
엘칼라파테   12월 7~10일
우수아이아   12월 10~13일
부에노스아이레스   12월 13~16일
푸에르토이구아수   12월 16~17일

브라질
포스두이구아수   12월 17일
상파울루   12월 17~18일

콜롬비아
보고타

페루
무지개산

아르헨티나·브라질
이구아수 폭포

베네수엘라

가이아나

수리남

기아나

1

콜롬비아

에콰도르

페루
마추픽추

페루

브라질

페루
나스카 라인

2

5 6

7

3 4

8 볼리비아

볼리비아
우유니 사막

9

10

칠레

파라과이

칠레
산티아고

아르헨티나

19

칠레
이스터섬

아르헨티나
페리토모레노 빙하

11

18 우루과이

아르헨티나
부에노스아이레스

칠레
토레스델파이네

아르헨티나
피츠로이

15

16

14

13

17

아르헨티나
우수아이아

1. 보고타 2. 리마 3. 나스카
4. 아레키파 5. 쿠스코 6. 무지개산
7. 티티카카 8. 라파스 9. 우유니
10. 산페드로데아타카마 11. 산티아고
12. 이스터섬 13. 푼타아레나스
14. 토레스델파이네 15. 엘찰텐 16. 엘칼라파테
17. 우수아이아 18. 부에노스아이레스 19. 이구아수
(그림 박다영)

거대하고 다채로운 대륙, 남미

남미 대륙을 만든 것은 안데스산맥과 아마존강이다. 안데스산맥이 대륙의 뼈대를 이루고 아마존강이 거대한 평원을 빚어냈다. 전체 면적은 1,784만km², 한반도의 80배가 넘는다. 안데스산맥과 아마존강은 이 대륙의 모든 생명이 삶을 이어가는 모습을 근본적으로 규정한다.

대륙의 북쪽에서 시작한 안데스산맥은 서안을 따라 남쪽 끝까지 달린다. 남미의 백두대간인 셈이다. 길이 7,000km, 너비 200~700km, 평균 고도 해발 4,000m, 최고봉 아콩카구아산은 6,961m다. 지구 위에 있는 어떤 산맥도 감히 비교할 수 없을 만큼 장대하다. 베네수엘라, 콜롬비아, 에콰도르, 페루, 볼리비아, 칠레, 아르헨티나에 걸쳐 있다.

안데스 고원에서 발원한 수많은 물줄기가 모여 아마존강을 이룬다. 브라질을 거치며 7,000km를 흘러 대서양으로 이어진다. 지구에서 제일 긴 강이고 유량도 제일 많다. 그냥 많은 것이 아니라 압도적으로 많다. 아마존강 다음으로 긴 여섯 개 강의 유량을 다 합친 것보다 더 많다. 무려 705만km²에 걸친 아마존강 유역의 열대 우림은 지구의 허파 역할을 하고 있다. 이 강에 빚지지 않은 생명은 없다.

적도를 가로질러 남극 가까이까지 길게 뻗어 있는 남미 대륙은 상상할 수 있는 모든 지형과 기후를 다 품고 있다. 열대부터 한대까지, 장대한 산맥과 끝없는 평원과 거대한 강, 만년설과 빙하와 호수, 사막과 우림, '불의 고리'가 만들어낸 화산대까지, 없는 게 없다. 숨이 막힐 정도로 아름답고 숭고한 경관이 이어진다. 지구상에서 가장 풍부한 식생과 동물군이 분포해 있는, 생태계의 보고다.

이 대륙에 언제 어떻게 사람이 살게 되었는지는 아직 다 밝혀지지 않았다. 대략 2만 3,000년 전부터 1만 5,000년 전 사이 빙하기에 베링해의 바다가 낮아져 시베리아와 알래스카가 육지로 연결됐을 때 동아시아에서 넘어온 사람들이 퍼져나간 것으로 보는 것이 일반적이다. DNA 분석 결과도 대체로 통설을 뒷받침하고 있다.[1] 어쩌면 너무 오래전에 헤어져 기억조차 사라진 우리의 형제들인지도 모른다.

그들이 물려받은 유전자가 훨씬 더 다양할 가능성도 제기된다. 시베리아에서 알래스카로 넘어온 사람 중에 유럽인과 같은 조상을 둔 사람도 있을 수 있고[2] 아마존 원주민 가운데 일부는 안다만제도와 뉴기니, 호주 원주민과 같은 뿌리를 가지고 있을 수도 있다.[3] 그 경로는 아직 상상의 영역에 남아 있다.

이들이 광활한 대륙 여기저기에 정착하는 과정에서 서로 갈라지고 섞이며 다양한 문화를 꽃피웠다. 15세기 말 유럽에서 막을 연 대항해시대는 남미에 비극을 몰고 왔다. 유럽인이 옮겨온 전염병은 원주민을 절멸 상태로 몰아넣었다. 살아남은 이들은 강철 무기에 쓰러지고 정복됐다. 다음 순서는 아프리카였다. 노동력이 부족해지자 백인들은 흑인들을 납치해 와 노예로 삼았다. 수백 년에 걸쳐 인종이 뒤섞이고 새로운 인종들이 태어났다. 서양의 언어와 종교가 그 땅을 차지했다. 하지만 아직도 남아 있는 현지어가 350개가 넘고[4] 안데스인들의 의식 깊은 곳에는 생명의 여신 파차마마가 있다.

식민지가 된 남미는 끊임없이 반란을 일으켰다. 그때부터 지금까지 외세로부터 자유로운 적이 한 번도 없었지만 완전히 포기하고 순종한 적도 없다. 남미는 "너무나 거대하고 다채로워서 하나의 틀에 도저히 집어넣을 수 없는 역사와 문학과 민족"을 갖게 됐다는 작가 아리엘 도르프만의 말은 조금도 과장이 아니다. 그것이 남미의 존재조건이자 역사다. "어느 하나로 규정할 수 있는 본질을 갖고 있지 않다"는 것이야말로 이 대륙의 진정한 의미다.[5]

콜롬비아

내전에서 평화로

보고타의 잠 못 이룬 밤

워싱턴을 떠난 아비앙카 여객기가 보고타 공항에 내린 것은 2016년 10월 21일 밤 12시, 민박집 도착은 22일 토요일 새벽, 집에서 나온 지 이틀이 더 지났다.

내 여행마다 따라붙는 징크스인지, 이번에도 출발은 순탄치 않았다. 계획대로라면 미국 댈러스를 거쳐 20일 초저녁에 보고타에 도착했어야 하는데, 아메리칸 항공편이 취소됐다. 사흘 반을 잡은 보고타 일정이 이틀 반으로 줄어든 데다가 하필이면 금요일이 날아가고 주말만 남은 셈이 됐다.

몸은 물먹은 솜처럼 무겁고 피곤한데 냉기가 감도는 민박집 침대에서 쉽사리 잠들지 못했다. 첫날이라 그런지 피곤해서 그런지, 설렘보다는 긴장이 더했다. 집을 나서며 뿌리쳤던 두려움이 언제 따라왔는지 슬슬 기어나왔다.

그래도 이젠 도리가 없다. 부딪쳐보는 수밖에. 내가 이 대륙에 오고 싶어했고, 나 스스로 왔으니 기억에 남도록 보고 느끼고 즐기는 수밖에 없다.

서양인으로는 처음으로 아메리카 대륙을 발견한 콜럼버스의 이름을 딴 콜롬비아는 19세기 초 남미 해방의 영웅 시몬 볼리바르와 프란시스코 데 파울라 산탄데르의 협력과 갈등으로 만들어졌다. 지금의 콜롬비아, 베네수엘라, 에콰도르와 파나마를 합친 '그란 콜롬비아 공화국'Republic of Gran Colombia으로 독립했으나 각 지역이 분리 독립하면서 콜롬비아 공화국이 됐다. 20세기 후반에는 50년이 넘는 내전의 소용돌이에 빠져 학살과 암살과 인권유린이 만연했다. 남미에서 미군기지와 코카인 생산량이 제일 많고 콜롬비아 커피로 유명하다.

2002년부터 2010년까지 재임한 알바로 우리베 대통령은 군사적으로 반군을 제압하는 정책을 추진했다. 임기 초 2만 명이 넘던 반군을 8,000명까지 줄어들게 한 성과를 바탕으로 높은 인기를 누린 그는 2010년 5월 대통령 선거를 앞두고 '3선 개헌'을 시도했다. 상하 양원의 압도적 찬성을 얻은 개헌안이 마지막 형식적 관문으로 여겨진 국민투표를 앞두고 있던 2월 말, 뜻밖에도 헌법재판소가 제동을 걸었다. 개헌안이 "실질적으로 민주주의 원칙에 위배된다"는 것이었다.[2] 개헌은 무산되고 우리베 정부의 국방부장관으로 반군 소탕작전을 지휘한 후안 마누엘 산토스가 출마해 당선됐다. 반군이 가장 약화된 시점에, 바로 그 정책을 추진한 국방부장관이 대통령에 당선됐으니 당연히 전쟁을 계속할 것으로 보였다.

예상이 빗나갔다. 산토스 대통령은 취임 후 최대 반군단체인 콜롬비아무장혁명군Fuerzas Armadas Revolucionarias de Colombia, FARC과 평화협상을 추진했다. 2012년 10월 8일 협상을 시작한 이래 4년 가까이 온갖 고비를 넘어 2016년 6월 23일 평화협정을 체결했다. 콜롬비아는 축제 분위기였고 전 세계가 축하했다. 협정은 10월 2일 국민투표를 통과하면 효력을 발생할 예정이었다. 가결은 낙관적이었다. 8월 말부터 9월 말까지 여덟 번의 여론조사에서 찬성이 최소 54%에서 최대 72%로 반대 의견을 압도했다. 또 한 번 반전이 일어났다. 찬성 49.78%, 반대 50.22%, 불과 5만 5,651표 차이로 부결된 것이다.[3]

콜롬비아 국내는 물론 국제사회도 큰 충격을 받았다. 콜롬비아 상황에 나름 관심과 기대를 가지고 지켜보던 나도 충격을 받았다. 일으키기는 쉬워도 끝내기는 어려운 게 전쟁이지만, 그래도 그렇지, 어떻게 콜롬비아 국민이 평화를 거부할 수 있단 말인가, 도대체 무슨 일이 벌어지고 있는지 궁금했다. 문외한이 잠시 가본들 무엇을 알겠는가만, 잠시라도 가서 직접 보고 싶었다. 돌이켜보면 내 잠재의식이 콜롬비아에서 우리나라의 모습을 보고 있었는지도 모르겠다. 부랴부랴 일정을 변경해 보고타에 들렀다.

볼리바르와 산탄데르의 나라

보고타의 중심은 볼리바르 광장Plaza de Bolivar이다. 콜롬비아 정치의 중심지기도 하다. 대통령궁과 의사당, 대법원, 보고타 시청사, 대성당 등 정치 사회적으로 가장 중요한 시설이 모여 있다. 해방자 볼리바르의 동상도 우뚝 서 있다.

볼리바르 광장에서 몇 블록 떨어져 있는 산탄데르 공원Santander Park에는 산탄데르의 동상이 있다. 볼리바르 광장에 비하면 소박하다. 역사에서 차지하는 비중이 그만큼 다르기 때문일까? 콜롬비아 사람들은 볼리바르가 콜롬비아의 첫 번째 대통령이고 산탄데르는 콜롬비아의 첫 번째 '선출된' 대통령이라고 한다.

'그란 콜롬비아'와 페루와 볼리비아를 해방시킨 볼리바르는 이 나라들의 대통령으로 추대되고 취임했을 뿐 선출되지는 않았다. 그 후에도 볼리바르는 스페인군이나 반란 세력을 상대로 전쟁에 몰두한 시간이 더 많았고, 대통령의 권한은 각 지역의 대리인들이 대신 행사하게 했다.

볼리바르를 도와 해방전쟁에 참여한 산탄데르는 볼리바르가 대통령 대행을 시킬 정도로 믿은, 가장 가까운 친구자 동지였다. 하지만 신생 국가의 앞날을 둘러싼 두 사람의 균열은 점점 더 넓고 깊어졌다. 식민지에서 갓 해방된 이질적인 지역들의 연합체가 통합을 유지하고 기틀을 세우려면 지도자에게 권력이 집중된 강력한 중앙집권적 통치가 필요하다는 것이 볼리바르의 신념이었다. 해방전쟁 초기인 1812년, 가장 어려운 상황에 몰린 볼리바르는 '그란 콜롬비아'의 제반 조건을 분석하고 독립정부의 청사진을 제시한 카르타헤나 선언을 발표했다.

> 정부는 제반 상황과 시대와 사람에 맞추어야만 한다. 번영과 평화의 시대라면 온화하고 관대해야 한다. 하지만 혼란과 재앙의 시대라면 행복과 평화를 회복할 때까지, 헌법과 법률에 얽매이기보다는, 위험에 맞게 엄격하고 확고한 태도를 유지해야 한다.[4]

산탄데르는 철저한 계몽주의자였다. 권력분산과 입헌주의를 옹호한 산탄데르는 처음부터 볼리바르와 화해할 수 없는 대척점에 있었는지도 모른다. 1826년 베네수엘라에서 반란을 일으킨 호세 안토니오 파에스를 볼리바르가 사면하자 산탄데르가 법에 따라 사형에 처해야 한다고 반대한 일화[5]는 두 사람의 차이를 상징적으로 보여준다.

산탄데르는 종신 대통령제를 도입하려는 볼리바르의 시도를 저지했다. 1828년에는 볼리바르 암살 기도에 가담했다가 체포돼 사형을 선고받았다. 볼리바르는 일당을 모두 처형하면서도 산탄데르만은 사면했다. 나라가 분열되는 가운데 1830년 4월 정계에서 은퇴한 볼리바르는 그해 12월 17일 카리브해의 작은 도시 산타마르타Santa Marta의 오두막에서 쓸쓸히 사망했다. 1832년 산탄데르는 콜롬비아의 전신인 '누에바 그라나다 공화국'República de la Nueva Granada 의회에서 대통령으로 선출됐다. 볼리바르와 산탄데르, 콜롬비아를 만든 두 영웅의 정치적 견해 차이와 대립은 그 후 보수당과 자유당으로 이어지며 폭력적 갈등의 기초가 됐다.

역사의 길을 열어간 영웅들의 삶은 보통 사람들이 이해하기 어려운 것이지만, 볼리바르와 산탄데르를 만날 수 있다면 묻고 싶은 게 많다. 볼리바르가 개인적 권력욕 때문에 강력한 통치를 주장한 것 같지는 않다. 대통령으로 선출된 뒤에도 권력은 대리인들에게 맡기고 전장을 찾아 목숨을 걸고 투쟁을 계속한 그의 삶이 증거다. 나라의 틀도 갖추지 못한 신생 국가에서 중앙집중적인 강력한 통치가 필요하다는 그의 지론도 이해할 만하다. 하지만 이질적인 여러 지역을 억지로 묶어 하나의 나라로 만든다는 것은 애초부터 불가능한 꿈 아니었을까? 결국은 떨어져 나갈 지역들을 권력으로 유지하다 보면 독재정치로 타락할 수밖에 없지 않겠는가? 종신 대통령제가 그거 아닌가? 차라리 독립국가들의 공존을 추구했다면 민중의 고통이 훨씬 덜하지 않았을까? 산탄데르는 꼭 볼리바르의 암살을 기도했어야 했을까? 정치적 갈등을 암살로 해결하는 것이야말로 나라를 분열시키고 혼란으로 몰아넣는 비열한 짓 아닌가? 그런 산탄데르를 볼리바르는 왜 살려주었나? 어차피 갈라질 수밖에 없는 나라에 산탄데르가 필요하다고 생각했던 것인가?

볼리바르도 산탄데르도 말이 없다.

평화를 위한 캠프

주말을 맞은 보고타 시내는 생각보다 평온하고 활기찬 모습이었다. 볼리바르 광장은 관광객들과 산책 나온 시민들로 북적였다. 그 한쪽에 뜻밖의, 하지만 눈에 익숙한 광경이 보였다. 한때 명동성당 들머리를 채우던 천막들, 광화문광장에 있는 세월호 천막들과 다를 것이 없었다. 굳이 다른 점을 찾는다면 노랑, 파랑, 빨강의 삼색으로 된 콜롬비아 국기 모양의 거대한 천으로 천막촌 주변을 감싸고 있는 모습 정도였다.

'평화를 위한 캠프'Campamento por la Paz였다. 국민투표 부결로 평화협정이 무산되고 내전으로 되돌아가게 될지도 모른다는 불안감이 고조되는 가운데 대학생들이 천막을 치고 농성을 벌이고 있었다. 산토스 대통령과 반군 사령관이 새로운 해결책을 내놓을 때까지 무기한 계속할 것이라고 했다.

지금까지 나지막한 목소리로 안내하던 자유 도보여행 가이드의 목소리가 갑자기 높아졌다. 내전과 평화협상 과정을 설명하더니 우익 가톨릭 세력이 평화협정을 반대하는 배후세력이라고 비판했다. 그들이 내세우는 이유는 첫째, 좌파 세력이 정치에 참여하면 베네수엘라처럼 나라가 망하게 될 것이고 둘째, 전통적 가족의 가치가 파괴된다는 점이라고 한다. 옳든 그르든 반군의 정치 참여를 반대하는 것은 이해가 가지만 가족의 가치가 평화협정과 무슨 관계냐는 질문에 가이드는 내전의 깊은 뿌리를 드러내는 답을 했다.

최근 콜롬비아는 여성의 권리를 향상하는 일련의 제도를 도입했고 특히 2016년 4월에는 헌법재판소 결정을 통해 동성애자들의 결혼할 권리와 입양권을 인정했는데 교회의 우익 세력은 이 모든 것이 평화협정과 관련됐다고 본다는 것이다. 그 밑바탕에는 평화협정이 체결될 경우 대토지 소유자들이 농민으로부터 빼앗은 농지를 반환하게 될 수 있다는 데 대한 반감이 있다고 했다. 결국 모든 사회개혁에 반대하는 것이다. 인류학을 공부한다는 가이드는 "우리는 아직 모든 것을 잃어버린 것은 아

평화를 위한 캠프. 2016년 10월 22일 토요일, 볼리바르 광장에서 평화협상 재개를 요구하며 무기한 농성을 벌이는 대학생들이 집회를 열고 있다. 학생들 너머로 왼쪽에 보이는 텐트들이 농성장이고 오른쪽에 있는 석조건물은 대법원 청사다.

니다"라면서 이 농성이 오래 가지 않도록 지지해달라며 울먹였다. 평화를 갈구하는 콜롬비아 젊은이들의 간절함에 가슴이 먹먹했다.

전쟁이 일어나면 젊은이들이 총알받이로 내몰린다. 중간에 낀 가난한 농민들도 희생된다. 사회는 극단으로 갈라지고 기득권층은 권력과 이권을 공고히 하며 개혁의 전망은 사그라든다. 혼돈에 빠진 평화협정을 되살릴 수 있을까? 예상을 뛰어넘는 지도력으로 협상을 계속해온 산토스 대통령과 티모첸코 반군 사령관에게 기대를 걸 수밖에 없었다.

그날 오후 도보여행을 끝낸 다음 다시 광장을 찾았다. 먹구름이 하늘을 덮고 비가 뿌리는 을씨년스러운 날씨에 학생들은 둥글게 손을 잡고 노래 부르고 춤을 췄다. 이따금씩 멈춰서 연설도 했다. 하나도 알아들을 수 없었지만 다 이해할 것 같았다. 학생들 너머로 대법원 청사가 보였다.

1985년 '4월19일운동'Movimiento 19 de Abril이라는 도시 게릴라 단체의 점거
와 진압으로 대법원 판사를 포함한 120여 명이 사망하는 참극이 벌어진
곳이다. 젊은이들의 목숨과 나라의 미래를 담보로 전쟁을 부추기는 사람
들의 마음에는 무엇이 있을까? 어두운 하늘보다 마음이 더 무거웠다.

안쓰러운 굴곡의 역사

비극의 역사치고 단순한 것은 없겠지만, 콜롬비아 내전도 식민지 시대
까지 거슬러 올라가는 깊은 뿌리를 갖고 있다.

콜롬비아는 남미 대륙을 중앙아메리카와 연결하는 곳에 자리잡고 있
다. 그 옛날 아시아에서 건너온 사람들이 안데스와 아마존 지역으로 퍼
져나간 길목이다. 대략 1만 1,000년 전부터 사람이 살았다.

스페인인들이 도착할 무렵 콜롬비아의 안데스 고원지대에는 무이스
카Muisca족의 다양한 공동체가 있었다. 9세기 무렵 이 지역에 들어온 그
들은 거석 문명을 건설한 마야Maya, 아즈텍Aztec, 잉카Inca 등 아메리카 3
대 문명과 달리 주로 나무와 진흙으로 집을 지었다. 무이스카족은 추장
의 집과 시장을 중심으로 작은 공동체를 이루었고, 공동체의 추장들이
'무이스카 연합'Muisca Confederation이라는 느슨한 정치 연합체를 구성했
다. 무이스카 연합은 남부에서는 바카타Bacata, 북부에서는 운사Hunza라
는 곳을 중심으로 운영했다고 한다. 이들은 치브차Chibcha라는 언어를 사
용했다. 태양력과 태음력이 섞인 달력을 이용해 파종, 수확, 축제 시기를
정했으며 옥수수, 감자, 퀴노아, 목화를 재배했고 옥수수 발효음료인 '치
차'chicha를 즐겨 마셨다.

무이스카족은 공동체의 존경받는 구성원이 죽었을 때 미라로 만들어 사원과 동굴에 전시했다. 황금박물관과 국립박물관에는 미라가 많은데 마치 살아 있는 것처럼 옷을 입고 장신구를 단 채 태아처럼 웅크린 자세로 어머니의 자궁을 연상시키는 틀 안에 있다. 하나같이 모자를 쓰고 있는 게 특이했다. 안데스 고원지대의 거친 기후 때문에 모자가 불가결한 삶의 조건이 된 것 같았다.

1499년 900명의 스페인인이 왔지만 원주민의 거센 저항으로 1537년에야 정복됐다. 정복자들은 무이스카 연합의 남쪽 중심지 바카타에 보고타를 건설했다. 안데스산맥 고원지대와 아마존 유역을 끼고 있는 콜롬비아는 생물다양성이 높고 풍요로워서 이곳에 이주한 스페인 사람들의 평균수명이 본토 사람들보다 더 길었다. 영양 상태도 더 좋았다. '엘도라도'El Dorado는 정복자들의 머릿속에 있는 환상이었지만, 실제로는 콜롬비아 전체가 '황금의 땅'이었던 셈이다.

스페인은 현재의 베네수엘라, 콜롬비아, 에콰도르, 파나마를 포함한 지역에 통치기구인 '누에바 그라나다 부왕령'副王領, Viceroyalty을 설치했다. 남미판 조선총독부인 셈인데 스페인은 곳곳에 설치한 부왕령을 통해 식민지를 지배했다. 무이스카족에게는 재앙이 닥쳤다. 정복자들이 들여온 전염병과 학살로 몰살을 당했다. 150만 내지 200만 명으로 추산되던 무이스카족 인구는 100년 후에도 130만 명 정도에 지나지 않을 만큼 줄어들었다. 신전은 모두 파괴되고 성당들이 들어섰다.

원주민들이 몰살되어 노동력이 부족해지자 정복자들은 아프리카에서 흑인들을 납치해 와 노예로 삼았다. 식민지배가 길어지면서 백인 남성과 원주민 여성 사이에 태어난 메스티소mestizo와 백인 남성과 흑인 여성 사이에 태어난 물라토mulato라는 새로운 인종이 생겨나 인구의 다수를 차지하게 됐다. 이들과 원주민, 그리고 흑인으로 이루어진 하층민을 소수의 백인이 지배했다. 현지에서 태어난 백인 후손 크리오요criollo가 대를 이어가며 세력이 커지자 스페인에서 새로 건너온 이주자들과 점차 대립하게 됐다.[6] 이것이 결국 남미 독립의 밑바탕을 이루게 되는데, 지배 계급인 백인 크리오요들이 독립을 주도해 나라를 건설한 것이 그 후 남 미의 역사를 뒤틀리게 만든 중요한 원인이 됐다. 백인 "엘리트에 의한, 엘리트를 위한, 엘리트의 통치"[7]가 이루어졌기 때문이다.

1810년 4월 19일 콜롬비아가 속한 누에바 그라나다 부왕령에서 남미 해방의 횃불이 올랐다. 1819년 볼리바르의 지도 아래 '그란 콜롬비아 공 화국'으로 독립했지만 순탄치 않았다. 대통령 볼리바르와 부통령 산탄 데르의 대립과 갈등, 각 지역의 분리 움직임으로 내분이 계속됐고 1830 년 에콰도르와 베네수엘라가 독립했다. 콜롬비아는 '누에바 그라나다 공화국'이 됐고. 1886년 지금 이름인 '콜롬비아 공화국'Republic of Colombia 으로 바뀌었다.

상황은 나아지지 않았다. 볼리바르를 따르는 보수당은 가톨릭교회를 사회의 기본 골격으로 삼아 중앙집권적 국가를 만들려 했고 산탄데르 를 따르는 자유당은 정교 분리와 지방 분권을 추구하는 가운데 대립이 격렬해졌다. 진짜 문제는 두 당의 갈등이 어디까지나 백인 엘리트들 사 이의 권력 다툼이었을 뿐 일반 대중, 특히 하층계급을 배제한 가운데 이 루어졌다는 점이다.[8] 어쩌면 바로 그런 이유 때문에 두 당의 갈등이 더 욱 치열해졌는지도 모른다. 1860년부터 1902년까지 세 번의 내전을 치 렀는데 마지막 '천일 전쟁'에서는 약 10만 명이 희생됐다. 전쟁의 여파가 가라앉지 않은 1903년에는 파나마운하 건설 문제로 미국이 개입하면서 파나마가 분리 독립했다. 이 사건은 콜롬비아인들의 자존심에 지워지지 않는 상처를 남겼다.

　미국과 관련해 콜롬비아인들의 집단기억에 깊은 상처를 남긴 또 하나의 사건이 있는데 이른바 '바나나 학살'이다.[9] 1928년 12월 카리브해 연안 산타마르타에 있는 미국 다국적기업 유나이티드 프루트의 바나나 농장에서 파업이 일어났다. 미국 정부로부터 즉각 조치를 취하지 않을 경우 침공하겠다는 협박을 받은 콜롬비아 정부는 군대를 동원해 노동자들을 학살하고 파업을 진압했다. 마콘도Macondo라는 가상의 도시를 배경으로 마술적 기법으로 콜롬비아의 역사를 그린 가브리엘 가르시아 마르케스의 소설《백 년 동안의 고독》제15장[10]에서 아우렐리아노 세군도가 구사일생으로 살아남은 학살이 바로 이 사건을 소재로 만든 이야기다.

엘도라도, 황금박물관

콜롬비아 원주민의 유산을 가장 잘 보여주는 곳, 보고타를 '황금의 나라'(엘도라도)라고 부르게 된 이유를 이해할 수 있게 해주는 곳이 황금박물관Museo del Oro이다. 시대별로 나누어 영어로 된 설명문을 정성스레 붙여놓은 유물을 통해 무이스카족이 이룩한 찬란한 문화의 일단을 이해할 수 있다.

　신라를 '황금의 나라'라고 하는데 이곳 원주민이 세운 무이스카 연합이야말로 황금의 나라다. 헤아릴 수 없이 많은 온갖 종류의 황금 유물이 박물관을 채우고 있는데 유독 가면이 많은 것이 특이했다. 숫자도 많고 생김새도 다양했는데 주로 권력의 위엄을 드러내는 장치로 썼다고 한다. 제 모습을 가린 채 아무런 변화 없이 번쩍번쩍 빛나는 황금 가면을 쓴 권

황금박물관의 유물들.
'황금의 나라'답게 황금을 세공한 솜씨가
매우 정교하다.

력자 앞에 서면 누구나 위축될 수밖에
없을 것이다. 내가 본 황금 가면 가운데
최고의 걸작이라고 할 만한 작품도 있
다. 살아 있는 얼굴에서 부조를 뜬 것처
럼 눈과 코와 입 모양이 사실적이고 마
감도 깔끔했다. 눈 가장자리와 볼에 걸
쳐 무늬가 새겨져 있는데 권력자가 얼
굴에 단 장신구의 모습인지 단지 가면
에 조각한 장식일 뿐인지는 알 수 없다.

아테네 고고학박물관에서 본 아가멤
논 가면보다 한 수 위였다. 고대 그리스
에서는 죽은 왕의 얼굴을 덮는 용도로
황금 가면을 썼다는데 이곳에서는 살
아 있는 권력자가 권력을 과시하기 위
해 썼기 때문에 그런지도 모르겠다. 우
리나라나 동양에서는 왕이 가면을 썼다는 얘기를 들어본 적이 없는데
그것도 신기했다. 서로 생각하는 권력의 속성이 달랐던 것일까?

황금박물관은 한번 들어가면 일방통행으로, 한쪽 방향으로 계속 가게
되어 있어 돌아나올 수 없다. 짧은 시간에 너무 많이 보다 보니 '명품 피
로증'이라고 할까, 주의력이 떨어지면서 귀한 유물들이 다 그게 그거 같
고 건성건성 지나가게 됐다. 그렇게 대충대충 봤는데도 거의 세 시간이
지나고 허리와 다리가 아팠다. 어느 순간 깜깜한 공간으로 이어지면서
반원형 통로를 돌아 들어가니 천장에서 쏟아져 내리는 밝은 빛으로 빛
나는 물체가 눈에 들어왔다.

무이스카족 황금 가면과 고대 그리스의 아가멤논 황금 가면.
무이스카족은 살아 있는 권력자의 위엄을 과시하기 위해 황금 가면을 씌운(왼쪽) 반면
그리스에서는 죽은 왕에게 황금 가면을 씌웠다(오른쪽).

'황금 뗏목'golden raft. '음악 뗏목' 또는 '엘도라도 뗏목'이라고도 불리는, 콜롬비아를 대표하는 유물이다. 가로 19.5cm, 세로 10.1cm, 높이 10.2cm로 별로 크지 않다. 표면에서 반사되는 빛이 워낙 강렬해 자세한 모습이 눈에 금방 들어오지도 않는다. 두꺼운 방탄유리에 바짝 다가서서 자세히 살펴봐야 한다.

온몸에 황금을 칠하고 머리에 황금관을 쓰고 온갖 장신구로 장식한 무이스카족 추장이 12명의 병사들과 함께 갈대로 만든 뗏목을 타고 신성한 구아타비타Guatavita 호수에 나가 황금 공예품을 바치는 의식을 형상화했다. 서기 600년부터 1600년 사이에 만든 것으로 추정된다. 볼수록 정교하기 이를 데 없다. 감탄하지 않을 수 없다. 놀라운 것은 이토록 정교하고 복잡한 작품에 접합 부위가 하나도 없다는 점이다. 전체가 하나의 금덩어리라는 말이다.

황금 뗏목에 관한 다큐멘터리에 의하면 무이스카인들은 먼저 밀랍으로 작품의 원형을 만든 다음 진흙을 발라 틀을 씌우고 열을 가해 밀랍을

녹여 빼냈다고 한다. 밀랍이 녹아내린 틈새에 금물을 흘려 넣어서 굳힌 다음 진흙틀을 떼어낸다. 그러면 한 덩어리로 된 공예품이 완성된다. 황금 뗏목도 그런 방법으로 만들었을 것으로 추정된다.

그런가 보다 했지만, 저렇게 섬세하고 정교한 원형을 밀랍으로 어떻게 만들 수 있는지, 어떻게 밀랍 원형을 다치지 않고 진흙을 씌워 틀을 만들었는지, 녹은 밀랍을 빼낸 다음 진흙틀 안에 있는 미로보다도 복잡하고 미세한 홈에 어떻게 금물을 완벽하게 흘려 넣었는지, 내 머리로는 이해하기 힘들었다.

황금 뗏목은 1969년 보고타에서 남쪽으로 40~50km 떨어진 파스카 Pasca 지역 동굴에서 발견됐다고 한다. 도자기 속에 들어 있었다고 하니 스페인 정복자들의 약탈을 피해 누군가 숨긴 것 아닐까 하는 생각이 들었다. 실제로 무이스카인들은 유물을 지키기 위해 땅에 파묻거나 호수에 빠뜨리는 경우가 많았다고 한다. 정복자들의 눈에 띈 보물은 전부 금화로 만들어지는 운명을 피할 길이 없었으니, 황금 뗏목을 비롯해 지금 남아 있는 유물들은 원주민들이 목숨을 걸고 지킨 것이라고 보면 된다.

황금 뗏목에 숨어 있는 가슴 아픈 역사를 들으면서 백제금동대향로가 떠올랐다. 1993년 12월 향로가 발견된 부여 능산리 고분 주차장은 백제 왕실의 절터였다. 백제금동대향로는 이곳 진흙 구덩이에서 향로를 싼 것으로 보이는 헝겊 조각과 함께 나왔다. 나당연합군의 침공으로 나라와 함께 불에 타 무너지는 절에서 누군가 헝겊에 급히 싸서 연못에 숨긴 것 아닌가 하는 추측을 불러일으켰다.[11]

침략으로 나라가 망하는 순간, 사람들이 마구 스러져가는 순간에 제 목숨에 앞서 보물들을 간수한 마음은 어떤 것이었을까? 허무한 인간의 역사와 그런 가운데 이어지는 간절한 소망들이 눈물겨웠다.

황금 뗏목. 뗏목 가운데 키가 큰 사람이 추장이다. 콜롬비아를 대표하는 문화유산으로 우리나라의 금동미륵보살반가사유상과 같은 지위에 있다고 보면 된다.

박물관의 마지막 순서는 황금 유물로 가득 찬 구아타비타 호수를 형상화한 방이었다. 신성한 호수를 상징하는 둥근 방의 벽에 신비로운 느낌이 드는 푸른빛을 비추고 수많은 황금 유물을 전시해 마치 호수 물속에 들어와 있는 듯 환상적인 광경을 펼쳤다. 그 분위기를 좀 더 오래 느끼고 싶었지만 계속 밀려오는 관람객들에게 자리를 내줄 수밖에 없었다.

무이스카족은 스페인인에게 황금 종족으로 알려졌다. 아침마다 사금을 몸에 바르는 무이스카족 추장은 '황금 추장'으로 불렸다. 이들은 때가 되면 보고타 북동쪽 57km 지점의 산 정상에 있는 구아타비타 호수로 가서 갈대 뗏목을 타고 나가 황금과 에메랄드로 만든 공예품을 호수에 빠뜨리는 의식을 거행했다. 황금은 아버지인 태양의 정기를 상징하며, 신성한 구아타비타 호수는 어머니 지구의 자궁을 의미했다. 몸에 금을 칠한 추장이 뗏목을 타고 황금으로 만든 제물을 호수에 던지는 것은 생명의 부활을 위해 계약을 체결한다는 뜻이었다. 그런 다음에 축제를 열었다. 이 모습을 본 스페인 사람들은 구아타비타 호수에 엄청난 황금이 있는 것으로 생각해 침략을 서둘렀다.

지름 800m, 깊이 50m의 거대한 호수 바닥에 가라앉아 있을 막대한 황금을 약탈하려는 욕심에 사로잡힌 정복자들은 원주민을 동원해 호수 벽을 잘라내기 시작했다. 호수의 물을 빼내려는 것이었다. 10년 넘는 작업 끝에 잘라낸 호수 벽 사이로 물을 빼내던 어느 날 태양신과 어머니 지구의 노여움 때문인지, 주변의 호수 벽이 무너져 내리며 물길을 막아버렸고 작업은 수포로 돌아갔다. 구아타비타 호수는 지금도 그 상처를 간직한 채 자리를 지키고 있다.

지질조사 결과에 의하면 보고타에는 금맥이 없다고 한다. 구아타비타 호수에서 건진 황금 유물의 성분을 조사했더니 금 63%, 은 16%, 구리 20%로 나타났는데, 콜롬비아 남쪽 안데스산맥에서 발원해 카리브해로 흘러들어가는 막달레나강 저지대에서 채취한 금과 같은 성분이었다. 애초에 '엘도라도'는 있지 않았던 것이다. 무이스카족은 자신들의 영역에 있는 소금 연못에서 생산한 소금을 금과 교환했다. 당시에는 소금이 금보다 더 귀했을 뿐 아니라 무이스카족은 금이 경제적 가치를 가지는 것으로 생각하지 않았다고 한다. 무이스카족에게는 태양의 정기를 어머니 지구의 자궁에 넣는 거룩한 종교의식이었지만 탐욕에 눈이 먼 정복자들에게는 황금을 흥청망청 내다버리는 것으로 보였던 것이다.

칼 세이건의 명저 《코스모스》에는 스페인 정복자들의 황금에 대한 탐욕을 보여주는 기록이 나온다. 멕시코 아즈텍 제국의 기록이지만, 콜롬비아를 비롯한 남미에서 벌어진 상황도 다를 리 없다.

그들은 마치 원숭이처럼 얼굴을 희번덕거리며 황금을 움켜잡았습니다. 황금에 대한 그들의 욕심은 끝이 없었습니다. 마치 황금에 굶주린 것처럼 탐했고 돼지처럼 황금으로 배를 채우고 싶어 했습니다. 황금을 주물럭거리며 돌아다니고 황금 장식물을 이리저리 움직여 떼어내 가져가면서 끊임없이 무슨 말인가를 지껄여댔습니다.[12]

게다가 스페인인들은 무이스카족의 종교를 악마를 숭배하는 의식으로 간주했다. 1492년 이베리아반도의 마지막 이슬람 세력인 그라나다 왕국을 몰아내고 재정복Reconquista을 완성한 스페인은 반도 전체를 가톨릭의 땅으로 만들겠다는 광신적 열정에 사로잡혀 있었다. 대대로 그 땅에서 함께 어울려 살아오던 유대인과 무슬림을 추방하고 전향한 이들을 상대로 가혹한 이단심문을 벌였다. 그런 그들이 남미 원주민들의 종교와 문화를 어떤 눈으로 보았을지는 물을 필요도 없다. 원주민들이 만들어낸 황금 유물들은 모두 금화로 바뀌어 스페인 왕실의 사치와 전쟁 자금으로 소모되고 말았다.

스페인이 금을 싹쓸이하는 바람에 콜롬비아는 물론 잉카의 후예인 나라들에는 금으로 된 유물이 별로 남아 있지 않다고 한다. 페루와 볼리비아의 박물관에는 그 땅에 존재했던 위대한 황금 문명의 이름에 걸맞은 유물이 별로 없어서 다소 실망스러운 느낌이 든다. 보고타 황금박물관은 그나마 좀 낫지만 그래도 뭔가 부족한 듯한 느낌을 지울 수 없다. 스페인이 약탈해서 녹여버린 최고의 유물들이 지금까지 남아 있다면 얼마나 대단한 인류의 보물이 되었을지, 안타깝기 짝이 없다.

우리나라도 그렇지만 식민지배를 겪은 나라와 그렇지 않은 나라는 박물관만 둘러봐도 금방 느낄 수 있을 만큼 차이가 크다. 문명이 단절되고 파괴된 공백, 수많은 문화유산을 약탈당한 공백, 그 공백이 불러일으키는 어색함과 허전함을 숨길 수 없기 때문이다.

황금박물관 지하에 보고타에서 제일 맛있다는 커피숍이 있다. 이 시간에 커피를 마시는 것이 시차 적응에 도움되지 않을 것 같아 잠시 망설였지만, 언제 또 이곳에서 콜롬비아 커피를 마실 기회가 있겠나 싶어서 한 잔 주문했다. 커피 맛을 평할 만한 능력이 없어 말하기는 어렵지만, 진한 향기를 음미했다. 밖으로 나오니 어두워진 하늘에서 비가 주룩주룩 내리고 있었다.

'희망의 죽음', 가이탄 암살

1948년 4월 9일 오후 1시 5분, 볼리바르 광장에서 멀지 않은 곳에서 세발의 총성이 울렸다. 점심 약속에 맞춰 사무실을 나오다가 피를 뿌리며 쓰러진 사람은 호르헤 엘리에세르 가이탄. 암살 소식이 전해지면서 보고타 시내는 순식간에 폭동의 소용돌이에 휩싸였고 그날 하루에만 3,000명 내지 5,000명이 사망했다. '보고타 봉기'Bogotazo라고 하는 이 엄청난 사태는 서막에 지나지 않았다. 들불처럼 전국으로 번져나간 폭동은 10년 동안 계속되면서 '폭력 시대'La Violencia라고 불리는 비극의 문을 열었다. 20만 내지 30만 명이 사망했다. 폭력 시대는 잠시 소강기를 거친 다음 반세기에 걸친 내전으로 이어질 터였다.

가이탄은 콜롬비아 역사에서 참으로 특이한 인물이다. 보고타 시장, 교육부장관, 노동부장관을 지낸 자유당 소속 정치인으로, 다가오는 대통령 선거에서 당선이 유력했다. 독립 후 100년 이상 계속된 과두정치에 균열을 내며 중하층 서민의 대변자로 떠오른 그는 문자 그대로 '민중의 희망'이었다. 민중의 신망을 한 몸에 받던 그의 죽음으로 하층계급이 참여하는 민주정치의 전망도 사라지고 말았다. '희망의 죽음'이었다. 그의 죽음은 20세기 후반 콜롬비아의 역사를 비극으로 이끌었다.[13]

진실 여부는 확인할 수 없지만 가이탄이 민중의 희망으로 떠오른 이유를 보여주는 일화가 전해온다. 보수당 대통령 후보와 가이탄의 토론에서 다음과 같은 대화가 오갔다고 한다.

가이탄의 사무실이 있던 건물 벽.
가이탄은 이 건물 앞에서 암살됐다. 벽에는 연설하는 그의 얼굴과 함께 '민중의 지도자', '민주주의의 순교자' 같은 글귀와 그를 기리는 시를 새긴 기념판들이 붙어 있다.

가이탄 당신은 어떻게 생활하십니까?
보수당 후보 땅에서 나오는 수입으로 생활합니다.
가이탄 그 땅은 어떻게 얻으셨습니까?
보수당 후보 제 아버지에게 물려받았습니다.
가이탄 아버지께서는 그 땅을 어떻게 얻으셨습니까?
보수당 후보 아버지의 아버지에게서 물려받았습니다.
가이탄 아버지의 아버지는 그 땅을 어떻게 얻으셨습니까?
보수당 후보 그 아버지에게서 물려받았습니다.
가이탄 그 아버지는 그 땅을 어떻게 얻으셨습니까?
　　(같은 대답과 질문을 반복한 다음)
보수당 후보 원주민에게서 **빼앗았습니다.**

가이탄 그렇군요. 우리는 그 반대로 하고 싶습니다. 빼앗은 땅을 원주민에
   게 되돌려주고 싶습니다.

현장에서 붙잡힌 암살자 후안 시에라가 흥분한 군중에게 맞아 죽는
바람에 배후가 감추어졌다. 정권, 민주당 내 반대파, 보수당, 공산당, 미
국중앙정보국CIA, 소련 등, 가능한 모든 관련자를 배후로 지목하는 음모
설만 지금까지 이어지고 있다. "하지만 대중의 반응은 '그들이 죽였다'는
것이었다. 여기서 '그들'은 보수당 사람들이 떠받드는 과두체제의 소수
인사들을 뜻했다."14 배후는 끝내 밝혀지지 않았지만, 하층계급의 이익
을 대변하고 그들을 정치에 참여시키려는 가이탄의 노선이 암살 원인이
라는 데는 이견이 없다.

《백 년 동안의 고독》으로 1982년 노벨문학상을 받은 가브리엘 가르시
아 마르케스는 당시 콜롬비아 대학교에서 법학을 공부했다. 마침 근처
식당에서 점심을 먹던 중 총소리를 듣고 달려왔다가 암살범이 맞아 죽
는 것을 목격했다. 마르케스의 자서전《이야기하기 위해 살다》에 의하
면 그때 옷을 잘 차려입은 사람이 군중 사이에서 빠져나와 고급 차를 타
고 사라졌다고 한다.15

그 무렵 보고타에서 역사적인 국제회의가 열리고 있었다. 9차 범아메
리카회의Pan American Conference에서 미주기구OAS가 태어나고 있었다. 남
미 대륙에서 본격적으로 냉전이 시작되는 순간이었다. 가이탄은 정부가
농민들에게 저지른 폭력에 항의해 수천 명이 참여한 가운데 촛불을 들
고 침묵시위를 진행했다. 그날 가이탄과 점심 약속을 한 상대방이 청년
피델 카스트로였다는 말도 있다.

허무하게 암살당한 가이탄과 콜롬비아의 역사를 생각하다 보니 지구

반대편에 있는 나라가 떠올랐다. 가이탄이 민중의 희망으로 떠오르고 암살당하던 시기, 식민지배에서 벗어나 새로운 길을 모색하던 그 나라에서도 수많은 지도자가 테러에 쓰러져갔다. 송진우, 여운형, 김구……. 친일파들과 결탁한 특정 정치세력의 짓이라는 짐작만 있을 뿐 배후가 밝혀지지 않은 것도 닮았다. 정치적 암살이 없었다면 콜롬비아도 우리나라도 그렇게까지 역사가 뒤틀리지는 않았을지 모른다고 생각하니 마음이 짠했다.

나라의 운명을 파멸로 몰아넣는 한이 있더라도 혹은 파멸로 몰아넣으려고 작정하고 저지르는 것이 바로 정치 테러다. 인간 사회에는 항상 그런 집단이 있어왔다. 주권자인 국민이 나라를 직접 다스릴 수 없으니 국민을 대신해 권력을 행사할 지도자를 선택하는 권리야말로 주권의 본질이라 할 수 있다. 정치 테러는 단순한 폭력이 아니라 국민의 주권을 파괴하고 찬탈하는 범죄다. 지도자의 첫 번째 임무는 자신의 안전을 지키는 것이다.

내전의 소용돌이

가이탄의 등장과 함께 잠시 비쳤던 정치개혁의 서광이 사라지고 '폭력 시대'에 수많은 목숨이 희생되자 1957년 보수당과 자유당은 '민족전선'National Front이라는 이름의 대연정에 합의했다. 두 당이 앞으로 16년 동안 4년씩 교대로 정권을 잡고 정치적 자리를 반씩 나누는 연합정권을 수립한 것이다. 폭력 시대를 마감한 건 성과였다. 하지만 두 정파 엘리트들의 권력 독점과 하층계급의 정치적 배제가 제도화되고 부패와 폭력이 더욱 깊이 뿌리내렸다.

민족전선 정부는 산업형 농장에서 수출용 농축산물을 생산하는 정책을 강력하게 추진했다. 그 결과 1960년대에만 무려 40만 가구의 소규모 자작농들이 농토를 빼앗겼고 경작 가능 면적의 77% 이상을 대토지 소유자들이 차지했다. 그중 한 축이 미국의 다국적기업들인 것은 말할 것도 없다. 빈곤층의 삶은 극도로 악화됐고 사회경제적 모순은 곪을 대로 곪아갔다.

삶의 터전에서 내몰린 농민들의 선택지는 두 가지였다. 보고타를 비롯한 대도시로 몰려가 도시빈민층에 편입되거나 정부와 군대의 손길이 미치지 않는 산악 지역으로 도망가 그들만의 공동체를 형성하는 것이었다. 저항이 확산됐으며 탄압이 강해질수록 저항도 강해지면서 악순환에 빠졌다.

그 무렵 쿠바혁명의 영향으로 제3세계에 무장투쟁론이 확산되고 있었다. 국토의 한쪽이 카리브해에 걸쳐 있는 콜롬비아에 쿠바는 코앞이다. 미국은 남미에 공산주의가 침투하는 것을 막기 위해 온 힘을 기울였다. 문제는 그 방향이 군사적 대응이었다는 점이다. 콜롬비아는 미군의 남미 전진기지가 됐다.

미국은 1959년 10월 대게릴라전 전문가로 구성된 특별조사팀을 콜롬비아에 파견했고, 1962년 2월에는 특수전센터 사령관 윌리엄 야보로를 비롯한 수뇌부를 보냈다. 야보로는 보고서에서 공산주의자들의 위협에 대응하기 위해 민간인과 군 요원으로 구성된 비정규군을 편성해 테러활동까지 해야 한다고 강조했다.[16]

우익 민병대 등 준군사조직paramilitary이 이렇게 만들어졌다. 이들은 농민과 빈민, 노동자 사이에 확산되는 불온한 사상과 활동 정보를 파악해

군에 전달하는 데서 시작해 농민으로부터 땅을 빼앗고, 군과 협력하거나 군을 대신해서 살인과 학살까지 저질렀다. 땅을 빼앗기지 않으려는 농민들, 그들을 지원하는 사람들, 노동조합 활동가들, 시민운동가들, 이른바 '좌익' 언론인들과 정치인들, 심지어 아무런 이해관계가 없는 민간인들까지, 그들에게 '불온'하게 보이면 살해됐다.

내전이 본격적으로 시작된 후에는 준군사조직이 더욱 강화됐다. 반군으로부터 자신들을 보호한다는 명분으로 대토지 소유자, 기업가, 다국적기업 들이 용병을 고용하기 시작한 것이다. 처음에는 미군이 이들을 훈련시켰다. 이스라엘, 영국, 호주도 군사교관을 파견했다. 나중에는 이들로부터 교육받은 콜롬비아인들이 다른 남미 국가에 파견돼 군인들과 준군사조직을 가르치기도 했다. 1970년대 말 콜롬비아군과 보고타 주재 미국대사관은 '미주반공연맹'American Anti-Communist Alliance을 구성했고, 1980년대 후반에는 보고타 주재 미국대사관, 미군 남부군 사령부, 마약단속국DEA과 CIA가 콜롬비아에 진출한 미국 기업들의 준군사조직 고용과 활동을 지원했다.

1990년대 말 마약에 대한 전쟁의 일환으로 미국 클린턴 행정부가 추진한 '콜롬비아 계획'Plan Colombia은 상황을 더욱 악화시켰다. 미국은 반군 지역의 코카coca 생산을 막기 위해 군사작전을 확대하고 항공기로 제초제를 살포했지만 성과를 거두지 못했다. 오히려 인권유린과 환경 파괴, 농민들의 건강 훼손이라는 부작용만 일으켰고 저항은 더 거세졌다. 1997년에는 준군사조직의 전국연합체인 '콜롬비아자위대연합'Autodefensas Unidas de Colombia, AUC이 결성됐다.

준군사조직과 이들의 배후세력이 마약조직과 결탁한 것은 필연이었다. 수많은 농민을 내몰고 차지한 약 3만 5,000km²의 광대한 땅에서 재배한 코카로 코카인을 만들어 미국에 밀수출하는 것보다 더 큰 수익을 올릴 수 있는 사업이 없었기 때문이다. 정치인들도 연결됐다. 정치·경제 영역에서 기득권 카르텔의 일부가 된 이 집단은 지역에 따라서는 정부 군을 능가하는 군사력을 보유하고 사실상 통치권을 행사하는 수준에 이르렀다.

2006년 준군사조직과 연결된 부패구조의 일단이 우연히 폭로됐다. 민병대원들의 반인도적 범죄를 수사하던 중 두목인 로드리고 토바르의 컴퓨터를 압수했는데 거기서 놀라운 자료가 나왔다. 정치인·공무원·기업가 등 무려 1만 1,000명이 넘는 각계 인사들이 콜롬비아자위대연합과 협정을 체결하고 범죄를 공모하거나 이권에 결탁했다. 우리베 대통령의 친동생과 사촌동생인 상원의장을 포함해 140명이 수사를 받고 45명의 의원과 7명의 주지사가 유죄판결을 받았다.[17]

미국과 콜롬비아 정부는 준군사조직의 마약 재배와 밀매에 눈을 감았다. 미국 마약조직들이 이들과 연결됐고, 자금을 옮기고 세탁하는 과정에서 미국 은행들이 큰 수익을 올렸다.[18] "민주주의의 뼈대를 음지에서 먹어치우는 암덩어리"[19]가 된 준군사조직을 완전히 해체하고 조직원들을 사회에 복귀시키며 이들과 연결된 부패구조를 개혁하는 것이 콜롬비아의 장래를 좌우하는 관건이 됐다.[20]

다시 1960년대 초반으로 돌아가서, 산악 지역으로 도망간 농민 공동체들을 군이 공격하자 농민들도 무장하기 시작했다. 1963년부터 1964년에 걸쳐 군이 마르케탈리아Marquetalia 농업공동체를 공격한 사건을 계기로 콜롬비아무장혁명군FARC과 콜롬비아민족해방군Ejército de Liberación Nacional, ELN이 구성됐다. 내전이 시작된 것이다. 1970년에는 보수당 후보가 부정선거로 대통령에 당선되자 도시 게릴라 단체인 '4월19일운동'

이 활동을 시작했다.

농민들의 자위조직 또는 이들을 보호하거나 부패한 사회를 개혁하려는 조직으로 시작한 반군들도 범죄와 연결됐다. 마약조직을 보호해주는 대가로 돈을 받다가 직접 마약을 재배하고 밀매했으며, 사람들을 납치해 몸값을 뜯었다. 조직 운영과 무기 구입자금을 충당하려고 시작했지만, 그 수준을 넘어섰다. 소년들을 강제로 징집해 병사로 편입했다. 또하나의 거대 범죄조직으로 전락한 것이다. 진짜 비극이었다.

콜롬비아는 정부군과 경찰, 준군사조직, 우익 민병대, 마약조직, 좌익 게릴라까지 누가 누군지 알 수 없을 정도로 서로 뒤엉켜 범죄를 저지르는 아수라장으로 변했다. 50년에 걸친 내전으로 약 100만 명이 희생됐고 500만 명이 삶의 터전을 빼앗겨 국내 난민이 됐다.

삶의 생명력을 보여주는 벽화거리

아수라장에서도 삶은 계속된다. 또 계속되어야 한다. 절망 속에서도 희망을 잃지 않고 끈질기게 피어나는 콜롬비아인의 생명력을 보여주는 증거가 보고타의 벽화거리다.

보고타 시내를 걷다 보면 제일 먼저 눈에 띄는 것이 화려한 벽화들이다. 나중에 보니 남미의 대도시들이 대부분 그렇다는 느낌이 드는데, 그라피티graffiti에서 출발해 그 단계를 뛰어넘어 문자 그대로 '거리 예술'이라고 할 만한 멋진 그림도 많았다. 그라피티가 내전으로 무너진 도시의삶을 다시 일으키고 있다.

당국은 그라피티를 범죄로 간주했다. 작가를 붙잡아 처벌하고 그림을 지워버리곤 했다. 그렇지만 그라피티는 사라지지 않고 점점 확산됐다. 일종의 저항운동이었다. 2011년 지하도에서 그라피티를 그리던 소년 디에고 베세라가 경찰에 사살됐다. 이 사건에 대한 항의가 크게 번지면서 국내는 물론 국제적으로 큰 파문을 일으키자 결국 정책이 바뀌었다. 보고타 시장 구스타보 페드로는 그라피티를 허용하는 대신 특정 구역이나 공공건물 또는 기념물은 제외하도록 유도했고, 많은 작가가 도시의 담과 벽을 그림으로 채우기 시작했다. 그 후에도 크고 작은 충돌이 계속됐지만, 점점 더 허용하는 추세라고 한다. 때로는 빈민 지역에 대한 재개발 계획처럼 당국과 작가들이 협조해 벽화거리를 만드는 프로젝트도 진행한다고 한다.

내가 방문한 거리도 매우 낙후하고 범죄가 많이 일어나는 곳이었는데 시 당국과 카를로스 티예라를 비롯한 작가들이 공동 프로젝트로 벽화를 그리면서 변화가 시작됐다. 소박한 낙서 같은 것부터 안데스의 문화와 전통에 바탕을 둔 영성적 작품까지 온갖 그림이 골목을 채우자 시민들과 관광객이 찾아오기 시작했다. 길을 청소하고, 음식점과 찻집, 기념품 가게들이 들어서기 시작했다. 주변 환경을 정비하게 됐고 이제는 보고타의 명소가 됐다.

한때 범죄로 낙인찍혀 소탕 대상이 된 그라피티가 소외된 빈민가에 관광객을 불러들이고 경제활동을 일으키며 주민들에게 삶의 활기를 찾아주는 재생의 수단이 되고 있다. '인간의 삶은 폭력보다 강하다'는 것을 보여주는 또 하나의 사례다.

콜롬비아의 자랑 보테로

페르난도 보테로는 화가자 조각가로, 콜롬비아 출신의 가장 유명한 작가 가운데 한 사람이다.

보테로는 콜롬비아의 수많은 미술관에 작품을 기증한 것으로 유명한데, 제일 많은 작품을 소장하고 있는 곳이 보테로 미술관Museo Botero이다. 보테로가 200여 점에 달하는 자신의 그림과 조각은 물론 달리, 샤갈, 미로, 피카소, 클림트, 헨리 무어 같은 세계적 화가들의 작품까지 기증해 만든 미술관이다. 그의 뜻에 따라 무료로 개방하고 있는 이곳은 보고타에서 빼놓을 수 없는 명소다. 시민들은 그런 보테로를 진심으로 사랑하고 자랑스러워하는 것 같다.

포동포동하게 살이 쪄서 어찌 보면 조금 욕심스러운 소녀처럼 보이기도 하는, 익살스러운 모습으로 유명한 모나리자, 십자가에 매달린 예수와 마리아, 훔친 물건 보따리를 메고 지붕을 넘는 도둑까지, 사람의 몸을 마치 풍선처럼 통통하게 과장해서 해학적으로 표현하는 것이 그의 화풍이다. 나로서는 단지 기발하고 재미있다는 느낌을 받았지만, 전문가들도 그의 작품을 해석하는 데 어려움을 겪는 것 같다. 정치적 풍자라거나 유머라거나 다양한 해석이 있는데, 정작 작가는 '예술적 직관'이라는 말 외에 특별히 심각하게 설명하려고 하지 않는다.

예술가는 자기도 이유를 알지 못하는 어떤 형태에 끌립니다. 직관적으로 선택하는 것이지요. 그리고 나중에 그것을 합리화하거나 정당화할 뿐입니다.[21]

〈12살의 모나리자〉. 레오나르도 다빈치의 모나리자를 풍자한
초기 작품으로 보테로의 화풍을 잘 보여주는 대표작이다.
1959년, 211×195.5cm. 보테로 미술관 소장.

  그는 (나 같은 문외한이 보기에) 자신의 화풍과 잘 어울리지 않는 듯한
주제도 작품에 담았다. 땅바닥과 그물침대에 엎어져서 잠을 자거나 한
가하게 총을 들고 한눈을 파는 게릴라 같지 않은 게릴라들, 1988년 4월 3
일 부활절 축제를 벌이는 민간인을 우익 민병대가 학살한 〈메호르 에스
키나의 학살〉Masacre de Mejor Esquina 같은 작품들은 너무 가볍게 보여서 현
실감이 들지 않았다. 보테로 미술관에 전시된 것은 아니지만, 군과 경찰
의 인권유린과 2004년 이라크 아부그라이브 교도소에서 미군이 저지른
고문 장면을 그린 일련의 작품도 마찬가지다. 그런 일을 저지른 사람들
도 같은 인간임을 드러내려는 깊은 뜻이 있나 하는 생각도 들지만, 잘 모
르겠다. 다만 위대한 예술가들이 다 그렇듯이 보테로 역시 당대의 현실
에서 벌어지는 인간의 고통과 비극을 외면하지 않고 참여해 자신의 의

〈메호르 에스키나의 학살〉. 1988년 4월 3일 밤 코르도바 근처 메호르 에스키나 마을에서
로스 마그니피코스Los Magnificos라는 우익 민병대가 주민을 공격해 27명을 살해한 사건을 표현했다.
1997년, 35.56×45.7cm. 보테로 미술관 소장.

견을 표현했다는 점만은 분명하다.

　한 조각 작품이 눈길을 끌었다. 왼팔에 아이를 안고 당당하게 서 있는
남성의 모습이었다. 처음에는 수많은 작품 가운데 하나로만 생각했다.
그런데 그냥 받침대인 줄 알았던 남자의 발밑을 확인하는 순간 충격을
받았다. 땅바닥에 엎드린 여성이었다. 그 남자의 아내자 아이의 엄마였
다. 남성 위주의 사회, 여성의 희생 위에 그럴듯한 모습으로 나타나는 가
정의 모습과 남성들의 위선을 이보다 더 적나라하게 드러낸 작품이 또
있을까 모르겠다. 저게 바로 내 모습 아닐까, 두고두고 마음에 걸렸다.
이 작품 하나만으로도 나는 보테로를 위대한 작가로 평가하고 싶다. 그
런 예술가를 낳은 콜롬비아가 다시 보였다.

〈**남자, 여자, 어린아이**〉. 여성의 희생 위에 이루어진 가족의 모습을 적나라하게
드러냈다. 평론가들은 어떻게 평가하는지 모르겠지만 두고두고 인상에 남는 작품이다.

'새로운 미래를 위한 기억의 씨앗', 기억·평화·화해 센터

보고타 시내를 관통하는 26번 도로와 14번 도로가 교차하는 모서리에 시립묘지가 있다. 그곳에 거대한 비석처럼 보이기도 하고 현대식 건물처럼 보이기도 하는 옅은 갈색 기념물이 서 있다. 기념물 양쪽에는 세로로 된 직사각형 창문들이 있다. 창문의 배열은 규칙적인 것 같기도 하고 불규칙적인 것 같기도 한데, 조화를 이루며 기념물과 어울린다. 지하에는 기념물과 이어진 건물이 있고 지붕에는 물을 채운 다음 주변 부지와 연결해 공원을 조성했다.

'기억·평화·화해 센터'Centro de Memoria, Paz y Reconciliacion다. 도서관, 기록관, 전시실, 교육장 등 센터의 주요 시설은 지하에 있다. 입구에는 '평화는 지금 당장'LA PAZ ES AHORA이라고 쓴 표지판이 붙어 있고 반대편 벽에는 새싹이 돋아나는 씨앗들을 형상화한 아름다운 모자이크 그림이 새겨져 있다. 그림의 표제는 '새로운 미래를 위한 기억의 씨앗'이다. 다른 쪽에는 길게 이어진 공동묘지의 납골묘당들이 원형 그대로 보존되어 공원의 벽을 이루면서 센터와 공원을 바라보고 있다.

센터의 부지 또한 시립묘지의 일부였다. 특히 이곳에는 1948년 가이탄 암살로 벌어진 보고타 봉기에서 사망한 사람들이 많이 매장돼 있었는데 그 묘지들을 이장하고 센터와 공원을 조성했다. 입구에서 기념물과 센터를 거쳐 공원을 가로질러 나가면 보고타 시내로 연결된다. 무덤으로 들어가 비극의 역사를 만나 화해하고 미래로 연결된 삶의 현장으로 나아간다는 뜻이다. 전쟁에서 평화로 이행하는 과정에 잠시 머무르는 장소가 바로 이 센터인 셈이다. 콜롬비아의 비극을 상징하는 곳을 그

기억·평화·화해 센터.
보고타 봉기 때 희생된 사람들을 묻었던 공동묘지 터에 세워 평화를 향한 새로운 출발의 의미를 담았다.

새로운 미래를 위한 기억의 씨앗. 기억·평화·화해 센터의 맞은편 벽에 새긴 모자이크 벽화로 평화를 향한 염원을 표현했다.(55쪽)

역사를 기억하고 희생자들을 기념하며 다시는 그런 일이 재발하지 않도록 경계하고 다짐하는 장소로 바꾸어낸 것이다.[22]

그런 의미를 분명히 하기 위해 기공식에 콜롬비아의 역사적 폭력 사태와 관련된 다양한 사람을 초대해 공사에 필요한 자갈과 모래를 직접 옮기게 했다. 밤에 기념물 창문에서 나오는 빛은 사람들의 마음에 고요한 파동을 일으켜 비극의 역사와 희생자들, 그리고 평화의 소중함을 떠올리게 할 것 같다. 설계자 후안 파블로 오르티스의 비전과 상상력에 경의를 표하지 않을 수 없다.

'기억·평화·화해 센터'에 들어가보지 못한 것이 제일 아쉽다. 출발 비행기편이 취소돼 금요일이 날아가버린 탓도 있지만 개관 시간을 제대로 확인하지 않는 내 잘못도 컸기에 더욱 마음이 쓰렸다. 나는 이 센터가 평일에는 아침부터 문을 여는 걸로 알고 있었다. 페루로 떠나는 비행기편이 월요일인 23일 오후에 있으니 그날 아침에 센터에 들렀다가 국립박물관을 보고 공항으로 가면 되겠다고 생각했다. 23일 아침 9시 조금 지나 도착했는데 문이 닫혀 있었다. 안내판도 없고 사람도 보이지 않았다. 당황스럽기 짝이 없었다. 한참을 서성거리자 경비원이 나타났다. 손짓으로 불러 안 통하는 말로 겨우 물었더니 월요일만은 오전 11시부터 오후 2시까지 문을 연다고 했다.

난감했다. 날은 흐리고 쌀쌀한데 1시간 반 이상을 한데서 떨며 기다릴 수도 없었다. 고민 끝에 주변을 둘러본 것으로 만족하고 포기했다. 이 센터가 콜롬비아에 새로운 미래를 건설하는 씨앗이 되기를 빌며 발길을 돌렸다.

평화의 길은 왜 그렇게 험난한가

콜롬비아 평화협상에 관한 외신 기사들을 보면서 모든 것이 순조롭게 진행되는 것으로 생각했다. 국민투표는 당연히 축복 속에 가결될 것이라고 믿었다. 내 생각이 얼마나 순진했는지를 깨달은 것은 국민투표에서 부결됐다는 소식을 듣고도 한참 지나서였다. 처음에는 어떻게 이럴

수가 있나 하는 충격에 도무지 이해를 할 수 없었다. 혼자 실망한 나머지 이제 다시 내전에 빠져들 수밖에 없겠다고 지레짐작했다. 현지에서 시간을 보내며 곰곰 생각해보고 그 후에 진행되는 과정을 지켜보면서 내 판단이 틀렸음을 깨달았다.

국민투표에서 부결될 수도 있는 문제였다. 그만큼 복잡했다. 이미 성공의 문턱까지 갔다가 실패한 전례도 있었다. 그런 만큼 협상을 시작하기도 진행하기도 어려웠고 난관이 많았다. 국민투표에서 부결됐다고 해서 포기할 수 있는 문제가 아니었다. 도무지 예측할 수 없는 게 인간세상이고 그런 상황을 뚫고 나아가는 것이 정치의 역할이었다. 국민투표에서 부결됐으니 이제 평화는 불가능하고 다시 내전을 시작해야 하는 것이 아니라 국민투표가 부결됐지만 어떻게든 평화의 길을 열어가야 하는 것이었다.

콜롬비아 내전은 반세기가 넘은, 지구상에서 가장 오래된 내전이다. 정부군과 반군, 두 세력 사이에 쌓인 적대감이 그만큼 크다. 내전을 낳은 사회적 모순은 내전으로 깊어진 적대감을 바탕으로 더욱 구조화됐다. 국민투표 부결이 보여주듯 협상에 반대하는 세력이 강고하며 기득권층일수록 더욱 그렇다. 정치·경제·군사적으로 미국의 영향력이 크고, 지역의 국제정세도 간단치 않다. 당장 국경을 맞대고 있는 베네수엘라와 에콰도르가 반군 세력을 지원한다는 혐의를 받아왔고, 다른 남미 국가들과 관계도 복잡하다. 이런 상황에서 협상을 통한 평화의 길을 여는 것은 "불가능한 것을 가능하게 만드는"[23] 일이었다. 결코 쉬울 수 없는 일이었다. 실패할 가능성이 훨씬 높지만 어떻게든 성공해야만 하는 일이었다.

평화협상 과정을 들여다보면서 흥미로웠던 것은 뜻밖에도 사법부, 특히 헌법재판소의 역할이었다. 어느 사회에서나 사법부는 보수적이지만 콜롬비아는 더 말할 것도 없다. 국민의 95%가 가톨릭을 믿는 이 나라에서 보수당과 자유당의 대립을 일으킨 핵심 원인이 가톨릭교회의 지위 문제일 만큼 교회는 기득권 세력을 상징했다. 헌법재판소도 그 영향에서 자유로울 수 없었다. 하지만 동성 결혼 합법화와 입양권 인정 결정에서 보듯이 콜롬비아 헌법재판소는 그 한계를 뛰어넘었다.

헌법재판소의 역할은 그 정도에 그치지 않았다. 내전의 핵심 문제, 평화협상이 가능할 수 있는 조건을 형성하는 데에도 결과적으로 큰 역할을 했다. 첫째는 우익 민병대원들을 위한 면책법이 위헌이라고 선언한 결정이고, 둘째는 우리베의 3선 개헌 국민투표를 막은 결정이다. 평화의 길을 열어가려는 정치적 의지와 역량을 만들어낼 수 있는 환경을 조성하는 데 헌법재판소의 역할이 컸다는 게 내 생각이다.

미국의 지원과 정부군의 비호 아래 점점 더 조직화되고 규모가 커진 준군사조직들은 마약 범죄뿐 아니라 학살까지 거침없이 저지르는 등 정부가 감당할 수 없는 수준에 이르렀다. 정부는 1990년대 말부터 이들의 해산을 유도하는 쪽으로 정책을 전환했다. 1997년 준군사조직에서 탈퇴한 민병대원들이 저지른 모든 범죄를 사면하는 사면법(Law 418)을 제정했다. 이 법이 성과를 거두지 못한 가운데 2000년 이후 준군사조직이 저지르는 학살이 더욱 증가하면서 국제사회의 비판이 고조되자 미국이 정책을 바꿨다. 2001년 9월 미국 정부는 준군사조직 연합체인 콜롬비아자위대연합을 테러조직으로 규정하고 그 우두머리들을 마약 밀수출 혐의로 미국 법원에 기소하면서 범죄인 인도를 요청했다.

2002년 당선된 우리베 대통령에게는 이 사태가 발등의 불이었다. 그는 미국의 범죄인 인도 요청을 거부하는 한편 2002년 12월 사면법의 효력을 연장하고 일부 반인도적 범죄 외에는 신변 안전보장, 의료 제공, 경제 지원 등의 혜택까지 제공하는 법률(Law 782)을 제정해 준군사조직의 해산을 유도했다.

2003년에는 정부가 콜롬비아자위대연합과 협정을 체결했다. 2005년 까지 3만 명의 민병대원을 해산하고 무기를 반납한 후 사회에 복귀하게 한다는 내용이었다. 이를 뒷받침하기 위해 2005년에 '정의와 평화를 위한 법률'(Law 975)을 제정했다.

이 법은 1997년의 사면법을 보충하는 것이다. 해산한 민병대원 중 사면법의 적용 대상이 되지 않는 자들을 형식적 조사와 처벌을 거쳐 면책하는 내용이었다. 준군사조직 구성원으로서 저지른 범죄에 관해 진술서를 제출하면서 다시 범죄를 저지르지 않겠다고 약속하고 무기를 반납하는, 거의 무의미한 조건이었다. 사실상 사면법이며, 재범을 막을 수도 없었다.《뉴욕타임스》는 이 법이 준군사조직의 정치적 힘을 반영한 것으로 정의도 평화도 달성할 수 없다면서 "대량 살인자, 테러리스트와 주요 코카인 밀매업자 사면법"이라고 비판했다.[24] 이 법이 평화를 위해 긍정적 역할을 할 것이라고는 누구도 예상하지 않았다.

2006년 5월 반전이 일어났다. 헌법재판소가 이 법의 핵심 조항을 위헌으로 선언한 것이다. 그런데 헌법재판소는 위헌 조항들을 무효화하는 대신 피해자의 '진실을 알 권리'right to truth에 기초해 의미를 엄격하게 제한하는 독창적인 방법을 채택했다. 반인도적 범죄를 저지른 민병대원들이 면책과 혜택을 받으려면 '완전하고 진실한 자백'full and truthful confession을 해야 하며, 실종사건에 대해서는 그 원인과 전반적인 상황, 그리고 실종자 또는 시신이 있는 장소를 밝혀야 한다고 했다. 또 자백을 포함한 관련 기록은 증인과 피해자를 보호하는 목적 외에는 공개해야 한다고 결정했다.[25]

헌법재판소 결정에 따라 '완전하고 진실한 자백'을 하지 않은 민병대원들을 정상적으로 수사해 처벌할 수 있게 됐다. 피해자들과 인권운동가와 언론이 그들의 자백을 포함한 자료를 입수해 검증할 수 있는 길도 열렸다. 그렇지만 처음에는 아무도 이 결정의 의미를 이해하지 못했다. 준군사조직에서 탈퇴하고 무기를 반납한 3만여 명의 민병대원 대부분은 이미 1997년 사면법에 따라 사면받았고 2005년 법에 따라 면책과 혜택을 요청한 숫자는 10%에도 못 미치는 2,695명에 지나지 않았다.[26] 피해자는 대부분 가난한 농민으로 준군사조직과 비호세력이 장악하고 있는 농촌에 살고 있어 그들의 역할을 기대할 수도 없었다.

상황은 예상과 달리 전개됐다. '완전하고 진실한 자백'을 면책 조건으로 삼게 되자 자기들의 범죄뿐 아니라 배후세력의 범죄까지 자백하는 사람들이 나타난 것이다. 이번에는 사명감을 가진 검사들이 나섰다. 민병대원들의 자백을 검토해 범죄를 수사하기 시작했다. 인권단체는 물론 국제기구도 나서서 피해자들의 참여와 증언을 독려했다. 2008년까지 약 20만 명의 피해자가 증언했고, 민병대원들이 수천 건의 범죄를 자백했으며 수많은 암매장지를 찾아냈다. 판사들도 적극적으로 재판에 임했다. 1,000명 이상을 체포했고 128명이 유죄판결을 받았다.

이것만으로도 성과지만 더 큰 성과는 준군사조직들이 저지른 반인도적 범죄의 실상을 사법절차를 통해 공식적으로 확인한 것이다. 이들을 처벌하는 것이 더 이상 회피할 수 없는 국가적 현안으로 등장했다. 준군사조직 연합체와 정치인 등의 결탁이 폭로된 토바르 사건도 그 과정에서 일어났다.

준군사집단을 둘러싼 정치적 상황이 얼마나 복잡한지를 보여주는 사례가 범죄인들을 미국으로 송환한 사건이다. 우리베와 가까운 우파 의

원들이 연루된 혐의가 드러나고 사촌동생까지 체포되자 우리베는 좌파 판사들의 정치적 음모라고 비난했다. 2008년 5월 13일에는 체포된 민병대 두목 14명을 전격적으로 미국에 인도했다. 관련된 모든 자료를 폐기했고 그 후에도 범죄인 인도를 계속했다.

범죄인 인도는 얼핏 미국을 통한 정의의 실현처럼 보이지만 실제로는 그 반대다. 그들은 마약 밀매 외에 학살과 납치, 고문 등 반인도적 범죄로 체포되거나 기소된 상태였다. 재판을 받는다면 마약 범죄보다도 반인도적 범죄로 더욱 중형을 받아야 했다. 그러나 미국은 오로지 마약 범죄로만 이들을 기소했다. 이들이 저지른 반인도적 범죄의 실상, 정확하게는 우파 정치인들을 비롯한 기득권층의 범죄가 드러나는 것을 막는 것이 범죄인 인도의 목적이었다.

중대한 마약 범죄는 미국에서 30년 이상의 징역형을 받아야 하지만, 미국 검찰과 법원은 이들을 관대하게 처벌했다. 검찰의 수사에 협조했다거나 미국의 친구였다거나 미국의 적인 공산주의자들과 싸우는 과정에서 불가피하게 저지른 범죄였다는 등 온갖 핑계로 형을 낮춰줬다.

우익 민병대 두목 살바토레 만쿠소는 1,000명 이상을 학살하거나 실종시킨 사실이 밝혀진 상태에서 미국으로 인도됐는데, 미국 법원은 15년 10개월의 징역형을 선고했다가 12년으로 감형했다. 형기를 마친 후 다시 콜롬비아로 송환해 처벌을 받게 하면 되지만 미국 정부는 범죄자들을 비호했다. 형기를 마친 민병대 두목들의 미국 거주를 허가했을 뿐 아니라 그들의 가족에게 정치적 망명까지 허용했다. 미국 법무부가 이들의 미국 거주를 허용한 근거는 고문받을 가능성이 있는 국가로 인도를 금지하는 고문방지조약이었다.[27]

2016년 2월 우리베의 친동생이 우익 암살단에 연루된 혐의로 체포됐다. 우리베가 주도하는 기득권 세력이 평화협상에 끝까지 반대하는 이유를 짐작할 수 있다.

평화협상의 과정과 내용

콜롬비아 평화협정은 297쪽으로 된 문서다. 평화협정을 전문적으로 연구하면서 콜롬비아 평화협상 과정을 지원하고 이행 과정 검증에도 참여하는 미국 노트르담 대학교 크록 국제평화연구소Kroc Institute for International Peace Studies는 콜롬비아 평화협정의 성공 가능성을 높이 평가했다. 최근 25년 동안 전 세계에서 체결된 평화협정 가운데 가장 포괄적이며 안보와 사회경제적 개혁 사이에 균형을 이루었고 이행을 담보하는 명확한 장치와 함께 구체적인 정책을 담고 있다는 이유였다.[28]

무려 4년에 걸친 협상을 통해 이처럼 방대한 협정을 체결한 까닭은 내전의 뿌리가 그만큼 깊고 복잡하기 때문이다. 콜롬비아 사회의 구조적 모순에서 일어난 것이니 해결책 또한 포괄적이고 복합적일 수밖에 없다. 이런 정도의 평화협정을 체결했다는 것은 양쪽이 문제의 크기와 성격을 냉정하고 철저하게 인식하고 협상에 임했다는 점을 보여준다. 진정성이 있었다는 뜻이다. 그런 점에서 이 협상 과정과 내용은 주의 깊게 살펴볼 가치가 있다. 뿌리 깊은 적대와 갈등을 해소하고 공존하는 조건과 방법을 모색하는 데 하나의 나침반이 될 수 있기 때문이다.

2010년 선거에서 당선된 산토스 대통령은 2011년 3월부터 최대 반군조직인 콜롬비아무장혁명군과 비밀리에 예비회담을 시작했다. 한 번에 4일 내지 8일에 걸쳐 10회나 진행한 예비회담을 통해 평화협상의 의제와 진행 방법을 합의하는 데 성공했다. 예비회담 결과 2012년 8월 협상의 의제와 규칙을 정한 '일반적 합의'가 체결됐고, 9월 4일 산토스 대통령이 평화협상의 시작을 공식 발표했다. 1차 협상은 2012년 10월 18일 노르웨이 오슬로에서, 2차부터는 쿠바 아바나로 옮겨 진행했다. 의제는 농업개혁, 반군의 정치 참여, 불법 마약 근절, 피해자 보호, 분쟁 종식, 평화협정 이행 등 6개였다.

협상은 비공개로 진행하되, 정기적으로 보고서를 발표해 진행상황을 공개하는 한편 개인과 단체들이 의견을 제출할 수 있게 했다. 협상은 의제별로 진행하지만 '모든 것이 합의되지 않는 한 어떤 것도 합의된 것으로 간주하지 않는다'는 원칙을 따랐다. 반군은 휴전에 합의하자고 주장했으나 정부가 거부하자 협상 기간 대부분 반군이 일방적으로 한시적 휴전을 선언했다. 협상장 밖에서 일어나는 일에 영향을 받지 않고 협상을 계속하기로 합의했지만, 돌발적인 교전으로 협상이 중단되거나 파탄 위기가 수시로 발생했다.

2013년 3월, 상하원 의장을 포함한 6명의 의회 대표단이 아바나를 방문해 반군 대표들을 면담했다. 의회 대표단이 반군 대표와 만난 것은 상징적 의미가 컸다. 5월에는 내전의 원인과 깊이 관련된 농업개혁에 관한 합의가 이루어졌다. 토지기금을 조성해 빈곤 농민들의 토지 소유를 지원하고 소유권이 분명하지 않은 소규모 토지 소유자들의 소유권을 공식화하기로 했다. 의료, 교육, 주거, 급수 지원 및 사회 기반시설 건설을 통해 10년 안에 극빈층을 50% 축소하는 계획에도 합의했다. 이 합의는 협상의 성공 가능성을 보여주는 가시적 성과였다.

2013년 11월에는 반군의 정치 참여, 2014년 5월에는 불법 마약 근절에 관한 합의가 이루어졌다. 반군 구성원들이 정당을 설립해 정치활동을 할 수 있도록 보장하는 한편 정치 참여를 촉진하기 위해 2018년과 2022년 두 번의 총선거에서 반군 지역에 16개의 특별선거구를 설치하기로 했다. 불법 마약을 근절하기 위해 대체작물 재배를 유도하는 포괄적 지원 방안을 마련하되 그 과정에 농민공동체의 참여를 보장했다.

2014년에는 의회와 대통령 선거로 협상이 지체됐다. 전 대통령 우리베가 평화협상에 반대하며 창당한 민주센터의 후보 오스카 이반 술루아가가 자신이 당선될 경우 사실상 평화협상을 중단하겠다고 선언했다. 내전은 존재하지 않으며 단지 테러리스트들의 위협만 있을 뿐이라는 것이 그의 주장이었다. 그는 농업개혁이나 마약 근절 같은 문제를 반군과 논의해서는 안 되며, 정부군과 준군사조직을 제외하고 반군의 범죄만을 처벌해야 한다고 공약했다.

대통령 선거 1차 투표에서는 29.28%를 얻은 술루아가가 1위, 25.72%를 얻은 산토스가 2위를 기록했지만 결선투표에서 평화협상을 지지하는 후보들이 표를 모아준 결과 산토스가 51% 대 45%로 역전해 당선됐다. 주춤했던 협상은 다시 동력을 얻었다.

2015년 3월에는 노르웨이 전문기관의 도움으로 분쟁지대인 안티오키아주州 브리세뇨에서 지뢰를 제거하는 시험 프로젝트를 정부와 반군이 공동으로 시작했다. 평화협상의 성과를 부분적으로 이행함으로써 국민의 신뢰를 확보하려는 것이었다.

2015년 9월, 가장 민감한 쟁점인 '과도기 정의' 문제에 합의했다. 내전 중에 정부와 반군이 저지른 반인도적 범죄를 처리하는 내용이었다. 이 합의를 통해 협상의 성공이 눈앞에 다가왔다. 진실위원회·실종자 수색을 위한 특별기구·'평화를 위한 특별 관할' 설치, 포괄적 피해회복, 재발 방지를 내용으로 하는 이 합의는 반인도적 범죄에 관한 국제법 원칙을 콜롬비아의 역사적 조건에 맞게 수정해 적용한 것이 특징이다.

이 문제가 민감한 이유는 반군보다도 정부군과 준군사조직이 더 많은 범죄를 저질렀고 그 범죄에 다수의 정치인과 기업인 등 최상층부가 연루돼 있기 때문이다. 공식 통계에 따르더라도 반군이 저지른 민간인 살해는 1980년부터 2012년까지 3,899건인 반면 정부군이 저지른 민간인 처형은 1986년 이후에만 4,212건에 이르고 그중 4,011건이 우리베 정부 아래서 일어났다. 우리베는 물론 그 정부에서 국방부장관을 한 산토스 대통령의 책임 문제도 제기될 수 있는 것이다.[29]

특별법원이라고 할 수 있는 '평화를 위한 특별 관할'은 반인도적 범죄를 저지른 사람들이 완전한 진실을 자백하고 주저 없이 책임을 인정하는 경우 최대한 관대한 처분을 한다. 5년 내지 8년의 자유제한 처분을 하고, 그 기간 동안 노동, 훈련과 교육을 통해 사회 복귀를 준비하게 한다. 완전한 자백을 하지 않거나 책임을 인정하지 않으면 정상적 사법절차에 따라 처벌한다. '평화를 위한 특별 관할'의 구성원은 유엔, 유럽인권재판소, 콜롬비아 국립대학교 운영위원회, 전환기 정의에 관한 국제위원회 ICTJ, 콜롬비아 대법원에서 각각 1인씩 참여하는 5인의 선정위원회가 선정한다.[30]

가장 민감한 쟁점인 만큼 이 문제는 합의에 이르기까지 난항을 겪었다. 협상 당사자들이 끝내 합의에 이르지 못하자 양측이 세 명씩 지명하는 국내외 저명한 법률가 6인에게 위임해 그 결정에 따르기로 하는 지혜를 발휘했다. 이를 계기로 산토스 대통령과 반군 사령관 티모첸코가 처음으로 만났다.

2015년 10월 중순에는 실종자 수색과 신원 확인, 사체 인도를 위한 실종자 조사기구를 공동으로 설치해 즉각 활동하기로 합의했고, 12월 15

일에는 피해자 문제에 관한 최종 합의가 이루어졌다.

2016년 1월 19일, 평화협정 이행에 관한 합의가 이루어졌다. 휴전과 적대행위 종식, 무기 반납을 감시·검증하는 기구를 정부와 반군 및 유엔 대표로 이루어지는 3자 기구로 구성하기로 했다. 유엔 대표로는 라틴아메리카 및 카리브 국가공동체Comunidad de Estados Latinoamericanos y Caribeños, CELAC의 옵서버들이 참여하기로 했다. 산토스는 유엔 안전보장이사회 상임이사국들의 지지를 이끌어냈고, 안보리는 1월 25일 안보리 결의 2261호를 채택해 이행을 보장했다.

5월 15일, 반군은 15세 미만 소년병을 석방하기로 하고 나머지 미성년자 전원의 석방 일정을 발표했다. 또 2015년부터 지뢰 제거를 위한 시험 프로젝트를 진행하고 있는 브리세노에서 불법 마약 작물을 합법 작물로 대체하는 프로젝트도 시작하기로 했다.

6월 23일 카르타헤나에서 산토스 대통령과 티모첸코 반군 사령관, 쿠바·브라질·칠레·베네수엘라·도미니카·엘살바도르·멕시코의 대통령, 노르웨이 외무장관, 유럽연합과 미국 정부 대표 및 유엔 사무총장이 참석한 가운데 평화협정이 체결됐다. 이날 반군 사령관 티모첸코는 분쟁의 희생자 모두에게 사과하면서 "이 전쟁 기간 동안 우리가 야기한 모든 고통에 대해 용서를 구한다"고 말했다.[31]

국민투표 부결로 난파의 위기에 빠졌던 평화협상은 반전의 기회를 맞았다. 어렵게 재협상을 시작한 정부와 반군은 11월 24일 협상 반대 세력의 주장을 반영해 50개 항목을 수정한 새로운 협정에 서명했다. 수정된 항목은 대부분 기득권층의 이해관계를 반영하는 내용이었다. 핵심은 두 가지다. 첫째, 농민들에게 빼앗은 토지를 반환하는 과정에서 토지 소유자들의 권리를 강화하는 한편 반군이 보유한 모든 자산을 반군이 저지른 범죄 피해자 보상에 사용하기로 했다. 둘째, 군과 경찰, 준군사조직 등 정부 쪽이 저지른 범죄의 처벌 범위를 줄였다. 특별법원에 참여할 외국인 판사의 역할도 제한했다. 콜롬비아 판사들에게 권고적 의견만 제출할 수 있게 바꿨는데 외국인 판사가 콜롬비아인 판사보다 정부 쪽 범죄를 더 엄격하게 처벌할 것으로 예상했기 때문이다.

협상 반대 세력은 반군 지도자들의 정치 참여를 금지해야 한다고 주장했으나 이루어지지 않았다. 산토스 대통령의 말처럼 반군 세력으로 하여금 총을 내려놓고 정치에 참여하게 하는 것이 평화협정의 목적이기 때문이다.《뉴욕타임스》는 사설에서 반군 지도자들의 정치 참여에 감정적으로 반대하는 것을 이해할 수는 있지만 그들이 총을 들고 밀림에서 싸우는 것을 보느니 의회에서 말로 싸우는 것을 보는 편이 더 나을 것이라고 지적했다.[32]

지혜가 돋보이는 협상 절차

콜롬비아 평화협상은 절차에도 특별한 점이 있다. 협상을 성공시키려는 의지와 지혜의 산물이다.

첫째, 평화협상을 시작하고 또 진행하는 데 필요한 기반을 충실히 쌓았다. 먼저 국제 환경을 협상에 유리한 방향으로 바꿔냈다. 산토스 정부는 베네수엘라 및 에콰도르와 관계를 개선하고 남미 국가들의 지지를 얻어냈다. 특히 반군에 상당한 영향력을 가진 차베스 베네수엘라 대통령이 협상을 지지하는 쪽으로 전환하면서 반군의 태도 변화에 크게 기여했다. 유엔 안전보장이사회를 비롯한 국제사회의 지지도 확보했다.

2015년 1월에는 미국 오바마 행정부도 평화협상을 지지하면서 협정 체결 후 이행에 필요한 경제원조를 약속했다.

국내에서도 반군이 협상에 참여할 수 있는 여건을 조성했다. 산토스 대통령은 당선 직후인 2011년 내전의 모든 피해자를 인정하고 보호하며 전반적 피해회복 프로그램을 마련한 '피해자와 토지회복에 관한 법률'(Law 1448) 제정에 심혈을 기울였다. "내전의 모든 피해자를 인정"한다는 것은 정부군과 준군사집단, 우익 민병대가 범죄를 저지른 사실을 인정한다는 뜻으로, 피해자들을 실질적으로 보호하는 동시에 정치적 상징성이 매우 컸다. 내전의 폭력을 기억할 의무를 이행하고 진실을 알 권리를 보호하기 위해 피해자들이 증언할 수 있는 '역사적 기억을 위한 국가센터'를 설치했다. 2021년까지 '콜롬비아 국립기억박물관'도 건립하기로 했다. 피해자들에게 의료와 심리치료를 제공하고, 가족·사회·직장으로 복귀를 지원하며 피해자들을 기리는 기념물을 건립했다. 또 4월 9일을 '피해자와 연대하는 국가 기념일'로 지정했다. 이와 함께 농민들에게 빼앗은 토지를 반환하는 제도도 도입했다.

2012년에는 '평화기본법'을 제정해 반군 구성원들도 사면과 사회 복귀 및 정치 참여의 혜택을 받을 수 있게 했다. 2005년의 '정의와 평화에 관한 법률'을 개정해 반인도적 범죄에 대한 조사 절차도 강화했다.

둘째, 협상을 성공시키는 데 진지한 관심을 가진, 신뢰할 수 있는 제3국과 국제기구를 참여시켰다. 공식 협상을 시작한 장소가 노르웨이 오슬로고 4년 가까이 진행한 장소가 쿠바 아바나다. 노르웨이와 쿠바는 협상의 보장국가guarantor countries로 참여했고 협상 성공에 크게 기여했다. 베네수엘라와 칠레는 반군과 정부가 지명한 참여자 국가가 됐다. 이들은 객관적 입장에서 당사자들이 합의한 규칙을 지키게 하고, 위기 상황에서 쟁점을 분명히 함으로써 신뢰 형성과 논쟁 해결, 협상의 원만한 진행을 도왔다. 돌발적 위기 상황에서 협상이 파탄에 이르지 않고 계속되게 하는 데에도 기여했다.[33] 특히 세계적으로 평화협상 중개자로서 많은 역할을 해온 노르웨이[34]는 이번에도 협상 중개에 그치지 않고 전문성과 기술과 재정까지 지원하면서 큰 역할을 했다. 유엔 안전보장이사회를 비롯한 국제기구와 국제사회의 전문가들을 필요한 상황에서 적절히 참여시킨 점도 눈여겨볼 만하다. 과도기 정의 문제에 관해 합의를 보지 못해 교착 상태에 빠졌을 때 국내외 전문가들에게 위임해 그 결정에 따른 것은 이례적이면서도 탁월한 선택이었다. 제3국과 국제기구의 참여는 단지 기술적으로 협상에 도움을 준 데 그치지 않는다. 평화협정의 이행을 국제적으로 담보함으로써 반군이 협상에 참여할 수 있는 신뢰의 토대를 마련했다는 점에 더 큰 의미가 있다.

셋째, 내전의 피해자들이 협상 과정에 직접 참여해 목소리를 낼 수 있게 했다. 2014년 8월 정부와 반군 대표들이 피해자 대표 12명을 아바나로 초청해 면담했다. 이 일을 계기로 협상 대표들은 피해자들의 문제를 평화협정의 중심에 놓겠다고 선언했고, 피해자들은 지역별로 협상 지지자들과 반대자들을 모두 참여시킨 포럼을 구성해 다양한 의견을 협상에 반영하려고 노력했다. 이런 과정을 통해 자칫 협상 반대 세력이 될 수도 있었을 피해자들이 협상을 지지하며 적극 참여하게 됐다. 내용도 내용이지만 협상의 도덕적 정당성을 확보하는 데 큰 도움이 됐다.

넷째, 시민사회, 특히 여성들이 적극 참여해 실질적으로 역할할 수 있게 한 점도 돋보인다. 콜롬비아 여성들은 내전 과정 내내 평화적 해결을 위해 노력해왔다. 2013년 10월 전국에서 459명의 여성 대표가 모여 협상 과정에 여성의 참여 확대를 요구하자 정부와 반군이 받아들였다. 정부와 반군은 협상 대표에 일정 수의 여성을 포함시키고 실질적 역할을 인정했다. 2014년 9월에는 '젠더소위원회'를 구성해 평화협정 전반을 젠더 관점에서 검토하고, 여성의 권리를 반영하도록 노력했다.[35]

협상 성공에 진지한 관심을 가지고 있고 당사자들과 신뢰관계에 있는 제3국과 국제기구, 국제적 전문가, 피해자, 그리고 여성들을 참여시키는 것이 중요한 이유는 굳이 설명하지 않아도 모두 안다. 그러나 또는 그렇기 때문에 실천하는 것은 어렵다. 그중에서도 피해자와 여성을 들러리가 아닌 실질적 참여자로 받아들여 진행한 평화협상은 처음이라고 한다. 협상에 반대하는 세력까지 목소리를 낼 수 있게 해준 것도 놀랍다. 이처럼 콜롬비아 평화협상은 내용도 내용이지만 절차도 획기적이었다. 진정성을 가지고 창조적 상상력을 동원했다. 콜롬비아 평화협상은 어쩌면 그런 과정에서 성공의 길을 예약했는지도 모른다.

평화의 전망

칠레 산티아고에 도착했을 때 새로운 평화협정에 합의했다는 소식을 들었다. 안도감과 함께 볼리바르 광장에서 농성하던 학생들이 떠올랐다. '이제 학교로 돌아갈 수 있겠네.' 마음이 놓였다.

산토스 대통령은 이 협정을 국민투표에 부치지 않고 의회에 회부했다. 11월 29일과 30일 상원과 하원은 반대하는 의원들이 퇴장한 가운데 만장일치로 협정을 비준했다.[36] 2017년에 들어와서는 이행 과정이 시작됐다. 일정에는 차질이 있지만 반군은 소년병을 풀어주고, 3월 말까지 정부가 설정한 무장해제 구역에 모여 유엔 대표단에 무기를 반납하고 사회 복귀를 준비하는 과정에 들어갔다.[37] 2월에는 또 다른 반군 조직 콜롬비아민족해방군과 정부 사이에 평화협상이 시작됐다.[38]

지금까지는 비교적 원만하게 이행 과정이 진행되고 있고 조심스런 낙관 분위기지만, 평화협정의 장래가 장밋빛만은 아니다. 곳곳에 불안 요인이 잠재돼 있다.

국민들은 이행 과정을 조속히 진행해서 가시적인 성과가 나오기를 바란다. 그러나 협정 이행은 매우 복잡하고 막대한 비용이 들며 오랜 준비가 필요하다. 당장 반군들이 모여 무기 반납을 준비하는 무장해제 구역을 설정하고 생활할 수 있는 시설을 건축하는 것도 쉬운 일이 아니다. 시간과 자원이 절대적으로 부족하다. 일정 차질은 불가피하다.[39]

평화협정에 반대하는 준군사조직과 그 구성원들이 저지르는 범죄가 심각한 위협 요인이다. 아직 해체되지 않은 조직도 있고, 해체된 조직의 구성원들이 다시 범죄단체를 만들어 활동하기도 한다. 인권운동가 보호를 위한 국제단체Observatory for the Protection of Human Rights Defenders가 최근 조사한 바에 따르면 평화협정 체결 후 우익 준군사집단과 구성원들이 저지르는 인권운동가 살해 사건이 오히려 증가하고 있다.[40] 이런 상황은 1985년 정부와 반군 사이에 진행되던 평화협상을 파탄에 이르게 한 사태를 떠올리게 한다. 당시 반군 세력은 정부와 합의에 따라 정치 참여를 위해 애국연합Unión Patriótica, UP을 결성했는데 그 지도자와 활동가 5,000여 명이 군과 우익 세력에 살해됐다.[41] 반군에 뿌리 깊은 적대감을 가진 데다가 오랜 세월에 걸쳐 준군사집단과 협력해온 군과 경찰이 이들의 범죄를 얼마나 통제하느냐가 평화협정의 성패를 가름하는 열쇠다.

제일 큰 위협은 협상에 반대하는 우익 정치세력의 영향력이다. 협상에 반대하는 우리베의 정당은 국민투표를 통해 힘이 커졌으며, 평화협정의 의회 승인을 보이콧할 정도로 입장을 바꾸지 않고 있다. 2018년 대통령 선거에서 협정 이행 문제가 핵심 쟁점으로 떠오를 것이 분명하다. 2014년처럼 평화협정을 지지하는 정당들이 연합해 다시 승리할 것으로 예상하는 견해가 많지만 2016년 10월 국민투표 부결처럼 결과를 예측하기는 어렵다. 우익 세력이 정권을 잡을 경우 어떤 난관이 닥칠지 알 수 없으므로[42] 그 전에 협정 이행을 불가역적으로 진척시키는 것이 매우 중요하다.

미국에서 트럼프가 집권한 것도 악재다. 오바마 행정부는 평화협정 이행을 지원하기 위해 4억 5,000만 불 원조를 약속했는데 트럼프 행정부는 그 약속을 뒤집을 가능성이 있다.[43] 미국 정부의 태도 변화는 그 자체로도 협정 이행에 난관을 초래할 수 있지만 국내 우익 세력의 목소리를 더 크게 만들 가능성이 있다.

여러모로 불안하고 걱정스럽다. 하지만 남미 대륙에서 미국의 반공 전진기지였던 콜롬비아는 반세기 넘는 내전의 질곡에서 벗어나 대담하게 평화적 해결의 길을 열어가고 있다. 산토스 대통령의 비전과 용기, 반군 지도자의 인내와 융통성이 열매 맺기를 기대하는 한편 부럽고 안타까운 느낌도 들었다. 내가 한국인 까닭이다. 한반도에서 평화의 길을 여는 입구는 어디에 있는지, 누가 열 것인지 아득하기만 했다.

2016년 12월 10일 산토스 대통령이 노벨평화상을 받았다. 수상 연설의 몇 대목을 옮긴다.

"삶 자체와 마찬가지로 평화도 수많은 경이로움으로 가득 찬 과정입니다."

"전쟁은 어떤 상황에서도 목적으로 간주하지 말아야 합니다. 그것은 단지 하나의 수단에 지나지 않지만, 언제나 피하려고 노력해야 합니다."

"전쟁을 일으키는 것보다 평화를 이루는 것이 훨씬 더 어렵습니다."

"어떤 분쟁이든 적을 제거해야만 끝난다고 믿는 것은 어리석은 일입니다. 비폭력의 대안이 존재하는데도 무력으로 얻는 승리는 인간 정신의 패배일 뿐입니다. 오로지 무력을 통한 승리만을 추구하는 것, 적을 완전히 파괴하려고 하는 것, 끝까지 전쟁을 하려고 하는 것은 당신의 적도 당신과 같은 인간이며, 함께 대화할 수 있는 누군가임을 인식하지 못한다는 것을 뜻합니다."

"평화협상에서 우리의 첫 번째, 그리고 가장 중요했던 단계는 게릴라들이 우리의 가증스런 적이라고 생각하는 것을 그만두고 단순한 상대방에 지나지 않는 것으로 바라보는 일이었습니다."

"콜롬비아 평화협상은 세상에서 처음으로 피해자와 그들의 권리를 중심에 두었습니다. 협상은 인권을 강조하며 진행했습니다. 그 점이 정말로 자랑스럽습니다. 피해자들은 정의를 원합니다. 그러나 그들이 원하는 가장 중요한 것은 진실입니다. 그들은 관용의 정신으로 그들과 같은 피해자가 생겨나는 것을 더 이상 원하지 않았습니다."

"자기 몸으로 분쟁의 고통을 겪은 적이 없는 많은 사람은 평화를 받아들이는 것을 꺼리는 반면 피해자들은 어느 누구보다도 용서하고 화해하고 증오로부터 해방된 미래를 맞이하려고 합니다."

"우리의 생각이 우리를 규정합니다. 생각이 우리의 말을 만들고, 말이 우리의 행동을 결정합니다."

사족

콜롬비아 평화협상 과정을 지켜보면서 산토스 대통령이 당연히 군 출신일 거라고 생각했다. 우리베 정부에서 국방부장관을 지냈고 반군을 군사적으로 제압하는 정책을 추진했기 때문이다. 군 출신 인물이 어떻게 평화적 해결로 방향을 전환했을까 궁금했다. 그런데 그가 경제학자 출신인 것을 우연히 알게 됐고, 깜짝 놀랐다. 다른 국방부장관들의 출신을 확인해보고는 더욱 놀랐다.

산토스 정부에서 현재 국방부장관인 루이스 에체베리는 변호사면서 경제학자, 외교관이다. 이전 장관 중 후안 부에노는 경제학, 국제정치, 공공정책을 전공했고, 로드리고 살라사르는 변호사면서 외교관, 언론인이었다.

더 확인해보니 1991년 이후 국방장관 15명 가운데 군 출신은 단 한 명도 없었다. 국방부장관이던 산토스가 대통령 선거에 출마하기 위해 물러난 2009년 5월 23일부터 8월 7일까지 공군참모총장이 임시로 직무대행을 했지만, 정식 장관이 아니므로 예외라고 할 수 없다. 2002년 7월부터 2003년 9월까지 장관을 한 마르타 라미레스는 여성이었다.

반세기 이상, 세계에서 제일 오래 내전을 치르고 있는 나라조차도 국방부장관은 당연히 민간인이 맡아야 한다는 확고한 원칙을 가지고 있는 것이 분명했다. 놀랍고도 부러웠다. 국민이 선출한 민간정부를 대표해 군을 이끌고 통제해야 할 국방부장관에 군부를 대변하는 직업군인 출신을 임명하는 것이 당연하게 되어버리고, 안보정책이 군인의 전유물로 인식되고 있는 우리나라의 현실은 콜롬비아에 비해 많이 뒤처져 있다.

콜롬비아 여행을 끝냈다. 여행이라고 하기도 민망할 만큼 짧은 일정이었지만 그렇게라도 둘러보길 잘했다. 언론 보도를 통해 아는 것과 며칠이나마 현지에서 몸으로 부대껴보는 것은 느낌이 많이 달랐다. 백 번 듣는 것이 한 번 보는 것만 못하다는 옛말이 맞다.

'기억·평화·화해 센터'를 방문하지 못한 것이 못내 아쉽지만, 남미 여행을 위한 예방주사로 삼자고 마음을 정리했다. 낯선 대륙 여행의 출발지로 삼은 보고타 일정을 무사히 마친 것만 해도 다행이라고 생각했다. 보고타를 떠나 리마로 가는 비행기에서 더 이상 덤벙거리지 말고 신중하게 행동하자고 다짐했다. 그러는 사이에 페루에 도착했다. 페루부터가 원래 계획한 남미 여행이었다.

페루

잉카의 땅

나를 받아들이는 땅

보고타를 떠난 비바콜롬비아 여객기는 어둠이 깔리기 시작할 무렵 리마 공항에 내렸다. 공항에는 잉카의 문화유산을 소개하는 많은 안내판이 관광객들을 마중했다. 가벼운 설렘과 긴장으로 마음이 일렁거렸다. 오랜 세월 꿈꾸던 잉카의 땅에 마침내 발을 디뎠다.

리마는 치안이 좋지 않고 밤에는 택시도 안전하지 않다는 이야기가 많아서 숙소에서 제공하는 셔틀을 탔다. 리마 시내 미라플로레스 지구의 작은 호텔에 짐을 풀고 옥상에 있는 식당으로 올라갔다. 마음씨 좋게 생긴 주방장에게 페루에 처음 왔는데 뭘 먹으면 좋겠냐고 물으니 주저 없이 세비체Ceviche를 권했다. 페루의 첫날, 첫 식사였다. 이름은 들어봤지만 처음 먹어보는 페루의 대표 음식. 입맛이 그다지 민감하지 않은 탓에 어느 곳을 가든 현지 음식을 잘 먹지만, 세비체는 정말 맛있었다. '회무침인 듯, 회무침은 아닌, 회무침 같은' 음식이라고 할까, 두툼하게 썬 생선을 레몬과 라임에 살짝 숙성시킨 다음 향신료에 버무린 양파와 오이, 상추 같은 신선한 채소, 삶은 고구마와 옥수수를 곁들인 훌륭한 식사였다. 입안을 상쾌하게 해주는 가벼운 신맛이 도는 생선과 야채 덕분에 기운이 회복되는 느낌이었다. 나를 위한 음식이었다.

전하는 말에 의하면 잉카 이전부터 안데스 지역에서 생선을 과일이나 옥수수 발효차에 숙성시켜 먹었는데 스페인인들이 가져온 레몬과 라임, 양파 같은 것들이 어우러지고 여기에 19세기 일본 이민자들과 함께 들어온 생선회 풍습이 영향을 미쳐서 만들어진 것 같다고 한다. 세비체 한 접시에 여러 세기에 걸친 남미와 유럽과 아시아의 문명 교류사가 어울려 있다.

페루 음식에서 빼놓을 수 없는 게 퀴노아quinoa다. 페루와 볼리비아를 중심으로 한 안데스 지역에 자생하는 명아주과 식물로 씨앗을 먹는다. 생김새와 크기는 수수와 비슷한데 조금 납작한 느낌이다. 흰색과 붉은색을 포함해 종류가 다양한데 거의 4,000년 전부터 재배해왔다고 한다. 스페인 정복자들이 퀴노아 재배를 금지해서 한때 사라질 위기에 몰리기도 했는데, 다시 재배하기 시작한 것은 20세기 후반 영양학적 가치가 알려지면서부터다. 퀴노아는 탄수화물 외에 단백질과 지방이 풍부하며 여덟 가지 필수아미노산 전부와 비타민 B, 다양한 무기물과 식이섬유를 함유하고 있다. 그뿐 아니라 염증을 억제하는 생리활성물질과 건강에 좋은 오메가-3 지방산과 단일불포화지방까지 포함하고 있다니, 문자 그대로 완전식품이라고 할 수 있다.

더욱 놀라운 것은 환경에 적응하는 능력이다. 평지부터 해발 4,000m의 고산지대까지 고도를 불문하고 자란다. 영하 4도부터 영상 35도 사이의 기온에서 자라고 건조한 기후와 습한 기후를 가리지 않는다.[1] 지구상 어떤 곳에서도 재배할 수 있는 전천후 식물이니 안데스인들이 '곡식의 어머니'라고 부르며 신성하게 여기는 것을 이해하고도 남는다. 이런 뛰어난 특성 때문에 퀴노아는 기후변화 시대에 인류의 식량안보에 기여할 작물로도 주목받고 있다. 안데스가 인류에게 준 선물이라고 할 만하다. 유엔식량농업기구FAO는 2013년을 퀴노아의 해로 선포했다.[2]

페루와 볼리비아의 웬만한 식당에는 퀴노아수프가 있다. 퀴노아로 끓인 죽인 셈인데 붉은색 퀴노아를 넣어 그런지 약간 붉은색이 돌면서 윤기가 감도는 알갱이들의 모습이 보기에 좋다. 입안에서 씹는 감촉도 좋고 고소한 맛도 내 입에 잘 맞아서 여행하는 동안 즐겨 먹었다.

음식은 잘 모르지만, 페루 음식 얘기가 나왔으니 치차와 피스코 사워도 언급하지 않을 수 없다.

페루와 볼리비아에서 제일 많이 마신 것이 치차다. 정식 명칭은 '치차 모라다'Chicha Morada. 그냥 치차라고 하면 통한다. 안데스에서 재배한 보라색 옥수수와 파인애플 같은 과일에 향신료를 섞어 끓인 다음 설탕을 넣어 만든다. 치차는 원래 발효음료를 말하는데 치차 모라다는 발효시키지 않고 끓여서 만든다. 하지만 약간의 알코올 기운이 있는 듯한 느낌도 든다. 맛은 뭐라고 표현하기 어렵다. 약간 달면서 옥수수 향내와 여러 맛이 어울려 깊고 복잡한데, 자극적이지 않으면서도 입맛을 당기는 매력이 있다. 붉은색이 감도는 보랏빛은 눈을 즐겁게 한다.

페루에는 어떤 식당이든 치차가 없는 곳이 없다. 옛날부터 종교의식과 축제, 손님 접대에 사용했는데 건강에도 좋아서 국민 음료가 됐다. 건조한 안데스 고산지대를 돌아다니며 지친 여행자가 원기를 회복하는 데 치차만 한 것이 없다. 어쩌면 그리도 내 입맛에 딱 맞는지, 지금도 그 맛을 잊을 수 없다. 퀴노아수프와 세비체에 치차를 한 잔 곁들이면 더 바랄 게 없다. 화려하거나 자극적이지 않으면서 푸근하게 풀어주는 맛이라고 할까, 뭔가 서로 통하는 듯한, 페루가 나를 받아들이는 듯한 편안한 느낌이 든다.

치차가 페루의 국민 음료라면 '피스코 사워'pisco sour는 국민 술이다. 안데스에서 재배한 포도를 발효시킨 포도주로 만든 도수 높은 브랜디를 피스코라고 하는데, 여기에 신맛이 도는 라임 주스와 계란 흰자와 향신료를 섞어 만든 칵테일이 피스코 사워다. 페루의 웬만한 음식점에서는 피스코 사워를 마실 수 있고 슈퍼에서도 여러 종류의 피스코 사워를 쉽게 구입할 수 있다. 도보여행을 비롯해 여행 프로그램마다 피스코 사워

만드는 방법을 보여주고 시음하는 것이 빠지지 않을 정도로 페루 사람들이 사랑하고 또 자랑하는 술이다.

문명의 허무한 역사

페루는 잉카의 땅이다. 잉카 제국의 수도 쿠스코가 페루에 있고, 잉카의 모태를 이루는 문명들이 페루 땅에서 태어났다. 흔히 메소포타미아·인도·중국·이집트를 세계 4대 문명 발상지라고 부르지만 이는 유라시아 대륙 중심의 사고방식에서 나온 말일 뿐이다. 다른 지역의 영향을 전혀 받지 않은 채 문명을 일으켰다는 점을 기준으로 하면 얘기가 달라진다. 오늘날 페루를 중심으로 한 안데스산맥 일대는 메소포타미아·중국·중앙아메리카·북아메리카 동부와 함께 독자적인 문명 발상지 가운데 하나다.[3]

이 지역에 사람이 살기 시작한 것은 대략 1만 1,000년 전으로 추정된다. 약 6,000년 전부터 칠카Chilca와 파라카스Paracas에 문명이 등장해 옥수수와 목화를 재배하며 야마llama와 알파카alpaca, 기니피그Guinea pig를 가축화했다. 목화와 알파카 털로 섬유를 만들고, 바구니와 토기를 만들었다. 2,500년 전에는 카랄Caral에 첫 번째 도시가 세워졌다. 최근 유적지 발굴 결과 약 5,400년 전에 만든 관개시설, 약 4,200년 전에 세운 천문대, 그리고 4,000년 전에 건설한 신전터가 발견됐다. 대규모 노동분업에 필요한 위계적이고 복잡한 사회조직이 지금까지 알려진 것보다 훨씬 일찍 등장했을 가능성을 보여주는 것이다.

이후 서기전 100년경 나스카 문명이 일어나 서기 700년 무렵까지 계속됐다. 이처럼 바닷가에서 번성한 초기 문명은 나중에 티티카카호 근처 티와나쿠Tiwanaku 등 내륙 지역으로 옮겨갔는데, 엘니뇨 현상과 관련된 기후변화 때문이라고 한다. 기후변화로 건기가 점점 길어지고 땅이 메말라가면서 공동체가 해체되고 문명이 사라지는 지경에 이른 것이다.

잉카 제국을 멸망시킨 정복자 피사로가 1535년 리마를 건설했다. 1542년 스페인이 이곳에 식민지 행정기구인 '페루 부왕령'을 설치하면서 라틴아메리카의 부와 권력의 중심지로 번성했다. 남미에서 약탈한 금과 보물과 자원을 리마에 모은 다음 파나마 지협Isthmus을 거쳐 스페인 세비야로 운송한 것이다. 스페인인들은 쿠라카Curaca라고 하는 현지인 엘리트를 통해 통치했는데 원주민들의 저항은 끊이지 않았다. 특히 18세기는 원주민들의 반란으로 들끓었는데 1742년 산토스 아타우알파의 반란과 1780년 투팍 아마루 2세의 반란이 대표적이다.

1808년 나폴레옹 군이 스페인을 침략해 페르디난드 7세를 폐위하고 나폴레옹의 형 죠셉 보나파르트를 그 자리에 앉혔다. 이에 스페인인들이 저항하는 가운데 영국이 개입해 프랑스와 영국 사이에 전쟁이 벌어지는 등 혼란에 빠져들었다. 그 와중에 남미의 식민지에서 독립전쟁이 일어났고 페루도 독립했다. 페루의 독립을 선언한 이는 아르헨티나의 독립 영웅 호세 데 산마르틴 장군이다. 1817년 5,000여 명의 군대를 이끌고 안데스산맥을 넘어 스페인 군대를 무찌른 산마르틴은 칠레를 해방시킨 다음 페루로 진격해 1821년 7월 28일 리마에서 페루의 독립을 선언했다.

독립을 완성한 것은 볼리바르다. 1822년 7월 22일 에콰도르의 과야킬에서 볼리바르와 산마르틴이 역사적인 회담을 열었다. 세계사의 수수께끼 가운데 하나로 남아 있는 이 회담에서 남미 해방의 두 영웅이 어떤 얘기를 주고받았는지 아무도 모른다. 회담이 끝난 후 산마르틴은 돌연 군사와 정치에서 은퇴했고 볼리바르가 스페인군과 전쟁을 계속했다. 1824년 12월 볼리바르 휘하의 수크레 장군이 아야쿠초Ayacucho 전투에서 스페인군을 무찌름으로써 페루가 완전히 독립했다. 프랑스에서 여생을 보내다 사망한 산마르틴의 유해는 1880년 5월 부에노스아이레스의 메트로폴리탄 성당에 마련된 영묘에 안치됐다.[4]

독립 후 페루의 상황은 혼돈의 연속이었다. 이웃 나라인 칠레, 볼리비아, 에콰도르와 영토 분쟁으로 여러 번 전쟁을 치렀고 국내 정치도 안정되지 않았다. 군사 쿠데타가 연이어 일어났고 1960년대에는 쿠바혁명의 영향으로 공산주의 게릴라 운동이 일어나 1990년대까지 이어졌다. 특히 1980년대에 시작된 '빛나는 길'Sendero Luminoso과 '투팍 아마루 혁명운동'Movimiento Revolucionario Túpac Amaru, MRTA 조직은 마약조직과 연계됐고, 정부군이 이들을 진압하는 과정에서 수많은 인권침해가 일어났다.

1985년 대통령에 당선된 알란 가르시아 정권은 좌익 게릴라를 진압한다며 많은 민간인을 학살했고, 그 와중에 1990년까지 220만%라는 초인플레가 일어나는 등 경제가 완전히 붕괴됐다. 1990년 대통령에 당선된 일본계 페루인 알베르토 후지모리는 1992년 의회를 해산하고 헌법을 폐기한 후 공기업 민영화를 비롯한 구조조정 정책을 밀어붙이면서 철권통치를 했다. 그 역시 좌익 게릴라 소탕을 명분으로 수많은 학살 사건을 일으켰다.

후지모리는 2000년 6월 세 번째로 대통령에 당선됐다. 선거 직후 '엄청난 정치적 폭탄'이 터졌다.[5] 후지모리의 측근으로 정보기관 책임자인 블라디미르 몬테시노스가 야당 의원들에게 거액의 뇌물을 주며 매수하는 장면이 담긴 비디오가 방영된 것이다. 결국 그해 11월 후지모리는 사임하고 일본으로 망명했다. 몬테시노스는 베네수엘라로 도망갔다가 페루로 송환돼 횡령과 뇌물, 권력 남용죄로 15년 징역형을 선고받았다. 2006년에는 콜롬비아 반군에게 불법으로 무기를 제공한 혐의로 추가 기소돼 20년 형이 추가됐다.

망명한 후지모리는 2005년 대통령 선거에 다시 출마하기 위해 칠레로 갔으나 좌절됐고, 페루의 범죄인 인도 요청에 따라 체포됐다. 2007년 9월 페루로 인도된 후지모리는 살인부대가 저지른 1991년 바리오스알토스Barios Altos 학살 사건과 1992년 라칸투타La Cantuta 대학 학살 사건, 납치와 살인, 강제실종 등 반인도적 범죄와 공금 횡령, 뇌물죄 등으로 기소됐다. 2009년 반인도적 범죄에 대해 징역 25년, 공금 횡령죄에 징역 7년 6월, 뇌물죄에 징역 6년을 선고받고 지금까지 수감 중이다.[6]

2001년 선거에서 승리한 알레한드로 톨레도 대통령은 민주정치를 회복하는 한편 과거 군사재판에서 잘못된 재판을 받은 사람들이 재심을 받을 수 있게 했다. 2003년 8월에는 진실화해위원회를 설치해 1980년부터 2000년 사이에 정부군과 반군이 저지른 대량 학살, 강제실종, 인권유린, 테러, 여성에 대한 폭력 등을 조사하게 했다. 2003년에 위원회는 최종보고서에서 6만 9,280명이 살해된 사실을 밝히고, 피해회복과 제도개혁을 제안했다.[7]

식민제국의 영화를 간직한 도시 리마

정복자들이 건설한 리마는 대륙 서쪽, 적도 아래 남태평양 연안에 자리 잡고 있다. 안데스산맥과 태평양 사이의 해안지대다. 이렇게 말하면 눈 덮인 안데스 연봉을 배경으로 끝없는 맑은 바다와 밝은 햇살 아래 펼쳐진 모래사장을 상상하기 쉽지만 실제는 그렇지 않다. 해안은 대부분 절벽으로 이루어져 있다.

리마는 거의 사막 기후에 가까울 정도로 강수량이 적지만 안개가 많이 끼어 다소 습한 기운이 도는 가운데 바람이 불고 쌀쌀한 날이 많다. 남극에서부터 대륙 연안을 따라 흐르는 훔볼트 한류 때문이다. 1802년 이곳에 온 훔볼트는 리마의 황량한 기후가 바로 그 한류로부터 저주를 받았기 때문이라고 지적했는데[8] 그 해류에 자신의 이름이 붙게 될 것을 예상했다면 그런 말은 쓰지 않았을 것 같다.

다윈이 비글호를 타고 대륙의 남쪽 끝 파타고니아를 돌아 이곳에 왔을 때도 마찬가지였다. 그가 리마에 머문 6주 내내 날씨가 좋지 않고 "거의 매일 이슬비 같은 안개가 끼어 길과 옷이 축축해"졌다고 한다.[9] 비록 사흘에 지나지 않았지만 내가 있는 동안에도 그랬다.

리마 여행 첫날, 오전에 자유 도보여행에 참가했다. 신시가지에 해당하는 미라플로레스의 케네디 공원에 모여 버스와 전철을 갈아타고 구도심의 중심인 아르마스 광장Plaza de Armas에 도착했다. 스페인 정복자들이 건설한 도시는 예외 없이 중심에 아르마스 광장을 두고 있다. 각종 행정관청과 성당을 비롯해 식민지배에 필요한 건물들이 광장을 둘러싸고 있고, 그 주변으로 도시가 형성된다. 직역하면 '무기 광장'인데, 식민지배의 핵심 기능이 모여 있는 곳인 만큼 군사력도 집중되고 방어의 거점이 된다. 전시가 아닌 평시에도 많은 무기가 모여 있고 군인들의 사열과 행진 같은 행사가 벌어졌을 것이다. 원주민에게 식민제국의 힘을 과시하는 장소였을 것이다.

리마도 마찬가지다. 아르마스 광장을 중심으로 대통령궁과 대성당, 시청 등이 마주 서 있고 식민지 시대 건물들이 즐비해 스페인의 어느 도시에 온 듯한 느낌이 든다. 유독 노란색 건물이 많았는데 리마의 색깔이 노란색이라 그렇다고 한다. 그나마 광장 한쪽에 안데스산맥에서 옮겨온 신성한 바위가 우뚝 서 있어 원주민들의 땅임을 드러내고 있다.

페루에서도 90%가 가톨릭을 믿는다. 페루 사람들이 가장 사랑하는 성인은 산타 로사라고 불리는 성인 로즈다. 1586년에 태어나 1617년 사망한 산타 로사는 라틴아메리카 출신으로 처음 성인이 됐다. 도미니칸 수도회 소속으로 평생 결혼하지 않고 가난하고 병든 사람들을 구호하는 데 생을 바쳤다. 그에게는 '페루 독립의 수호성인'이라는, 왠지 어울리지 않아 보이는 별칭이 붙어 있는데 산마르틴이 붙였다고 한다. 페루의 거의 모든 성당이 산타 로사의 상을 모시고 있고, 사람들은 경건하게 경의를 표한다.

역시 산타 로사를 모시고 있는 산프란시스코San Francisco 성당은 미색으로 된 두 개의 탑이 서 있는 아름다운 건물이다. 성당 입구 위쪽 성모상 옆 돌기둥에 잉카 신들의 모습을 작게 조각해놓은 것이 특이하다. 이런 모습은 다른 지역의 성당에서도 눈에 띄는데 가톨릭이 원주민들의 신앙을 어느 정도 인정하면서 타협한 증거로 보인다. 우리나라 절에 산신각을 지어 산신을 모시는 것과 비슷하다. 불교가 전래되기 전부터 사람들이 믿어오던 산신을 배척하는 대신 불법을 수호하는 호법신중護法神衆 가운데 하나로 받아들여 포용한 것이다. 산프란시스코 성당은 수도원 건물과 함께 1991년 유네스코 세계문화유산으로 선정됐다.

식민지 시대의 화려한 영화를 간직하고 있는 성당과 달리 수도원은 제대로 관리되지 않고 있는 흔적이 역력하다. 2만 5,000점의 고문서와 서적을 보유해 세계적으로 유명하다는 도서관은 특히 상황이 좋지 않았다. 한때는 유럽 어디에 내놓아도 손색이 없을 정도로 우아했을 도서관을 가득 채운 귀한 서적들이 제대로 보존되지 않은 채 먼지 속에 낡아가고 있었다.

이 성당에 관광객을 끌어모으는 것은 수많은 유골이 안치되어 있는 카타콤(지하묘지)이다. 미로처럼 연결된 카타콤의 구조는 볼 만했지만, 곳곳에 쌓여 있는 유골을 보는 것은 유쾌하지 않았다. 애초부터 유해를 안치하는 장소로 설계했는지, 유골을 쌓아놓은 장소가 많기도 했다. 우물처럼 땅을 깊이 파고 돌로 벽을 쌓은 다음 유해를 차곡차곡 안치했다. 그렇게 수백 년이 흐르다 보니 유골들만 남아 켜켜이 쌓이고 먼지가 수북하게 내려앉은 데다가 퀴퀴한 냄새가 사방에 배어서 지옥을 연상케 했다.

유럽에서도 성당 지하에 유골을 안치한 것을 많이 봤다. 체코에는 아예 해골로 실내 장식을 한 해골성당도 있다. 산프란시스코 성당의 카타콤도 식민지 지배자들의 본국인 스페인의 유행을 따른 것이리라. 성당에 유해를 안치한 것은 구원의 길과 부활의 가능성에 조금이라도 가까이 가려는 간절한 소망 때문이었겠지만 아무리 생각해도 부활의 날이 다가올 기약은 없고 구원의 길은 너무나 아득했다. 세계 각지에서 온 관광객들의 눈요깃거리가 되어 성당에 푼돈이나 벌어주는 역할을 하게 되리라고 상상이나 했을까? 안쓰러웠다.

성당 근처에는 종교재판소가 있다. 중세를 암흑기로 만든 종교재판 가운데서도 가장 가혹하게 한 게 스페인이니 식민지에도 종교재판소를 차려놓고 이단심문을 한 것은 어쩌면 자연스러운 일일 수 있다. 이 재판소는 1570년 설치돼 1820년 폐지됐다. 기록에 의하면 1700년까지 1,176건을 재판해 30명을 처형했다고 한다. 원주민들의 신앙을 악마 숭배로 본 스페인인들이 처형한 숫자가 의외로 적다고 생각했는데, 그들을 '이성이 없는 인간'으로 봤기 때문이라고 한다. 이성이 없으니 신앙에서 벗어나도 책임이 적다는 것이다. 이걸 어떻게 봐야 하나, 씁쓸했다.

이단심문이 없는 세상에 태어난 것이 얼마나 다행인지 모르겠다는 생각이 든다. 하지만 형태만 다를 뿐 이단심문은 세계 곳곳에서 이루어지고 있다는 말도 일리가 있다. 국가권력이든 사회적 권력이든 선악의 이분법에 집착해 영혼을 억압하는 곳에서는 이단심문, 종교재판이나 다를 바 없는 일이 벌어지기 마련이다.

아드소, 선지자를 두렵게 여겨라. 그리고 진리를 위해서 죽을 수 있는 자를 경계하여라. 진리를 위해 죽을 수 있는 자는 대체로 많은 사람을 저와 함께 죽게 하거나, 때로는 저보다도 먼저, 때로는 저 대신 죽게 만드는 법이다. 호르헤가 능히 악마의 대리자 역할을 할 수 있었던 것은, 저 나름의 진리를 지나치게 사랑한 나머지 허위로 여겨지는 것과 몸 바쳐 싸울 각오가 되어 있었기 때문이다. …… 인류를 사랑하는 사람의 할 일은, 사람들로 하여금 진리를 비웃게 하고, 진리로 하여금 웃게 하는 것일 듯하구나. 진리에 대한 지나친 집착에서 우리 자신을 해방시키는 일 …… 이것이야말로 우리가 좇아야 할 궁극적인 진리가 아니겠느냐?[10]

성당 뒤에는 리막Limac강이 흐른다. 케추아어로 '말하는 강'이라는 뜻의 리막강은 리마의 수원지 역할을 하지만, 건기라 그런지 물은 많지 않았다. 강 건너에는 산크리스토발San Cristobal 언덕이 솟아 있다. 시내에 우뚝 솟아 있는 바위산인데 나무 한 그루 없어 황량하기 짝이 없다. 시내 쪽 사면은 가파르다는 표현도 적절치 않을 만큼 거의 수직 절벽이다. 이 산은 사진가들 사이에 꽤 유명하다. 바로 그 수직 절벽의 대부분을 아슬아슬하게 채우고 있는 온갖 집들 때문이다. 저 가파른 절벽에 어떻게 집들을 지어 올렸는지 신기할 정도인데 분홍색, 하늘색, 빨간색, 노란색 등 갖가지 색깔을 칠해서 말하자면 '그림'이 되는 것이다.

빈민가인 이곳은 리마에서 범죄율이 제일 높다. 도보여행 가이드는 그곳 주민을 대동하지 않으면 자신도 갈 수 없을 정도로 위험하다고 했다. 리막강 건너편 전체가 치안이 나쁘니 아예 다리를 넘어가지도 말라고 신신당부했다. 아무리 그래도 찍사를 자처하는 내가 사진 한 장 남기지 않고 포기할 수는 없어 도보여행이 끝난 다음 다리 끝까지 가서 몇 장 찍고 얼른 되돌아왔다. 산크리스토발, 크리스토퍼 성인, 여행자의 수호성인인 그를 기리는지 산 위에는 거대한 십자가도 있다. 그런 곳이 여행자의 금단구역이 됐다. 쿠스코의 야경을 볼 수 있는 산크리스토발 교회 언덕도 밤에는 위험해서 가지 말라고 했는데, 여행자의 수호성인께서 체면이 말이 아니다.

안데스 문명의 보고, 국립고고학박물관

여행 일정을 짤 때 방문할 나라와 도시를 정하고 나면 그 다음 고민거리는 그 도시에서 갈 곳, 특히 박물관을 정하는 일이다. 나름대로 유구한 역사와 문화를 갖지 않은 나라가 없고 웬만큼 역사와 규모가 있는 도시에는 여러 박물관이 있기 마련인데, 어디를 관람하고 어디를 생략할지 판단하기가 쉽지 않다. 더구나 박물관 관람에는 시간도 많이 걸리고, 주의도 집중해야 한다. 서 있는 시간이 많아 걸어다니는 것보다 더 힘이 들어서 하루에 두 군데 이상 보기도 어렵다. 그만큼 신중하게 골라야 하는데, 지나고 보면 아쉬움을 느끼는 경우가 없지 않다. 리마도 그렇다. 잉카 문

산크리스토발 언덕. 깎아지른 듯한 절벽 한쪽에 집들이 빼곡히 들어찼다. 리막강을 사이에 두고
리마 시내를 내려다보는 이곳은 여행자들에게 금단의 구역이다. 여행자의 수호성인인 산크리스토발,
크리스토퍼 성인이 알면 기분이 어떨까?

고고학박물관에 전시된 도기들.
안데스인들의 삶을 엿볼 수 있다.

명의 보고인 리마에서 어디를 볼 것인지 선택하기가 쉽지 않았다. 자료를 검색한 끝에 국립고고학박물관Museo Nacional de Arqueologia과 라르코 박물관Museo Larco을 선택했다.

국립고고학박물관은 페루를 대표하는 박물관이다. 사각형의 정원을 둘러싼 회랑을 따라 고대부터 식민지 시대, 그리고 독립 이후까지 시대별로 유물을 전시해놓아 페루의 역사를 이해하는 데 도움이 됐다. 유물의 수준도 훌륭했다.

잉카가 남미를 대표하는 거석 문명의 하나고 페루가 그 중심이니 잉카 이전 오랜 세월에 걸쳐 발전한 흔적이 뚜렷하다. 박물관에서 제일 먼저 눈에 띄는 것은 직사각형 모양의 거대한 돌기둥들이다. 설명문에는 오벨리스크obelisco라고 써놓았는데, 흔히 우리가 아는 이집트의 오벨리스크와는 모양이 다르다. 이집트의 오벨리스크는 매끄럽게 다듬은 화강암[11] 표면에 상형문자를 새겼고, 위로 올라갈수록 좁아져서 끝은 피라미드 모양으로 뾰족하게 되어 있는 반면, 안데스의 오벨리스크는 어느 정도 다듬기는 했지만 거칠고 울퉁불퉁한 화강암 바탕에 문양을 새겨놓았다. 크기도 기둥의 위와 아래가 거의 같고 끝이 뾰족하지도 않다. 설명판에는 안데스 지역 여러 문명별로 돌기둥에 새긴 사람 얼굴 문양의 특징을 표시해놓았는데, 전반적으로 얼굴과 입을 모퉁이만 둥근 직사각형으로 표현하며, 눈 또는 눈동자를 얼굴 크기에 비해 상대적으로 큰 동그라미 형태로 표현해 강조했다.

나스카 문양도 그렇고, 안데스인들은 물체의 형상을 추상화하는 데 특별한 재질을 가지고 있었던 것 같다.

유물 가운데 제일 많은 것은 도기陶器다. 사람 머리 모양으로 만들거나 사람 얼굴을 돋을새김浮彫으로 표현하거나 몸 전체를 표

고고학박물관에 전시된 도기들. 안데스인의 전형적 모습을 형상화한 것이 많지만 현대의 만화가가 그린 듯한 재미있는 그림도 있다.

현하기도 했다. 사람 얼굴은 대부분 눈이 둥글고 크게 강조돼 있다. 동물 모양도 많았다. 표면에 그림을 그리거나 선을 새겨 구운 것들도 있는데, 안데스의 최고 맹수인 퓨마가 사람을 잡아먹는 장면, 적군 병사를 죽이거나 악기를 연주하거나 알파카를 데리고 있는 사람과 주식인 옥수수 모양 등 삶의 다양한 모습을 표현한 것이 많았다. 현대의 만화가가 그렸다고 해도 손색이 없어 보이는 것도 있었다.

워낙 약탈을 많이 당한 탓에 남은 것이 많지는 않았지만, 황금의 나라 잉카 제국의 면모를 짐작할 수 있는 유물도 있었다. 보고타의 황금박물관에서도 그랬지만 가면이 많았고 머리에 쓰는 관이나 가슴 전체를 가리는 황금 장식품들은 화려하기 그지없었다.

이 지역 원주민들은 머리 모양을 인공으로 변형시키는 풍습을 가지고 있었다고 한다. 뼈가 약한 어린아이들의 머리에 납작한 돌이나 나무판을 붙여서 두개골을 변형시키는 것으로, 종족에 따라 위에서 눌러 납작 머리로 만들기도 하고 옆을 눌러 길쭉하게 만드는 첨두형도 있었다.

재미있는 것은 우리 조상들도 같은 풍습을 가지고 있었다는 점이다. 중국 역사서《삼국지》〈위서〉'동이전·변진조'에는 당시 한반도 남쪽에

있던 진한의 풍습에 관해 "아이가 태어나면 돌로 머리를 누른다. 머리를 모나게 하려는 것이다. 지금 진한 사람은 모두 편두다. 왜와 가깝다 보니 남녀가 문신도 한다"라는 기록이 있다. 김해 예안리 가야 시대 고분과 대구 화원 성산리 유적에서 갓난아이 때 무거운 물건으로 앞이마를 눌러 인위적으로 편두를 만든 유골이 발굴되기도 했다.[12] 신라 금관의 크기가 어린아이 머리에 맞을 정도로 작은 점과 토용土俑 가운데 머리 모양이 뾰족한 것들이 많은 점도 편두 풍습의 근거일 수 있다. 따지고 보면 아기들의 머리 모양을 예쁘게 만들기 위해 모로 눕히거나 가운데가 뚫린 베개에 눕혀 재우는 것도 편두 풍습과 다를 바 없을 것 같다.

동이족과 중앙아시아 일대 유목민에게 편두가 많이 발견되기 때문에 아메리카 원주민이 아시아에서 건너간 인종임을 보여주는 근거로 편두 풍습을 드는 견해도 있다. 하지만 호주 원주민이나 고대 게르만족, 이집트에도 편두가 있었고, 히포크라테스의 글에도 편두에 관한 이야기가 나온다는 점에서[13] 편두는 종족의 동일성이나 사회계급을 표시할 목적으로 고대 세계에 널리 퍼진 풍습이었다는 견해가 맞는 것 같다.

안데스 원주민이 아시아인과 공통의 혈통을 가지고 있는 것은 확실해 보인다. 페루나 볼리비아 사람들을 보면 아시아인의 피를 물려받았다는 사실을 직관적으로 느낄 수 있어 비록 언어는 다르지만 친근하고 편안한 느낌을 받는다. 유전자 검사 결과도 그 점을 뒷받침한다. 아시아에서 아메리카로 건너가 남미까지 퍼진 것으로 추정되는 초기 아메리카 원주민의 후손들은 우리나라와 일본, 몽골족을 포함한 알타이 바이칼 그룹과 유전자 구성이 제일 가깝다고 한다.[14]

안데스인들이 두개골 절제 수술을 했다는 데에는 놀라지 않을 수 없었다. 서기전 4세기부터 서기 4세기까지 번성한 파라카스 문명 시대에 이미 다양한 방법으로 두개골 절제 수술을 한 증거가 남아 있다. 수술할 부위에 작은 구멍을 차례로 뚫은 다음 그 선을 따라 뼈를 갈아서 떼어낸 흔적이 있는 두개골이 있다. 두개골에 구멍을 뚫는 데에는 뼈나 흑요석으로 만든 칼을 사용했고, 뼈를 갈아내는 데에는 돌이나 금속으로 만든 끌을 사용한 것으로 추정된다. 수술한 다음 절제한 머리뼈 부분을 금판으로 막아 치료한 유골은 너무나 경이로워서 내 눈이 의심스러울 정도다.

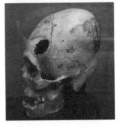

두개골 절제 수술의 흔적.
유골에는 정교하게 두개골을 잘라내 수술한 다음 그 부위에 금판을 덮어 치료한 흔적이 남아 있다.

박물관의 설명에 의하면 당시 외과의사들은 머리 혈관을 다치지 않고 수술하는 방법을 알았고 수술 후에는 피부를 덮은 다음 면으로 만든 실로 봉합하고 드레싱까지 했다고 한다. 뇌 모양과 똑같게 만든 솜뭉치도 있었는데 이는 이들이 뇌에 관해 상당히 잘 알고 있었다는 것을 보여준다.

고고학자들의 연구에 의하면 안데스 지역의 두개골 수술은 서기전 400년경부터 시작됐는데 서기 1000년경에는 기술이 표준화됐고 1400년경에는 성공률이 거의 90%에 이를 정도로 발전했다고 한다. 수술 대상은 주로 전투 중에 머리에 상처를 입은 사람들이었을 것으로 추정되며, 간혹 간질 증세를 치료하기 위해 시술한 경우도 있다. 수술 중에는 천연 방부제나 사포닌을 함유한 코카 또는 야생 담배를 이용해 염증을 줄일 만큼 높은 수준의 의료기술을 가졌다고 한다.[15]

수술 도구를 볼 수 없었던 것은 유감스럽다. 발견된 것이 없는지, 다른 박물관에 있는지는 모르겠다. 그리스 크레타섬 박물관에서 미케네 문명 시대에 뇌수술을 한 정교한 수술 도구들을 보고 감탄한 적이 있는데, 고대인들의 과학과 기술에 관해 새롭게 봐야 할 점이 많다.

페루의 간송, 라르코 박물관

라르코 박물관은 사설 박물관이다. 설립자 라파엘 라르코 오일레(1901~1966)가 전 생애에 걸쳐 수집한 높은 수준의 유물을 전시하고 있다는 점에서 우리나라의 간송미술관과 비교할 수 있다.

식민지에서 해방된 지 한 세기가 지났지만 정치가 불안정하고 가난한 페루에서 문화유산에 대한 인식은 부족했다. 함부로 방치된 가운데 도굴과 밀매가 성행하는 상황에서 라르코는 유물을 체계적으로 수집했다. 아버지가 수집한 유물을 토대로 박물관을 세운 그는 1926년 7월 28일 독립기념일에 일반인에게 공개했고 그 후 평생에 걸쳐 유물을 수집, 분류하고 연구했다. 라르코의 작업은 초보 수준이던 페루의 고고학을 체계적으로 발전시키는 데 크게 기여했으니 페루의 간송 전형필이라고 할 만하다. 현재 약 3만 점의 유물을 소장하고 있다.

라르코 박물관은 하얀색을 칠한 우아한 벽으로 둘러싸여 있다. 입구를 지나 박물관 건물로 연결되는, 붉은 벽돌을 깐 언덕길을 돌아 오르다 보면 남미가 원산인 부겐빌레아를 비롯한 온갖 꽃이 곳곳에 피어 있다. 꽃들의 배치는 자연스러우면서도 조화로워 품위 있는 분위기를 연출하고 있다. 박물관 건물에 들어가면 잉카 양식으로 꾸며놓은 현관으로 연결되고, 작은 마 당을 둘러싼 전시실들이 있다. 이곳의 유물도 주류는 다

라르코 박물관의 도기들. 안데스 문명의 자유분방한 정신을 보여준다.

양한 도기인데, 국립고고학박물관에 비해 더 수준이 높은 것 같았다.

라르코 박물관을 유명하게 만든 것은 정원 맞은편에 따로 마련한 '에로틱 박물관'이다. 이곳에는 '19금 박물관'이라고 할 수 있을 정도로 적나라한 모양의 도기들을 전시해놓았다. 남녀의 성기 모양과 다양한 성교 모습을 표현한 도기들을 보면 안데스인들은 인간의 본성을 솔직하게 드러내는 대담하고 해학적이며 개방적 문화를 가진 것 같다.

아름다운 정원 한쪽에는 멋진 레스토랑이 있다. 가격은 조금 비싸지만 라르코 박물관을 관람한 감상도 음미하고 운치 있는 정원의 모습도 즐기며 박물관도 후원할 겸 한 끼 식사를 했다. 손님이 많아 조금 분주했지만, 음식도 훌륭했고 분위기도 만족스러웠다.

기억·관용 및 사회적 포용의 장소

태평양을 내려다보며 솟아오른 미라플로레스 지구 해안도로 바로 뒤에 인상적인 건축물이 자리잡고 있다. 해안절벽을 깊게 파내고 지었기 때문에 지붕은 절벽 위 육지와 거의 평평하게 맞닿아 있다. 위쪽에서는 땅속으로 파고들어가는 형태로, 아래쪽에서는 절벽을 파고들어가 하늘로

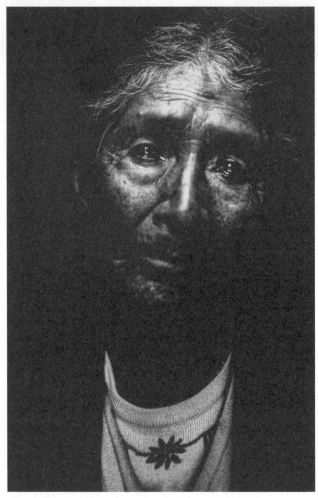

실종자의 어머니. 자식을 잃은 어머니의 슬픔 앞에 그저 먹먹할 뿐이다.

솟아오르는 형태로 지었고, 출입문도 그렇게 양쪽에 있다.

끝없는 바다를 향한 입구 벽에 걸린 거대한 내림막에 한 할머니의 사진이 커다랗게 실려 있다. 할머니는 초점 잃은 눈으로 하염없이 바다를 바라보고 있다. 헝클어진 반백의 머리, 야윈 얼굴, 이마와 눈과 입과 얼굴 전체에 주름살이 가득하다. 할머니의 얼굴, 눈물이 그렁그렁한 눈을 마주치는 순간 도저히 말로 표현할 수 없는, 깊고 오랜 슬픔과 고통에 시달려온 삶이 그대로 전달되어 마음이 오그라들고 눈물이 났다. 아래에 '실종'DESAPARECIDOS이라는 단어가 보인다. 실종자의 어머니다.

'기억·관용 및 사회적 포용의 장소'Lugar de la Memoria, la Tolerancia y la Inclusion Social[16]는 진실화해위원회 활동을 마무리하며 세웠다. 이곳에는 1968년 이래 독재정권이 저지른 인권유린의 배경과 실상, 좌익 게릴라 활동과 진압 과정, 진실규명 운동과 과정, 진실화해위원회의 활동에 관한 다양한 자료와 보고서가 전시돼 있다. 실종자들의 시신을 안치한 공동묘지, 실종자들의 사진을 들고 시위를 벌이는 가족들의 모습, 페루 곳곳에 설치된 과거사 기념물들 사진도 있다. 3층으로 된 전시관은 경사로로 이어져 있고 경사로 벽에도 설명문과 사진들이 붙어 있어 천천히 움직이면서 볼 수 있다. 방문객도 꽤 있었다.

스페인어를 몰라 읽지 못하는 것이 아쉬웠지만, 대강의 흐름은 이해할 수 있었다. 제일 인상 깊었던 것은 천장에 매달아놓은 커다란 스크린 비디오를 통해 마치 실제 인물과 대화하듯이 피해자의 증언을 보고 들을 수 있게 해놓은 전시실이었다.

역사의 증인들에게 증언할 기회를 주고 그들의 목소리를 역사적 기록으로 보존해야 한다는 당위야 누구든지 말할 수 있지만, 그 방법에 관해서는 많은 연구와 고민이 필요하다. 아무리 많은 자료와 증언을 모으고 전시해도 다른 사람들, 직접 겪어보지 못한 다음 세대의 마음에 전달되지 않으면 소용이 없기 때문이다. 페루인들의 고민과 정성의 깊이를 알 수 있었다.

독일 곳곳에 있는 나치 범죄기록관에서도 느꼈지만, 인권유린과 민주화 운동의 역사를 보여주는 유물들이 참으로 다양하며, 그것들을 수집해서 보존하고 일반 국민, 특히 다음 세대에게 보여주는 것이 중요함을 다시 한 번 깨달았다. 단지 권력의 폭력을 보여주는 데 그쳐서는 안 된다. 감옥에 간힌 재소자와 가족이 주고받은 편지들, 간수의 눈을 피해 쓰고 만들었을 것이 분명한 글과 그림과 작은 공예품들, 진실을 요구하는 피해자와 가족의 모습은 국가폭력으로 인한 피해와 그에 대한 저항이 어떤 특별한 사람들의 특별한 문제가 아니라 평범한 시민들의 일상에 닥친 삶의 문제임을 느끼게 해준다. 언젠가 이응로 화백이 감옥에 있을 때 밥을 먹지 않고 모아서 빚은 조그만 조각 작품들을 보고 깊은 감동을 받은 적이 있는데, 그런 예술가들뿐 아니라 보통 사람들이 쓴 글과 그림도 알고 보면 소중한 역사적 자료고 유물이다.

전시관 마지막에는 진실화해위원회가 발간한 보고서가 있다. 위원장 살로몬 레르너는 "이 보고서를 작성하는 과정에서 우리는 이중의 분노를 느꼈습니다. 대량 학살과 강제실종과 고문에 대해서, 그리고 그런 인도적 참사를 막을 수 있었던 사람들의 나태와 무관심에 대해서입니다"라면서 독재정권의 인권유린에 침묵해온 가톨릭교회의 책임을 특별히 지적해 페루 사회에 큰 반향을 일으켰다.[17]

관람 후 휴게실에 앉아 잠시 머리를 식히고 밖으로 나왔다. 구름 긴 하늘 아래 태평양에서 안개 가득한 바람이 불어왔다. 우리나라는 어떤가? 어느 나라에 못지않게 고통스럽고 치열하게 민주화의 과정을 이어왔고

기억·관용 및 사회적 포용의 장소(위).
건물 전면에 걸려 있는 사진 속 실종자의 어머니는 바다를 바라보며 돌아오지 않는 자식을
기다리는 것 같다.

피해자의 증언을 들을 수 있는 전시실(아래).
천장에 매단 비디오 스크린을 통해 피해자 본인과 마주 서서 대화하는 것처럼 증언을 들을 수 있다.

수많은 과거사위원회를 만들어 활동했지만 제대로 된 기념관 하나 만들지 못하고 있다. 민주화의 역사가 시민권을 얻지 못한 채 더 이상 말하기조차 부담스런 주제처럼 되어가는 가운데 그 역사를 증거할 귀한 자료들까지도 사라지고 있는 것은 아닌지, 말로는 경제발전과 민주주의를 함께 달성했다고 하면서도 실제로는 민주주의의 역사를 스스로 지워나가고 있는 것은 아닌지, 마음이 복잡했다.

신비의 나스카 라인

리마에서 고속버스로 8시간을 달려야 하는 나스카는 나스카 사막 한가운데 있는 작은 도시다. 과거 나스카 문명의 중심지였던 이곳에 전 세계에서 수많은 관광객이 몰려오는 이유는 뭐니 뭐니 해도 나스카 라인을 보려는 것이다. 나도 마찬가지다.

나스카 라인은 사막에 그려진 거대한 그림이다. 이곳의 사막 표면은 수천 년 동안 호기성 미생물이 만든 망간과 산화철 때문에 검은색을 띠고 있다. 표면의 검은 흙과 돌을 걷어내 밝은 흙을 드러낸 다음 경계선에 돌을 쌓아서 선을 그렸다.[18] 그림의 크기로 보나 방법으로 보나 그렸다기보다는 만들었다는 표현이 더 어울린다.

그런 방법으로 온갖 모양의 삼각형과 직사각형, 사다리꼴 등의 기하학 도형, 사람(남자, 여자, 어린이)과 새, 고래, 원숭이, 개, 신전, 별 또는 꽃, 거미, 나무 등의 그림을 그렸다. 사막에 고래는 물론 콘도르와 홍학 같은 새들과 원숭이를 그려놓은 것을 보면 나스카인들이 해안과 안데스 고산지대를 활발하게 왕래하고 교류했음을 알 수 있다.

엄청난 세월이 지나는 동안에도 그림이 보존된 것은 연평균 강수량이 4mm에 지나지 않을 정도로 극도로 메마른 사막이고 바람이 많이 불기 때문이다. 사막이기 때문에 선이 보존됐고, 쌓이는 모래를 바람이 날려버렸다. 하지만 워낙 오랜 세월이 흐르다 보니 어쩌다 비가 왔을 때 흐르는 물에 휩쓸린 듯한 흔적도 적지 않다.

나스카 라인의 중요성이 널리 알려진 데에는 평생을 나스카 라인 연구에 바친 마리아 라이헤의 공이 크다. 페루 정부는 원래 이 사막에 농업단지를 조성하려는 계획을 세우고 있었는데, 결국 철회했다. 라이헤가 아니었다면 이 지역은 광활한 농업지역으로 변하고 나스카 라인은 영원히 사라져버렸을 것이다.

워낙 거대하기 때문에 나스카 라인을 지상에서 제대로 이해하는 것은 거의 불가능하다. 제일 긴 선은 무려 30km에 달한다는데 경비행기에서 보아도 끝이 안 보일 정도로 길고 큰 선과 도형이 수없이 많다. 몇 킬로미터씩 되는 것이 드물지 않고 가장 작은 것도 수십 미터를 넘는다. 그러니 지상에서 아무리 헤매도 정체를 파악하기가 어렵다. 식민지 시대부터 현지 주민들에게 '나스카 라인'이라는 말이 전해져왔지만 뭔지 알아내지 못한 채 잊힌 것도 그런 이유 때문이다.

크기가 거대할 뿐 아니라 대단히 정확하고 정교하다. 사람과 동물, 나무의 특징을 정확하게 파악해 추상화한 다음 직선과 곡선으로 단순화해서 정교하게 그렸다. 현대의 전문 디자이너들이 종이 위에 그린 작품이라고 해도 손색이 없다.

고도의 지적 능력을 가진 존재의 작품이 틀림없는데 기록이 없으니 언제, 누가, 왜 그렸는지 분명치 않아 사람들의 상상력을 자극한다. 다양하고, 때로는 허무맹랑한 주장이 나오는 이유다. 우주인의 작품이라는

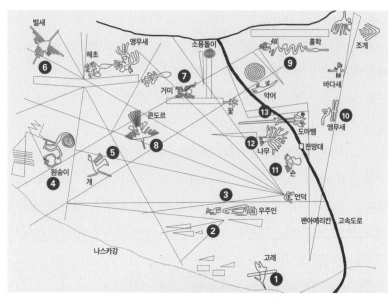

나스카 라인 주요 부분(위). 공항에서 경비행기를 타면 대개 개요도의 번호 순으로 보여준다.

대표적 나스카 라인의 하나인 우주인 형상(아래).
나스카 라인을 우주인이 만들었다는 설을 심정적으로 뒷받침하는 근거가 되지 않았을까 싶다.

설이 대표적인데, 그 설도 나름대로는 근거를 가지고 있다. 평면에 이처럼 거대한 그림을 정교하게 그리려면 적어도 100m 이상의 높이에서 전체적으로 조망할 수 있어야 하는데 그런 수단을 가지고 있지 않았던 나스카인들은 나스카 라인을 만들 수 없었다는 것이다.

나스카 라인을 만드는 데 쓴 돌들, 그리고 나스카 라인과 비슷한 문양을 담은 그 시대의 도기들을 분석한 결과 나스카 라인을 만든 것은 대체로 서기전 193년부터 서기 648년 사이로 추정된다고 한다.[19] 작가가 나스카인이라는 데에는 이제 별 이견이 없는 듯하다. 공중으로 올라가지 않아도 그림의 모형을 점차 확대하는 방법으로 지상에서 거대한 그림을 그리는 것이 가능하다는 연구 결과도 있다. 나스카 라인과 유사한 문양이 이 지역에서 발굴된 나스카 유물에 많이 나타나는 것도 나스카인이 만들었음을 보여주는 근거다.

하지만 용도는 여전히 오리무중이다. 1940년대에 이 선을 연구한 학자들은 고대의 관개시설로 추정하기도 했다. 비슷한 맥락에서 농경과 관련된 천문달력으로 추정한 학자도 있었다. 라이헤는 천문관측용 천체 운행도와 성좌표라고 주장했으나 유력한 반론이 제기돼 지지를 얻지 못했다. 태양과 어머니 지구Mother Earth, 산, 별들을 경배하기 위한 것이라는 견해도 있는데 역시 확실치 않다. 다만 뭔가 종교적 의미가 담겨 있다는 의견이 많다.

나스카 라인을 만든 이유를 파악하기 어려운 것은 라인의 상황과도 관련이 있지 싶다. 거대한 평원에 선과 도형들, 그림들이 복잡하게 뒤엉켜 있다. 일부는 마치 덧칠한 그림처럼 다른 도형이나 그림 위에 겹쳐 만들어졌다. 그걸 보면 어떤 일관된 계획을 가지고 만든 것이 아니라 오랜 세월에 걸쳐 그때그때의 필요나 이유에 따라 만든 것으로 보인다. 흔적이 거의 사라진 것들도 많고 그림 같기는 한데 무엇을 그렸는지 이해하기 어려운 것들도 셀 수 없을 정도다. 그림을 만든 이유를 추정하려면 먼저 전체 그림의 형상을 정확하게 파악해야 하는데 그것부터 불가능해 보이는 것이다. 나스카 라인의 전모는 영원한 수수께끼로 남을 것 같다. 그런 점에서 "이 그림들은 우리의 그릇에는 감히 담을 수 없는 것"이라는 신영복 선생님 말씀[20]이 그럴듯하다.

이른 아침에 나스카 공항에 갔는데, 나스카 라인을 비행하는 경비행기 항공사가 굉장히 많아서 놀랐다. 2시간 가까이 순서를 기다려 탔는데, 5인승의 작은 비행기였다. 무게를 줄이기 위해 사진기 외에는 아무것도 가지고 탈 수 없었다. 비행시간은 30분. 그 짧은 시간 동안 제대로 볼 수 있을까 조금 걱정스러웠다. 비행기 양쪽으로 나눠 앉은 승객들이 라인을 볼 수 있게 하려면 그림이 보이는 상공에서 한쪽으로 최대한 기울여 보여준 다음 급히 방향을 바꾸어 다시 반대쪽으로 기울이는 식으로 곡예비행을 하는 수밖에 없다. 그렇게 비행하다 보니 속이 울렁거리고 멀미가 날 듯했다. 언제 착륙하나, 빨리 내리지 하는 생각이 스멀스멀 기어나오기 시작했다. 그럴 즈음 공항에 내렸다.

그 다음에는 차를 타고 다니며 비행기로 보지 못한 그림 몇 개를 구경했는데, 팔파 라인Palpa lines도 있었다. 팔파 라인은 나스카 시대 이전에 사막의 산등성이 사면에 그린 문양이다. 사람 모양도 있고, 동물이나 벌레 같은 것도 있는데 의미를 이해하기 어려웠다. 비록 일부였지만 팔파 라인을 보니, 나스카 라인에 앞선 것임을 알 수 있었다. 문외한의 평가라 조심스럽지만, 팔파 라인과 나스카 라인의 차이는 일반인과 전문가의 차이라고 할까, 대상의 특징을 정확하게 표현하면서도 과감하게 추상화한 나스카 라인의 솜씨가 한 수 위였다.

마리아 라이헤 박물관은 라이헤가 나스카 라인 연구에 평생을 바치며 살던 집이다. 독일에서 태어나 드레스덴 공과대학에서 수학과 천문학, 지리학을 공부하고 5개 국어를 능통하게 구사한 라이헤는 1932년 쿠스코에 있는 독일인 아이들의 수학 교사로 왔다. 1940년에 나스카 라인을 처음으로 연구한 폴 코속의 조수가 되어 나스카 라인과 인연을 맺었다. 코속의 연구를 이어받은 라이헤는 수학과 천문학 지식을 토대로 나스카 평원과 라인의 모양을 정확하게 측정했다. 열여덟 가지의 동물과 새들의 모습을 판별해냈고, 나스카인들이 이처럼 거대한 그림을 지표면에 그릴 수 있었던 방법을 수학적으로 검증했다.

라이헤는 자신의 연구 결과를 정리한 저서 《사막의 신비》The Mystery on the Desert(1949)를 출간한 후에도 연구에 매진하면서 나스카 라인 보존 운동을 전개했다. 사재로 경비원을 고용하는 한편 공무원과 일반인들을 교육하고, 나스카 라인을 가로지른 팬아메리칸 고속도로 옆에 전망대를 설치해 라인을 훼손하지 않으면서 감상할 수 있게 했다. 결국 페루 정부를 설득해 나스카 라인을 보존하는 데 성공했고, 사망하기 얼마 전인 1995년에는 유네스코 세계문화유산으로 지정되는 것을 지켜봤다.

지금은 박물관으로 바뀐 그의 집은 너무나 소박했다. 낮에는 한쪽 벽에 있는 크지 않은 창문으로 들어오는 햇빛과 밤에는 작은 전구 하나가 그의 거실이자 침실이며 연구실 조명의 전부였다. 지붕은 거칠게 다듬은 통나무를 얹은 서까래 위에 짚으로 엮은 멍석을 덮었다. 흙담 표면에 얇게 바른 시멘트는 군데군데 떨어져 나갔고, 벽에는 나스카 라인을 측정해 그린 종이뭉치들이 걸려 있었다. 구석에 작은 1인용 책상이 있고 책상 뒤에 라이헤의 실물 크기 인형이 앉아 타자기를 치고 있다. 반대편 구석에는 낡은 1인용 철제 침대가 있고 그 앞에 라이헤가 신고 다녔을

마리아 라이헤 박물관. 나스카 라인 연구와 보존에 평생을 바친 마리아 라이헤의 연구실이자 거실이자 침실이다. 페루 사람들은 그를 진심으로 존경하고 그의 삶을 기린다.

슬리퍼가 놓여 있다. 역시 나스카 라인을 측정한 그림들이 벽에 가득 붙어 있는 작은 방에는 라이헤가 사용한 삼각형 자와 줄자들이 있다.

작업하는 라이헤의 모습을 담은 몇 장의 사진들, 라이헤가 발굴한 듯한 나스카 시대의 도기들이 복도에 전시돼 있다. 인상적인 것은 여성의 출산 모습을 그대로 표현한 도기와 팔에 문신을 한 흔적이 선명하게 남아 있는 여성의 미라다. 아름다움이든 강인함이든 자신을 돋보이게 하고 싶은 인간의 본능을 보는 듯해 재미있고 신기했다. 진한 사람은 "남녀가 문신도 한다"고 쓴 《삼국지》〈위서〉'동이전·변진조'의 기록처럼 아메리카 원주민과 우리 조상의 공통점을 보여주는 것 같기도 했다.

이곳에 가기 전에는 라이헤에 관해 나스카 라인을 연구한 인물 정도로만 알고 있었다. 박물관도 가이드가 권하고 현장 가까이에 있으니 가

본다는 정도로만 생각했다. 라이혜에게 깊은 존경심을 표시하는 가이드는 물론 박물관을 단체로 찾은 많은 어린아이의 모습도 처음에는 이해하기 어려웠다. 하지만 박물관을 돌아보면서 깊은 감동을 받았다. 평생을 바쳐 인류의 유산을 연구하고 보존하는 일은 자기 나라에서 높은 대우를 받으면서 하기에도 벅찬 일이다. 하물며 이국땅, 거칠고 황량하기만 한 사막에서 아무도 알아주는 이 없이 홀로 감당하는 것이 얼마나 힘들었을지, 감히 상상조차 할 수 없었다. 그 덕분에 나스카 라인이 이만큼이라도 보존될 수 있었고, 전 세계 수많은 아이들의 상상력을 자극하는 이야깃거리가 되고, 나 같은 사람까지도 와서 볼 수 있게 됐으니 얼마나 감사한 일인지 모르겠다. 아프리카를 여행하면서 고대 인류의 유골을 발굴하고 연구하는 데 평생을 바친 학자들의 이야기를 들었을 때 받은 감동을 다시 한 번 느꼈다. 인류의 지식과 지혜가 그런 고단하고 고귀한 희생을 통해 한 줄 한 줄 쌓였다는 것이 경이로웠다.

나스카 라인에 관한 라이혜의 해석은 연구자들을 설득하지 못했지만 그렇다고 해서 그의 업적이 줄어들지는 않을 것이다. 라이혜를 통해 나스카 라인에 관심을 가지게 된 연구자들이 그의 권위를 그대로 받아들이는 대신 실제 별자리의 위치를 검증해 그 이론의 오류를 찾아낸 것 자체가 큰 의미가 있다. 그만큼 나스카 연구가 진전한 것이다. 그게 과학의 역사다.

과학의 규칙은 단 두 개밖에 없다. 첫째, 신성불가침의 절대 진리는 없다. 어떤 주장도 철저히 검증해야 한다. 둘째, 사실과 일치하지 않는 주장은 폐기하거나 수정하는 수밖에 없다.[21] 이 두 개의 규칙으로 인간의 이성과 과학이 이만큼 발전했다. 나스카 라인 연구도 마찬가지다. 과학은 그래서 아름답다.

카와치 신전과 남미판 '천하제일정'

나스카 시내에서 나스카강 남쪽을 따라 사막지대를 약 30km 정도 가면 멀리 모래언덕 같은 것이 보인다. 가까이 다가가면 흔히 카와치Cahuachi 피라미드라고 부르는 거대한 신전터가 모습을 드러낸다. 모래언덕으로 보였던 것은 피라미드가 오랜 세월 동안 모래에 덮여 있었기 때문이다.

서기전 4세기경부터 서기 4세기 사이에 건설된 이 유적은 얼핏 보면 성터처럼 보이지만 성이 아니고 신전이다. 원래는 무려 24km²에 이르는 면적에 조성됐는데 식민지 시대에 대부분 파괴되고 농경지로 사용되는 바람에 현재 중심부의 일부만 남아 있다. 지금까지 30여 개의 건물터가 발굴됐는데 제일 큰 피라미드는 높이 20m, 한 변의 길이가 100m에 이른다. 중심부에는 제사장들이 살았고, 일반 주민은 그 주변에 살았다. 신전의 기단과 벽은 흙벽돌을 쌓은 다음 진흙을 바른 것처럼 보인다. 나무 한 그루 없는 사막에 흙으로 만든 기단과 벽의 아랫부분만 남아 있어 황량하기 그지없고 규모가 거대했겠다는 것 외에 옛 모습을 상상하기는 어렵다.

발굴 작업은 지금도 진행 중이다. 신전에서 야마와 같은 동물과 식물을 제물로 바친 흔적이 발견됐는데, 그중에는 멀리 아마존 유역이나 안데스산맥에서 생산된 것들도 있다고 한다. 카와치 신전이 종교적으로 중요한 곳이고, 주변 지역 사람들에게 순례의 장소로 인식됐음을 의미한다.

카와치 신전이 하늘에 있는 신의 도움을 받아 삶을 이어가려는 의식의 산물이라면 나스카 강변에 있는 칸타욕Cantayoc 수로는 기후변화로 점점 메말라가는 땅에서 삶과 문명을 구하려는 치열한 투쟁의 흔적이라고 할 수 있다.

비가 거의 오지 않는 사막에서 기댈 수 있는 것은 안데스산맥에서 흘러내려오는 나스카강의 물인데 건기가 점점 길어지면서 이 물만으로는 버틸 수 없게 됐다. 이런 상황에서 나스카인들이 찾아낸 것이 지하수였다. 샘을 파고 수로를 연결해 물을 끌어들여 농사를 짓고 생활용수로 사용했다. 네댓 길이 족히 넘는 깊이에서 지하수맥을 찾아 차례로 샘을 팠는데 그 방법이 특이하고 대단하다.

좁은 우물을 깊이 파서 두레박으로 물을 길어 올리는 우리나라와 달리 달팽이 모양으로 파내려가면서 경사로를 만들어 사람이 직접 지하수면까지 내려가게 만들었다. 계단 벽에는 표면이 매끄러운 큰 돌을 가지런히 쌓아올려 무너지는 것을 막았는데, 솜씨도 놀랍지만 사막지대에서 이런 돌들을 어떻게 구했는지 신기했다. 수맥을 따라 파놓은 수십 개의 우물과 수로에 지금도 맑은 물이 흐르는 것을 보면 나스카인들의 기술이 얼마나 대단한지 알 수 있다.

중국 서역의 사막 도시 투루판에서 지하수로Karez를 보고 감탄한 적이 있다. 마오쩌둥이 '천하제일정'天下第一井이라고 불렀다는 그 지하수로는 수십 킬로미터나 떨어져 있는 천산산맥에서 만년설이 녹아 흘러내리는 물을 끌어들이기 위해 사막의 지하에 굴을 뚫어 만들었다. 깊은 곳은 깊이가 수십 미터나 되는 곳도 있다고 했다. 지금도 여전히 물이 흐르고 있는 '천하제일정'은 어떠한 환경에서도 살아남는 인간의 적응력을 보여주는 놀랍고도 감동적인 유산이다. 나스카의 우물과 수로는 '천하제일정'만큼 길지는 않지만 쏟은 정성과 솜씨는 그에 못지않다. 남미의 '천하제일정'이다.

나스카의 칸타욕 수로. 기후변화에서 살아남으려는 처절한 노력의 산물이다.

수로를 보고 나니 어느덧 해가 뉘엿했다. 나스카 외곽 바위산에 자리 잡은 나스카인들의 주거지 유적을 서둘러 둘러봤다. 바위를 네모반듯하게 잘라내 쌓은 벽은 잉카인들의 바위 다루는 기술이 어느 날 갑자기 하늘에서 떨어진 것이 아님을 증명했다. 유적 너머로 지는 해가 하늘을 아름답게 물들이고 있었다. 숙소로 돌아와 저녁을 먹고 아레키파로 가는 야간버스를 타러 갔다.

알파카의 도시 아레키파

아레키파Arequipa는 1540년 정복자들이 건설한 페루 제2의 도시다. 평균 해발 2,300m로 안데스산맥 중턱에 있다. 연중 300일 정도 맑은데 덥지도 않고 춥지도 않아 사람이 살기 좋다. 수도인 리마와 남부의 볼리비아, 칠레, 아르헨티나를 연결하는 교통의 요지로 포토시Potosi에서 생산한 은의 중간 기착지로 번성했다. 오늘날은 알파카 털과 직물 무역의 중심지다. 관광객을 끄는 또 하나의 이유는 콜카계곡Colca Canyon이 근처에 있기 때문이다. 장대한 콜카계곡은 모습도 장관이지만 하늘의 제왕 콘도르를 볼 수 있어 더욱 유명하다.

아레키파에는 아르마스 광장을 중심으로 대성당과 산타카탈리나 수도원 등 식민지 시대 건축물들이 옛 모습 그대로 남아 있다. 대부분의 건축물은 흰색이나 회색 화산석으로 지어서 깔끔하고 단정하다. 아르마스 광장을 내려다보며 우뚝 솟아 있는 대성당의 두 개 첨탑 사이로는 멀리 있는 화산이 멋진 배경을 이룬다. 성당 내부도 화려하다. 유럽인이 지은 성당에 들를 때마다 느끼는 것이지만, 황금과 보석으로 요란하게 장식한 제단과 허리띠만 맨 채 십자가에 매달린 예수상의 대조가 기묘하다. 광장과 골목들도 깨끗하게 정비되어 있고 할로윈을 앞둔 주말이라 그런지 갖가지 행사로 요란한 가운데 관광객으로 붐볐다.

아레키파는 알파카의 도시다. 조금 과장하면 한 집 건너 알파카 제품 가게가 들어서 있고, 길거리에는 예쁜 장식을 단 알파카를 안고 전통 복장을 한 어린 소녀부터 할머니까지 많은 여성이 관광객의 눈길을 끈다. 이들에게 1솔sol을 주면 사진을 찍을 수 있다.

알파카는 야마와 함께 야생 과나코의 후손으로 고대 사회에서 인간이 가축화한 대형 초식동물 14종 가운데 라틴아메리카에서 가축화한 포유류다.[22] 소, 돼지, 말, 양, 염소 등 주요 5종을 비롯해 가축화할 수 있는 대형 초식동물이 별로 없는 아메리카의 상황으로 말미암아 원주민은 다양한 동물과 부대끼며 전염병균에 저항력을 기를 수 있는 기회를 갖지 못했다. 결국 15세기 말부터 서양인이 옮겨온 천연두를 비롯한 전염병에 속절없이 몰살당하면서 대륙을 내주게 됐다. 강철로 만든 무기는 전염병균으로부터 가까스로 목숨을 건진 사람들을 죽이고 정복하는 데 쓰였다.

알파카 털에서 뽑아낸 실에 이 지역에서 나오는 천연 염료를 물들이면 갖가지 색이 나온다. 야생에서 자라는 알파카 털은 무척 더러운데 어떤 식물 뿌리를 갈아서 풀어 넣은 물에 빨자 금방 깨끗해졌다. 천연비누인 셈이다. 털에서 자아낸 실을 염색하는 기본 재료는 뜻밖에도 동물성이다. 선인장에 기생하는 연지벌레의 애벌레다. 얼핏 보면 선인장에 생긴 하얀 곰팡이 가루처럼 보인다. 이것을 긁어서 물에 개어 비비면 진한 선홍색 물감으로 변한다. 연지벌레 애벌레에 들어 있는 코치닐cochineal 색소 때문이다.

여기에 소금을 비롯해 온갖 식물과 광물에서 추출한 물질을 섞자 그

때마다 색깔이 달라졌다. 그렇게
만든 염료와 천연 매질을 섞은 물
에 실을 담그고 열을 가하면 온갖
아름다운 색상의 털실이 만들어
진다. 직물을 짤 때에는 문양을 넣
는데, 종족마다 모양과 위치가 다
르기 때문에 입은 옷만 봐도 어느
종족에 속하는지 알 수 있다. 강렬

아레키파의 소녀. 전통 복장에 털 장식을 한
어린 알파카를 안고 있다.

한 원색의 알파카 털실로 짠 직물은 매우 화려하고 아름답다. 맑고 강한
햇빛과 어울리면 더욱 돋보인다. 그야말로 안데스의 색깔이다.

알파카 털은 양털과 비슷해 보이지만 질이 더 좋다고 한다. 제일 부드
러운 1년생 알파카 털로 짠 직물은 무척 비싸다. 1년이 지난 다음에는 6
개월마다 털을 깎는데 나이가 들수록 털의 감촉이 뻣세지고 값도 저렴
해진다. 가벼울 뿐 아니라 돌돌 말면 아무 데나 끼워 넣을 수 있기 때문에
배낭을 메고 다니는 장기 여행자의 선물로 안성맞춤이다.

동물의 털 가운데 비쿠냐vicugna의 털이 가장 섬세하고 가볍다고 한다.
야생인 데다가 번식을 잘 하지 않아 숫자도 적고, 털도 3년에 한 번만 깎
을 수 있을 정도로 자라는 속도가 느리다. 그래서 비쿠냐 털은 무척 귀하
고 값도 훨씬 비싸다. 천연기념물로 보호하고 있는 비쿠냐를 죽이면 최
소 5년 징역형을 받는다고 한다. 비쿠냐는 성격이 까다로워 감금된 상태
에서 번식하지 않기 때문에 오랜 세월에 걸친 노력에도 끝내 가축화에
실패했다.[23]

페루 사람들은 알파카와 야마를 무척 사랑한다. 털을 깎고 가죽과 고
기를 얻는 가축이자 애완동물이다. 알파카와 야마는 갖가지 색깔로 만

알파카 털실과 직물. 왼쪽은 안데스의 천연 염료로 물들인 알파카 털실이고, 오른쪽은 알파카 털실로 짠 화려한 직물들이다.

든 예쁜 털방울 장식을 귀에 매달고 있다. 어린 알파카는 안고 다니고, 다 큰 알파카와 야마는 끈으로 묶어 데리고 다닌다. 입도 맞춘다. 알파카와 야마도 주인을 무척 따른다. 특히 사람 키와 비슷한 야마는 주인에게 다 가가 스스럼없이 입을 맞추곤 했다.

소박하고 경건한 산타카탈리나 수도원

아레키파에서 반드시 둘러봐야 할 곳이 산타카탈리나 수도원Monasterio de Santa Catalina이다. 도미니칸 수도회 수녀 수도원으로 스페인 수녀 카탈리나 토마스 성인의 이름에서 유래했다. 1579년 선교를 목적으로 세웠다.

리마의 산프란시스코 성당도 그렇지만 남미 곳곳에는 도미니칸 수도회에 속한 성당과 수도원이 많다. 도미니칸 수도회는 1216년 스페인 수사 도미니크 성인이 창립했다. 대부분의 수도회가 은둔 속에서 기도를 통한 수도와 청빈한 삶을 강조한 것과 달리 이 수도회는 학문적 수련과 평신도들에 대한 포교에 주력했다. 그래서 '설교자들의 수도회'Order of

Preachers라고 불렸는데, 도시화가 진행되는 당시 사회 변화에 맞추어 일어난 쇄신운동이었다. 복잡한 도시의 삶에서는 기존의 종교와 신앙을 새로운 관점으로 바라보는 사고방식이 생겨나기 마련이니, 평신도 포교에 치중하는 도미니크 교단은 이단과 투쟁하는 데에도 앞장서게 됐다. 개종한 유대인으로 스페인 종교재판을 이끌어 악명을 날린 대심문관 토르케마다가 도미니칸 수도회 소속인 것도, 도미니칸 수도회가 남미로 적극 진출한 것도 자연스러운 일이라고 할 수 있다.

지금은 박물관으로 바뀐 수도원 건물은 중세 유럽의 수도원들이 다 그렇듯 성채처럼 보인다. 밝은색을 띤 화산석으로 지어 소박하면서도 견고하고 우아해 보이는데, 공해에 약한 탓에 점점 부식되고 있지만 보수가 쉽지 않다고 한다. 한 구역 전체를 차지하고 있는 수도원은 밖에서 보다 안에서 훨씬 크게 느껴진다. 소도시에 들어간 것처럼 수많은 건물과 골목이 이어지고, 작은 정원이 곳곳에 있다. 중앙에는 성당이 자리잡고 있다.

건물들은 매우 소박하고 단순하다. 기둥과 벽은 화산석 벽돌로 쌓았을 뿐이고 그 흔한 장식 하나도 없다. 지진에 대비하려는 듯 벽과 벽, 건물과 건물 사이를 연결해 떠받치는 날개버팀벽이 있고 기둥은 아치형으로 만들었다.

특별할 것이 없는 수도원을 특별하게 만든 것은 색깔이다. 건물 벽과 담에는 주로 주황색을 칠했고, 일부 기둥과 회랑 안쪽 벽, 건물과 건물을 잇는 복도 내부에는 파란색을 칠했다. 화산암 원색 그대로 두거나 흰색을 칠한 곳도 있다. 군데군데 배치한 작은 정원과 벽이나 담장을 따라서 만든 정원과 화분에 제라늄을 심었다. 주황색, 파란색, 밝은 회색과 흰색 모두 제라늄의 빨간 꽃과 녹색 잎과 아주 잘 어울린다. 화려한 듯 소박한

산타카탈리나 수도원 내부. 수도원 건물은 화산석으로 단순하고 소박하게 지었다. 아무런 장식이나 조각도 없이 벽에 주황색, 파란색, 흰색을 칠하거나 화산석의 밝은 회색을 그대로 드러나게 했다. 하지만 어떤 화려한 성당보다도 더 아름답고 경건해 종교의 참모습을 느끼게 한다.

수도원을 장식한 제라늄. 산타카탈리나 수도원을 장식하는 건 제라늄이다. 빨간 꽃과 녹색 잎은 화려하면서도 소박하고 품위 있는 분위기를 만들어 수도원의 경건한 분위기와 잘 어울린다.

제라늄꽃은 수도원의 경건한 분위기에 맞는다.

주황색 벽과 담장들 사이를 연결하는 골목, 그 위에 밝은 회색의 기와 지붕과 물받이, 흰색 담장을 이어주는 골목도 소박하고 아름답다. 담장을 따라 좁은 골목 가장자리에 꽃을 심고, 그것만으로 부족한 듯 창틀에 까지도 제라늄 화분을 배치했다. 수도자들의 세심한 마음이 보인다.

수도자들의 생활도 엿볼 수 있다. 물이 흐르는 홈을 판 긴 나무 양쪽으로 넓적한 도기를 늘어놓은 빨래터와 주방은 수도자들의 검소하고 경건한 삶을 보여준다.

소박함을 통한 경건함은 성당 내부 기도실에도 적용된다. 황금으로 휘황찬란하게 장식한 일반 성당과 다르다. 제단 전면은 나무로 만든 조각 한가운데 예수상이 있고 아무런 장식이 없는 흰 벽에는 성인들의 초상화가 걸려 있을 뿐이다. 성당 지붕에 올라가면 멀리 화산의 웅장한 모습이 보인다.

극히 단순하고 소박하면서도 아름답게 조화를 이루며 품위 있는 경건한 분위기를 만들어내는 것이 산타카탈리나 수도원의 남다른 매력이다. 종교의 본래 모습을 보는 듯, 마음이 맑아진다. 신은 눈부시게 번쩍거리는 황금이 아니라 단순하고 소박한 것들 속에 있을 것 같다.

밤이 되자 아르마스 광장은 더욱 시끄럽고 분주해졌다. 조명을 받아 화려하게 빛나는 대성당을 배경으로 군악대가 연주를 하고 관광객과 주민들로 발 디딜 틈이 없었다.

내일 콜카계곡 여행을 앞두고 걱정과 설렘이 교차한다. 해발 4,900m의 고산지대를 넘는 여행에 대비해 고산증약 소로치필sorochi pill을 먹었다. 안나푸르나에서도 옥룡설산에서도 해발 4,000m 부근에서 고산증세로 고생했다. 남미 여행을 계획하면서 페루와 볼리비아를 거쳐 계속되는 4,000m급 안데스 고산지대를 과연 무사히 견뎌낼 수 있을지 걱정을 많이 했다. 결국 별 대책 없이 어떻게 되겠지 하는 마음으로 떠났는데 이제 시작이다. 긴장으로 잠이 잘 오지 않았다.

콜카계곡의 관문 치바이

콜카계곡은 안데스산맥에서 흘러내리는 콜카강Rio Colca을 따라 형성된 계곡이다. 제일 높은 곳과 깊은 계곡의 표고차가 무려 4,000m에 달한다. 미국의 그랜드캐니언보다 더 깊다. 계곡의 깊이가 그러하니 험준하고 웅장한 것은 말할 것도 없다. 하지만 콜카계곡을 콜카계곡으로 만든 존재는 따로 있다. 콘도르다.

아침 8시에 16명의 여행자를 태우고 출발한 버스는 콜카계곡의 전진기지라고 할 수 있는 치바이Chivay까지 가서 하룻밤을 묵은 다음 콜카계곡을 보고 아레키파로 돌아온다. 거리는 90km에 못 미치지만 도로 사정이 여의치 않아 3시간 이상 걸린다. 치바이의 고도는 3,600m인데 중간에 4,900m의 고원을 지난다.

흐린 날이 많고 기온이 낮아 건강에 좋지 않은 리마에서 아레키파로 이주하는 사람이 많다고 한다. 버스가 아레키파 외곽을 빠져나가는 동안 최근 인구가 100만 명을 넘을 정도로 급증하면서 땅값이 많이 올랐다는 가이드의 말을 실감했다. 곳곳에 집을 짓고 있고 도로공사가 한창이었다. 외곽으로 나갈수록 빈민가가 늘어나고 무질서해 보였다.

치바이로 가는 고원지대는 눈만 쌓여 있지 않을 뿐 아이슬란드 중앙 고원지대와 흡사했다. 광활한 평원이 펼쳐져 있고 멀리 언덕처럼 보이는 산봉우리들이 이어지고 있었다. 워낙 고지대여서 그렇게 보이지만 실제로는 5,000m대의 높은 산봉우리들이다. 메마른 풍경. 나무 한 그루 없는 평원에는 억센 풀들만 자라고, 자그마한 웅덩이들이 이따금씩 눈에 띄었다. 알파카와 야마들도 보였다. 구름 사이로 가끔 햇빛이 났지만 비가 오락가락했다. 바람이 불고 쌀쌀했다.

도중에 '4,910m'라고 페인트로 쓰여 있는 바위 표지판이 보였다. 어제 저녁에 이어 아침에도 소로치필을 먹었지만 두통이 났다. 가이드의 권유로 코카잎을 조금 먹었다. 코카 성분의 흡수를 돕는다는 작은 돌조각 같은 것과 함께 씹었다. 모래를 씹는 것 같았다. 코카잎은 앞면은 진한 초록색이고 뒷면은 연한 갈색인데 냄새는 보통 차와 비슷하다. 씹으면 쌉싸름한 맛과 함께 입안이 약간 얼얼해지면서 감각이 둔해지는 것으로 보아 마치 성분이 있는 것 같다.

페루, 볼리비아, 콜롬비아 등 안데스 지역 사람들은 서기전 3000년경부터 코카잎을 먹었다. 코카잎에는 다양한 알칼로이드 성분이 있고 미네랄과 비타민, 단백질과 섬유질이 풍부해 만병통치약처럼 여겼다. 배고픔과 목마름, 두통과 통증도 완화한다. 골절을 치유하며 지혈 기능이 있어 분만과 두개골 수술 때 고통을 줄이고 회복을 빠르게 하는 데 사용했다. 말라리아와 종양, 천식, 소화불량에도 효과가 있는데 가장 널리 알려진 것은 피로 회복과 고산증세 완화다. 종교의식에도 사용했다.

잉카 시대까지만 해도 귀족계급만 사용할 수 있던 코카잎을 광범위하게 사용하기 시작한 것은 스페인 식민지 시대였다고 한다. 코카잎의 효능을 알게 된 정복자들이 원주민의 노동력을 효과적으로 착취하고 생산성을 높일 목적으로 코카잎 복용을 권장했기 때문이다. 그렇게 이 지역 사람들의 삶과 문화에 깊이 뿌리내린 코카잎이 현대에 와서 코카인의 원료가 되면서 안데스 국가들이 딜레마에 빠졌다.

1961년 유엔의 '마약에 관한 단일 협약'Single Convention on Narcotic Drugs에 따라 의료와 과학 연구를 제외한 코카잎 사용이 금지됐다. 이 조약은 과학적 근거가 부족하고, 전통적으로 코카잎을 생산하고 신성하게 다루어온 안데스인들의 문화를 무시하며, 코카잎을 더 유용하게 사용할 수 있는 방법을 막아버린다는 비판이 제기됐다. 코카잎의 불법 유통을 조장하는 문제도 있었다. 특히 1971년 미국이 마약에 대한 전쟁을 선포하고 군사적으로 개입해 코카잎 생산과 유통을 근절하는 정책을 추진하는 과정에서 심각한 인권유린 사태가 벌어졌다.

1988년 페루와 볼리비아 정부의 노력으로 채택된 '마약 및 향정신성 물질의 불법거래 방지에 관한 국제연합 협약'UN Convention against Illicit Tacffic in Narcotic Drugs and Psychotropic Substance은 정당하지 않은 코카 재배를 금지할 때 "역사적 증거가 있는, 전통적으로 정당한 사용을 적절히 고려해야 한다"는 조항을 넣어 문제 해결을 시도했다. 그러나 국제마약통제위원회가 코카잎 복용을 여전히 불법이라고 주장해 해결책을 찾지 못하고 있는 실정이다.

자연 상태의 코카잎을 씹는 것만으로는 생리적이거나 심리적인 의존 현상을 일으키지 않으며 금단증세도 없다. 페루와 볼리비아에서는 코카잎을 먹는 것이 합법이다. 1961년 조약에 따르더라도 의료와 과학 연구 목적으로는 코카잎을 사용할 수 있는데, 4,000m가 넘는 고산지대에서 힘든 노동으로 생계를 이어가는 안데스 원주민들은 코카잎이 없으면 살기가 어려운 것이 현실이다. 고산증은 말할 것도 없지만 고산증이 아니더라도 공기가 희박해 일하기가 훨씬 더 힘들고 쉽게 지치는 고산지대에서 코카잎을 씹어야 견뎌낼 수 있기 때문이다. 페루와 볼리비아가 가난하고 힘없는 나라여서 그럴까, 코카잎에 관한 유엔의 정책은 현실에 맞지 않아 보인다.

4,900m 지점은 버스로 지나서인지 그럭저럭 견뎠는데 치바이에서 저녁을 먹고 숙소로 돌아오니 다시 두통이 나고 속이 불편했다. 8시간마다 먹는 소로치필만으로는 감당이 되지 않았다. 고산증은 볼리비아를 지나 칠레 아타카마에 도착할 때까지 계속됐다. 신기한 것은 높은 데 올라갔다가 조금 낮은 곳으로 내려온다고 해서 증세가 없어지지 않는다는 점이다. 나중에 해발 5,100m의 무지개산에 올라갔다 온 다음에는 이제 더 이상 고산증이 오지 않으리라고 기대했지만 여전히 새벽이면 두통이 와서 잠을 깨곤 했다. 가만히 있어도 숨이 차고, 조금만 걸으면 지쳤다. 정말 힘들 때에는 코카잎을 조금 씹으면 좀 나아졌다. 그 정도로 견디며 안

데스 고산지대를 무사히 지난 데에는 코카잎 덕이 크다.

치바이는 작아서 1시간 정도면 시내를 돌아볼 수 있다. 구름이 많이 끼고 음산했다. 시골이라 그런지 여성들은 거의 다 전통 복장을 했다. 페루와 볼리비아인들의 복장에서 제일 눈에 띄는 것은 모자다. 남녀 불문하고 챙이 넓은 모자를 즐겨 쓴다. 이들의 모자는 영국의 신사모와 흡사한데 선이 좀 더 부드럽다. 남자 모자는 챙이 조금 아래로 처진 반면 여자들은 챙을 위로 살짝 말아 올려 멋을 부린 것이 다르다. 가이드는 영국 사람들이 모자를 가지고 와서 팔려고 했는데 페루 남자들의 머리가 너무 커서 맞지 않자 여자들에게 팔기 시작했고, 그게 유행이 됐다고 설명했다. 요즘 쓰고 다니는 모자는 그 설명이 맞는 것 같다. 하지만 치바이 같은 시골로 오니 전통적인 형태의 모자가 많아졌는데 안데스의 강렬한 햇빛에 피부를 보호하기 위한 것이 틀림없다. 영국인들이 오기 전부터 모자를 쓰는 전통이 있었을 것이다.

여자들의 옷차림은 단연 돋보인다. 알파카 털로 짠 옷 위에 조끼를 입고 어깨에 숄을 덮는다. 숄 위에는 긴 직사각형 모양의 망토처럼 생긴 케페리나K'eperina를 두르고 앞으로 묶는다. 이 직물의 용도는 다양하다. 몸도 보호하지만, 짐을 나르고 어린아이를 업는 데에도 쓴다.

치마도 특이하다. 두꺼운 직물로 만든 치마를 여러 겹 둘러 입는데, 안데스 고산지대의 변화무쌍하고 거친 날씨와 관련된 것이 분명하다. 아침과 낮, 밤의 일교차가 매우 크고 햇빛이 강하며, 바람이 거세게 불어대는 곳에서 생활하고 일하는 과정에서 이런 복잡한 옷차림이 발달했을 것이다. 아시아의 피를 받아 작달막한 여성들이 여러 겹의 옷과 치마를 껴입고, 거기에 짐이나 어린아이까지 들쳐메고 가는 모습은 무척 정겹다.

저녁에 민속공연을 보며 식사를 했다. 음악 연주 후 전통 춤 공연이 있

안데스 여성들의 전통 복장. 제일 특이한 것이 케페리나다. 안데스의 바람과 추위에서 몸을 보호하는 데는 물론 어린아이를 업거나 짐을 나르는 데, 바닥에 펼쳐놓고 물건을 올려놓거나 깔고 앉는 데에도 쓸 수 있다.

었는데, 민속 의상에 가면을 쓰고 나와 춤을 췄다. 어릿광대처럼 보이는 다양한 가면과 의상. 잉카와 스페인의 풍습이 섞인 듯한 분위기였다. 예술성은 그다지 높아 보이지 않았으나 나름대로 재미있었다. 공연이 끝난 다음 일부 여행객과 함께 불려나가 전통 치마를 걸치고 춤을 췄다. 자리로 돌아올 때 사람들이 유독 내게 박수를 많이 보냈다. 왜 그랬는지는 모르겠다. 내가 춤을 너무 잘 췄을 리는 없는데 말이다.

치바이에서 묵은 숙소는 이름만 호텔일 뿐 호스텔 수준인데 이곳에서는 비교적 괜찮은 곳이었다. 소박한 방이었지만 난방기가 있었다. 남미에 와서 처음으로 따뜻하게 잤다.

콘도르의 성지 콜카계곡

아침 6시에 콜카계곡으로 출발했다. 안데스 고원을 깊이 파들어가며 흐르는 콜카강 양쪽으로 가파른 계곡이 형성되고 사람들이 터전을 잡아 마을을 이루고 장터를 세웠다. 가파른 계곡 사면에는 계단식으로 만든 밭들이 들어서 있다. 안나푸르나 트레킹에서도 많이 보았지만 쳐다보기만 해도 오금이 저릴 만큼 심한 비탈에 일군 밭들의 모습은 눈으로 보면서도 믿어지지 않을 정도다. 사막이든, 고산이든, 툰드라든, 어떠한 환경

126

에서도 살아남는 인간의 생명력과 적응력, 인간의 노동이 자연과 어울려 빚어낸 아름다움에 가슴이 찡한 느낌을 받았다.

일요일이라 그런지 장터에는 많은 주민이 나와 물건도 팔고 춤도 췄다. 빨강, 파랑, 노랑, 초록 등 갖가지 색깔의 털로 장식한 알파카와 야마를 데리고 나와 관광객에게 돈을 받고 사진을 찍게 해주는 주민도 있었고, 길들인 독수리를 팔에 얹은 채 다니는 사람도 있었다.

멀리 파란 하늘을 배경으로 연기가 피어오르는 화산과 눈이 덮인 산맥이 보였다. 초입부터 어마어마하다고밖에는 표현할 길이 없는 장대한 계곡, 깎아지른 절벽 아래로 콜카강이 흐르고 햇빛은 강렬했다. 아름답다는 단어는 어딘지 부족한, 숭고한 광경이었다. 이 계곡이 '콘도르의 성지'Santuario del Condor다.

해발 5,000m 정도의 바위산 절벽에 둥지를 짓는 콘도르는 오전에만 나타나는데 초여름에는 잘 안 보인다고 했다. 계곡 정상까지 이어진 도로를 따라 여러 군데에 전망대가 있는데 이미 많은 관광객이 자리를 잡고 콘도르를 기다리고 있었다. 이 거대한 계곡을 따라서 유유히 날아가는 콘도르의 모습은 상상만으로도 환상적이다.

우리에게 주어진 시간은 1시간 40분. 콘도르가 어디서 나타날지는 알 수 없다. 각자의 판단과 운에 맡기는 수밖에 없다. 콘도르가 나타나면 제일 멋진 곳이 어디일까 오락가락하다가 계곡 아래쪽 전망대까지 내려갔다. 머리가 아프고 숨이 찼다. 가파른 비탈길은 제법 미끄러워 조심해야 했는데, 그러면서도 콘도르가 나타나지 않을까 수시로 고개를 젖혀 하늘을 봐야 했다. 1시간 넘게 기다렸으나 콘도르는 나타나지 않았다.

실망한 마음으로 비탈길을 되돌아 올라오는 것은 더욱 힘들었다. 버스에 탔는데, 바깥에서 사람들이 웅성거렸다. 얼른 내려서 사람들이 쳐

콜카계곡의 초입. 숭고한 자연에 깃들인 인간의 삶이 눈물겹다. 왼쪽 화산에서 연기가 피어오르고 있다.

콜카계곡. 여행자들이 절벽 바위에 걸터앉아 콘도르를 기다리고 있다.

다보는 방향으로 고개를 돌리니 저 높은 하늘에서 태양 주위를 선회하는 콘도르가 보였다. 너무 멀어서 사진을 찍지 못한 것이 유감이지만, 길이가 3.3m에 달하는 엄청난 크기 덕분에 날개 한 번 펄럭거리지 않고 유유히 떠다니는 모습은 정말 멋지고 품위가 있었다. 우아하고 위엄이 넘쳤다. 과연 '하늘의 제왕'다웠다.

안데스의 정신을 상징하는 콘도르는 안데스산맥을 끼고 형성된 모든 나라(베네수엘라·콜롬비아·에콰도르·페루·볼리비아·칠레·아르헨티나)의 상징이다. 콘도르는 죽지 않는다는 전설도 있고 죽을 때에는 가장 높은 봉우리에 올라가 날개를 접고 스스로 계곡으로 떨어진다는 전설도 있다. 잉카인들이 마추픽추를 버리고 퇴각할 때 콘도르가 죽는 것을 보고 계시를 받았다는 얘기도 있다.

안데스인들은 민중의 영웅이 죽으면 콘도르로 환생해 하늘로 날아간다고 믿었다. 스페인의 학정에 저항하다가 처형당한 지도자들의 죽음을 차마 받아들일 수 없고, 새로운 지도자가 나타나 해방을 앞당겨주기를 바라는 간절한 마음의 표현 아니었을까? 미륵이나 정도령이 나타나 새 나라를 열 것이라 믿었던 우리 조상들의 마음과 다를 것이 없다. 고통스런 노예의 삶을 강요받더라도 삶의 터전을 떠날 수 없는 그들은 해방의 꿈을 포기할 수 없었을 것이다. 민중의 영웅이 콘도르가 된다는 믿음은 저항의 의지와 희망의 표현일 것이다.

유명한 〈콘도르는 날아가고〉El Condor Passa의 원곡도 스페인을 상대로 사상 최대의 반란을 일으켰다가 처형된 지도자 호세 가브리엘 콘도르칸키(투팍 아마루 2세)에게 바치는 노래였다. 안데스 출신 음악가들인 로스 잉카스가 연주하는 곡을 들으면 케나Quena(갈대 피리)와 시쿠Siku(팬플루트)의 선율에 잉카 민중의 한과 고통이 담겨 있는 듯하다. 이어지는 경쾌한 선율에서는 삶의 의지와 희망이 느껴진다.

스페인 지배자들은 잉카 음악을 '악마의 음악'으로 규정해 금지하고 탄압했다. 그 와중에서 면면히 살아남아 전해진 잉카 음악은 현대에 와서 아타우알파 유팡키와 비올레타 파라가 중심이 된 새로운 노래Nueva Cancion 운동으로 되살아나고 빅토르 하라와 메르세데스 소사로 이어져 꽃을 피웠다. 그 음악이 군사정권의 가혹한 폭력에 시달리는 민중을 위로하고 격려하며 저항의 의지를 가다듬게 했다.

18세기, 페루는 식민지 지배에서 벗어나기 위해 몸부림쳤다. 반란에 반란이 이어졌다. 조선에서는 세도정치 속에 나라가 기울어가던 19세기가 민란의 시대였다. 계몽주의의 세례를 받은 유럽뿐만 아니라 그들의 '극동'인 아시아에서도, '극남'인 남미 대륙에서도 민중은 억압에 저항하며 주권자로 거듭나기 위해 싸우고 또 싸웠다. 제 백성을 쳐부수려고 남의 나라 군대를 끌어들였다가 나라가 망하고 식민지로 전락한 조선과 달리 페루는 19세기 초에 독립했다.

1970년 사이먼과 가펑클이 불러 동양의 작은 나라에 살던 가난한 소년의 귀에까지 전해진 〈엘 콘도르 파사〉는 페루의 민속 음악극에 포함된 곡을 기초로 페루 작곡가 다니엘 로블레스가 1913년 작곡한 곡을 다시 편곡한 것이다. 원곡의 가사는 훌리오 바우두인이 지었다. 페루의 제2의 국가國歌나 마찬가지다. 콜카계곡은 말할 것도 없고, 페루 어디를 가나 이 곡이 들린다. 원곡의 가사다.

오, 안데스의 위대한 콘도르여
나를 안데스의 고향으로 데려가주오.
콘도르여
내 소원은 사랑하는 땅으로 돌아가 잉카의 형제들과 사는 것.
오, 콘도르
쿠스코 중앙 광장에서 나를 기다려주오.
마추픽추와 와이나픽추에서 우리가 함께 거닐 수 있도록.

콜카계곡뿐 아니라 파타고니아를 걸을 때까지 콘도르를 가까이 보지 못해 유감이다. 콘도르 사진을 보여주며 자랑하는 여행자도 만났는데, 왜 내 눈앞에는 나타나지 않는지 야속하고 속상했다. 따지고 보면 까마득하게 높은 하늘에서 태양 주위를 유유히 도는 모습이야말로 가장 콘도르다운 모습일지도 모르지만 그래도 아쉬운 마음은 어쩔 수 없다.

'라틴아메리카의 역사와 문화 수도', 쿠스코

잉카 제국의 수도였던 쿠스코Cusco는 원래 이름이 쿠스쿠Qusqu로, 도시 전체가 세계문화유산이다. 메마른 산들로 둘러싸인 분지에 자리잡고 있다. 시내는 온통 붉은 기와를 인 스페인풍 건물로 가득하다. 잉카의 영화를 떠올릴 수 있는 모습은 어디에도 보이지 않는다. 싸워서 정복한 도시를 완전히 파괴하는 서양의 오랜 전통이 쿠스코에도 적용됐다. 1571년 쿠스코 외곽 빌카밤바Vilcabamba에서 투팍 아마루 1세를 무찌르고 제국을 정복한 스페인인들은 잉카 건축물을 하나도 남겨놓지 않고 파괴했다. '라틴아메리카의 역사와 문화 수도'라는 이름은 수많은 박물관과 주변 유적들에 남아 있을 뿐이다.

잉카 제국은 타완틴수유Tahuantinsuyu라고 불렸는데 케추아어로 '네 지역 연합'이라는 뜻이다. 잉카 제국은 스페인 정복자들이 도착하던 15세기 말부터 16세기 초에 전성기를 맞이하며 영역을 최대로 넓혔다. 북쪽으로는 에콰도르를 지나 콜롬비아 남부에 이르렀고, 동쪽으로는 아마존, 남쪽으로는 볼리비아와 칠레 북부, 아르헨티나 북서부에 이르는 광활한 영토였다. 제국은 이 영토를 친차이수유Chinchaysuyu(북), 안티수유Antisuyu(동), 쿤티수유Kuntisuyu(서), 콰야수유Qullasuyu(남)로 나누어 다스렸다. 로마 제국이 유럽 전역을 거미줄처럼 연결한 로마가도를 이용해 경영했듯이 잉카도 무려 2만 5,000km에 달하는 잉카 트레일과 차스키스chasquis라고 하는 정보전달자 제도를 통해 제국을 하나로 묶었다.

쿠스코는 안데스의 지배자로 신성한 동물인 퓨마를 닮았다. 머리에 해당하는 부분이 삭사이와만으로 정치, 행정, 군사의 중심지였다. 두 개의 강줄기를 끌어들이고 그 사이에 건설한, 완벽한 계획도시다.

잉카족은 티티카카호 부근에서 발흥해 쿠스코로 옮겨왔다. 초대 왕 만코 카파 시대에 현지인을 정복하고 왕국을 세웠다. 1438년 왕위에 오른 아홉 번째 왕 파차쿠티 잉카 유팡키가 정복 사업을 시작해 제국으로 발전했다. 잉카의 영광을 상징하는 파차쿠티는 쿠스코를 제국의 수도로 삼고 마추픽추를 건설했다. 황제 잉카는 태양신 인티Inti가 지상에 현현한 존재였다. 1471년 제위에 오른 투팍 잉카 유팡키와 1491년 제위에 오른 와이나 카파 시대에 영토를 더욱 확대하며 전성기를 맞았다. 불행하게도 바로 그 무렵 대항해시대가 시작되면서 유럽인들이 몰려왔다.

스페인 사람들은 남미 사람들이 한 번도 앓은 적이 없는 여러 전염병을 퍼뜨렸다. 1527년 스페인인들보다도 먼저 도착한 천연두 균에 수많은 잉카인이 죽고 황제까지 쓰러지자 왕위 계승을 둘러싸고 내란이 일어났다. 제국의 정치·사회적 기반이 무너진 것이다. 역사학자들의 추산에 의하면 1520년 900만 명 정도던 인구가 100년이 지난 1620년에 60만 명 정도로 줄었다고 하니, 절멸이라고밖에 할 수 없다.

1532년 아타우알파가 우아스카르를 꺾고 내란을 평정했으나 페루 북부 카하마르카Cajamarca에서 피사로에게 사로잡히면서 제국이 종말을 맞았다. 아타우알파가 처형된 다음 만코 잉카 유팡키 주도로 저항을 시작했으나 이 저항은 투팍 아마루 1세의 패배로 끝났다.

철제 무기와 군사기술, 폭력의 합리적 사용에 능숙한 스페인은 라틴아메리카를 식민지로 삼고 금과 은을 약탈해 강대국으로 부상했다. 학자들의 추산에 의하면 16세기부터 18세기까지 스페인(과 포르투갈)이 남미에서 약탈한 금과 은의 양은 각각 적게는 1,700톤과 7만 2,800톤에서 많게는 2,580톤과 11만 톤에 이르는데, 그 기간 동안 전 세계에서 생산된

쿠스코 시가지. 아래쪽 가운데 아르마스 광장과 그 앞에 대성당이 보인다. 성당 앞 광장에는
잉카의 영웅 파차쿠티의 동상이 서 있다. 그곳에서 투팍 아마루 2세가 처형됐다.

금의 71%, 은의 85%를 차지할 정도였다.[24] 당시 수백 년에 걸친 이슬람의 지배에서 벗어나 이베리아반도를 재정복한 스페인은 남아도는, 그래서 국내 치안에 위협이 되는 기사들을 남미로 보내 국내 질서를 안정시키는 한편 신세계를 약탈해 번영의 길을 걸었다.

남미의 금과 은은 대서양을 건너 스페인의 세비야로 갔다. 황금으로 철갑을 한 세비야 대성당의 제단 전면, 거대한 황금 덩어리가 내뿜는 휘황찬란한 빛으로 유명한 이 성당은, 황금의 출처를 알고 있는 내 마음의 저항감 때문인지, 조금도 경건해 보이지 않았다. 졸부의 천박함이 줄줄 흘러 예수의 고통을 비웃는 것처럼 보였다.

남미에서 전해진 옥수수와 감자는 유럽의 식량 생산을 늘려 인구를 증가시키고 산업혁명의 기반을 형성했다. 나머지 세계에는 재앙이 이어졌다. 자신들이 퍼뜨린 전염병으로 원주민이 몰살당하고 노동력이 부족해지자 식민지 지배자들은 아프리카에서 흑인들을 납치해 노예로 삼았다. 노예제도를 정당화하기 위해 악랄한 인종차별 이데올로기를 만들어냈다. 인간을 서로 나누고 멸시하고 적대하고 억압하며 평화를 파괴하는, 전염성이 강한 죄악의 씨앗을 뿌린 것이다. 폭력의 세계화, 근대의 시작이었다.

아즈텍 제국의 수도 테노치티틀란Tenochititlan을 점령한 코르테스는 "세계에서 가장 아름다운 도시들 가운데 하나"이며 "사람들의 행동거지는 거의 스페인만큼이나 수준 높고 질서정연하며 조직적"이라고 했다. 아즈텍인들의 문명을 "놀라울 정도"라고 감탄한 코르테스는 인구가 100만 명이나 되던 이 도시와 문명을 단 2년 만에 흔적도 찾기 어려울 정도로 파괴했다.[25]

아즈텍에 못지않은 위대한 문명을 건설한 잉카의 수도 또한 테노치티

틀란에 못지않았을 것이다. 스페인 정복자의 증언을 통해 그 일단을 짐작해볼 수 있다.

> 스페인에서조차 보기 드문 너무나 아름답고 멋진 건물이었다. …… 잉카 제국에는 길이가 200야드에 폭이 50~60야드나 되는 넓은 홀이 있는 집이 많았다. …… 그중 가장 큰 것은 4천 명을 수용할 수 있는 규모였다.[26]

쿠스코 역시 스페인 정복자들이 지은 건물들을 떠받치는 웅장한 바위벽과 도로 외에는 흔적도 없이 사라졌다. 그 땅의 백성은 노예가 됐고, 나라를 빼앗긴 잉카 귀족들은 정복자들의 마름이 됐다.

쿠스코를 점령한 스페인 군대의 만행과 그 과정에서 잉카인들이 당한 고통이 어떠했을지, 가슴이 아프다. 볼리바르의 전기를 쓴 네덜란드 출신 작가 헨드릭 빌렘 반 룬은 잉카 제국을 정복하는 과정에서 피사로가 저지른 만행을 "개인적 차원의 잔혹함을 넘어 인류 문명에 씻을 수 없는 죄악"이라고 단언했다. "미천한 집안 출신의 사생아인 데다가 배운 것이라고는 돼지 치는 일밖에 없었으니 그에게 문명을 지키는 일을 기대하기란 애초부터 불가능한 것이었다"고 악담을 퍼부었다.[27]

피사로가 그런 천박한 인간이 아니라 교양 넘치는 귀족이었다 해도 결과는 다르지 않았을 것이다. 당시 스페인 국가의 정신 상태가 정상이 아니었기 때문이다. 이베리아반도를 재정복한 카스티야 왕국과 아라곤 왕국의 이사벨라 여왕과 페르디난드 왕 부부는 오늘날 용어로 기독교 근본주의자였다. 이베리아반도를 가톨릭의 땅으로 만들겠다는 광신에 사로잡힌 이들은 이미 1478년 종교재판소를 설치해 악명 높은 이단심문을 진행하고 있었다.

1492년에는 알람브라 칙령Alhambra Decree을 공포해 왕국에 살고 있는 모든 유대인에게 3개월 안에 가톨릭으로 개종하든지, 금과 은을 포함한 재산을 남겨놓고 떠나든지 선택하도록 명령했다. 개종하지 않고 남았다 발각되면 전 재산을 몰수하고 처형했다. 약 20만 명의 유대인이 가톨릭 으로 개종했고 4만 명 이상이 스페인을 탈출했다.[28] 무슬림도 똑같이 당했다. 그라나다 왕국(1238~1492)이 자발적으로 왕국을 넘겨주고 아프리카로 물러가는 대신 무슬림의 언어와 문화를 허용하기로 조약까지 체결했지만 소용없었다. 아랍어 책은 모두 불탔고 대략 100만 명의 무슬림이 개종하고 27만 5,000명이 떠났다.[29] 남은 유대인과 무슬림에게는 금요일마다 집의 문과 창문을 열어놓게 했다. 집안에서 몰래 종교의식을 거행하는지 감시하기 위해서였다. 돼지고기를 먹는 것도 증명해야 했다. 조금만 의심을 받으면 이단심문에 회부됐다.

그걸로 끝이 아니었다. 개인의 머릿속을 헤집어보는 것만으로 만족할 리 없었다. 이번에는 핏줄을 따지기 시작했다. '혈통의 순수성', 즉 유대인이나 무슬림의 피가 섞이지 않았다는 것을 증명하지 않으면 공직은 물론 군대와 길드 가입을 비롯해 정상적인 사회생활을 할 수 없었다.[30]

종교적 광신의 어두운 그림자는 그 시대로 끝나지 않았다. 종교적 순수성을 유지하겠다며 만들어낸 인종주의는 생물학적 인종주의로 발전했다.[31] 나치의 인종주의와 유대인 절멸정책의 씨앗을 뿌린 셈이다. 오늘날 스페인의 음식점과 가정에 건조시킨 돼지 다리를 걸어놓는 풍습도 그 시대의 광신이 사람들의 마음에 심은 공포심의 유산이다.[32]

이런 정복자들의 눈에 태양신을 섬기는 잉카족들은 악마를 숭배하는 미개인이었다. 코르테스와 피사로는 자기 나라의 종교적 이념과 문화를 따랐을 뿐이다.

잉카 제국을 정복한 피사로 일당 사이에 내분이 일어났다. 피사로는 동료였던 알마그로를 죽였고, 1541년 알마그로의 부하가 피사로를 암살했다. 1548년에는 피사로의 동생 곤살로가 스페인 왕에게 반기를 들었다가 처형됐다. 역사의 보복인가, 피사로 일당의 비참한 최후에 한 자락 위안을 받는 내 마음이 편치 않다.

쿠스코의 중심 아르마스 광장은 잉카 시대에 아우카이파타Haukaypata, '위대한 잉카 광장'으로 불렸다.[33] 직사각형의 넓은 광장은 잘 정비되어 있다. 돌을 깐 보행로 사이의 잔디밭에 꽃을 심어놓았다. 쿠스코 대성당과 라 콤파니아 데 헤수스 교회, 박물관 등 식민지 시대 건물들이 광장을 둘러싸고 있다. 광장 중앙에는 잉카의 영웅 파차쿠티의 동상이 우뚝 서 있다. 정복자들에게 빼앗긴 '위대한 잉카 광장'에서 투팍 아마루 2세가 처형됐다.

투팍 아마루 2세, 본명은 호세 가브리엘 콘도르칸키다. 스페인 식민지 시절 남미 최대의 반란을 일으켰다. 쿠스코에서 시작한 반란은 페루와 베네수엘라, 볼리비아, 칠레 북부, 콜롬비아, 아르헨티나까지 거의 전 지역으로 들불처럼 번졌다.

1776년, 스페인은 페루 부왕령에서 리오델라플라타 부왕령을 분리했다. 포토시에서 채굴한 은을 리마로 옮기는 대신 부에노스아이레스를 거쳐 스페인으로 보내게 되면서 페루 알티플라노 지역의 경제가 큰 타격을 받았고 원주민에 대한 착취가 가중됐다. 1779년에는 스페인이 미국 독립전쟁에 참전하면서 비용을 조달하기 위해 세금을 인상했다. 억압이 가중되는 가운데 원주민 선각자들은 미국의 독립전쟁 소식에 고무됐다.

1780년 4월 콘도르칸키가 투팍 아마루 2세라는 이름을 내걸고 쿠스코

인근에서 봉기했다. 쿠스코 박물관의 설명에 따르면 투팍 아마루 2세가 내건 요구사항은 크게 세 가지였다. 첫째, 부왕령을 포함해 정치적 억압과 경제적 착취구조의 폐지 및 스페인 왕실과 단절. 둘째, 잉카 제국의 회복. 셋째, 집단 강제노동과 대규모 농장제도, 관세와 부가세 폐지 및 거래의 자유를 보장하는 경제구조로 실질적 개혁. 처음에는 인디오와 메스티소는 물론 현지에서 출생한 스페인인의 후손인 크리오요도 참여할 만큼 호응이 컸다.

쿠스코를 포위했으나 전세가 어려워졌다. 리마에서 스페인 증원군이 온 데다가 엘니뇨 현상으로 1781년 1월에 폭우가 내려 작전에 지장이 생겼다. 설상가상으로 이질까지 번졌다. 쿠스코 안에서 기대했던 반란은 일어나지 않았다. 식민 세력의 편에 서서 특권을 누리던 잉카 귀족층이 끝내 스페인의 손을 잡은 것이다. 식민지 조선에서도 그렇지 않았던가.

그런 와중에 초기에 합세했던 크리오요가 이탈해 스페인군에 붙었다. 무기도 열세였다. 쿠스코를 점령하는 데 실패한 반란군은 수세에 몰렸고, 그해 4월 투팍 아마루와 가족들이 붙잡혔다. 스페인은 5월 18일 투팍 아마루의 아내와 자식들을 처형한 다음 투팍 아마루를 능지처참에 처하고자 했다. 그 시도가 실패하자 목을 잘랐다. 스페인군은 투팍 아마루의 목을 반란 지역에 돌려가며 전시했고, 케추아어 사용과 잉카 의복, 문화와 종교를 금지했다.

식민지 전역으로 번진 반란을 진압하는 과정에서 대략 8만 내지 10만 명 정도의 원주민이 처형됐고 스페인인과 크리오요가 1만 명 정도 죽었다.[34] 그만큼 싸움이 치열했다. 투팍 아마루 2세의 반란은 실패했다. 하지만 남미 식민지 전체에 해방의 바람이 불었다. 늙은 식민제국의 종말을 앞당기는 전조였다.

투팍 아마루 2세 처형 장면. 쿠스코 박물관에 전시되어 있는 그림이다.
그림처럼 투팍 아마루 2세를 처형하는 데 실패하자 목을 잘랐다.
그의 아내와 아들은 교수형을 당했다.

정복자들이 철저히 파괴했지만, 쿠스코의 도시 설계와 기초는 여전히
잉카 제국의 것이다. 특히 대성당 뒤편에 있는 '잉카의 돌'Inca Roca 골목
은 마치 잉카 시절 쿠스코의 골목을 걷는 듯한 느낌이 들 만큼 잉카의 바
위벽이 그대로 남아 있다. 1350년 즉위한 쿠스코 왕국의 6대 왕 '잉카 로
카'의 이름과 같은 이 골목의 바위벽은 돌을 다루는 잉카인들의 놀라운
기술을 보여주는 상징이다. 크게는 길이 1m가 넘고 모양도 일정하지 않
은 큰 바위들을 깎아서 벽돌처럼 쌓아올렸는데, 접착제를 전혀 사용하
지 않았는데도 바위 틈새로 종이 한 장 들어가지 않을 정도로 밀착돼 있
다. 진흙이나 시멘트를 반죽해 기계로 빚어낸 오늘날의 벽돌도 이렇게
정밀하기는 쉽지 않을 듯하다.

수백 년의 세월이 흐르는 동안 수많은 지진이 일어났지만 잉카인이
쌓은 석축은 원래 모습 그대로다. 그 위에 스페인인이 쌓은 건물들은 무

너지고 다시 짓기를 반복했다. 잉카인은 철기를 사용하지 않은 것으로 알려져 있다. 스페인 기사들에게 허무하게 진 원인이기도 했다. 그런 사람들이 어떻게 이처럼 커다란 바위를 자르고 다듬고 끼워맞추었는지, 그 기술이 아직까지 밝혀지지 않았다고 하니 참으로 신기하다고 모두들 혀를 내두른다.

그 비밀이 무엇일까? 나는 짚이는 게 있다. 잉카 신화에 의하면 창조신 비라코차Viracocha가 바위에 숨을 불어넣어 인간을 만들었다. 바위에서 태어난 인간, 바위가 변신한 게 잉카인이니, 이들이 바위를 떡 주무르듯 다룬 것도 이상할 게 없지 않은가 말이다! 이 골목의 상징인 12각 바위를 바라보며 이 바위들이 앞으로도 오래오래 자리를 지키길 빌었다.

공예품 가게가 즐비하게 늘어서 있는 골목 중간쯤에서 잉카 시대의 복장으로 잉카 악기들을 연주하는 공연자를 만났다. 그는 잉카 악기들을 연구해 스스로 복원했다. '이게 악기 맞아?'라는 의문이 들 정도로 다양하고 신기한 것들이 많았다. 널리 알려진 시쿠와 케나도 종류와 모양이 다양했다. 콘도르 날개로 만든 시쿠, 도기로 만든 악기, 조개껍데기를 묶어 만든 악기, 긴 원통처럼 생긴 악기, 참으로 다양했는데 악기들이 내는 음색은 대체로 부드럽고 약간 쉰 듯하면서 바람 소리가 섞여 있었다.

잉카 시대의 석축. 오른쪽 가운데 12각형의 바위가 이 골목을 대표한다.

잉카의 악기를 연주하는 음악가. 잉카의 악기 소리에는 안데스의 바람과 콘도르의 비행이 느껴진다.

안데스의 바람일까, 창공을 유유히 날아가는 콘도르의 모습이 떠오르는 소리, 가슴속에 스며드는 소리였다. 잉카인들도 보았을 쿠스코의 파란 하늘 아래서 듣는 잉카의 소리, 참으로 좋았다. 털썩 주저앉아 듣고 있는데 가자고 재촉하는 가이드가 야속했다. 앞뒤 재지 않고 그의 연주를 담은 CD를 구입했다.

안데스의 상징 무지개 깃발

아르마스 광장에서 무지개 깃발이 보였다. 처음에는 성소수자 단체 사무실인가 생각하며 무심히 지나쳤다. 그런데 자꾸 보였다. 깃대에 걸어놓기도 하고 대문 앞에 걸어놓기도 했다. 기념품 가게에도 있었다. 아무래도 이상했다. 가이드에게 물어보니 쿠스코 시의 깃발인데 잉카 제국의 상징이라고 했다. 동성애 단체의 깃발인 줄 알았다고 하니까, 그렇게 생각하는 관광객이 많은데, 끝까지 그렇게 알고 가는 사람들도 있을 거라면서 웃었다. LGBT 깃발은 빨강, 주황, 노랑, 초록, 파랑, 보라, 여섯 색깔인데 잉카 깃발은 일곱 가지 무지개 색을 모두 담고 있다.

잉카를 상징하는 무지개 깃발, 참 아름다웠다. 오늘날 페루뿐만 아니라 옛 잉카의 영역이던 에콰도르, 볼리비아, 칠레 북부에서 원주민들이 여러 가지 형태의 무지개 깃발을 많이 사용하고 있다. 볼리비아는 아예 대각선으로 무지개 문양을 넣은 위팔라The Wiphala 깃발을 만들어 제2의 국기로 삼고 있다.

막상 자료를 찾아보니 잉카 제국과 무지개의 관계는 애매해 보인다. 잉카 제국은 무지개 깃발을 사용하지 않았다는 것이 정설이다. 그런데 1534년 쿠스코를 침략한 스페인인들이 잉카인들 사이에서 무지개의 일곱 색깔이 들어 있는 상징물을 보았다는 기록이 있고, 안데스 초기 문명의 하나인 티와나쿠에서도 무지개 형태를 넣은 상징물이 발견됐다고 한다.[35] 가이드는 잉카인들이 무지개를 상징하는 숫자 7을 매우 중요하게 여겼다고 했다. 예컨대 잉카의 작물시험장 모라이Moray의 계단식 밭이 일곱 개 단위로 만들어져 있다는 것이다

잉카 제국과 무지개 사이에 별다른 관계가 없다고 하더라도, 잉카의 후예들이 무지개 깃발을 사용하는 것이 무의미하지는 않을 것이다. 역사적 근거가 있든 없든 오늘날 그들이 무지개를 통해 정체성을 드러내고 자부심의 원천으로 삼는다면 그걸로 충분한 것 아니겠는가? 문화가 원래 그렇다.

파차마마, 어머니 지구와 인간의 자리

무지개가 잉카의 상징이라면 안데스 사람들의 정신을 지배하는 것은 파차마마Pachamama다. 흔히 '어머니 지구'Mother Earth라는 말로 번역되는 파차마마는 세상의 창조신인 파차카막Pachacamac의 아내로 태양의 신 인티와 달의 신 킬라Killa를 낳았다. 모든 것을 낳아 기르는 생명의 여신으로 씨뿌리기와 수확을 관장하는 다산의 신이다. 안데스인에게 그의 형상이 산으로 나타나는 건 당연하다. 안데스인에게 파차마마는 어머니와 같은 존재, 지구 그 자체다. 정서적으로 뗄 수 없이 깊게 연결되어 있다.

모든 어머니가 그렇듯이 파차마마도 자애롭기만 한 건 아니다. 무서울 때도 있다. 화가 나면 지진을 일으키기도 한다. 큰일을 하기 전에 미리 어머니에게 고하고 허락을 얻듯이 집을 지을 때 야마와 같은 동물을 파묻어 파차마마에게 바쳤다. 큰 건물을 지을 때는 사람을 묻기도 했다고 한다. 아시아에서도 그랬다. 우리 조상들도 마찬가지다. 최근 5세기 무렵 경주 월성을 지을 때 땅의 기운을 다스리기 위해 성벽 밑에 묻은 사람의 유골이 발굴됐다. 9세기 통일신라 시대 우물에서도 희생물로 바친 어린아이의 유골이 나왔다.[36]

파차마마에게서 창조신 마고할미, 설문대할망의 이미지가 떠올랐다. 설문대할망은 제주도와 한라산을 만들었다. 사람들은 설문대할망의 부드러운 몸에 밭을 갈았고 설문대할망의 몸에서 온갖 나무와 풀, 그리고 바다 생물이 태어났다.

원주민을 개종시키려는 스페인 정복자들은 그들의 마음에서 파차마마를 지울 수 없었다. 이들은 결국 성모 마리아의 이미지를 파차마마와 겹치게 하는 방법을 택했다. 성모가 곧 파차마마라고 인식시키고, 성모상 주변에 잉카 신들을 조각해 성모 마리아를 보좌하는 존재로 만들었다. 마침 쿠스코 박물관에서 파차마마와 성모 마리아를 비교하는 특별전이 열리고 있었다.

파차마마는 현대 문명에 뒤떨어진 안데스 원주민의 설화로 끝나지 않는다. 오로지 인간만을 존엄한 주체로 여기고 인간을 제외한 모든 존재는 인간을 위한 수단이자 약탈 대상으로 보는 서구의 세계관은 엄청난 물질적 발전을 이루어냈지만 환경을 파괴하고 생태계를 위기에 빠뜨려 이제는 인간의 존재까지도 위협하는 지경에 이르렀다. 인간을 포함한 모든 존재를 파차마마의 자녀로, 생태계의 동등한 구성원으로 받아들이는 안데스인의 세계관은 생태계의 위기를 불러온 사고방식을 반성하고 새로운 길을 모색하는 열쇠가 될 수 있다.

이런 인식은 안데스 지역뿐 아니라 세계 곳곳의 원주민 사회에 널리 퍼져 있는데, 이것이 현대 인권론과 결합해 생태계에도 인간에 준하는 권리를 인정해야 한다는 이론과 운동이 태동했다. 2009년 4월 22일 유엔 총회는 이날을 '국제 어머니 지구의 날'International Mother Earth Day로 지정하면서 '어머니 지구'란 지구와 인간과 모든 생물종 사이의 상호의존성을 드러내는 표현이라고 선언했다.[37] 2010년 4월 볼리비아 코차밤바Cochabamba에서 열린 '기후변화와 어머니 지구의 권리에 관한 세계민중회의'World People's Conference on Climate Change and the Rights of Mother Earth는 '어머니 지구의 권리에 관한 보편적 선언'Universal Declaration of Rights of Mother Earth[38]을 채택해 어머니 지구의 권리와 그 권리를 존중할 인간의 책임을 구체화했다. 지구 생태계의 권리를 현실화하는 문제가 세계 시민운동의 주요 과제로 등장한 것이다. 볼리비아와 에콰도르가 헌법과 법률을 통해 지구 생태계를 권리주체로 인정한 데 이어 최근에는 뉴질랜드가 마오리족의 신성한 강 황가누이Whanganui에 인간과 같은 권리를 인정하는 법을 제정했다.[39]

급속한 산업화 과정에서 개발의 명분 아래 무분별하게 환경을 파괴해온 것이 우리나라다. 기후변화에 더욱 취약할 수밖에 없는 좁은 국토에서 생태계를 파괴하는 대규모 토목사업을 국가적 차원에서 벌여왔다. 기후변화와 생태계 파괴가 문명의 쇠퇴와 몰락을 가져온 지구의 역사가 한반도에서 반복될까 두렵다. 국가의 상징인 국기는 신성하게 여기면서 정작 생명과 삶의 터전인 국토는 사정없이 오염시키고 파괴하는 것을 어떻게 봐야 할까? 인간의 위치를 돌아보고 생태계의 지속가능성을 담보하는 노력이 시급하다.

성스러운 계곡의 유적들

페루 푸노 지역에 있는 해발 5,420m의 쿠누라나산에서 발원한 물길은 안데스산맥의 깊은 계곡을 돌고 돌며 서북쪽으로 흘러 마추픽추산과 와이나픽추를 솟아오르게 한 다음 탐보강을 만나 우카얄리강을 이룬다. 그러고는 아마존강으로 합류해 대서양까지 이어진다. 이 물길이 우루밤바강이다. 험준한 안데스산맥의 계곡에 생명의 숨길을 불어넣는 이 강을 잉카인들은 윌카마유Willkamayu, '성스러운 강'이라고 불렀다. 성스러운 강이 흘러가면서 만들어낸 계곡의 기름진 땅에는 인간이 깃들여 농사를 짓고 문명을 세웠다. '성스러운 계곡'Valle Sagrado이다.

오늘날 세계 각지에서 몰려오는 관광객들에게 '성스러운 계곡'은 쿠스코에서 약 20km 떨어진 피삭Pisaq에서 시작해 약 100km 떨어진 마추픽추까지 구간에 산재되어 있는 유적지들을 말한다. 쿠스코의 여행사들은 핵심만 골라 둘러보는 당일치기 여행부터 여러 날에 걸쳐 구석구석 살펴보는 일정까지 다양한 프로그램을 마련해 관광객을 끌고 있다.

성스러운 계곡에는 넓은 경작지가 발달했다. 잉카 제국은 이곳을 황제의 영지로 삼은 다음 제국의 작물시험장 모라이에서 육종한 옥수수를 재배했다. 옥수수는 잉카인들의 주식일 뿐 아니라 필수 음료로 종교 행사에도 사용하는 치차의 원료이기 때문이다.

잉카 제국은 땅에서 생산되는 것을 삼등분했다. 하나는 황제의 것으로 세금으로 바쳐야 한다. 또 하나는 신에게 바쳐 종교 행사에 쓴다. 나머지는 생산한 농민의 몫이다.[40] 농작물 생산을 늘리기 위해 잉카인들은 안데스산맥의 사면에 계단식으로 축대를 쌓아 밭을 만들었다. 마추픽추에서 정점에 달한 계단식 밭은 성스러운 계곡을 따라 곳곳에 흩어져 있는데 오늘날 잉카 문명의 상징 가운데 하나로 여겨진다. 쿠스코에 식량을 공급하는 기지인 동시에 쿠스코로 이어지는 통로이기도 한 성스러운 계곡은 제국의 생존과 번영에 꼭 필요한 곳이었다.

성스러운 계곡을 돌아보는 날, 비가 온다는 예보와 달리 날씨가 맑았다. 파란 하늘을 배경으로 뭉게구름이 피어올랐고 계곡 사이 들판에는 녹색이 가득했다.

첫 번째 목적지 피삭은 가파른 사면을 굽이굽이 돌아 힘겹게 올라간 해발 3,800m 지점에 있었다. 계곡 전체가 한눈에 들어오는 도시 초입에 초소처럼 보이는 돌로 지은 집이 서 있었다. 규모가 상당한데, 도시 안쪽으로 이어지는 비탈길 옆 사면에 돌을 쌓아 축대를 만든 다음 그 위에 다시 돌로 집을 지었다. 나무를 엮어 덮었을 듯해 보이는 지붕은 남아 있지

피삭의 계단식 경작지. 안데스 산지를 이용한 잉카 농업의 상징이다. 오른쪽 위 능선 부근에
돌로 지은 잉카 시대 마을이 보인다.

않았다.

초소를 지나 계곡 안쪽으로 돌아 들어가면 입이 딱 벌어지는 광경이 나타난다. 계곡 저 아래부터 산꼭대기에 다다르는 곳까지 산등성이 전체를 계단식 밭으로 만들어놓았다. 계곡 아래부터 위까지 광각렌즈에 다 담기지 않을 정도로 규모가 크다. 소박하고 오밀조밀해서 무슨 예술품처럼 보이기도 하는 남해의 다랭이논도 경탄을 금할 수 없지만 규모와 정밀도 면에서 피삭의 계단식 논은 차원이 다르다. 돌을 쌓은 솜씨야 으레 그렇다고 하더라도 대단히 높은 수준의 측량기술을 갖고 있지 않으면 불가능해 보인다. 잉카인들은 이곳에 온갖 종류의 옥수수와 감자를 심었다.

산꼭대기에는 돌로 만든 마을이 있다. 보스니아의 포시텔리를 떠오르게 하는 모습인데 전쟁에 대비한 성곽도시가 아니라 농사를 주업으로 삼는 농촌 마을의 면모가 분명하다. 사람들이 살던 집과 태양의 신전, 제단, 우물 같은 시설들이 있다고 하는데 시간이 부족해 다 둘러보지는 못했다.

피삭은 성스러운 계곡의 남쪽 관문이자 잉카 제국과 안데스 우림지대를 연결하는 통로다. 경제적으로는 물론 군사적으로도 중요하다는 뜻이다. 파차쿠티가 피삭을 건설했다는 설도 있으나 확실치는 않다고 한다. 스페인 정복자들은 도시를 파괴한 후 주민들을 모두 산 아래로 소개했다. 통제하기 위해서였을 것이다.

성스러운 계곡에서 제일 큰 도시는 오얀타이탐보Ollantaytambo다. 계곡의 북쪽 관문인데 마타칸차강이 우루밤바강과 만나면서 형성된 넓은 평야에 도시가 발달했고 파차쿠티 황제의 영지가 됐다. 도시를 가운데 놓고 마주 보는 산 절벽에는 곡물저장소를 만들고 반대쪽에는 신전을 건축했다. 곡물저장소는 까마득한 절벽 곳곳에 바위를 뚫어 만들었다. 해

오얀타이탐보. 맞은편 절벽에 직사각형으로 밝게 드러난 부분들이 바위를 파서 만든 곡물저장소다.

발 2,800m의 고지대인 이곳에서도 기온이 낮고 또 바람이 잘 통하는 절벽에 저장소를 만들었으니 곡물을 더 오래 보존할 수 있었을 것이다. 바위 사이에는 통풍을 위해 뚫어놓은 창문들도 보인다. 곡물저장소가 있는 봉우리에는 일부 신화에서 '창조의 신'으로 등장하는 비라코차의 얼굴이 나타나 있다고 한다.

신전은 곡물저장소 맞은편 두 봉우리 사이 계곡에 마치 밭처럼 보이는 계단식 석축을 능선까지 쌓아올려 지었다. 한 단이 사람 키 정도 되는 석축을 17~18단 쌓아올려 계곡을 가득 채웠다. 오른쪽 봉우리에는 깎아지른 절벽 여기저기에 돌을 수직으로 쌓아올린 요새 같은 건축물들이 있는데 장례를 치르는 장소였다고 한다. 왼쪽 봉우리에는 신전을 만들었다. 신전에는 여섯 개의 바위기둥 벽Wall of the six Monoliths이 있다. 거대한 직육면체 모양의 바위 여섯 개를 다듬어 세워 붙인 벽이다. 직선으로 반듯하게 잘라낸 각각의 바위 사이에는 얇고 긴 직육면체의 바위를 끼워 넣었는데 면도칼도 들어가지 않을 만큼 완벽하게 붙어 있다. 표면은 매끄럽게 다듬었고, 일부에는 기하학적인 문양이 얕은 양각으로 새겨져 있다. 벽 앞에 길게 놓여 있는 바위 제단에 제물을 올려놓고 제사를 지냈을 것이다. 신전 너머 절벽 아래로는 긴 계곡을 따라 경작지가 있다. 문제는 이 거대한 벽을 이루는 직육면체 바위가 이곳에서 몇 킬로미터나 떨어진 다른 산에서 잘라 옮겨온 것이라는 점이다. 하나에 100톤이 넘는 거대한 바위들을 어떻게 잘라내고 다듬었으며 가파른 산봉우리까지 올렸는지는 알 수 없다.

신전으로 지었지만 마치 험준한 산봉우리에 쌓은 성터처럼 보이는 이곳은 전투로 막을 내렸다. 1537년 만코 잉카 유팡키가 이끄는 저항군이 스페인 침략군을 이곳에서 무찔렀다. 그러나 스페인군에 밀리게 된 유팡키는 빌카밤바로 후퇴해 신 잉카왕국Neo-Inca State을 세워 저항했는데 1572년 투팍 아마루 1세의 패배로 결국 멸망하고 말았다.[41] 빌카밤바의 위치에 관해 많은 논쟁이 벌어졌는데 20세기 말 광범위한 발굴조사 결과 안데스산맥 깊숙이 자리잡은 에스피리투 팜파 유적이 빌카밤바로 확인됐다.[42]

스페인에 정복된 16세기 초까지 철기를 만들어내지 못한 잉카 문명의 낙후성, 그리고 그들이 건설한 경이로운 석기 문명과 농업기술이 기묘한 대비를 이룬다. 평화로운 문명 교류를 통해 잉카 제국이 근대국가로 발전할 수 있었다면 어떤 모습이 됐을까? 역사에 만약은 없다지만, 페루도 남미도 세계 전체도 지금과 크게 다를 것이 틀림없다. 분명히 더 다채롭고 평화로운 세상이 되지 않았을까? 폐허로 바뀐 위대한 문명의 유산에서 역사의 허망함을 느낀다.

재미있는 것은 비라코차의 얼굴이라는 바위에 관한 전설이다. 바위산의 중앙부, 곡물저장소에서 왼쪽으로 조금 위를 보면 능선의 일부가 깎이면서 밝은색으로 드러난 부분이 있는데 마치 눈을 찡그리고 인상을 쓴 사람 얼굴처럼 보인다. 움푹 들어가 치켜 올라간 눈과 옆으로 꽉 다문 입, 그 사이의 코. 입의 아래쪽 바위는 옅은 회색빛으로 마치 턱수염처럼 보인다. 이것이 잉카의 신화에 나오는 비라코차 신의 형상이고 정복자 피사로의 얼굴과 닮았다는 것이 전설의 내용이다. 이 이야기를 대중적으로 널리 퍼뜨린 것이《신의 지문》이다.[43]

이 전설에 의하면, 비라코차는 기독교의 창조주와 비슷하다. 그는 세상이 어둠에 잠겨 있을 때 티티카카호에서 나타났는데, 해와 달과 별을 만들어 빛이 있게 했다. 바위로 거인을 만들었는데 마음에 들지 않자 홍수를 불러와 쓸어버린 다음 지금의 인간을 만들어냈다.

비라코차의 얼굴 형상으로 알려진
오얀타이탐보의 바위산 부분.

이상한 것은 스페인 사람 페드로 레온이 1553년에 쓴 글에 비로소 비라코차의 얼굴 모습 얘기가 나온다는 점이다. 피사로를 처음 본 잉카인들이 흰 피부와 수염 때문에 비라코차로 생각했다는 내용인데, 그 후 스페인 사람들의 글에 그런 이야기가 나오기 시작했다. 하지만 안데스에 전승되는 신화에는 비라코차의 피부색에 관한 내용이 없다고 한다.

때문에 비라코차 신화를 스페인 사람들이 만들어냈다고 지적하는 견해도 있다. 창조주의 개념을 이해하지 못하는 원주민들을 가톨릭으로 개종시키기 위해 잉카 신 가운데 하나인 비라코차에 생명의 여신 파차마마의 이미지를 덧씌운 다음 비라코차가 바로 가톨릭에서 말하는 창조주라고 설명했다는 것이다.[44] 성모 마리아의 이미지를 파차마마의 이미지에 겹쳐 가톨릭 신앙을 받아들이게 한 것과 마찬가지다. 창조신이 대홍수를 불러와 세상을 쓸어버렸다는 것도 어디서 많이 들은 얘기다.

더 이상한 것은 아즈텍 제국에도 거의 같은 전설이 있다는 점이다. 아즈텍에는 케찰코아틀Quetzalcoatl이라는 신이 흰 피부를 가진 인간의 모습으로 동쪽 바다에서 온다는 신화가 있고 이 신화가 아즈텍을 멸망으로 이끈 원인의 하나라는 내용이다. 코르테스를 환생한 케찰코아틀로 믿은 아즈텍인들이 자발적으로 항복한 것처럼 암시하는 이 주장은《코스모스》를 비롯해[45] 최근까지도 서구에서 나온 저술들에 등장하고 있다. 이 전설을 담고 있는 대표적인 문서는 아즈텍 황제 목테수마 2세가 코르테스를 황궁으로 모신 다음 자발적으로 황제 자리를 내주었다고 주장한

〈피렌체 문서〉Florentine Codex다.

케찰코아틀은 아즈텍 신화에서 바람의 신이며 새벽의 별 금성의 신이고 학문과 지식, 예술의 신이자 승려들의 수호자다. 그 신이 흰 피부를 가진 인간의 모습으로 동쪽 바다에서 온다는 신화가 정말로 있었다면 아즈텍인들이 잠시 코르테스를 환생한 케찰코아틀로 착각해 떠받들었을 수도 있다. 하지만 제국의 황제 자리까지 내주었다는 것은 말이 되지 않는 동화 같은 얘기일 뿐이다. 권력은 그런 게 아니다.

여기서도 코르테스를 비롯한 스페인 정복자들과 스페인에서 온 가톨릭 수도사들이 전설을 만들어냈을 가능성이 제기된다. 코르테스가 스페인 왕에게 보낸 편지를 포함해 스페인 사람들이 쓴 글에서 이 얘기가 비로소 등장하기 때문이다.[46] 〈피렌체 문서〉는 스페인 출신 프란치스코 수도회 수사 베르나르디노 데 사아군이 아즈텍 정복으로부터 약 50년 후에 썼다.[47]

잉카의 땅 페루와 볼리비아를 다니다 보면 파차마마의 이야기를 귀에 못이 박히도록 듣게 된다. 기념품 상점은 파차마마로 '차고 넘친다.' 하지만 쿠스코 왕국의 8대 왕 비라코차 말고 비라코차 신에 관한 이야기는 들은 적이 없다. 그를 형상화한 유물도 본 적이 없다. 아무도 관심 없다. 안데스 사람들의 마음에 비라코차 신의 자리는 없어 보인다.

이쯤 되면 혐의가 거의 드러나는 것 같다. 잉카에도 아즈텍에도 창조주나 지혜의 신이 하얀 얼굴을 한 서양 사람의 모습으로 나타난다는 신화는 없었을 것이다. 무참한 살육과 파괴를 저지른 스페인 정복자들이 자신들의 범죄를 가리려는 목적에서든 원주민의 저항의식을 누그러뜨리고 자발적 복종을 유도하기 위해서든, 신화를 만들어냈을 것이다. 마침 '성스러운' 계곡의 바위산에 신의 형상이라고 둘러댈 만한 얼굴이 나타나 있는 잉카는 조건이 더 좋았다. 수염까지 있었다.

사실은 이 얼굴 형상의 바위가 자연적으로 만들어진 것인지 인공으로 만든 것인지조차도 분명하지 않다고 한다.[48] 비라코차와 케찰코아틀의 얼굴이 백인을 닮았다는 전설은 중남미판 식민사관을 쌓아올리는 데 쓴 인공 주춧돌 아닐까?

쿠스코로 돌아오는 길에 친체로Chinchero에 들렀다. 멀리 눈이 덮인 안데스산맥 너머 석양이 빛나고 있었다. 친체로는 잉카 시대에 만든 계단식 밭이 가장 잘 보존되어 있는 곳으로 일부는 지금도 사용하고 있다. 이곳은 경사가 완만해 축대 위에 밭이 상당히 넓다. 한쪽에서는 무너진 축대를 복원하는 작업이 진행 중이다. 비탈길을 제법 올라가서 마을의 제일 높은 곳에 있는 성당은 17세기 초 잉카 건물을 헐어내고 그 기초 위에 지었다. 남미 어디서든 흔히 볼 수 있는 스페인풍의 웅장한 성당들과 전혀 다른 모양이다. 건물은 단층 또는 2층 정도의 높이로 넓게 펼쳤는데 외부 벽의 중간 정도까지는 잉카 시대의 것인 듯 붉은 바위를 가지런히 쌓았고 그 위에 하얀색 벽을 올린 다음 붉은 지붕을 얹었다. 종탑 또한 단정한 사각 모양으로 3층에 지나지 않아 다른 건물들과 잘 어울린다. 한적한 수도원 같은 분위기로 마음을 편하게 해줘서 좋았다. 일요일 성당 앞 광장에 서는 장이 매우 유명하다는데 평일 저녁이라 한적하다. 안데스의 산 그림자 너머로 붉은 노을이 지고 있었다.

친체로가 내 관심을 끈 이유는 따로 있었다. 잉카 신화에서 친체로가 무지개의 고향이라는 이야기를 들었기 때문이다.[49] 도대체 친체로의 무엇이 이런 신화를 낳았을까? 뭐라도 단서를 찾고 싶었으나 어둠이 몰려오는 가운데 잠시 마을을 걸어보는 것만으로는 불가능했다.

친체로의 아이들. 알파카와 야마를 돌보며 자라는 아이들의 웃음이 무지개만큼이나 아름다웠다.

해발 3,800m 가까운 안데스 고산 마을, 붉은색 바탕에 갖가지 원색으로 수를 놓은 안데스의 옷을 입고 알파카와 야마를 돌보며 자라나는 아이들의 해맑은 웃음이 무지개만큼 아름다웠다. 아이들의 웃음을 마음에 담고 쿠스코로 돌아왔다. 내일은 이 여행의 하이라이트, 마추픽추로 간다.

'마추픽추!'

마추픽추Machu Picchu를 구경하려면 아구아스칼리엔테스Aguas Calientes에 가야 한다. '아구아스칼리엔테스'는 '더운 물', 온천이라는 뜻이다. 이름 그대로 이곳에는 건강에 좋은 유황온천들이 있다. 쿠스코에서 아구아스칼리엔테스 가는 데에는 기차를 선택했다.

쿠스코에 있는 페루철도Perurail 사무소에서 기차표를 찾을 때 받은 안내문에는 6kg 이상 짐을 기차에 실을 수 없다고 돼 있고 직원은 10kg 정도까지는 괜찮다고 했다. 그 말을 곧이곧대로 믿고 큰 배낭을 쿠스코 숙소에 맡긴 다음 작은 배낭에 짐을 챙겼더니 어림짐작에 거의 10kg 가까웠다. 떠나는 날 아침에 쿠스코 외곽에 있는 포로이Poroy역 대합실에서 기차를 기다리는데 커다란 배낭을 지고 오는 여행객들이 드물지 않았다. 역에 따로 짐을 보관하는 장소도 없는데 저 사람들 어쩌나 걱정했다. 그런데 기차에 타고 보니 큰 짐을 실을 수 있는 짐칸이 객실마다 따로 있어서 전혀 문제가 없었다. 6kg 제한은 좌석에 들고 들어갈 수 있는 짐을 말하는 것이었다. 앞뒤 재어보지도 않고 멍청하게 설명을 받아들인 탓에 이틀 내내 무거운 배낭을 메고 돌아다니느라 고생했다.

기차는 창문이 상당히 크고 천장도 유리였다. 하늘을 보라고 저렇게 했나 생각했는데, 아구아스칼리엔테스까지 가는 동안 기찻길 양편에 수직으로 하늘을 찌를 듯 연이어 솟아 있는 절벽과 산봉우리들의 절경을 아이맥스 영화처럼 즐길 수 있었다.

아구아스칼리엔테스에 도착해 점심을 먹고 마추픽추로 향했다. 셔틀버스는 깎아지른 듯한 절벽에 지그재그로 만든 아슬아슬한 길을 따라 30분 정도 달려 마추픽추에 도착했다. 걸어 올라갈 수도 있지만 2시간 이상 걸린다고 한다.

성스러운 우루밤바강이 안데스산맥 계곡 사이로 두 개의 S자를 만들며 휘감는 곳에 '젊은 산' 와이나픽추와 '늙은 산' 마추픽추산이 솟아 있다. 서로 마주 보고 솟아 있는 두 봉우리를 연결하는 산마루에 돌로 쌓아 올린 공중 도시가 마추픽추 유적이다. 천하의 명당 중에서도 이런 명당이 없다.

평지에 이런 산이 솟아 있다고 해도 난공불락, 천혜의 요새인데, 깊고 깊은 안데스산맥 한가운데, 성스러운 강이 휘감고 있으니 적이 공격하기는커녕 찾아내는 것조차 불가능할 지경이다. 스페인인들은 이곳을 끝내 찾아내지 못했다. 그러니 잉카인들이 이곳에 어떻게 도시를 건설했는지를 따지기에 앞서, 도대체 어떻게 찾아냈는지가 내겐 더 수수께끼다. 이해할 길이 없다. 비행기도 없던 시절에 말이다. 그들이 그 많은 봉우리마다 올라가 지리를 살펴봤다는 말인가?

문자로 된 기록이 없고 수백 년 동안 잊혔기 때문에 마추픽추에 관해서는 아직도 모르는 것이 더 많다고 한다. 전체적인 도시 설계와 건물의 구조, 유물들에 비추어 종교적 목적이 강한 신성한 장소였고, 잉카의 황제와 귀족, 종교 지도자들과 군인, 기술자, 노예 등이 거주했으리라고 추측할 뿐이다.

지금까지 밝혀진 바에 의하면 1450년경 파차쿠티가 건설하기 시작했고 1세기 정도 사용하다 포기했다고 한다. 스페인 침략자들에 의한 정복과 파괴를 피하기 위해 마추픽추를 포기하고 떠난 것이다. 이 주변에 살아온 극소수의 원주민들 외에는 잉카인들조차도 마추픽추를 잊었다.

1911년 6월 예일 대학 교수자 탐험가인 하이럼 빙엄이 현지 주민의 안내를 받아 마추픽추에 도착했다. 빙엄은 이곳에서 팔찌, 귀걸이, 옷핀, 칼 등 220개의 청동기 물품과 555개의 도자기 파편, 돌과 자기로 된 156개의 접시, 3개의 돌로 만든 조각품과 각종 석기들, 173명의 유골을 발견했고, 이를 계기로 마추픽추가 외부 세계에 널리 알려졌다. 하지만 빙엄이 마추픽추에 처음으로 도착한 서양인인지는 분명치 않다. 영국 선교사 토마스 페인과 독일 기술자 폰 하셀이 1874년에 마추픽추를 방문했다는 주장이 있고, 최근에는 독일 탐험가이자 기술자인 아우구스토 베

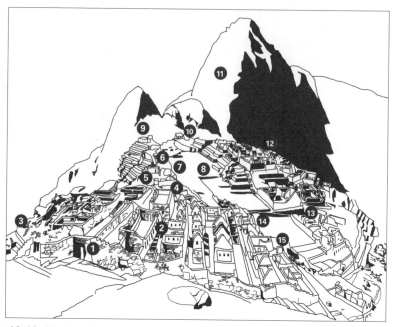

마추픽추 지도. ① 도시지역 출입문 ② 귀족구역 ③ 채석장 ④ 제사장 주거 ⑤ 성스러운 광장 ⑥ 중앙 신전 ⑦ 세 개의 창문이 있는 신전 ⑧ 중앙 광장 ⑨ 인티와타나 ⑩ 성스러운 바위 ⑪ 와이나픽추 ⑫ 서민구역 ⑬ 콘도르 신전 ⑭ 왕궁 ⑮ 태양의 신전

른스가 1860년에 마추픽추에 갔을 가능성이 있다는 주장도 제기됐다.[50]

입구에서 관람로를 따라 곧바로 유적 안으로 들어갈 수도 있지만, 왼쪽 언덕으로 난 좁은 오르막길로 올라가 망지기의 집을 찾는 것이 좋다. 망지기의 집에서, 너무나 당연하게도, 유적 전체를 한눈에 내려다볼 수 있기 때문이다. 좁은 길을 따라가다가 망지기의 집을 돌아나가는 순간 눈앞에 공간이 확 열리면서 마추픽추가 한눈에 들어왔다.

책과 인터넷에서 많이도 본 모습이지만, 느낌이 전혀 달랐다. 처음에는 실감이 나지 않았다. '이게 뭐지?' 할 정도로, 조금 얼떨떨하고 머리가 멍해졌다. 내가 뭘 보고 있는 건지 잠시 헷갈렸다. 그리고 정신이 들었

마추픽추 전경. 마추픽추와 마주하는 순간 아무 생각도 나지 않았다. 잠시 후 정신이 들면서 전경이 눈에 들어오고 감동이 밀려왔다. 내가 서 있는 곳은 망지기의 집 앞이다. 내 앞과 양옆으로 계단식 석축을 쌓아올려 만든 농업지역이 있고 농업지역과 도시지역 사이에 두 줄로 길게 쌓은 계단과 수로가 있다. 도시지역 너머 높게 솟은 봉우리가 와이나픽추다.

다. '아, 마추픽추!'

여전히 현실감이 들지 않았다. 사진을 놓고 책과 인터넷에서 읽은 마추픽추에 관한 이야기가 아무것도 떠오르지 않았다. 이게 정말로 실재하는 모습인지, 내가 그 자리에 온 게 맞는지, 눈으로 보면서도 믿어지지 않았다. 천천히 와이나픽추가 눈에 들어오고, 돌로 쌓은 건물들, 계단과 석축들, 저 아래 흐르는 우루밤바강과 계곡이 눈에 들어오기 시작했다. 왠지 모르게 눈물이 났다.

어떻게 표현해야 할지 모르겠다. '너무나 아름답다'라고 쓰고 싶지만, 그것으로는 적절하지 않다. 거대한 도시의 외형은 단순하다. 단지 바위를 다듬어 쌓아올렸을 뿐이다. 장식도 없다. 건축물의 성격에 따라 아주 매끄럽거나 조금 거칠게 다듬은 바위 표면밖에 없다. 소박하기 짝이 없다. 그런데 또는 그래서 아름답다. 아름다움을 지탱하는 건 정밀함이다. 수직으로 솟아오른 경사면에 쌓아올려 밭을 만들고 도시를 떠받치는 석축과 건물을 이루는 헤아릴 수 없이 많은 바위가 수백 년의 세월을 견디며 제자리를 지키고 있다. 그 안에는 미로처럼 연결된 수로와 관개시설이 있다. 평지에 건설했다고 해도 경이로울 도시를 안데스산맥 깊고 깊은 곳에 자리잡은, 험준한 산꼭대기에 건설했으니 할 말이 없다.

그게 다가 아니다. 자연과 이루는 조화가 완벽하다. 험준한 지형에서 나올 수 있는 살벌함을 극대화해 전쟁용 산성을 쌓는 식의 조화가 아니라 그와 정반대의 분위기를 만들어냈다. 반전이랄까, 역설적 조화랄까, 진정한 완벽함이라고 할까, 가장 험준한 터전에서 삶을 영위하는 데 필요한 부드러움과 평화로움을 빚어냈다.

와이나픽추와 마추픽추산은 말할 것도 없고 주변을 병풍처럼 둘러싼 안데스 연봉들은 하나같이 깎아지른 절벽에 수직으로 솟아올랐다. 험준하기 짝이 없다. 그런 산봉우리들이 어울려 만들어내는 분위기가 아늑하고 평온하다. 마추픽추가 들어선 산마루는 상대적으로 완만하고 넓게 펼쳐져 있어 사람들의 생활공간을 만들기에 적당하다. 주변 산들과 사이에 공간이 넓어 시야를 가리는 것이 전혀 없고 하늘은 완전히 뚫려 있다. 아침부터 저녁까지 햇빛을 넉넉히 받을 수 있고 밤새도록 달과 별을 볼 수 있다. 천문관측에 이보다 더 좋은 곳이 있을 수 없다. 태양신을 섬기며 농업에 의지해 운영하는 잉카 제국에서 얼마나 중요한 곳인지 알 수 있다. 샘물도 10여 군데에서 솟아나 생활과 농사의 필요를 채워준다.

믿어지지 않지만 기후도 온화하다. 마추픽추는 안데스산맥 깊숙이 자리잡은 아구아스칼리엔테스에서 보이지도 않는 까마득한 산 위에 있으므로 굉장히 높은 것처럼 느껴진다. 하지만 고도는 해발 2,400m에 지나지 않아 3,400m인 쿠스코보다 훨씬 낮다. 겨울에 더 따뜻하다는 말이다. 마추픽추를 사이에 두고 우뚝 솟은 와이나픽추(2,693m)와 마추픽추산(3,082m)이 바람도 막아주지 않을까 싶다.

그런 마추픽추가 폐허다. "비극의 어떤 절정"[51]이라는 신영복 선생님의 표현이 딱 어울린다. 속절없이 사라진 위대한 문명의 잔해가 허무하기 짝이 없는 인간의 역사를 냉정하게 드러낸다. 트로이성의 폐허를 거닐 때 그랬던 것처럼 마추픽추에 선 여행자의 감정은 갈피를 잡기 어렵다. 《일리아드》와 그리스 비극들을 통해 그곳에서 벌어진 전쟁과 참상을 구체적인 사람들과 함께 떠올릴 수 있는 트로이와 달리 마추픽추에는 그런 게 아무것도 없어 더욱 착잡하다. 위대한 시인도 그랬을까?

바위 그 위에 바위, 그리고 인간, 그는 어디에 있었는가?
공기 그 위에 공기, 그리고 인간, 그는 어디에 있었는가?

시간 그 위에 시간, 그리고 인간, 그는 어디에 있었는가?[52]

구름이 끼었지만 비는 오지 않고 바람도 많지 않았다. 간간히 햇살이 비치면 마추픽추는 방금 세수를 마친 해맑은 얼굴처럼 환하게 빛났다.

마추픽추 유적은 크게 도시지역과 농업지역으로 나뉜다. 도시지역은 도시를 운영하는 데 필요한 기능에 따라 구분되는데, 제일 높은 곳에는 신전과 종교 시설이 있고 귀족들과 하층계급의 거주지가 이어진다. 귀족들의 거주지를 구분하는 높은 담 아래에는 계곡 아래 계단식 밭까지 연결되는 두 개의 긴 계단을 나란히 쌓은 다음 그 사이 공간을 물이 흘러내리는 수로로 만들었다.

농업지역은 대부분 산비탈에 석축을 쌓아 만든 계단식 밭으로 되어 있다. 비탈이라고 하기에는 적절하지 않을 정도로 깎아지른 경사면까지, 조금이라도 공간을 만들 수 있는 곳에는 모두 석축을 쌓아 밭을 만들었는데, 사람 하나 들어가기에도 비좁아 보일 정도로 아슬아슬한 곳까지 최대한 공간을 확보했다. 석축의 선과 각은 하나같이 반듯하고 정확하며 옆면은 평평하게 다듬어 단정하다. 석축 안에는 자갈, 모래, 흙을 차례로 채워 밭을 만드는 한편 물이 잘 빠질 수 있게 했다. 그렇게 만든 밭에서 만 명 정도를 부양할 수 있는 식량을 생산했다고 한다.

계단식 석축의 기능이 식량 생산에만 그치지 않았다는 사실은 더욱 놀랍다. 물이 넘치지 않도록 흐름을 관리하는 관개시설인 동시에 흙과 바위가 무너지지 않도록 하며, 바위로 쌓아올린 도시의 하중을 분산시켜 떠받치는 기능도 했다. 고도의 건축학 지식과 설계기술, 그 기초가 되는 높은 수준의 수학 지식을 가지고 있지 않다면 도저히 상상할 수 없는 것이 마추픽추다.

도시지역에서 바라본 농업지역. 이렇게 쌓은 계단식 석축으로 최대한 공간을 마련해 농사를 지었다.
농업지역 건너편에 초소들이 있고 위쪽 끝에 망지기의 집이 보인다. 뒤에 솟아 있는 봉우리가
마추픽추산이다.

망지기의 집에서 비탈을 내려가면 능선에 장례 의식에 사용한 것으로 추정되는 바위가 있고 건너편에는 귀족들의 거주지가 있다. 그 다음엔 종교 시설이 나온다. 제일 높은 곳에 있는 '중앙 신전'Main temple은 외관만 얼핏 보아도 제일 중요한 곳임을 알 수 있다. 왼쪽과 오른쪽에 거대한 바위를 거의 같은 모양으로 깔끔하게 다듬어 벽의 기단을 만들고 그 옆과 위에 정교하게 잘라내 다듬은 바위를 벽돌처럼 쌓아서 벽을 세웠다. 마주 보는 벽은 정확한 대칭을 이루고 있다. 가운데 벽은 거대한 직사각형 모양의 바위를 눕힌 다음 그 양쪽과 위에 바위를 쌓아올렸다. 중앙 벽 제일 위쪽에는 바깥은 막혀 있고 안쪽으로는 창문처럼 보이는 사다리꼴 공간을 일곱 개 만들었다. 일곱은 무지개의 일곱 색깔을 상징하는 것 같다. 안타까운 것은 마추픽추에서 본 건축물 가운데 유일하게 중앙벽의 오른쪽이 기울어지며 바위들 사이에 틈이 벌어져 있다는 점이다. 신전 바닥을 평평하게 만들기 위해 쌓은 흙이 벽의 무게를 이기지 못하고 가라앉은 것처럼 보인다.

신전을 지나 이어지는 능선에는 거대한 바위로 해시계 '인티와타나'Intihuatana를 만들어놓았다. 바위 윗부분에 튀어나오도록 조각되어 있는 사다리꼴의 직육면체는 동서남북의 방위를 표시하는 한편 그림자를 통해 시각을 알려주는 시침 역할을 한다. 얼핏 투박하게 보이지만 들여다볼수록 정교하다. 거대한 바위를 다듬은 솜씨가 경이롭다. 잉카에서 태양신 인티는 최고의 신으로 만물에 생명을 불어넣는데, 인티와타나가 태양을 붙들어서 잉카를 떠나지 못하게 했다고 한다. 이 바위에 손을 대면 강한 기운을 느낄 수 있다는 말도 있는데 접근할 수 없도록 줄로 막아놓았다. 2000년 이곳에서 광고를 촬영하던 중 크레인이 넘어지면서 바닥 일부가 깨진 사고의 상처도 그대로 남아 있다.

마추픽추의 주요 종교 시설. 왼쪽 위에서 시계 방향으로 중앙 신전, 인티와타나, 세 개의 창문이 있는 신전, 콘도르 신전이다. 인티와타나 기단에 2000년 크레인 사고로 깨진 부분이 보인다.

거주지역과 와이나픽추 입구가 갈라지는 경계 지점에 '성스러운 바위'Roca Sagrada가 서 있다. 너비가 거의 3m 정도 되는 이 바위는 그 뒤로 멀리 보이는 산 모양과 비슷하다고 하는데 구름이 끼어 확인할 수 없었다. 이 바위 앞에서는 여러 가지 의식을 치렀을 것으로 추정한다.

거대한 자연석 위에 반원형으로 담을 쌓아올리고 사다리꼴의 창문을 만든 곳은 '태양의 신전'El Templo del Sol이다. 이 창문으로 태양의 움직임을 관측했고, 제사장이 태양신에게 희생 동물을 바친 것으로 추정된다. 제사장은 잡은 동물의 내장을 관찰해 점을 쳤다고 한다. 바위 아래에는 왕족의 무덤으로 추정되는 장소가 있다.

'세 개의 창문이 있는 신전'El Templo de las Tres Ventanas 벽에는 정확하게

일치하는 세 개의 사다리꼴 창문이 있다. 이곳에서는 태양신을 숭배하는 의식을 치르고 일기를 예측했다고 한다.

잉카인들은 양력과 음력을 모두 사용했다. 하지가 있는 12월에서 1년을 시작하는 양력은 한 해를 365일로 계산해 농업과 건축 등 경제활동을 하는 데 사용했고, 음력은 한 달에 28일씩 13개월로 이루어지는데 축제와 의식을 치르는 데 사용했다고 한다.

특이한 것은 콘도르 신전이다. 잉카인들이 하늘의 제왕이자 신의 뜻을 전하는 전령으로 신성시한 콘도르를 모시는 신전인데 구상이 기발하다. 양쪽으로 솟아 있는 거대한 자연석을 날개 삼아 콘도르의 형상을 만들었다. 그 앞에 콘도르의 머리와 하얀 목을 형상화한 바위를 놓으니 영락없이 날개를 푸드덕거리며 날아오르는 콘도르 모양이 됐다. 왼쪽 날개 바위 밑 공간은 희생의식을 치르는 장소였을 가능성이 있다고 한다. 잉카인들이 마추픽추를 포기하고 떠나기 전 콘도르가 절벽에서 떨어져 죽는 것을 보고 계시를 받았다는 전설이 생각났다. 마추픽추를 구하라는 하늘의 뜻 아니었을까?

스페인인들이 저지른 만행에 비추어볼 때, 잉카인들이 이곳을 마지막 기지로 삼아 저항했다면 마추픽추는 완전히 파괴됐을 것이다. 생각만 해도 소름이 끼친다. 이곳을 떠나는 결단을 내린 잉카인들은 자신들의 후예와 인류를 위해 어마어마한 기여를 한 셈이다. 하지만 막상 잉카 다리를 끊고 밀림으로 떠나는 마음은 어땠을까? 헤아릴 길이 없어 더 먹먹하다. 삶의 터전을 버리고 삭풍이 부는 간도로 떠난 독립운동가들의 심정이 그렇지 않았을까 싶다.

평민의 거주구역은 귀족구역보다 상대적으로 낮은 데 있고 전체적으로 규모가 조금 작고 바위를 조금 거칠게 다듬었을 뿐 구조나 지은 방법은 별 차이가 없다.

이틀에 걸쳐 둘러보았지만 이해할 수 없는 것이 많았다. 도대체 누가 어떻게 이 도시를 설계했는지, 어마어마한 양의 설계도가 필요했을 텐데, 그것들은 어디에 어떻게 그렸는지, 바위를 어떻게 자르고 다듬었는지, 수많은 기술자와 노동자들은 어디서 어떻게 동원했고, 어떻게 먹이고 재웠는지, 많게는 만 명 가까운 인구가 살아가는 데 필요한 생활용수와 농업용수를 공급하고 생활하수를 처리한 방법은 무엇인지, 우기에 쏟아지는 빗물이 넘치지 않도록 어떻게 관개시설을 정비했는지 의문은 끝이 없다.

이곳은 지진도 잦다. 그런데도 수백 년이 흐르도록 원래의 모습을 간직하고 있는 마추픽추의 기반시설과 석축과 건물은 현대의 기술자가 최신 공법으로 최고의 재료를 사용해 짓는다 해도 따라가기 쉽지 않을 것이다. 더구나 잉카인들은 접착제를 사용하지 않고 오로지 돌을 쌓아올리는 방법으로만 그 오랜 세월을 버텨내게 했으니 불가사의가 아닐 수 없다. "비밀의 바위들"[53]이다.

지진 피해를 막는 설계기술 한 가지는 알아냈다. 사다리꼴이다. 잉카인들은 집을 짓거나 벽을 쌓을 때 지표면에서 수직으로 올리는 대신 위로 갈수록 약간 좁아지게 사다리꼴로 쌓았는데, 지진으로 인한 뒤틀림이나 붕괴를 막는 효과가 있다고 한다. 문과 창문도 사다리꼴로 냈는데 같은 원리다.

신전을 비롯한 주요 건축물은 지붕이 하나도 남아 있지 않아 아쉬웠다. 초소 같은 작은 집 몇 채만 현대에 만들어 올린 것으로 보이는 지붕이 있는데 건물 벽 상단에 박아 넣은 둥근 돌기둥을 이용해 서까래를 얹고 지붕을 올린 것 같다. 산비탈을 따라 도시를 가로지르는 정교한 계단길

마추픽추의 건축기술. 집 모양은 물론 창문과 문도 마름모꼴로 만들어 지진 피해를 막았다(왼쪽 위).
건물 상단에는 원통형 돌기둥을 박아 넣어 서까래와 지붕을 올렸다.(오른쪽 위) 도시지역을 관통하는
돌계단(오른쪽 아래)과 큰 바위를 다듬어 넣은 돌벽(왼쪽 아래)도 눈길을 끈다.

과 골목길, 바위에 새긴 계단을 지날 때에는 잉카 시대로 되돌아간 듯한
느낌이 들었다.

　마추픽추에서 제일 재미있는 것은 어느 돌벽이었다. 작은 바위와 돌
들을 끼워맞춰 벽을 쌓았는데, 벽 가운데 거대한 바위를 다듬어 무늬를
넣었다. 바위와 돌로 벽을 쌓는다면 누구나 큰 바위를 밑에 놓고 그 위에
작은 바위와 돌을 맞추어 쌓아올릴 것이다. 마추픽추의 건물과 벽들도
대개는 그렇게 되어 있다. 그런데 유독 이곳만은 작은 돌을 쌓은 다음 큰
바위를 다듬어 중간에 끼워 넣었다. 이건 통상적인 작업 과정에서 자연

잉카 다리. 마추픽추와 외부를 잇는 길이자 끊는 길이다. 이 다리를 건너면 안데스 우림지대로 이어진다.

스럽게 이루어질 수 있는 일이 아니다. 뭔가 특별한 의도를 가지고 한 것이 틀림없는데 특별한 의미를 가질 것이 아무것도 없는 평범한 돌담이라 더욱 돋보였다. 잉카 석공의 마음에 담긴 넉넉한 여유와 해학이 이렇게 나타난 것 아닌가 하는 생각이 들었다.

마추픽추에서 빼놓을 수 없는 또 하나의 명물이 잉카 다리Inka Bridge다. 이 길은 마추픽추와 외부를 연결하는 통로로 안데스 우림지대로 이어진다고 한다. 수십 미터를 넘는 수직 절벽에 정교하게 바위를 쌓아올려 길을 만든 다음 가운데에 사람 키의 두세 배 되는 깊이로, 도저히 건너뛸 수 없는 공간을 비운 다음 통나무를 놓아 연결했다. 통나무만 치워버리면 세상 없는 장사라도 건널 도리가 없다. 오직 잉카인들만이 생각해낼 수 있는 길이다. 마지막 잉카인들이 이곳을 떠날 때 저 길을 따라서 밀림으로 사라졌다고 한다. 인간이 만들었다고는 믿어지지 않는 길, 잇는 길인지 끊는 길인지 알 수 없는 길을 만들어 침략자로부터 보호받으려 했지만 결국은 자신들이 떠나면서 끊어야만 했던 길, 그렇게 마추픽추를 보호한 길이다.

나는 그대들의 죽은 입으로 말하러 왔노라.
대지에 흩어져버린
침묵하는 입술들 함께 모여
저 깊은 곳에서 밤새워 말해다오.
내가 그대들과 함께 닻 내린 것처럼,
모든 것을 말해다오.
사슬 하나하나, 고리 하나하나, 발걸음 하나하나.
……
그리고 울게 해다오,
수많은 시간을, 날을, 해를, 눈먼 시대를, 별 같은 세기를.[54]

마추픽추산에서 본 마추픽추

둘째 날 마추픽추산에 올랐다. 새벽 5시 아구아스칼리엔테스의 숙소를 나와 셔틀버스 정류장으로 갔더니 이미 수많은 사람이 줄을 서서 기다리고 있었다. 줄에 선 채로 아침을 먹는 사람들도 있었다. 6시 반쯤에야 버스에 탔다. 7시경 마추픽추에 도착했다. 망지기의 집에 올랐을 때 해는 이미 중천에 떠 있었다. 마추픽추에서 일출을 보려면 새벽 4시 전에 숙소에서 나가 첫차를 타야 한다는 말이 실감났다.

날씨는 맑았다. 아침 햇살을 받은 마추픽추를 사진에 담은 다음 마추픽추산에 올랐다. 8시까지 입장 가능한데 7시 45분에 입구를 통과했다. 길은 대부분 돌계단이었다. 처음에는 좀 완만한 듯했으나 금방 가파른 길이 나타났다. 한동안 아무것도 보이지 않는 가파른 숲길을 올라가자니 여기를 왜 왔나 하는 생각이 들었는데 그럴 즈음 마추픽추의 전경이 나타났다. 산허리를 감아 도는 가파른 길을 따라 마추픽추와 와이나픽추, 우루밤바강과 안데스 연봉이 점점 멀어지면서 모습을 드러냈다. 너무 가팔라서 도저히 길을 낼 수 없는 곳은 절벽에 돌을 쌓아서 길을 만들었다. 과연 잉카의 후예들이다.

쉬지 않고 1시간 반 정도 계속 올라가니 바위를 쌓아 만든 길이 무너진 듯, 미끄럽고 다소 위험해 보이는 너덜지대가 나타났다. 조심해서 그 구간을 지나자 완만한 능선길이 나오며 정상으로 연결됐다. 모든 것이 한눈에 다 보였다. 오길 잘했다는 생각이 들었다. 와이나픽추와 마추픽추산을 다 오르면 제일 좋겠지만, 체력이 된다는 전제 아래, 굳이 둘 중 하나를 고른다면, 마추픽추산이 나은 것 같다. 힘도 많이 들고 와이나픽

마추픽추산 정상에서 본 마추픽추와 성스러운 강. 마추픽추산 정상에 서면 마추픽추와
와이나픽추는 물론 성스러운 강과 주변의 안데스산맥까지 전체 지형이 한눈에 들어온다.
마추픽추가 얼마나 놀라운 장소인지 이해할 수 있다. 와이나픽추 정상에 건축한 유적이 보인다.

추에 있는 유적을 못 보는 건 아쉽지만 와이나픽추를 포함한 마추픽추의 전경과 주변을 모두 내려다보는 장관을 즐길 수 있기 때문이다. 마추픽추를 둘러싼 전체 지형이 눈에 들어온다. 마추픽추산에서 내려다봐야만 이곳을 제대로 이해할 수 있다.

자연이 만들어낸 것이든 인간이 만들어낸 것이든, 사람의 마음을 뒤흔드는 걸작은 진품 앞에 서서 두 눈으로 봐야 한다. 아무리 크고 정밀하게 찍었다 하더라도 사진으로 보는 것과 내 눈으로 보는 것은 하늘과 땅만큼 다르다. 그래서 걸작이다. 미적 안목이 전혀 없는 문외한조차도, 이유를 알 수 없는 깊은 감동에 사로잡히게 하는 마력을 가지고 있다. 사진으로는 결코 그 감동을 전달할 수 없다.

마추픽추산에서 내려와 마지막으로 둘러보는 길, 마치 작별인사를 하는 듯 야마가 두 마리나 나타나 자세를 잡아줬다.

빙엄은 마추픽추에서 발굴한 많은 유물을 미국으로 가져가 예일 대학에 팔았다. 제국주의 국가가 제3세계에서 약탈해간 문화재 반환운동이 거세게 일어난 20세기 말, 페루 정부는 예일 대학에 유물 반환을 요구했다. 오랜 교섭 끝에 2011년 예일 대학은 약 5,000점의 마추픽추 유물을 반환하기로 합의했다. 예일 대학이 쿠스코에 있는 산안토니오아바드 국립대학과 공동으로 '마추픽추와 잉카문화 연구 국제센터'를 설립하고 유물을 반환하기로 한 것이다.[55] 약탈당한 문화재로 말하면 우리나라가 페루보다 더하면 더하지 못하지 않을 것이다. 세계 각국의 다양한 사례를 참고해 더 빨리, 더 많은 문화재를 반환받으면 좋겠다.

작물시험장 모라이와 염전 살리네라스

크기와 모양이 웅장하지는 않지만 마추픽추에 못지않게 잉카 문명의 수준을 보여주는 중요한 유적이 작물시험장 모라이다. 쿠스코에서 북서쪽으로 50km 정도 떨어진 마라스 마을 근처에 있는 모라이는 해발 3,500m의 산등성이에 석축을 쌓아 조성한 여러 개의 계단식 농장으로 이루어져 있다.

모라이를 대표하는 것은 각각 일곱 개의 계단으로 된 3단계의 농장이다. 제일 깊은 곳은 완전한 원형으로 된 계단식 밭이 분지 모양으로 되어있고, 그 위에 원추 모양으로 된 계단식 밭이 연결되어 있다. 오른쪽 비탈에는 직사각형 모양으로 다시 일곱 개의 계단식 밭이 만들어져 있다. 각각의 석축에는 위아래로 쉽게 오르내릴 수 있도록 넓적한 돌을 네 개 또는 다섯 개씩 끼워 넣어 계단을 만들어놓았다.

위쪽 직사각형 모양의 농장은 완전히 노출된 경사면에 있는 반면 원추 모양의 농장과 제일 아래 원형 농장은 분화구처럼 산등성이에서 아래쪽으로 파들어간 형태다. 이곳이 처음부터 분화구처럼 형성된 곳인지 아니면 작물시험장을 만들기 위해 파낸 것인지는 분명하지 않다. 제일 높은 곳과 낮은 곳의 높이 차이는 약 30m다.

놀라운 것은 표고차가 30m밖에 나지 않음에도 바람과 햇빛의 영향으로 제일 높은 곳과 제일 깊은 곳 사이에 섭씨 15℃의 기온 차이에 해당하는 효과를 냈다는 점이다. 쉽게 믿어지지 않는 이야기였지만, 가이드의 말과 책에 나온 이야기가 모두 같았다. 일교차가 대단히 심하고 바람이 많이 부는 안데스 고산지대에서 위쪽 직사각형 모양의 농장은 햇볕을

작물시험장 모라이. 잉카 농업기술의 상징이다. 지형에 따라 햇빛과 바람의 효과로 생기는
기온차를 이용해 다양한 작물을 재배했다.

한쪽만 받고 바람에 노출되어 있는 반면 원형으로 된 아래쪽은 아침부터 저녁까지 햇볕을 받으며 바람에 노출되지 않아 분지처럼 온도가 많이 올라가서 그런 것 아닌가 싶다.

이처럼 커다란 온도차를 이용해 잉카인들은 안데스에서 나는 다양한 야생식물을 작물화하고 품종을 개량하거나, 여러 품종을 교배해 새로운 품종을 만들어냈다. 그렇게 육종한 작물을 제국의 여러 지역에서 재배할 수 있도록 다양한 기후에 적응시키는 일도 했다. 이들은 이미 서기전 3500년 무렵에 감자와 마니오크 등을 작물화했고, 그 후에 '신들의 선물' 옥수수와 '곡물의 어머니' 퀴노아, 땅콩과 라마콩을 비롯한 콩류, 목화, 고구마, 호박 등을 재배하기 시작했다고 한다.[56]

수천 년에 걸쳐 안데스인들이 거둔 품종 개량의 성과는 정말 대단하다. 예컨대 감자의 조상인 야생 감자는 크기가 호두알 정도밖에 안 되고 맛이 써서 식용으로 삼을 수 없는 것이었는데, 오랜 세월에 걸친 인위적 선택을 통해 인류의 주식 가운데 하나가 됐다. 해발 4,500미터의 높이에서도 자라는 감자는 안데스 고산지대에 최적화된 작물이다.[57]

옥수수도 마찬가지다. 해발 3,300미터 정도까지 자라는 야생 옥수수는 자루 크기가 2~3cm 정도에 지나지 않았다. 그것을 수천 년에 걸친 육종 과정에서 오늘날과 같이 크고 맛있는 품종들로 바꾸어낸 것이다. 그 정도에 그친 것도 아니다. 옥수수를 주식으로 먹을 경우 니아신 결핍증으로 펠라그라pellagra병에 걸리게 되는데 안데스인들은 이것을 해결하는 방법도 찾아냈다. 나뭇재나 조개에서 추출한 석회를 물에 넣고 가열한 다음 옥수수 알갱이를 담가놓으면 니아신이 생성되는 것이다. 참으로 놀라운 방법이 아닐 수 없는데, 이들이 어떻게 그 방법을 찾아냈는지는 미지수로 남아 있다.[58]

안데스의 다양한 옥수수와 콩들. 인위적 선택에 의한 개량이 누적되면서 얼마나 엄청난 결과를 낳는지 보여준다.

다윈이 쓴《종의 기원》에는 자연선택에 대비해 인위적 선택을 통한 육종의 효과를 설명하는 대목이 나온다. 안데스인들이 야생식물을 재배하면서 거둔 놀라운 성과를 이해하는 데 큰 도움이 된다.

실제로 인간이 변이를 일으키는 것은 아니다. 인간은 목적의식 없이 유기체를 새로운 생활조건에 노출시킬 뿐이다. 그러면 자연이 유기체에 작용해서 변이를 유발한다. 하지만 인간은 자연이 만들어준 변이를 선택할 수 있고 또 선택해서 원하는 방향으로 축적해간다. 그렇게 해서 동물과 식물을 인간의 이익이나 희망에 적응하게 만든다. 체계적으로 그렇게 할 수도 있고 품종을 바꾸겠다는 생각 없이 주어진 시점에 가장 유용한 개체를 보전함으로써 무의식적으로 그렇게 할 수도 있다. 평범한 눈에는 띄지도 않을 만큼 사소한 개별적 차이를 세대마다 계속 선택함으로써 품종의 특성에 커다란 영향을 끼칠 수 있는 것이다.[59]

잉카인들이 재배한 작물은 각각 수백 종에 이르는 감자와 옥수수를 포함해 모두 4,000종에 이른다고 하니 또다시 놀라게 된다. 모라이야말로 수백만 명의 인구를 부양한 제국의 부와 권력의 원천인 셈이다. 근대 이전 문명 가운데 국가가 이처럼 대규모로 작물시험장을 갖춰 농작물을 개량하고 보급한 곳이 또 있는지 모르겠다. 야생식물을 인간의 식량과 채소로 작물화하는 데 성공한 안데스인들의 오랜 전통을 조직화하고 개선해서 최고 수준으로 끌어올린, 문명의 정수라고 할 만하다. 2010년 2월에 일어난 대홍수로 모라이의 한쪽 벽이 무너진 것을 아직도 복원하지 못하고 있는 모습이 안타까웠다.

모라이에서 우루밤바강 쪽으로 가까이 가면 황토흙으로 가득한 메마른 계곡에 살리네라스Salineras가 있다. 살리네라스는 소금광산이라는 뜻인데 일반적인 소금광산처럼 땅속에서 건조된 소금을 캐내는 것이 아니라 소금을 머금은 물을 햇빛에 건조시켜 소금을 생산하는 곳, 산속의 염전이다. 거대한 계곡의 한쪽 사면 아랫부분에 수천 개의 하얀 조각을 이어붙여 뒤덮은 것 같은 광경이다. 얼핏 보면 터키 파묵칼레의 축소판 같다. 석회석이 포함된 엄청난 양의 물이 계곡으로 흘러내리며 만들어진 거대한 규모의 계단식 연못에 인공을 가미해 초현실적인 광경을 만들어낸 것이 파묵칼레다. 반면 살리네라스는 작은 샘에서 흘러나오는 한줄기 소금물을 이용해 인간이 만들어낸 수천 개의 조각 연못이 펼치는 환상적인 작품이다.

물과 함께 생명의 근원인 소금. 교통이 불편하던 시대에 바다에서 멀리 떨어져 사는 사람들이 생존하는 데 반드시 확보해야 하는 것이 소금이었다. 바다에서 직선거리로도 수백 킬로미터나 떨어진 험준한 안데스 고원지대에 자리잡은 원주민들은 이처럼 땅에서 솟아나는 소금물이나 소금광산을 찾지 못하면 살아남을 수 없었을 것이다.

황량한 계곡의 위쪽 구석에 있는 작은 샘에서 흘러나오는 소금물은 근처의 화산과 연결된 지하수맥에서 비롯된다고 한다. 계곡 사면에는 대략 한 변이 4m 내외, 깊이 30cm 정도의 사각형 모양을 한 작은 연못들이 끝없이 늘어서 있고, 연못의 가장자리 이랑을 파서 만든 작은 수로를 따라 소금물이 흘러가며 연못을 채운다. 이 수로는 얼핏 봐서는 눈에 잘 들어오지 않지만 정교하기 짝이 없다. 제일 윗부분에 있는 연못에 소금물이 차면 그 연못으로 흘러들어가는 물길을 막고 그 다음 연못으로 물을 흘려보내는 식으로 거대한 계곡 사면에 만든 수천 개의 연못을 하나도 남김없이 차례차례 채워나간다.

소금물이 다 찬 연못은 더 이상 물이 흘러들지 않게 막은 다음 안데스의 뜨거운 햇볕에 증발시켜 소금을 생산한다. 물이 마르면서 소금 결정이 만들어지면 그것을 긁어 연못 가장자리에 모으고 소금자루에 담아 창고로 옮긴다. 그렇게 연못이 비면 다시 소금물을 흘려보내 채우는 것이다.

이곳에서 소금을 생산한 지 수천 년이 넘었다고 한다. 잉카 시대는 물론 지금도 옛날과 다름없는 방식으로 소금을 생산하고 있다. 여기서 생산한 소금에는 다양한 미네랄이 섞여 있어 건강에 좋은데 마을 입구에 있는 상점에서 살 수 있다.

가깝게는 콜롬비아의 무이스카 연합의 땅에 있는 소금연못, 멀게는 폴란드 비엘리츠카 소금광산처럼 살리네라스도 제국의 부를 형성하는 원천 가운데 하나였을 것이다. 황금보다도 소금이 더 비싼 것이 당시 형편이었기 때문이다. 오늘날 이 소금염전은 마을 주민들로 구성된 협동조합이 관리한다. 협동조합에 속한 마을 주민만 연못을 배정받는데 새

살리네라스 염전 풍경. 수천 년의 역사를 자랑하는 이 염전은 화산과 연결된 샘에서 흘러나오는 소금물로 소금을 생산한다.

로 이사온 주민에게는 샘에서 제일 먼 곳을 준다고 한다.

바닥과 도수로, 연못을 따라 쌓은 작은 둔덕에 오랜 세월 말라붙은 소금 결정으로 하얗게 변한 이 계곡의 수천 개 연못은 시간에 따라 날씨에 따라 햇빛과 바람의 방향에 따라 소금물이 증발한 정도에 따라 시시각각 다른 색깔로 변하며 서로 다른 분위기를 만들어낸다. 가파른 낭떠러지에 펼쳐진 수천 개 하얀 조각보가 연출하는 아름다운 광경을 보러 수많은 관광객이 몰려와 탄성을 지른다. 이랑을 따라 소금연못 사이를 거닐며 수천 년 동안 이어온 인간의 노동을 음미하기도 한다. 그 틈에서 사진가들이 작품을 만든다.

지구 온난화의 위험신호, 무지개산

마추픽추에서 돌아온 날 쿠스코에 밤새 비가 내렸다. 다음 날은 무지개산Vinicunca에 가는 날인데, 이렇게 비가 내리면 가는 길이 무척 어렵지 않을까 걱정됐다. 일기예보는 다음 날도 비가 온다고 했다.

무지개산은 해발 5,100m다. 이번 여행에서 가장 큰 도전이다. 서울에서부터 쿠스코에 도착할 때까지, 마추픽추에서 돌아온 시점까지도 가야 되나 말아야 되나 고민했다. 고산증을 견뎌낼 자신이 없었기 때문이다. 마추픽추로 떠나기 전날 여행사에 가서도 성스러운 계곡 관광만 예약하고 무지개산은 돌아와서 결정하는 것으로 남겨놓았다. 마추픽추에서 쿠스코로 돌아오는 기차에서도 내내 고민했다. 다른 승객들은 마추픽추를 다녀온 성취감에 들떠 있었지만 내 마음은 갈피를 잡지 못했다.

이번이 아니면 영영 못 볼 것이라는 초조함과 무려 5,100m를 올라가

다가 고산증이 심해지면 어쩌나 하는 두려움, 다른 여행자들에게 민폐를 끼칠지도 모른다는 걱정이 뒤엉켰다. 콜카계곡 갈 때 4,900m 고산지대도 무사히 넘었으니 이번에도 괜찮겠지 하는 생각을, 그때는 버스 타고 지나간 것이고 이번에는 내 발로 걸어 올라가는 것이니 사정이 다르다는 염려가 반박했다. 그렇게 쿠스코에 도착했고, 여전히 망설이는 마음으로, '에라 모르겠다, 죽기야 할라고' 자포자기하는 기분으로 예약했다. 그랬는데 밤이 깊어지면서 비가 내리기 시작한 것이다.

지금이라도 포기할까, 포기하면 이미 낸 돈을 날리게 될 생각을 하니 아깝기도 하고, 바보 같기도 하고, 어디선가 자꾸만 피어오르는 물러나고 싶은 마음을 억누르며 소로치필을 먹었다.

새벽 3시 반에 출발했다. 덜컹거리는 버스 제일 뒷자리에 앉아 정신없이 곯아떨어졌다. 잠을 깨니 7시, 무지개산 입구였다. 해발 4,300m. 무지개산은 이곳에서 계곡을 따라 8~9km 정도 들어간다. 마을 식당에서 간단한 아침을 먹었다. 우리 일행 외에도 여러 팀이 와 있었다.

다행인 것은 이곳에 눈이 내렸다는 점이다. 비가 온다는 예보와 달리 파란 하늘이 나타났다. 날씨가 맑으면 무지개산이 선명한 색깔을 보여줄 텐데. 파란 하늘을 배경으로 멋진 무지개산을 담을 수 있겠다 싶었다. 행운이 따르는 것 같았다.

출발을 앞두고 가이드가 고산증에 관해 설명했다. 천천히 움직이고, 가능하면 말을 타고, 코카잎을 씹고, 견디기 어려우면 산소호흡기를 준비했으니 말하라고 했다. 산소호흡기? 한편으로 안심이 되면서 또 한편으로 이거 정말 장난이 아니네, 긴장이 됐다. 일행은 거의 다 서양 젊은이들, 내가 제대로 따라갈 수 있을까 걱정됐지만 가는 데까지 가보는 수밖에 없었다.

오전 8시에 출발했다. 출발지점에서 조금 올라가니 소문대로 많은 현지인이 말을 끌고 와 대기하고 있었다. 처음에는 체력을 아끼기 위해 올라가는 길에 말을 타려고 했다. 말에 올랐는데 마침 페루 화폐가 부족했다. 달러로 환산해보니 35불 정도여서 넉넉하게 계산해 40불을 주겠다고 하니 60불을 요구했다. 손으로 숫자 계산까지 해서 보여주며 60불은 너무 비싸다고 했지만 그냥 우겼다. 지금 생각해보면 2만 원 정도 더 주어도 대수로울 것이 없는데, 막상 여행을 다니다 보면 10불이 엄청나게 큰돈으로 느껴진다. 40불도 많은데 60불이라니, 말이 되지 않았다. 말에서 내렸다.

몸도 가벼운 느낌이었다. 중간쯤에 가서 말을 타면 더 싸게 탈 수도 있다고 가이드가 말했기 때문에 일단 걷기로 했다. 눈앞으로 끝없이 이어지는 계곡은 널찍하고 완만했고 양쪽으로는 부드러운 곡선의 안데스 산들이 펼쳐져 있었다. 멀리 저 앞에는 설산이 보였다. 햇살이 비치는 왼쪽 산등성이는 눈이 녹았고, 그늘진 오른쪽은 눈이 덮여 있었다. 여기저기서 알파카들이 풀을 뜯고 있었다. 아름다운 광경이었다.

안데스의 여우들이 모두 시집가는 날인지, 날씨는 천변만화, 파란 하늘이 나타나며 해가 비치다가 순식간에 먹구름이 온 하늘을 뒤덮곤 했다. 싸락눈도 휘날렸다. 낮이 되자 눈이 녹으면서 땅이 질척거렸다. 오르막길은 제법 미끄러운 곳도 있었다. 땅이 젖은 데다가 해가 나지 않아 색깔이 좀 칙칙했지만 녹색과 붉은색을 띤 산이 여기저기 나타나면서 보는 재미가 쏠쏠했다. 현지인들은 계속 말을 끌고 따라왔다. 1시간 반쯤 지나 좀 힘든 느낌이 와서 이제 말을 타볼까 했는데 여전히 60불을 요구했다. 흥정이 통하지 않았다. 카르텔이었다. 그냥 걷기로 했다.

가이드가 시간 계획을 제대로 알려주지 않은 데다가 말 타는 문제로 두 번이나 옥신각신하느라 시간을 써서 많이 뒤떨어졌다는 느낌이 들었다. 무지개산 근처에서 점심을 먹게 될 텐데 너무 늦으면 안 될 것 같아 힘들지만 쉬지 않고 걸었다. 경사가 제법 있는 언덕을 올라 무지개산 바로 아래 5,000m 지점에 도착하니 11시 조금 지났다. 지치기는 했지만 염려했던 것보다는 괜찮았다. 가이드와 일행은 보이지 않았다. 벌써 내려가는 사람들도 있는데 무지개산 정상은 능선을 따라 100m를 더 올라가야 한다. 나무도 풀도 없고, 길은 질척하니 미끄러워 보였다. 어떻게 할까, 잠시 망설이다 올라가기로 했다. 한 걸음 떼고 숨을 크게 쉬고 다시 한 걸음 떼고 숨을 들이켜고, 오르고 또 오르니 마침내 정상에 도착했다.

여러 가지 성분의 미네랄이 층층이 쌓여 무지개 색깔을 낸다는 무지개산은 날이 흐린 데다 물기를 머금어 색깔이 칙칙해 아쉬웠다. 한쪽 사면은 여전히 눈에 덮여 있었다. 하지만 몸을 돌려 내가 걸어 올라온 계곡을 향하니 전혀 다른 광경이 펼쳐졌다. 저 멀리 5,000m급의 안데스 연봉들이 병풍처럼 서 있고 그 앞으로 실처럼 이어진 끝없는 길이 아득했다. 가슴에 꽉 막혀 있던 무언가가 뻥 뚫리는 느낌이 들었다. 무언가 뿌듯한 성취감이 몰려왔다. 무지개산 정상, 5,100m, 내 평생 가장 높은 곳에 올라왔다. 기분이 좋아지니 몸 상태도 괜찮은 것 같았다.

무지개산은 20년 전만 해도 만년설에 뒤덮여 있었다고 한다. 무지개산이 있으리라고는 아무도 생각하지 못했다. 지구 온난화로 만년설이 녹아내리면서 모습을 드러냈다. 말하자면 무지개산은 점점 더 위기로 빠져들어가는 지구 생태계가 보내는 절박한 구조 요청인데 인간들이 선물로 착각해 즐기고 있는 건지도 모른다. 귀한 구경을 했고, 이 동네 주민들에게 새로운 소득원이 생겼지만 반가워할 수만은 없는 일이었다.

혹시나 해가 나서 무지개산 색깔이 선명하게 보이지 않을까 기대하

무지개산. 층층이 쌓인 각종 미네랄 성분이 무지개처럼 온갖 색깔을 띤다. 알고 보면 온난화로 위기에 빠진 안데스가 보내는 위험신호다.

면서 일행도 기다릴 겸 시간을 보냈다. 12시가 되어도 보이는 사람이 없었다. 벌써 다들 내려갔나? 걱정이 들었다. 하산을 시작했다. 마음은 급한데 배는 고프고, 속도를 내서 걷다 보니 체력이 떨어지기 시작했다. 가이드도 일행도 보이지 않고, 다들 먼저 내려가버린 것 같았다. 마음은 더 급해지고, 서두를수록 체력은 더 떨어졌다. 따지고 보면 올라갈 때부터 무리했다. 숨이 차고 어지러웠고 배가 아프고 무릎이 휘청거렸다. 해발 5,000m의 고산지대에서 무리하게 속도를 내서 걸은 데다가 아침 7시에 간단히 식사한 후 아무것도 먹지 못했으니 당연한 일이었다. 게다가 어제 그 가파른 마추픽추산을 오른 뒤끝이었다.

내려오는 길에 솜털 같은 가시로 뒤덮인 선인장 무더기가 노란 꽃을 피우고 있었다. 저걸 찍을까 말까, 선인장에 가까이 가면서 계속 고민했다. 선인장 앞에서 순간적이지만 격렬한 마음의 갈등 끝에 사진에 담았다. 땅에 엎드려 사진을 찍었는데 일어날 수가 없었다. 두 무릎과 두 팔을 땅에 대고 한참 동안 숨을 몰아쉰 다음에야 가까스로 일어났다.

내려가는 길이 어찌나 먼지, 가도가도 끝이 없었다. 올라갈 때보다 훨씬 먼 것 같았다. 허리와 무릎을 펼 수가 없었다. 몸이 휘청거리는데 균형을 잡을 수 없었다. 이러다가 쓰러질 것 같았다. 나름 힘든 길을 많이 걸어보았지만 이렇게 기진맥진한 적은 처음이었다. 이를 악물고 걷고 또 걸었다. 마침내 그 길을 다 걸어서 출발지점까지 왔을 때에는 고꾸라지기 직전이었다.

저쪽에 여행자들이 타고 온 버스들이 보일 즈음 현지인 몇 명이 달려왔다. 저 사람들 왜 그러나 했는데, 다짜고짜 나를 붙잡더니 배낭을 벗기고 부축해서 데려갔다. 의자에 앉힌 다음에는 진한 박하향이 나는 크림 같은 것을 내 얼굴에 바르고는 얼굴을 두 손으로 감싸고 한참 동안 문질

하산길에 마주친 선인장. 안데스의 혹독한 기후에서 살아남기 위해 털북숭이처럼 가시를 뒤집어쓴 선인장이 노란 꽃을 피웠다.

렀다. 간이 산소호흡인지, 숨쉬기가 좀 편해지면서 기분이 나아졌다. 그들의 마음 씀씀이가 참으로 고마웠다. 말 타는 값을 바가지 씌울 때는 밉기만 하더니, 그 와중에도 내 마음의 얄팍함이 민망하고 우스웠다. 오후 3시가 조금 넘은 시각이었다.

알고 보니 내가 일찍 내려온 편이었다. 우리 일행이 다 내려온 것은 오후 4시 가까워서였다. 아침 먹은 식당에 가서 늦은 점심을 먹었다. 해발 5,100m까지, 8시간 동안 아무것도 먹지 못한 채 왕복했다. 중간에 당연히 점심을 주리라고 지레짐작해 간식을 준비하지 않은 게 잘못이었다. 그래도 쓰러지지 않고 버틴 건 코카잎을 몇 번 씹은 덕분인 것 같다. 쿠스코에 돌아오니 밤 8시가 다 됐다.

아르마스 광장 주변에서 시위를 벌이는 교사들. 펼침막에는 "교사노조를 당장 인정하라"고 쓰여 있다. 노동조합을 인정하라고 시위를 하는데 주변에 경찰이 아무도 없는 게 낯설었다.

저녁을 먹고 다리를 질질 끌며 숙소로 가는데 아르마스 광장 주위에서 100여 명쯤 되어 보이는 사람들이 시위를 벌이고 있었다. 나이가 제법 들어 보이는, 늙수그레한 이부터 젊은이까지, 남녀노소가 섞여 있었다. 크고 작은 팻말과 촛불을 든 일행이 들고 있는 커다란 펼침막에는 "교사노조Sindicato de Docentes를 당장 인정하라"고 쓰여 있었다.

교사들이라 그런지 그저 조용히 열을 지어 광장을 돌고 있었다. 이따금씩 서서 지켜보는 사람들도 있었지만 대부분의 시민은 관심이 없어 보였다. 시민뿐만 아니라 경찰도 그랬다. 주변에 경찰이 아무도 없었다. 조그만 집회만 열려도 경찰이 깔리고, 노동조합처럼 정부가 싫어하는 단체가 시위를 하면 전투경찰이 위압적인 분위기를 연출하고 심지어는 경찰버스로 에워싸 고립시켜버리는 우리나라 상황에 익숙해 있는 나로서는 조금 어리둥절한 기분이 들었다.

숙소에 돌아와 인터넷을 검색해보니 페루에 교사노조가 활동하고 있었다. 교육정책을 놓고 정부와 협상하는 건 물론이고 파업까지 벌였다. 그렇다면 교사노조를 인정하라고 요구하는 이곳의 시위는 무엇인지 알 수 없었다. 리마와 쿠스코는 제도가 다른 것인지도 모르겠다.

전교조를 만들 때 수많은 교사를 범죄자로 몰아 구속하고 교단에서 내쫓던 상황이 떠올랐다. 윤영규, 이수호 선생님을 비롯해 구속된 분들을 변론하기 위해 이석태, 김형태 변호사와 열심히 쫓아다녔다. 그런데 지금 또다시 전교조는 법외노조로 내몰려 있으니 이게 뭔가 싶었다.

무지개산에 다녀오며 무리한 탓에 며칠 동안 고생했다. 나로서는 '죽을 뻔했다'고 할 만큼 고생했고, 몸이 무척 괴로웠다. 기운이란 기운은 다 빠져나간 듯 온몸이 축 늘어진 느낌이었다. 사람들 보기에 민망할 정도로 다리를 질질 끌고 다녔다. 그런데 마음은 뿌듯하고 날아갈 것 같았다. 괜히 기분이 좋고 히죽히죽 웃고 다녔다. 자신감도 들었다. 장대 같은 서양 젊은이들도 말을 타고 올라가는 무지개산을 온전히 내 두 발로 걸어갔다 돌아왔다. 내가 대견했다. 파타고니아 트레킹도 잘 해낼 수 있겠다 싶었다. 나 이런 사람이야, 떠들며 자랑하고 싶은데 옆에 아무도 없어 서운했다. 페루 여행을 그렇게 마쳤다. 잉카의 땅은 볼리비아로 넘어가서도 이어진다.

볼리비아

잉카 하늘의 황홀한 은하수

알티플라노, '높은 땅'만큼 험난한 역사

밤 10시 반, 쿠스코를 출발한 야간버스는 아침 8시 30분에 볼리비아 국경에 닿았다. 좌석은 편안했으나 담요를 주지 않아 좀 추웠다. 아침이 되면서 왼쪽 창으로 거대한 물이 보이기 시작했다. 티티카카호였다.

페루 출국 심사를 받은 후 걸어서 볼리비아 입국심사장으로 갔다. 서울에 있는 볼리비아 대사관에서 비자를 받을 때 볼리비아에 입국하려면 황열병 예방주사 증명서 원본이 있어야 한다는 말을 들었다. 예방주사를 맞을 때 사용한 구 여권도 사본을 가지고 가라고 했다. 하지만 입국심사를 하는 공무원은 황열병의 '황'자도 꺼내지 않고 입국 도장을 '꽝' 찍어줬다.

국경을 넘어갔으나 버스가 오지 않았다. 국경 광장에서 행사를 하고 있었다. 군인들, 군악대, 남녀 지역 유지들, 청년들까지 깃발을 들고 줄을 맞춰 광장을 채우고 있었다. 한참 진행한 다음 대열이 광장을 돌며 행진하기에 이제 끝났나 했는데 다시 제자리로 돌아가더니 행사를 진행하길 반복했다. 스페인어를 좀 알아들으면 무슨 행사인지도 알 수 있고 재미있을 텐데 답답했다. 현지 언어를 모르면서 여행하는 단점이 이런 것이다. 광장 주변에는 수많은 가게와 포장마차가 늘어서 있었고 사람들로 붐볐다. 거의 2시간 30분이 지나서야 행사가 끝나고 버스가 왔다. 티티카카호 주변의 볼리비아 국경도시 코파카바나Copacabana까지는 20분 정도밖에 걸리지 않았다.

볼리비아의 역사는 '알티플라노'altiplano라고 하는 안데스 고원지대에서 시작한다. '높은 땅'이라는 뜻의 알티플라노는 볼리비아를 중심으로 북쪽으로 페루, 남쪽으로 칠레 아타카마 사막과 아르헨티나 북서쪽까지 포괄하는데 평균 고도가 3,750m에 이른다. 공기가 희박하고 건조하며, 밤낮의 기온차가 극심하다. 낮에는 뜨거운 햇볕이 내리쬐며 기온이 올라가지만 밤이 되면 급격히 떨어진다. 거센 바람이 분다. 해발 5,000~6,000m대의 수많은 화산이 고원지대를 둘러싸고 있어 마치 외계 행성에 온 듯한 경관을 형성하기도 한다.

인간의 거주는 티티카카호 주변에서 시작한 것으로 본다. 페루와 볼리비아에 걸쳐 길이 180km, 너비 80km로 울퉁불퉁한 감자 같기도 하고 퓨마를 닮은 것 같기도 한 이 호수는 8,372km²의 광활한 면적을 자랑한다. 호수의 북서쪽은 페루, 남동쪽은 볼리비아에 속한다. 남미 대륙에서 제일 크다. 해발고도는 3,812m, 운송로로 이용할 수 있는 대규모 호수 가운데 세계에서 제일 높다. 평균 수심 107m, 최고 수심 281m다.

7,000년 내지 1만 년 전에 이 호수 주변에서 사람들이 감자를 재배하기 시작했다. 3,000~4,000년 전에는 퀴노아를 재배했다. 야마와 알파카를 가축화해서 고기와 털을 얻고 운송수단으로 사용했다. 2,000년 전에는 아이마라Aymara족이 이곳에 도착했으며 뒤이어 티와나쿠 문명이 발전했다. 티와나쿠는 거대한 피라미드형 신전을 짓고 관개농업을 할 정도로 고도화된 사회를 건설했다. 하지만 이 지역에 닥친 기후변화의 여파로 호수의 수량이 크게 줄고 식량 생산이 급감하면서 1150년경 소멸하고 말았다. 15세기 중반에는 잉카 제국이 이 지역으로 영역을 확장했다. 특히 파차쿠티는 티티카카호를 포함한 현재의 볼리비아 서부를 장악해 제국의 남쪽 영역 콰야수유로 편입했다.

스페인의 점령과 함께 유럽에서 건너온 전염병이 퍼지면서 이 지역 원주민 또한 절멸 위기에 빠졌다. 하지만 저항은 그치지 않았다. 볼리비아 남쪽과 파라과이 서쪽, 그리고 아르헨티나 북쪽에 걸친 저지대 차코 Chaco가 특히 그랬다. 과라니어를 말하는 치리구아노Chiriguano족은 농사를 지으면서도 전사 정신이 강했는데, 스스로 '주인이 없는 사람'이라고 부르면서 스페인에 끝까지 굴복하지 않고 저항했다. 식민지 시대 내내 스페인의 직접 지배를 받지 않은 채 사실상 독립 상태를 유지했다고 하니 경의를 표하지 않을 수 없다.

볼리비아와 페루에서는 18세기 내내 백 번이 넘는 반란이 일어났다고 한다. 이번 남미 여행에서 새롭게 알게 된 것 가운데 하나가 세계사 시간에 단순하게 배운 유럽 중심의 역사 인식이 사실과 많이 다르다는 점이다. 우월한 무기와 군사기술을 가진 유럽인들에게 신세계의 원주민들이 맥없이 정복당하고 복종한 것처럼 보이는, 동화 같은 역사는 존재하지 않았다. 잉카 왕족과 귀족들은 정복자들에게 협조해 동족을 대리 통치하며 특권을 누렸지만 민중은 끊임없이 저항했다. 너무나 거세게 저항해서 스페인인들이 점령을 포기한 곳이 있을 정도였다. 특히 차코와 파타고니아처럼, 강력한 국가권력을 만들어내지 못한 지역들이 그랬다는 사실은 뜻밖이면서도 의미심장했다. 스페인의 남미 식민지 지도는 다시 그려야 한다.

식민지 시대에 페루 부왕령에 속한 볼리비아는 포토시를 비롯한 은광에서 생산한 은으로 스페인과 유럽의 부를 형성하는 데 크게 기여했다. 1825년 8월 6일 독립하면서 해방자 볼리바르의 이름을 따 볼리비아로 국호를 정했다. 한때 페루-볼리비아 연방Peru-Bolivia Confederation을 형성하기도 했지만 전쟁을 거쳐 분리 독립했다.

독립 후 볼리비아의 정치는 혼돈으로 점철됐다. 백인과 혼혈인, 원주민의 계층이 나뉘면서 갈등이 계속됐다. 주변국 대부분과 긴장 관계가 형성되고 전쟁에도 휘말리며 번번이 영토를 빼앗겼다. 브라질에는 두 번에 걸쳐 서부 아마존 지역과 볼리비아 북부 지역을 할양했고, 1883년에는 페루와 연합해 칠레와 싸운 남미 태평양 전쟁 War of the Pacific에 져서 아타카마 사막을 넘겨야 했다. 태평양으로 나가는 관문이 차단된 내륙국가로 전락해 국가 발전의 길을 차단당했고 막대한 지하자원도 잃었다. 1935년에는 차코 전쟁 La Guerra del Chaco에서 패해 차코 지역 대부분을 파라과이에 빼앗겼다. 인명 손실도 컸고 경제는 피폐해졌으며 정치적 불안정이 커졌다.

전쟁에는 번번이 지는 허약하고 부패한 군부지만 제 국민을 억누를 힘은 충분했다. 툭하면 쿠데타를 일으켰고 나라는 점점 나락으로 떨어졌다. '자원의 저주'도 어김없이 적용됐다. 막대한 지하자원의 전략적 가치가 강대국의 개입과 간섭을 불러들였다. 그런 와중에도 이따금씩 입헌정부가 들어섰지만 남미에서 정치적으로 제일 불안정하고 가난하며 부패한 나라로 전락했다.

1980년 쿠데타로 정권을 잡은 루이스 메사는 그중에서도 최악이라고 할 만하다. 그에 앞선 반세르 정권은 미국 카터 행정부의 압력으로 겉치레나마 민주화 조치를 했다. 대통령 선거에서 반세르의 후계자로 나선 페레다가 당선됐는데, 투표수가 선거인 숫자보다 20만 명이나 더 많게 나오는 바람에 선거가 무효화됐다. 그 책임을 둘러싸고 내분이 일어나면서 페레다가 쿠데타를 일으켰으나 다시 좌익 군인들이 쿠데타를 일으키는 등 혼란을 거듭한 끝에 새로운 대통령 선거를 치르게 됐다. 선거에서 과반수 득표자가 없어 의회가 결선투표로 선출할 예정이었는데 바로 그 직전인 1980년 7월, 군사령관이던 메사가 쿠데타를 일으켰다. 의회 결선투표에서 야당 후보인 에르난 실레스 수아소가 무난히 당선될 것으로 예상되자 부패한 군부가 위협으로 받아들인 것이다. 메사는 언론 인터뷰에서 "민주주의를 위장한 과격주의"를 비난하면서 "극좌파가 정권을 장악"하는 것을 막기 위한 일이었다고 강변했다.[1] 지구 반대편 나라에서 유신체제의 종말과 함께 민주정부 수립을 눈앞에 두고 쿠데타와 내란으로 군부가 정권을 장악한 직후였다.

미국 CIA와 아르헨티나 정보부대의 지원을 받아 정권을 잡은 메사는 피노체트식 독재정권 수립을 기도하면서 수많은 사람을 불법 구금해 고문하고 처형했다. 많은 사람이 실종됐다. 권력에 지나치게 도취되어서였을까, 메사는 너무 나갔다. 마약 밀매 조직과 관계를 맺고 거액의 뇌물을 받았다. 미국과 국제사회의 압력이 고조된 가운데 14개월 만에 쿠데타로 실각했다. 그 후 14개월 동안 군부가 지명한 세 명의 대통령을 거쳐 1982년 10월 에르난 실레스 수아소가 대통령에 당선되면서 서서히 민간 정부로 이행하기 시작했다.

과정은 험난했다. '무늬만 민간인'인 사람들이 계속 돌아가며 대통령에 출마하고 당선됐을 뿐 독립 후 이 나라를 골병들게 해온 과두지배는 변하지 않았고 서민의 삶은 나아지지 않았다. 경제는 파탄에 이르렀다. 1985년 당선된 빅토르 파스 에스텐소로 정권에서는 연 2만 4,000%에 이르는 인플레이션이 일어났다.[2]

1997년에는 과거 독재자 반세르가 다시 대통령에 당선됐다. '무늬만 민주화'조차도 거부하는 '보수' 세력의 승리였고 과거 회귀였다. 경제 회복의 꿈을 팔아 당선됐지만 반세르 정부가 택할 정책은 뻔했다. 세계은행과 IMF의 권고에 따라 과격한 민영화 정책을 밀어붙이던 중 쌓인 모순이 폭발했다. 2000년 코차밤바의 물 공급 시스템을 불하받은 벡텔사가 수도 요금을 세 배나 올리면서 민영화에 반대하는 시위가 걷잡을 수 없이 번졌다. 2001년 반세르가 사임하고 2002년 대통령 선거가 열렸다. 이 선거에 원주민 후보 에보 모랄레스가 출마하자 주 볼리비아 미국대사는 모랄레스가 당선될 경우 미국이 원조를 중단하고 시장을 봉쇄할 것이라고 공공연히 협박했다. 결국 미국이 지원한 곤살로 산체스 데 로사다가 당선됐다.

로사다 정권은 미국의 방침을 충실히 따랐지만 곧 위기를 맞았다. 볼리비아에서 생산된 천연가스 파이프라인의 노선을 둘러싸고 2002년부터 벌어진 정치적 논란이 가스산업 국유화 문제로 번졌다. 2003년 10월 국유화를 요구하는 시위가 계속되고 라파스 시로 연결되는 도로가 차단돼 석유와 가스 공급이 중단되자 로사다는 계엄령을 선포하고 군을 동원해 강경하게 진압하면서 수십 명을 살해했다. 이 사건을 계기로 정권이 붕괴 위기에 처하자 미국 국무부는 "헌정 질서의 중단을 용납하지 않을 것이며 비민주적인 수단으로 집권하는 정권을 결코 지지하지 않을 것"이라며 로사다를 지원했다. 하지만 10월 18일 결국 로사다가 사임했고, 정권을 승계한 부통령 카를로스 메사 또한 위기를 해결하지 못한 채 2005년 6월 사임하고 말았다.[3]

'볼리비아 가스 전쟁'La Guerra del Gas이라고 하는 이 사태로 2005년 12월 치러진 대통령 선거에서 54%의 지지를 얻은 에보 모랄레스가 당선됐다. 원주민 출신으로는 처음이었다. 모랄레스 대통령은 2006년 1월 가스전을 국유화하고 천연가스를 생산해 얻는 이익에서 볼리비아의 지분을 높이는 내용으로 8개 다국적 가스회사들과 재계약을 체결해 사태를 종결지었다. 라파스 시내 무리요Murillo 광장 주변 건물 벽에는 볼리비아 가스 전쟁 당시 군과 경찰이 쏜 총탄 흔적이 아직도 그대로 남아 있었다. 일부러 남겨놓은 건지 수리할 형편이 안 되어 그런 건지는 모르겠다.

메사 정권에서 내무장관을 하며 인권유린과 마약 밀매에 깊이 관여한 루이스 아르체 고메스는 1980년대 후반 마약 밀매 혐의로 미국에 인도돼 유죄판결을 받고 복역했다. 2007년 11월 석방된 후 미국에 망명을 신청했으나 거부당하고 다시 볼리비아로 송환돼 내란과 학살 및 암살죄로 재판을 받고 30년 징역형을 복역하고 있다. 브라질로 도망간 메사도 송환돼 재판을 받았다. 1995년에 역시 30년 징역형을 선고받고 지금까지 교도소에 있다. 로사다는 미국으로 망명했다.

오늘 목적지는 티티카카호 가운데 있는 태양의 섬Isal del Sol이다. 버스 터미널에서 선착장까지 15분 정도 걸어가는데 힘에 부쳤다. 무지개산 후유증이기도 했고, 어제 점심 먹은 후 속이 편치 않아 저녁과 오늘 아침을 먹지 못한 때문이기도 했다. 선착장에서 배표를 산 다음 주변 식당에서 수프를 한 그릇 사먹으니 기운이 났다. 2층에서 호수를 구경하다가 내려와 배를 탔다. 태양의 섬 유마니Yumani 선착장까지 1시간 반 걸렸다.

❧〰❧

잉카의 성지 티티카카호와 태양의 섬

'티티'titi는 퓨마를 뜻한다. 티티카카Titicaca란 '퓨마 바위'란 뜻으로 원래 태양의 섬을 가리키는 말이었다. 태양의 섬 지도를 보면 얼핏 퓨마를 닮은 느낌도 드는데, 원래 퓨마를 숭배하는 성지였다. 그러다가 호수 이름으로 바뀌었고 태양의 섬은 태양신의 고향이 됐다.

호수는 거대하다. 긴 쪽은 끝이 보이지 않는다. 오른쪽으로는 호수 너머로 만년설에 뒤덮인 안데스산맥이 아스라이 늘어서 있다. 옅은 구름

태양의 섬에서 바라본 볼리비아 내륙 방향의 모습.
호수 왼쪽에 있는 작은 섬이 달의 섬이다. 그 너머로 안데스산맥이 보인다.
오른쪽 앞으로 튀어나온 반도 오른쪽으로 들어가면 코파카바나가 있다.

이 끼었지만 하늘은 맑고 햇빛도 강했다. 배는 오른쪽으로 달의 섬을 보면서 맑은 호수를 헤쳐나갔다. 물이 매우 맑았다. 신성한 호수여서 그런가, 쓰레기 하나 보이지 않았다. 그런데 꼭 그런 것만은 아닌 것 같다. 관광객이 몰려들고 호수 주변 도시들에 인구가 늘어나면서 호수로 흘러드는 강물과 호수 물이 오염되고, 외래종 물고기가 유입돼 생태계가 위협받고 있다고 한다. 제일 큰 문제는 역시 온난화로 인한 기후변화다. 안데스산맥의 만년설이 점점 줄어들고 우기가 짧아지면서 호수로 흘러드는 물의 양이 줄어 수면이 조금씩 낮아지고 있다는 것이다.

그래도 나는 부럽기만 했다. 우리나라 어디에 이런 맑은 물을 가진 호수나 강이 남아 있나. 젊을 때는 웬만큼 큰 산에 가면 계곡물을 그냥 마셨는데 지금은 그럴 수 있는 곳이 거의 없다. 산마다 강마다 호수마다, 그리고 바다까지도 쓰레기가 넘친다. 웬만한 산은 다 파헤쳐지고 강은 하수구처럼 변했다. 맑은 물로 가득한 거대한 호수를 놓고 물이 줄어드는 것을 염려하고, 오염을 걱정하는 볼리비아인들이 훌륭해 보였다.

티티카카호는 안데스 문명의 성지다. 해와 달과 별을 만들어 어둠의 세상에 빛을 주고 사람을 만들어냈다는 창조신 비라코차의 고향이 바로 이 호수다. 호수는 잉카족의 근원이며, 태양의 섬은 최고신 인티의 고향이다. 티와나쿠를 비롯한 안데스 문명들은 이 호수에 젖줄을 대고 있다.

티티카카호에는 잃어버린 수중 세계가 있다는 전설이 전해왔다. 놀랍게도 사실이었다. '아타우알파 2000'이라는 국제 고고학 팀이 코파카바나와 태양의 섬, 그리고 달의 섬을 잇는 호수 바닥 깊이 20m 지점에서 신전 유적을 발견한 것이다. 서기 1000년부터 1500년 사이에 티와나쿠인들이 건립한 것으로 추정되는 신전 잔해는 길이 200m, 폭 50m로, 곡물을 재배한 계단식 밭terrace과 도로, 800m에 이르는 담으로 둘러싸여 있다고 한다. 금과 돌로 만든 유물과 도자기도 발굴했다.[4] 이 지역의 기후변화로 호수 물이 많이 줄었을 때 건설한 것이 아닐까 싶다.

인티 신의 고향인 태양의 섬은 지도에서는 작아보였으나 막상 도착해보니 상당히 컸다. 제법 높은 바위산이 선착장에서부터 가파르게 솟아올라 있었다. 대부분의 호스텔은 선착장 주변에 몰려 있는데 내 숙소는 산길로 1시간 정도 올라가야 한다고 했다. 전망이 좋다고 해서 정했는데, 그렇게 멀 줄은 몰랐다. 무지개산 후유증에서 벗어나지 못한 상태에서 1시간을 올라가야 한다고 생각하니 막막했다. 배낭 두 개를 앞뒤로 메고 가파른 산길을 올라갈 엄두가 나지 않아 망설이고 있는데 한 소년이 와서 짐을 날라주겠다고 제안했다. 몸집도 작은 어린 친구에게 배낭을 맡겨도 될지 걱정스러웠는데, 내 배낭과 또 다른 여행자의 배낭까지 두 개를 둘러메고는 날듯이 올라갔다. 허덕거리면서 겨우겨우 따라갔더니 지름길로 30분 만에 도착했다.

숙소는 과연 전망이 훌륭했다. 달의 섬 방향으로 호수와 그 너머 안데스산맥이 한눈에 들어왔다. 짐을 풀고 저녁식사를 예약했다. 두통이 나고 속이 불편했다. 고산증세였다. 소로치필을 한 알 먹고 침대에 누웠다. 그대로 쉬고 싶은 욕망이 거셌지만 내 평생 처음이자 마지막으로 이곳에 왔다는 것을 깨닫고 전망대로 올라갔다.

전망대에는 돌탑이 몇 개 서 있고 섬 뒤쪽으로 해가 넘어가고 있었다. 햇살이 길게 반사되면서 수면이 찬란한 금색으로 너울거렸다. 멀리 산중턱에 자리잡은 마을이 보이고 한가운데 제법 커다란 성당이 있었다.

잉카의 성지에서 잉카의 후예들이 잉카의 신을 내몰고 정복자들의 신에게 귀의하다니. 하기야 신이 백성을 지켜주어야지, 백성이 신을 지켜줄 수는 없는 노릇 아닌가. 굳이 따지자면 잉카의 신이 민중을 버리고 떠난 것이지, 간난신고 속에서도 이곳에 발붙이고 살아온 사람들이 신을 버렸다고 할 수는 없을 것이다.

어린 시절 동화책에서 잉카가 뭔지도 모른 채, 그저 아득한 먼 곳의 이야기로만 꿈꾸던 곳에 60을 바라보는 나이가 되어 왔다. 티티카카호에 내려오는 잉카의 신을 상상하던, 꿈 많던 아이는 어디로 갔나. 이게 꿈인지 꿈을 꾸던 어린 시절이 꿈인지, 무엇이 현실인지 몽롱한 가운데 그저 감개무량했다.

능선을 따라 이리저리 돌아보는 중에 또 다른 돌탑 가운데 공간에 뭔가 있는 것 같아 가까이 가서 들여다보았다. 펩시콜라 한 병, 반으로 자른 두 개의 플라스틱 병에 국화와 들꽃을 한아름 꽂아놓았다. 바닥에는 귤 다섯 개와 플라스틱 컵에 든 양초, 불을 붙인 흔적이 있는 성냥과 타고 남은 재가 있었다. 제사 지낸 흔적이었다. 귤 세 개는 완전히 말라비틀어진 반면 두 개는 원래 모습을 그대로 간직하고 있고 들꽃도 말라버린 것과 덜 시든 것들이 있는 걸 보면, 누군가 이곳에 와서 계속 제물을 바치는 것이 분명했다. 황량하기만 한 바위섬 꼭대기 돌탑에 제물을 바칠 대상이 과연 누굴까? 이곳을 고향으로 삼는 잉카의 신, 인티밖에 없지 않나? 공식적으로는 정복자의 신에게 쫓겨났지만 잉카의 후예들 마음속에는 여전히 인티를 위한 자락이 남아 있는 것인지. 비록 초라한 돌탑 구석이지만, 그래도 잊지 않고 기억해주는 후손이 있어 잉카의 신이 티티카카호를 맴돌고 있는 것인지…….

맑던 하늘에 구름이 끼면서 바람이 차가워지기 시작했다. 숙소로 내려와 찬물을 겨우 면한 물로 몸을 씻고 저녁을 먹었다. 이 호수에서 잡았을 송어 요리 트루차Troucha였다. 맛이 훌륭했다. 영어를 전혀 못하는 주인 할머니에게 번역기를 이용해 맛있다고 인사하니 기뻐했다. 세상의 오지 가운데 오지 티티카카호, 그 안에 있는 태양의 섬 한구석에서 인터넷으로 세상과 연결해 여행객을 받아 재우고 끼니를 제공하는 할머니가 대단해 보였다. 나도 저렇게 늙어갈 수 있을까 잠시 생각했다.

저녁 먹고 나오니 호수와 섬은 어둠에 잠겨 있었다. 멀리 호수 건너 코파카바나의 불빛과 구름에 가려진 초승달만이 어스름하게 빛나고 있었다. 티티카카호를 덮은 은하수를 볼 수 있지 않을까 기대했는데 아쉬웠다. 오늘 밤에 혹시 잉카의 신을 만날 수 있을까?

다음 날 새벽 3시에 일어났다. 밖으로 나가보니 온 하늘에 별이 가득했다. 태양의 섬에서 바라보는 티티카카호의 하늘, 그 무엇도 가리는 것이 없는 완전한 하늘, 이쪽 끝부터 저쪽 끝까지 은하수가 가로지르고 있었다. 비라코차가 별들을 만들어낸 태초의 하늘, 잉카인들이 바라보던 그 하늘의 은하수였다. 황홀했다. 전율을 느낄 만큼.

짧게는 몇 년 전부터 길게는 몇 억 년 전까지, 길고 짧은, 헤아릴 수 없는 수많은 과거의 빛들이 내게로 쏟아지고 있었다. 신비하고 황홀했다. 어찌할 바를 모르고 그저 하늘만 쳐다봤다. 평생 잊을 수 없을 듯한 하늘이었다. 추운 줄도 몰랐다. 어느새 호수 너머 안데스산맥 위로 조금씩 밝은 기운이 돌기 시작했다. 곧 붉은 해가 떠오르더니 세상을 빛으로 가득 채웠다. 이게 바로 잉카의 신 아닌가!

❄〰➤
평화를 갈망하는 라파스

한가하게 아침 분위기를 즐기다가 코파카바나로 나가는 배표도 사고 섬 구경도 할 겸 일찌감치 숙소를 나섰다. 내려오는 길에는 직접 배낭을 메고 걸었다. 흙길이기는 했지만 사람들이 다니는 완만한 길을 걸어서 크게 힘들지는 않았다. 선착장에 내려와보니 언덕 위 마을로 연결된 돌계단 입구에 잉카의 신을 형상화한 남녀의 상이 서 있었다. 잉카의 성지인 태양의 섬 입구라 이들이 서 있기에 가장 적절한 장소이긴 한데, 관광객들을 위한 기념물에 지나지 않는 듯 뭔가 좀 공허해 보였다.

코파카바나는 페루 영역에서 호수 안쪽으로 뻗어나온 반도에 있다. 이 반도의 중간 부분에서 페루와 볼리비아가 갈라진다. 코파카바나에서 라파스로 가려면 반도의 끝 티키나Tiquina 마을 선착장에서 호수를 건너야 한다. 티키나에서 승객들이 모두 내린 다음 사람은 사람용 보트를 타고 버스는 뗏목같이 생긴 큰 배를 타고 따로 건넌 다음 다시 버스를 타고 라파스로 간다.

11월 7일 오후 5시 반쯤 라파스 터미널에 도착했다. 마중 나오기로 한 호텔 직원을 한참 기다렸지만 만나지 못했다. 택시를 타려고 밖으로 나와 어슬렁거리는데 웬 사람이 다가오더니 내 이름을 대면서 맞냐고 물었다. 호텔 직원이었다. 그도 나를 찾아 헤맨 것이다. 함께 차를 타고 호텔로 갔다. 짐을 풀고 그가 소개해준 식당에 가서 저녁을 먹었다. 식민지 시대에 지은 듯한 아주 낡은 건물 2층에 있는 식당이었다. 내부 장식도 그 당시의 것들로 보였는데 촛불을 켜서 어두침침했지만 오랜 세월에 바랜 흔적이 역력했다. 식민지 시대에도 이처럼 촛불을 켜고 식사를 했을 터, 그 시대 라파스의 분위기를 느껴보는 기회였다. 서양 사람들이 끊임없이 오는 것으로 보아 꽤 유명한 곳처럼 보였다.

라파스La Paz는 해발 3,650m로 세계에서 제일 높은 곳에 있는 '수도'로 알려져 있다. 하지만 법적으로 볼리비아의 수도는 라파스에서 남동쪽으로 약 700km 떨어진 수크레Sucre고 라파스는 볼리비아의 '실질적' 수도로 정치와 경제 중심지다. 대통령궁과 의사당, 주요 행정부처는 라파스에 있고 수크레에는 사법부가 있다.

이 도시의 이름이 라파스가 된 것은 정복자 프란시스코 피사로의 동생 곤살로 피사로와 관련이 있다. 1544년 스페인의 카를로스 왕은 도미니칸 수도회 수사 바르톨로메 데 라스 카사스의 제안에 따라 남미 원주민에 대한 착취와 가혹행위를 금하는 법을 공포했다. 엔코미엔다en-comienda라는 방식으로 원주민들을 노예로 부리며 착취하던 기존의 스페인 정복자들은 이 법에 강력하게 반발했고 반란을 일으켰다. 곤살로가 반란군 지도자였다. 초기에는 반란군이 우세했으나 결국 패했고 곤살로는 처형됐다. 스페인인들은 1548년 포토시와 리마를 연결하는 도시를 건설하면서 곤살로의 반란을 진압하고 평화를 회복한 것을 기념하기 위해 '평화'La Paz라는 이름을 붙였다.[5]

그런 역사 때문인지 이름은 평화지만 그렇게 평화로워 보이지는 않았다. 남미에서 가장 치안이 좋지 않은 도시 가운데 하나기도 하다. 날도 흐리고, 건물도 전반적으로 낡은 데다가 사람들의 옷차림도 어두운 편이라 도시 분위기가 전체적으로 좀 음산해 보였다. 평화는 현실이 아니라 아직은 멀리 있는 소망의 표시인 듯싶었다.

오슬로가 떠올랐다. 지난 3월 1일 밤 12시가 다 되어 오슬로 공항에 도착했는데, 공항에 비치된 오슬로 안내책자 제목이 'Visit Peace'였다. 몸과 마음이 무척 피폐한 상태에서 도망치듯 떠난 데다가 때마침 황당한 우여곡절까지 겪으며 어렵게 도착한 터라 'Peace'라는 단어를 보는 순간 눈물이 핑 돌았다. 하나의 나라를 대표하는 도시가 스스로를 '평화'라고 규정할 수 있다는 게 너무나 부러웠다. 라파스가 오슬로처럼 평화의 도시가 되기를……

가파른 절벽을 꽉 채운 산동네. 라파스 도심을 둘러싸고 있는 해발 4,000m에 이르는 거대한 계곡 사면마다 집들로 가득 찬 것을 보면 숨이 막힐 듯하다.

라파스는 안데스산맥 고원을 초케야푸Choqueyapu 강이 깊게 파들어가면서 만든 길쭉한 계곡에 자리잡고 있다. 코파카바나에서 라파스로 들어가는 길은 고원지대에서 계곡 아래에 있는 시내를 내려다보며 지그재그로 만든 도로를 따라간다. 시내는 물론 시내를 둘러싼 가파른 경사면을 따라 꼭대기까지 건물과 집들이 빼곡하게 들어차 있고, 특히 경사면에는 아슬아슬해 보일 정도로 집들이 가득 차 있어 숨이 막힐 듯한 느낌이 든다. 경사면이 급하고 높은 곳일수록 집들이 허술하며 심지어는 짓다가 만 듯, 마무리도 제대로 하지 않은 채 사람이 살고 있는 집들이 허다하다. 관광객에게는 그것도 볼거리일 수 있지만 산동네 주민들의 생활 여건은 무척 열악해 보였다. 거주 환경도 그렇고 도심지까지 교통 문제도 해결하기가 쉽지 않아 보였다. 도심을 둘러싼 거대한 '달동네'에 사람들이 살아가는 데 필요한 기반시설과 환경을 개선하고 행정 서비스를 갖추는 일이 엄청난 과제일 것 같았다.

호텔은 시내 중심가에 있어서 돌아다니기에는 좋았지만 낡은 건물이라 모든 것이 허술했다. 난방이 없어 추웠다. 고산증으로 두통이 났다. 무지개산을 올라갔다 왔는데도 내 몸은 여전히 고산지대에 적응하지 못하고 있었다.

＜〰〰＞

부패의 상징 산페드로 감옥

언제라도 비가 내릴 듯한 흐린 날씨였다. 11월 8일 오전 11시 자유 도보 여행 출발장소인 산페드로 광장Plaza de San Pedro이 호텔 근처여서 여유가 있었다.

도보여행은 광장 바로 옆에 있는 산페드로 감옥에서 시작했다. 시내 한가운데 있는 이 감옥은 세계적으로 유명하다. 볼리비아의 부패가 어느 정도인지를 보여주는 역설적 상징이기 때문이다. 이미 어느 정도 알고 있는 이야기인데도 가이드의 설명이 차마 믿어지지 않았다.

이 감옥에는 공식적으로 1,500명 정도의 재소자가 수용되어 있는데 대부분이 마약 관련 범죄자라고 한다. 돈과 권력이 있는 사람이 그렇지 못한 사람보다 좋은 대우를 받는 것은 우리나라 감옥도 다를 바 없지만 이곳의 이야기는 정말로 상상을 초월한다.

이 감옥에 갇힌 범죄자는 자기가 수용될 공간을 돈 내고 산다. 감방의 수준은 천양지차다. 감옥 안에 복덕방 역할을 하는 중개업자가 있어서 서로 공간을 사고팔기도 한다. 좋은 곳은 아파트나 모텔처럼 편하게 해놓았다고 한다. 타일이 깔린 바닥에 케이블 TV와 책상, 침대와 흔들의자까지 들여놓는다. 벽에 도배를 하고 사진이나 그림을 붙이며, 커튼도 친다. 외부 사람을 끌어들이기도 하며, 심지어 아내와 아이들을 불러들여 함께 살기도 한다. 음식은 감옥 주변에 있는 식당에서 들여와 먹을 수 있다. 방을 살 수 없는 사람은 아무도 사용하지 않는 공간에서 지내야 한다. 복도 바닥 같은 곳이다. 이런 사람들은 겨우 목숨을 부지할 정도밖에 대우받지 못한다.

재소자들은 안에서 돈도 벌 수 있다. 교정당국이 부과하는 노동을 하고 대가를 받는 것이 아니다. 자기 사업을 하는 것이다. 음식이나 물건을 만들어서 다른 재소자나 관광객들에게 팔기도 한다. 심지어 볼리비아에서 가장 질 좋은 코카인이 이곳에서 나온다는 말이 있을 정도라고 하니 진실 여부를 떠나 사정이 어느 정도인지 짐작할 수 있다. 실제로 영국 출신의 마약사범 토마스 맥파든이 이 감옥에 수용되어 있는 동안 마약을 밀매해 큰돈을 벌었다는 이야기가 있다.

관광도 할 수 있다. 당국의 방침에 의한 것인지는 알 수 없으나 한때는 사실상 공식화돼 있었다. 감옥 안에 '여행사'가 있고, 이들이 산페드로 광장에서 관광객을 모집해 감옥 안을 구경시켰다. 관광객들이 낸 돈은 교도관과 경비원들부터 재소자들까지 분배했다.[6] 가이드에 따르면 그로 인해 물의가 빚어지자 공식적으로는 금지됐는데, 음성적으로 계속 이루어지고 있다고 한다. 하지만 그렇게 안에 들어갔다가 무슨 일이 벌어질지 모르니 절대 들어가지 말라고 주의를 준다. 믿어지지 않는다면 이 감옥을 관광한 여행자들이 유튜브Youtube에 올린 영상들을 보면 된다.

믿어야 될지 말아야 될지, 무슨 3류 소설책에나 나올 것 같은 이야기를 듣자니 참으로 한심하고 어이가 없다. 최초의 원주민 출신으로 볼리비아를 개혁하고 있다는 모랄레스 정부에서도 이런 일이 계속되고 있다니 실망스럽다. 베드로 성인의 이름을 딴 거룩한 수도원을 개조해 만든 감옥이 범죄자를 시민으로 개조하기는커녕 볼리비아의 사법제도를 개조해 썩어 문드러지게 만들어버린 것 같다.

라파스는 남미에서도 치안이 좋지 않기로 유명하다. 소매치기가 흔한 것은 말할 것도 없고 강도 사건도 종종 발생하는데, 심지어 강도가 택시 운전사로 가장해 승객을 털기도 하고 경찰을 가장해 여행자를 납치하는 사건도 일어났다고 한다. 여행 사이트에는 이런 이야기가 넘쳐난다. 이런 정보는 다소간 과장되기 마련인데, 라파스에서 묵은 호텔 주인도 똑같은 조언을 해서 긴장했다. 택시를 탈 때에는 반드시 지붕에 전화번호판이 붙어 있는 '라디오 택시'만을 타고, 여권은 사본을 갖고 다니며, 경찰 복장을 한 사람이 동행을 요구하더라도 절대로 따라가면 안 된다는 게 주인의 충고였다. 라파스는 남미 여행에서 빼놓을 수 없는 곳이지만 특별히 안전에 주의해야 한다.

라파스를 걷다

산페드로 광장에서부터 조금씩 떨어지기 시작한 빗줄기가 마녀시장 Mercado de las Brujas으로 가는 길에 제법 굵어졌다. 마녀시장은 온갖 물건으로 가득했는데 이름 그대로 '마녀'가 사용할 법한 물건들도 있었다. 가죽을 벗겨 말린 야마를 주렁주렁 걸어놓고 파는 곳이 많았는데 약재로도 쓰고 집을 지을 때 파차마마에게 바치는 제물로도 쓴다고 했다. 따지고 보면 그렇게 이상할 것도 없는데, 보기는 좋지 않았다. 코카를 비롯해 안데스의 야생식물로 만든 제품이 많았다. 차와 사탕, 방향제, 민간 의약품, 그리고 최음제도 있었다.

시장은 넓은 도로 양쪽에 천막을 친 수많은 가게에서 각종 식품, 채소, 과자, 빵 같은 먹거리를 팔았는데, 꽃가게가 유독 많은 것이 인상적이었다. 고산지대라 그런지 꽃들의 색깔이 굉장히 진하고 화려했다. 우리나라의 옛날 장터처럼 시끌벅적하고 활기가 넘쳐 좋았지만 쓰레기를 그냥 도로에 버려서 몹시 지저분했다.

페루와 볼리비아를 여행하면서 눈에 많이 띄는 것이 고추였다. 시장을 돌아다닐 때 처음에는 다소 의아한 느낌으로 보다가 이곳이 원산지임을 떠올리고는 머리를 끄덕이게 됐다. 녹색 고추는 물론 우리나라처럼 말린 빨간 고추도 팔고 음식점에서 고춧가루를 담은 양념통을 내놓는 것도 드물지 않다. 그러고 보니 이쪽 음식이 입에 잘 맞는 느낌이 든 것도 고추 때문일 수 있겠다.

고추의 원산지가 볼리비아라는 설도 있지만[7] 중미부터 페루, 볼리비아에 이르는 안데스 지역에 야생 고추가 광범위하게 자란 것 같다. 고추를 처음 재배한 곳은 약 6,000년 전 멕시코였다.[8] 이 고추가 우리나라에 전해져 김치의 주원료가 되고 고추가 없는 한국 음식은 생각할 수 없을 정도로 한국 문화의 상징이 되다시피 한 것은 경이롭기 짝이 없다.

고추가 포르투갈을 통해 아시아와 일본에 전해졌고 우리나라에는 임진왜란 때 일본군을 통해 들어왔다는 것이 통설인데 정작 일본에서는 1543년 포르투갈인이 가져왔지만 임진왜란 때 조선에서 본격적으로 전해졌다는 설이 유력하다고 한다. 그래서 고려호초高麗胡椒라고 불렀다는 것이다.[9]

이 점에 관해 일본에 고추가 널리 퍼지지 않은 상태에서 왜구에 의해 조선에 전해져 확산됐는데 임진왜란 때 다시 일본으로 전해졌을 가능성을 주장하는 견해도 있지만[10] 좀 억지스럽다. 나는 고추가 일본보다 조선에 먼저 전해졌을 가능성이 크다고 생각한다.

영국 해군장교 출신의 역사가 개빈 멘지스는 1421~23년 사이 명나라 영락제 때 환관이던 정화가 이끄는 함대의 선단 하나가 아프리카 희망봉과 남미를 돈 다음 태평양을 건너 세계일주를 했다고 주장했다. 콜럼버스가 서인도제도에 도착한 1492년보다 70년이나 빨랐다. 그에 따르면 그 과정에서 고추가 중국을 통해 조선에 전해진 다음 임진왜란 때 일본으로 건너갔을 수도 있다. 멘지스에 의하면 정화의 선단이 옥수수를 가지고 왔다는 기록이 있으며 마젤란이 필리핀에 도착했을 때 이미 옥수수가 자라고 있었다.[11] 옥수수 또한 중남미가 원산지다. 정화 함대가 중남미에서 옥수수와 함께 고추도 가져왔을 수 있다.

임진왜란이 일어나기 훨씬 전에 조선에 고추가 있었다는 유력한 증거가 있다. 성종 때인 1489년 발간된 한글 의학서《구급간이방》救急簡易方에 기침이 나거나 열이 날 때 "고쵸"椒를 고아먹으라는 내용이 나오고, 1527년 최세진이 쓴《훈몽자회》訓蒙字會에는 초椒를 "고쵸 쵸"라고 풀이해놓았다. 이것을 보면 세종 때인 1433년 완성된《향약집성방》鄕藥集成方에 나오는 "초"椒와 "초장"椒醬이 고추와 고추장을 뜻하는 것일 가능성이 크다.[12] 삼국시대부터 고추가 있었다는 견해도 있는데, 진실이 무엇이든 인류의 문명 교류사는 놀라움으로 가득하다.

라파스의 중심인 산프란시스코San Francisco 성당은 스페인풍의 아담한 석조건물인데 전면 벽 조각이 아름답다. 페루에서도 그랬지만, 이 성당도 현관 기둥에 많은 잉카 신을 조각해놓았다. 가톨릭이 잉카인들의 민속신앙을 포섭하려고 노력한 증거다. 종교재판소가 채찍이라면 성당 기둥에 새긴 잉카 신들은 당근쯤 되겠다.

흐리고 비가 뿌리는 날씨인데도 성당 앞에 많은 사람이 모여 있었다. 전통 복장을 갖추어 입은 사람이 많았는데, 이런저런 물건을 팔기도 했지만 특별한 일 없이 앉아 있거나 서 있는 사람들이 많은 것으로 보아 일거리를 찾는 사람들 같았다. 공식 통계로는 볼리비아의 실업률이 4% 내외에 지나지 않지만 실제로는 그보다 훨씬 더 높을 것 같다. 실질국민소득, 교육수준, 문맹율, 평균수명 등을 종합한 인간발전지수Human Development Index도 2016년 118위로 중남미 평균에 미치지 못하는 낮은 수준에 머물러 있다. 화려한 안데스 복장 때문인지 도시 분위기를 어둡게 하는 정도까지는 아니었지만 볼리비아의 갈 길이 멀고 험해 보였다.

성당 왼쪽에는 라파스에서 제일 큰 란자시장Mercado Lanza이 있다. 5층으로 된 란자시장은 한 칸 내지 두 칸 크기의 가게들이 헤아릴 수 없이 들어서 있고, 먹을 것과 입을 것부터 없는 것이 없을 정도로 눈요깃거리가

산프란시스코 성당. 성당 앞에는 사람들이 삼삼오오 모여 뭔가를 주고받기도 하고 이야기를 나누기도 한다. 성당 기둥에 새긴 잉카의 신들이 눈길을 끈다.

풍성하다. 간식이든 식사든, 현지인들이 먹는 갖가지 음식도 맛볼 수 있다. 좁은 나무 의자에 끼어 앉아 먹는 작은 식당도 있지만 음식을 사서 성당과 시내가 보이는 난간 쪽에 서서 먹는 사람도 많았다. 값도 엄청 싸다. 마침 점심때여서 감자를 으깨 공처럼 뭉쳐 튀긴 빵과 만두를 사서 과일주스와 함께 먹었는데 역시 내 입맛에 잘 맞았다.

란자시장 벽에는 커다란 벽화가 그려져 있다. 만화처럼 그렸는데 멀리서 봐도 안데스 원주민들의 모습을 형상화한 느낌이 뚜렷하다. 볼리비아 작가 로베르토 마마니 마마니의 작품이다. 남미 여행을 준비하면서 얼핏 들어본 그의 작품을 라파스 거리에서 만난 것이다. 안데스와 볼리비아의 자연과 동물, 사람과 삶의 모습을 과감하게 추상화한 다음 강렬한 원색으로 표현해 역동성이 넘치는 그의 작품을 보니 반가웠다. 시내 중심가에 있는 시장 벽을 당대 최고의 작가가 그린 작품으로 장식한 것도 대단했다.

재미있는 것은 시장 지하에 있는 실내축구장이었다. 제법 넓은 홀에 실내축구대가 가득 설치돼 있고 사람들로 북적이고 있었다. 어린 시절 서울 변두리 동네에 살 때 실내축구장에 가서 형님들과 놀던 기억이 새로웠다. 수십 년 동안 까마득히 잊고 있던 실내축구장을 이곳에서 보니, 내려가서 한 판 벌이고 싶은 충동이 솟아올랐지만, 참았다.

성당과 란자시장 앞을 가로지르는 산타크루스 대로는 라파스 시내를 관통해 외곽으로 나가는 고속도로와 연결되는 간선도로다. 대로 양편으로는 식민지 시대에 지은 아름다운 건물들 사이사이에 현대식 고층건물이 들어서 있다. 시장에서 대로를 넘어가는 구름다리에 서면 라파스 중심가는 물론 양쪽으로 계곡 사면에 들어서 있는 주택가의 모습을 한눈에 볼 수 있다. 큰길을 넘어가 몇 블록 가면 무리요 광장이 나온다.

식민지 시절 아르마스 광장이던 이곳은 1809년 7월 16일 볼리비아 독립을 요구하는 반란을 일으켰다가 교수형을 당한 페드로 도밍고 무리요를 기념해 이름을 바꿨다. "동포 여러분, 나는 죽지만 폭군들은 내가 붙인 횃불을 결코 끄지 못할 것입니다. 자유 만세!"라고 외치며 숨진 무리요를 위해 해마다 7월 16일이 되면 시민들이 횃불을 들고 행진한다고 한다.[13] 이런 역사가 있고, 대통령궁과 의회, 그리고 대성당이 자리잡은 무리요 광장은 볼리비아 정치의 중심지다. 독립 후 권력을 장악하려는 수많은 투쟁이 이곳에서 벌어졌고, 권력의 횡포로부터 생존권을 지키려는 대중의 저항도 이곳에서 벌어졌다. 권력이 민중의 영웅들을 처형한 장소기도 했다.[14]

오늘날 무리요 광장은 라파스 시민에게 인기 있는 휴식 장소다. 광장 곳곳에 놓여 있는 벤치들은 말할 것도 없고 주변 도로와 광장을 연결하

마마니 마마니 벽화. 란자시장 벽에 있는 그림이다. 볼리비아 곳곳에 마마니 마마니의 작품이 그려져 있다.

위팔라 깃발(왼쪽)과 시계 반대 방향으로 가는 시계(오른쪽). 독자적인 사회 경제 정책을 추구하는 모랄레스 정부의 상징이다.

는 계단들도 사람으로 꽉 차서 걸어다니기가 쉽지 않을 정도다. 광장 안은 비둘기의 천국이다.

이곳의 명물은 의사당 건물 정면에 붙어 있는 시계다. 거꾸로 가는 시계다. 모랄레스 대통령이 볼리비아를 움직이는 원칙은 다르다는 것을 보여주기 위해 설치했다는데, 시간을 알리는 1부터 12까지의 숫자가 왼쪽에서 오른쪽으로 배치돼 있다. 시계바늘도 '시계 반대 방향'으로 돈다. 시간은 잘 맞는다.

대통령궁과 의사당을 비롯해 볼리비아 어디를 가든 국기와 함께 잉카를 상징하는 위팔라 깃발을 걸어놓은 것이 인상적이었다. 정사각형을 가로세로 일곱 줄씩 이어붙인 다음 왼쪽 위에서 오른쪽 아래 대각선으로 가운데 흰색, 오른쪽 위로 노랑, 주황, 빨강, 보라, 파랑, 녹색. 왼쪽 아래로 녹색, 파랑, 보라, 빨강, 주황, 노랑의 순서로 배치해 무지개 이미지를 담았다. 흰색은 볼리비아가 속했던 콰야수유, 노랑은 쿤티수유, 빨강은 친차이수유, 녹색은 안티수유를 의미하며 전체적으로는 안데스 지역의 다양한 원주민을 나타낸다고 한다. 이 깃발은 헌법에 따라 두 번째 국기의 지위를 가지는데, 역광을 받아 펄럭이는 모습이 매우 아름답다.

텔레펠리코와 모랄레스 정권의 행로

라파스 여행에서 놓치면 안 될 명물이 '텔레펠리코'Telefelico다. 라파스 시내를 돌아다니다 보면 머리 위로 케이블카가 줄지어 다니는 것을 볼 수 있는데 이게 바로 텔레펠리코다. 관광용이 아니라 산동네 주민들의 교통수단이다. 특정한 두 지점을 연결하는 대신 시내버스처럼 노선이 있고 여러 개의 정류장을 거쳐 산동네와 시내를 연결한다. 라파스 시내를 둘러싼 산동네 사람들을 위해 모랄레스 정부가 기막힌 아이디어를 낸 것이다. 산동네와 시내를 연결하는 수단으로 이보다 더 나은 것은 생각할 수 없을 것 같다.

공중에 매달린 선을 따라 쉴 새 없이 움직이는 케이블카로 산동네에서 30분 이내에 도심으로 올 수 있다. 서로 단절되다시피 했던 도심과 산동네 사이에 소통이 이루어지면서 여러 효과가 나타나고 있다. 산동네 사람들이 쉽게 도심에 와서 경제활동을 할 수 있게 됐을 뿐 아니라 도심에 사는 사람들도 산동네를 방문할 수 있게 됐다. 케이블카가 명물로 등장하자 관광객도 몰려들고 있다. 케이블카 정류장을 중심으로 상권이 형성되면서 경제활동이 활발해지고, 주변 환경을 개선하는 효과도 거두고 있다.

텔레펠리코. 라파스 주변 산동네 주민들의 교통수단으로 설치했는데 세계적으로 유명해졌다. 노란색 노선을 타고 종점에 있는 산꼭대기 전망대까지 갔다.

케이블카를 타는 방법과 노선을 자세히 설명해준 호텔 주인은 산동네는 치안이 좋지 않으니 절대로 전망대에서 멀리 가지 말라고 신신당부했다. 노란색 노선 종점 전망대에 도착해 밖으로 나갔다. 주변을 좀 둘러보고 싶었는데 비가 뿌리는 데다 바람이 거셌다. 너무 추워서 안으로 들어왔다. 레스토랑에서 커피와 닭튀김을 시켜놓고 시간을 보내노라니 어두워졌고 야경이 제법 그럴듯했다.

라파스 시민들은 텔레펠리코에 애정과 자부심을 느끼는 것 같다. 텔레펠리코 타봤냐고 묻는 사람을 여럿 만났고, 엄지손가락을 치켜 보이며 좋았다고 말해주면 기뻐하는 표정이 역력했다. "우리 나라 대통령을 아느냐"고 묻는 사람들도 있었는데, 그만큼 모랄레스 정부의 업적으로 받아들이는 것 같았다.

모랄레스의 인기는 높다. 최초의 원주민 출신 대통령으로, '가스 전쟁'

의 여파로 당선된 대통령답게 취임 후 천연가스 국유화를 내세워 정부와 다국적기업의 관계를 역전시킨 것은 큰 업적이다. 과거에는 천연가스 생산으로 생긴 이익에서 정부 몫이 18%였는데 이를 뒤집어 82%로 바꾼 것이다. 늘어난 수입으로 가난과 문맹 퇴치, 사회복지, 도로, 수도, 전기 등 인프라 확대에 투자했다. 인종차별과 성차별을 해소하는 한편 세계은행과 IMF의 간섭을 배제하고 독립적인 경제정책을 수립하려고 노력했다. 2006년부터 2014년까지, 세계 경제위기 와중에 1인당 GDP가 두 배 증가했고 극빈자 비율은 38%에서 18%로 감소하는 성과를 거두었다. 이런 성과를 바탕으로 2014년 3선 연임에 성공했다.

하지만 이것이 약이 될지 독이 될지는 더 두고 봐야 할 것 같다. 여전히 높은 인기를 누리고 있고, 대통령으로서 나름의 업적을 남겼다는 데 동의하지만 나는 모랄레스가 불안하다.

3선 연임부터 좋아 보이지 않는다. 과정은 더 이상해 보인다. 볼리비아 헌법은 대통령의 연임을 한 번으로 제한하고 있다. 합쳐서 두 번만 할 수 있다는 뜻이다. 그런데 2013년 5월 헌법재판소는 대통령의 연임제한 조항이 모랄레스의 첫 번째 임기에 적용되지 않는다고 결정했다. 첫 번째 임기 중에 헌법이 개정됐기 때문이라는 것이다.[15] 개정 전 헌법이나 개정 후 헌법이나 임기 조항은 똑같은데 첫 번째 임기 중에 임기와 무관한 조항들을 개정했다는 이유로 연임제한 조항이 적용되지 않는다는 것은 이해가 되지 않는다. 적어도 내게는 궤변처럼 들린다. 최고법원이 이런 식으로 말장난을 한다는 것은 이 나라의 국가권력에 뭔가 문제가 있음을 보여준다. 우리베 대통령의 3선 개헌 국민투표를 금지하며 민주주의 원칙에 어긋난다고 선언한 콜롬비아 헌법재판소를 보면 어느 쪽이 정상이고 어느 쪽이 비정상인지 알 수 있다.

모랄레스는 4선 연임을 하고 싶어 하는 것 같다. 2016년 2월 헌법 개정을 시도했는데, 다행히 국민투표에서 부결됐다. 예상과 달리 51.5%가 반대한 것이다.[16] 모랄레스 지지가 높은 상황에서 다수 국민이 개헌에 반대했다는 것, 그리고 개표 결과가 부결로 나왔다는 것은 볼리비아에 희망이 있다는 증거다.

모랄레스가 이 결과에 깨끗이 승복하고 다음 대통령에게 정권을 넘겨주면 다행이다. 하지만 낙관하기엔 일러 보인다. 내가 볼리비아를 떠난 지 얼마 되지 않아 모랄레스가 여전히 4선 출마 가능성을 접지 않고 있다는 보도가 나왔다.[17]

마지막 출마라고 다짐하고 또 다짐하면서 무리하게 3선 개헌을 한 박정희가 택한 수순이 더 이상 출마할 필요 없는 종신 대통령제 도입이었다. 그 정권 아래서 청춘을 보낸 트라우마 때문인지는 모르겠지만 모랄레스가 어떻게든 4선 출마를 시도할 것 같은 불안감이 든다. 기득권층만의 권력 투쟁으로 일관해온 볼리비아 역사에서 모랄레스가 돋보이는 점이 있는 건 사실이다. 하지만 민주주의를 지키는 것은 더욱 중요하다. 볼리비아에 모랄레스밖에 인물이 없겠는가? 4선을 하게 되면 모랄레스 또한 독재자로 전락할 가능성이 높다. 그도 인간이기 때문이다. 모랄레스와 그를 지지하는 세력이 불장난을 벌이지 않기를 바란다.

볼리비아가 당면하고 있는 난제는 한두 가지가 아니다. 콜롬비아, 페루와 마찬가지로 코카 재배를 줄이고 대체작물 재배를 확대하는 한편 코카잎을 합법적으로 사용하는 수익원을 발굴하는 것이 시급하다. 그래야만 마약 생산과 유통을 줄일 수 있을 뿐 아니라 가난한 농민들의 삶을 개선할 수 있다.

부패도 심각하다. 국제투명성기구Transparency International가 발표한

2016년 부패인식지수Corruption Perceptions Index를 보면 조사대상 176개 국 가운데 볼리비아는 113위로 남미에서도 가장 낮은 수준에 머물러 있 다.[18] 부패는 경제발전과 삶의 질 향상과 민주정치의 발전을 막는 암적 장애물이다. 부패가 극심한 나라가 정상 국가로 발전하는 것은 불가능 하다.

과거 독재정권이 저지른 인권침해의 진상을 밝히고 피해를 회복하는 작업도 지지부진하다. 1982년 정권을 잡은 에르난 실레스 수아소 대통 령은 '국가실종사건조사위원회'를 설치했다. 남미에서 처음으로 설치돼 주목받은 이 위원회의 임무는 1967년부터 1982년 사이에 벌어진 살해와 실종 사건을 조사하고 연구하는 것이었다. 임무가 극히 제한된 위원회 는 납치와 고문 등 반인도적 범죄를 조사할 수 없었고, 정부로부터 지원 도 받지 못했다. 그런 가운데 155건의 실종 사건을 밝혔으나 최종 보고 서도 발간하지 못한 채 1984년 해체됐고 정부는 자료도 공개하지 않았 다. 그래도 그 성과에 기초해 독재자 메사를 비롯한 인권침해 범죄자 56 명을 기소해 49명에게 유죄판결이 선고됐다.[19]

2004년에는 살해 또는 실종 사건의 생존자나 가족에게 손해배상과 의 료 및 심리치료를 제공하는 법률을 제정했지만 실효를 거두지 못했다. 대상자 범위가 너무 좁고 배상금액도 적은 데다가 30여 년 전에 고문당 했음을 증명하는 진단서를 요구하는 등 불가능한 조건 때문이다. 피해 자들은 법무부 앞에서 몇 년째 노숙 농성을 하면서 정부와 군부의 비밀 기록 공개와 새로운 진실위원회 설치를 요구하고 있다. 그러나 모랄레 스 정부는 별다른 관심을 보이지 않고 있다.[20]

흘러간 시간만큼 역사의 무게도 무거워진다. 과거를 바꿀 길은 없다. 과거는 그저 살아남은 자들에게 숙제를 남길 뿐이다. 거기에 새로운 과제가 닥친다. 쌓이고 쌓인 난제들을 하나의 정권이 다 해결할 수는 없다. 따지고 보면 죄 없는 피를 뿌리지 않고 만들어진 나라는 하나도 없다. 죽은 자들은 돌아올 길 없고 살아남은 자들은 살아가야 한다. 하지만 산 자들의 공동체가 인간의 공동체로서 최소한의 정당성을 주장할 수 있으려면 그들을 기억하고 위로하는 노력을 해야 하지 않겠는가. 그런 시늉조차 하지 않고 열어가는 미래가 미래지향적일 수 있을까. 국가범죄로 삶을 빼앗긴 피해자들을 외면한다면 내 생명과 자유를 존중해달라고 기대하고 요구할 근거도 사라진다. 역사의 희생자들을 기억하고 위로해야하는 진짜 이유는 지금 살아 있는 사람들과 앞으로 살아갈 사람들을 위한 것이다.

진보주의자를 자처하는 모랄레스가 권력정치의 덫에서 헤어날 수 있기를 바란다. 간단치 않은 문제들이 있겠지만, 모랄레스가 4선 연임을 포기하는 것이 관건이다. 내 생각은 그렇다.

⋘〰〰⋙
어머니 지구의 권리에 관한 법

볼리비아가 국제사회에서 상반된 관심을 끌고 있는 또 하나의 논쟁거리가 '지구의 권리'를 인정하는 법이다. 2011년 제정된 '어머니 지구의 권리에 관한 법'Law of the Rights of Mother Earth은 기존의 환경권 차원을 넘어 지구와 지구 생태계의 구성부분을 인간과 같은 권리주체로 인정하고, 모든 볼리비아 국민이 그 권리를 보호하는 주체가 될 수 있다고 규정했다. 지구를 살아 있는 생명의 근원으로 인식하는 안데스 문명의 전통을 법제화한 것이다. 이 법은 조화, 집합적 선, 어머니 지구의 재생, 어머니 지구의 권리 존중과 보호, 상업화 금지 및 다문화주의의 원리를 기초로 삼는다. 어머니 지구와 그 구성부분은 생명권, 생명의 다양성을 유지할 권리, 물과 깨끗한 공기에 대한 권리, 평형을 유지하고 회복할 권리, 오염에서 자유로운 생명을 유지할 권리를 가진다. 2012년에는 '어머니 지구와 좋은 삶의 전체적인 발전에 관한 기본법'Framework Law of Mother Earth and Holistic Development for Living Well을 제정해 지구와 지구 생태계를 보호하는 제도적 틀을 만들었다.

흔히 '자연의 권리' 개념으로 논의되는, 지구와 지구 생태계를 권리주체로 인정하는 법에 대해서는 양론이 있다. 환경과 생태계의 보호를 강조하는 시민운동 쪽에서는 환영하는 반면 서구 주류 언론은 실질적인 효과를 거둘 수 없는, 좌파 정권의 구호성 비전에 지나지 않는다는 비판과 냉소를 보내는 경향이 있다.

단기적으로 보면 후자의 견해가 현실을 정확하게 평가한다고 볼 수도 있다. 자원개발과 경제성장, 그리고 환경과 생태계 보호는 어느 사회에서도 균형을 잡기가 쉽지 않다. 더구나 가난한 볼리비아는 풍부한 천연자원을 채굴하고 기반시설 건설을 확대해 재정수입과 고용을 늘리는 것이 절실하기에 환경과 생태계 보호에 관심을 쏟을 만한 여유가 적다.

곧바로 시험이 닥쳤다. 라파스 북부 안데스산맥에 있는 마디디Madidi 국립공원 개발 문제가 등장한 것이다. 전 세계 조류의 11%가 서식할 정도로 생태적 가치가 높은 이 공원의 상당 부분에 석유와 천연가스가 매장돼 있다. 논란 끝에 모랄레스 정부는 개발을 택했고 그 과정에서 어머니 지구의 권리를 규정한 법은 제동을 걸지 못했다.[21] '부패한 이상주의'Corrupted Idealism라는 비판이 터져나왔다.[22]

실망스러운 일이다. 지구의 권리를 규정한 법이 생태계를 파괴할 염려가 있는 개발을 저지할 정도로 내용과 절차를 담보하지 못한 것은 큰 문제다. 하지만 당장 그렇게 하지 못한다고 해서 말장난에 지나지 않는 것처럼 매도할 일인지는 의문이다. 가난한 나라들이 겪고 있는 일반적인 환경 오염과 파괴 외에도 볼리비아는 온난화로 인한 기후변화로 생태계의 위기를 겪고 있다. 당장 안데스의 빙하가 사라져가면서 수자원의 고갈과 심각한 가뭄에 시달리고 있다. 이런 상황에서 개발에만 치중하지 않고 생태계 보호를 조화시키는 새로운 발전의 길을 열고자 하는 문제의식과 시도는 의미가 적지 않다.

무분별한 환경 파괴와 오염과 온난화로 인한 기후변화는 지구 생태계와 인간의 삶까지도 심각한 위험에 빠뜨리고 있는 것이 사실이다. 이런 상황에서 당장 효과를 거두지 못한다고 해서 새로운 고민과 시도를 함부로 폄하할 일은 아니다. 산과 강, 깨끗한 공기와 숲, 그 품에 살고 있는 동식물의 생태계에까지 권리를 인정하고 모든 국민이 그 권리를 행사할 수 있도록 허용하는 것만으로도 생태계를 보호하는 인식과 운동과 논쟁을 활성화하는 효과가 있다. 법 이론은 어느 날 하늘에서 뚝 떨어지는 것이 아니라 그런 과정에서 발전해가는 것 아니겠는가!

생태계를 권리주체로 인정하고 생명의 다양성을 유지할 권리와 평형을 유지하고 회복할 권리, 오염에서 자유로울 권리 등을 인정하는 법이 우리나라에 있다면, 좁은 국토의 환경과 생태계를 거덜내는 개발 프로젝트에 지금보다는 효과적으로 제동을 걸 수 있을 것 같다. 법 절차를 무시하고 환경영향평가를 엉터리로 해도 면죄부를 남발하는 법원 판결이 달라질 수도 있을 것이다. 이런 법이 있었다면, 4대강 사업을 강행하도록 길을 열어주는 것이 좀 더 어려워졌을 수도 있다. 난 우리나라에 이런 법이라도 있으면 좋겠다.

식민지 시대의 거리 하엔

무리요 광장에서 멀지 않은 곳에 라파스에서 제일 아름답다는 하엔 거리Calle Jaen가 있다. 두 블록을 걸어 올라가서 좌회전한 다음 네 블록을 가야 하는데 지도로는 1km 남짓 하지만 생각보다 쉽지 않았다. 제법 경사가 있는 오르막길인 데다 고도가 높아서 조금만 걸어도 숨이 찼다.

하엔 거리는 볼리비아 독립운동을 하다가 1810년 처형된 아폴리나르 하엔의 이름을 딴 거리다. 거리만 둘러볼 경우 30분이면 충분할 정도로 작은데 식민지 시대에 지은 스페인풍의 건물들과 골목이 그대로 보존돼 있고 건물 벽에 갖가지 색깔을 밝은 톤으로 칠해놓아 무척 아름답다. 황금박물관을 비롯한 여러 박물관도 모여 있어 충분한 시간을 내서 가볼 만한 곳이다. 황금박물관에 도착한 것이 오전 11시 30분쯤이었는데 12시부터 오후 3시까지 휴관이라고 했다. 이 거리에 있는 박물관을 모두 구경할 수 있기 때문에 표가 상당히 비싼데 3시부터 보기에는 시간이 부족한 듯했다. 일단 거리를 구경하고 점심을 먹은 다음 생각해보기로 했다.

작은 카페에서 간단하게 식사하고 거리를 어슬렁거리다 보니 골목 구석에 눈에 익은 듯한 간판이 보였다. 로베르토 마마니 마마니의 작품만 전시하는 화랑이었다. 크지 않은 화랑이었지만 마마니 마마니의 다양한 작품을 짜임새 있게 전시해놓아서 충분히 즐길 수 있었다. 라파스에서 제일 유명한 거리에 그의 작품만을 전시하는 화랑이 있는 것도 그렇지만 다양한 작품집과 그림엽서들, 그의 그림을 소재로 만든 여러 가지 생활용품까지 만들어 판매하는 것을 보면서 볼리비아에서 그의 위치를 짐작할 수 있었다. 안데스의 자연과 문화를 화려하고 역동적인 현대 미술

하엔 거리. 식민지 시대 건물들이 그대로 남아 있고 주변에는 박물관들이 모여 있다.

로 표현하는 그의 작품들을 한꺼번에 볼 수 있었던 것은 뜻밖의 선물이었다.

장기간 여행을 다닐 때 곤란한 점 가운데 하나가 기념품을 사기 어렵다는 것이다. 최소한만 챙겼지만 배낭은 이미 짐으로 꽉 차 있어 더 이상물건을 넣을 공간도 없고, 있다 하더라도 물건을 자꾸 사면 긴 여행길에부담이 되므로 자제해야 한다. 마마니 마마니의 작품집이라도 한 권 사고 싶었지만 책이 크고 무게도 만만치 않아 고심 끝에 포기했다. 엽서 몇장으로 만족했다.

마마니 마마니의 작품들을 보고 나니 볼리비아 곳곳에 스며들어 있는그의 작품이 눈에 들어왔다. 건물 벽화, 관광버스 로고, 과자 포장지에 이르기까지 그의 작품 세계가 볼리비아인들의 삶에 깊숙이 자리잡고 있었다.

‹〰〰〰›
원주민의 삶을 담은 민속박물관

마마니 마마니 화랑에서 나오니 이미 오후 3시가 지났다. 황금박물관으로 갈까 잠시 망설이다가 포기하고 민속박물관으로 갔다. 황금박물관은 값도 비싸지만 보고타에서 황금박물관을 봤으니 민속박물관이 더 실속 있을 것 같았다. 민속박물관Museo de Etnografia은 무리요 광장과 하엔 거리 중간에 있다. 알티플라노 원주민의 삶과 관련된 유물을 체계적으로 전시해놓았다.

시작은 역시 알파카다. 알파카 털에서 실을 뽑고 염색을 하고 직물을 짜는 방법을 자세히 설명하고 안데스인이 사용하던 도구들을 전시해놓았다. 특별히 눈에 띄는 것은 목화였다. 안데스인들이 수천 년 전에 야생 목화를 재배해 면직물을 만들었다는 것을 페루에서 처음 듣고 놀랐는데 라파스 민속박물관에는 목화씨와 목화송이, 그리고 목화솜까지 전시해놓아 더욱 실감이 났다. 가장 오래된 목화솜이 발견된 것은 멕시코의 테우아칸Tehuacan 계곡으로 서기전 5800년까지 거슬러 올라간다고 한다. 페루에서는 서기전 4200년경에 목화를 재배한 것으로 추정한다.[23] 우리나

새 깃털 장신구들. 새의 깃털로 만들었다고 믿어지지 않을 만큼 화려한 장신구들은 안데스의 생물다양성을 보여준다.

라는 고려 때 문익점이 붓두껍에 목화씨를 숨겨 들여와 재배하기 시작했다는 점을 생각하면 안데스인들의 목화 재배가 얼마나 앞선 것인지 알 수 있다.

박물관에 추요Chullo라고 하는 전통 모자가 굉장히 많이 전시돼 있었다. 추요의 특징은 정수리 부분이 길고 뾰족하며 귀를 덮는 덮개가 양쪽에 달려 있다는 점이다. 각양각색의 무늬가 새겨져 있는데 이것이 지역이나 종족의 특징을 나타내는 것인지는 분명하지 않다. 매장한 미라의 머리에까지 추요를 씌워놓은 것을 보면 모자를 쓰는 것은 이곳 사람들의 관습이었던 것

친숙한 가면들. 아시아의 흔적인 듯, 우리나라 민속박물관에 전시해도 어색하지 않을 가면이 많았다.

같은데, 춥고 거센 바람이 부는 알티플라노의 기후 때문일 것이다.

민속박물관에서 제일 재미있는 것은 가면이었다. 사람 얼굴은 물론 온갖 동물과 귀신 등 갖가지 형상의 가면을 전시해놓았는데, 동양적인 분위기를 풍기는 것도 적지 않았다. 안동에 있는 탈 박물관에 전시해놓아도 조금도 어색하지 않게 잘 어울릴 것 같았다.

박물관의 마지막은 새 깃털로 만든 장신구를 전시한 방이었다. 총천연색의 깃털로 만든 모자와 옷, 장식품들은 화려함의 극치를 보여주었다. 새의 깃털이 어쩌면 그렇게도 화려할 수 있는지 놀랄 정도였고 볼리비아 어디에 저런 깃털을 가진 새들이 살고 있는지 이해가 가지 않았다. 볼리비아에 오기 전에는 메마른 안데스 고원지대와 우유니 사막의 이미지만 가지고 있었는데 이곳에 와서야 안데스 우림지대가 지구에서 생물

다양성이 가장 높고 새들의 종류가 많은 곳임을 알게 됐다.

<~~~~>
거석 문명의 원형 티와나쿠 유적

티와나쿠 유적은 티티카카호 남쪽 티와나쿠에 있는 고대국가의 유적이다. 이 지역에는 서기전 1500년경부터 사람이 살면서 농사를 짓기 시작했다. 서기전 3세기부터 티와나쿠가 정치와 종교의 중심지로 등장하면서 도시국가 연합 형식의 고대국가를 형성했고, 5세기에서 10세기 사이에 전성기를 맞았을 것으로 추정한다. 안데스 지역에서 가장 높은 수준의 문명을 이룩한 티와나쿠는 페루 북쪽부터 볼리비아 서부, 칠레 북부에 걸쳐 존속한 것으로 보이지만, 문자 기록이 없어 실제 이름이 무엇인지는 알 수 없다고 한다.

티와나쿠 유적은 넓은 면적에 아카파나Akapana, 푸마푼쿠Pumapunku, 칼라사사야Kalasasaya, 케리 칼라Kheri Kala, 푸투니Putuni, 반지하 신전 등 여러 개의 거대한 피라미드와 신전으로 이루어져 있고 주변에 거주지역과 농업지역이 있다. 복잡한 정치, 종교 시스템을 구축했음을 보여준다.

티와나쿠의 전경이 한눈에 들어오는 아카파나는 가로 257m, 세로 197m, 높이 16.5m로 일곱 개의 단을 쌓아올린 피라미드식 제단이다. 태양의 신을 섬기는 곳이다. 나스카에서 본 카와치 피라미드와 비슷하다고 생각했는데, 이처럼 계단식으로 쌓아올린 피라미드가 안데스 문명권에 널리 퍼진 양식이라고 한다. 원형을 알아보기 힘들 정도로 파괴된 아카파나는 멀리서 보면 마치 얕은 모래언덕처럼 보인다. 현재 발굴과 복원작업이 진행되고 있다. 이 피라미드를 쌓은 돌 가운데 제일 큰 것은 무게가 65.7톤에 이른다. 정상에는 반지하 형태의 신전이 있었고 그곳에서 태양신에게 사람을 희생물로 바치는 의식을 치렀을 것으로 추정한다.[24] 하지만 가이드의 말일 뿐, 당시의 현장을 느낄 수 있는 흔적은 아무것도 없다. 아카파나는 평화롭기만 하다.

어린 시절 제일 무서웠던 것이 인신공양 이야기였다. 이야기책은 온 갖 나라에서 희생양이 된 죄 없는 사람들로 가득했다. 희생양은 아이들 아니면 여자들, 하나같이 약한 사람들이었다. 아가멤논은 트로이 전쟁을 하려고 자기 딸 이피게네이아를 죽여 아르테미스 여신에게 바쳤다. 에밀레종이나 심청의 이야기는 그게 내게도 일어날 수 있는 일처럼 다가왔다. 제일 충격적인 건 성경이었다. 아브라함이 마지막 순간에 제정신을 차리지 않았다면 이삭은 죽고 말았을 것 아닌가. 잘못한 게 없는 아브라함에게 더욱 잘못이 없는 아들을 바치라고 명령하는 신을 이해할 수 없었다. 신이 명령한다고 자식을 죽이려는 아브라함도 용납할 수 없었다. 악몽도 꿨다. 옛날 일이라고 생각하면 조금 안심이 됐지만 다시 안 일어난다는 보장도 없었다. 누구에게 물어볼 수도 없었다. 부모, 국가, 신……, 세상에 대한 원초적 공포가 싹튼 계기였던 것 같다.

잉카의 전설은 더했다. 그들은 툭하면 노예와 포로들을 태양신에게 바친다고 했다. 동화책 갈피에서 피비린내가 났다. 무서웠다. 남미를 동경하면서도 마음 한구석에 있던 뭔가 꺼림칙한 느낌의 정체가 그것이었는지도 모르겠다.

안데스는 나스카판과 남태평양판이 부딪혀 만들어졌다. 흔히 '불의 고리'라고 하는 환태평양 조산대造山帶를 이루고 있으니 시도 때도 없이 화산이 터지고 지진이 일어난다. 지형과 기후의 특성 때문에 툭하면 가뭄과 홍수가 일어난다. 항상 생존의 위협에 시달리면서도 원인을 알지 못한 안데스인들은 얼마나 무섭고 조마조마했을까. 천지조화를 일으키는 신들을 달랠 수만 있다면 무슨 일이라도 할 수밖에 없었을 것이다. 게다가 잉카의 최고신은 태양신이고 황제는 태양신의 화신이니 가장 귀한 희생물, 사람을 태양신에게 바치는 게 당연했는지도 모른다.[25]

문제는 누가 누구를 바치느냐다. 강자가 약자를 바친다. 언제나 그렇다. 2016년 일군의 인류학자들은 희생양 의식이 종교와 국가의 본질과 관련됐을 수 있다는 점을 밝혔다. 과학잡지 《네이처》Nature에 발표된 연구[26]에 의하면 인간을 희생양으로 바치는 의식은 사회가 점점 불평등해지고 세습에 기초한 계급사회로 변한 것과 밀접한 관계가 있다고 한다. 인도양에서 동남아시아와 태평양에 이르는 오스트로네시아Austronesia의 93개 문화권을 조사한 결과 20개의 평등한 사회에서는 25%만 인신공양 풍습이 나타났는데 46개의 약한 계급사회에서는 37%로 늘어났고, 27개의 고도로 계급화된 사회에서는 65%로 높아졌다고 한다.

모든 의식이 그렇듯이 인신공양도 의식을 치를 필요가 있는지, 있다면 언제 누구를 희생양으로 삼을 것인지를 누군가 결정해야 한다. 권력 엘리트다. 희생양은 저항할 수 있는 힘이 약한 사람이 될 수밖에 없다. 공동체 안에서는 어린아이와 여성, 노예들이고, 밖에서는 포로들이다. 인간의 본성에 반하는 의식을 정당화하며 희생양들의 저항을 제압하려면 물리력과 함께 이데올로기가 필요하다. 종교다.

인신공양이 화산과 지진, 가뭄과 홍수를 일으키는 신을 달래려는 절박한 필요에서 시작됐을 수 있지만, 일단 시작되고 나면 기존 권력을 강화한다. 강화된 권력은 권력을 위해 의식을 이용한다. 의식과 권력은 서로를 강화해간다. 희생제를 치러야 할 때와 제물이 될 사람을 선택할 수 있는 힘은 공포의 권력이다. 감히 누가 저항할 수 있겠는가. 인신공양,

희생양 만들기는 국가와 종교와 문명의 어두운 고리를 드러내는 열쇠인지도 모른다.[27]

푸마푼쿠는 '퓨마의 문'이라는 뜻이다. 가로 167.36m, 세로 116.7m에 높이 5m로 쌓아올린 제단이다. 제단을 세운 바위 가운데 제일 큰 것은 131톤에 달한다. 이곳에는 신전의 잔해로 보이는 수많은 석재가 무너진 채 폐허처럼 방치돼 있는데 자세히 보면 티와나쿠 문명의 정수를 찾을 수 있다. 거대한 석재들은 신전의 바닥과 기둥, 벽을 구성하던 것들로 보이

푸마푼쿠의 석재들. 거대한 신전의 잔해들인데 직사각형이나 십자가 모양으로 파낸 홈은 석재들을 끼워맞추기 위한 것으로 보인다.

는데, 시멘트와 같은 접착제 없이 서로 끼워맞추기 위해 정밀하게 다듬었다. 널리 알려진 바와 같이 후대의 잉카를 비롯한 안데스 문명들은 철기를 사용하지 않았는데, 거대한 바위를 이처럼 정밀하게 잘라내고 다듬은 기술이 무엇인지는 밝혀지지 않았다. 진흙더미를 칼로 잘라낸 것처럼 정교하게 바위를 자르고 다듬고 파낸 기술이 과연 무엇이었을지 궁금하고 놀랍다.

칼라사사야도 신전이다. 거대한 바위로 벽을 쌓아올렸다. 가로 120m, 세로 130m. 반지하 신전과 함께 티와나쿠에서 비교적 복원이 잘된 곳이다. 4~5m 정도 높이의 거대한 바위를 직육면체로 정확하게 다듬어 중간중간에 세운 다음 그 사이에 역시 직육면체 모양의 커다란 바위를 벽돌

태양의 문(위)과 칼라사사야의 석상 폰세(아래).
폰세를 비롯한 이곳 석상들은 오른손 손가락이
반대 방향으로 접힌 특이한 모양을 하고 있다.
태양의 문 위쪽 한가운데 태양의 신이 보인다.

처럼 쌓아서 벽을 올렸다. 하나하나가 사람 몸통보다도 훨씬 큰 바위를 기계로 찍어낸 것처럼 선과 각이 정확하게 들어맞도록 다듬었다.

칼라사사야에는 폰세Ponce와 수도사El Fraile라고 부르는 두 개의 석상과 태양의 문Gateway of the Sun, 달의 문Gate of the Moon이 있다.

두 석상은 얼굴의 모양과 크기가 다를 뿐 거의 비슷하다. 안데스 문명의 전형적 형식처럼 보이는데 종교적 상징물을 든 두 손을 앞으로 가지런히 모으고 조선 시대 관리의 요대 같은 넓은 허리띠에 반바지를 입은 모양이 특이하다. 바지에는 모서리가 둥근 사각형 모양의 무늬를 새겨 넣었다. 얼굴에도 눈 아래와 옆쪽으로 문양이 새겨져 있다. 그 당시 사람들이 얼굴에 장식을 했는지, 다른 의미가 있는지는 알 수 없다. 이상한 것은 석상의 오른손 모양이다. 엄지를 제외한 네 손가락이 바깥쪽으로 접힌, 불가능한 모양을 하고 있다.

티와나쿠에 관해 고고학적 연구 성과와 상반되는, 근거 없는 이야기를 널리 퍼뜨린 것이 《신의 지문》인데, 그중에서도 현저한 것이 태양의 문 얘기다. 많은 남미 여행 안내서와 인터넷 사이트는 《신의 지문》에 나오는 얘기를 그대로 옮겨놓고 있다.

태양의 문은 가로 4m, 높이 3m의 바위 한 개로 만들었는데 오른쪽 상단 모서리 부분이 위쪽으로 깨진 채 서 있다. 쓰러진 채 발견된 것을 일으켜 세운 것인데, 원래 있던 자리가 아니다. 독립적으로 세워진 것도 아니고 다른 건물의 일부였다. 그러니 태양의 문이 천문관측 장소라거나 태양의 문에 새겨진 부조들이 달력이라거나 하는 이야기는 근거가 없다. 아무리 봐도 달력이라고 할 만한 건 없다.

문 윗부분 한가운데에는 신의 모습이 양각으로 새겨져 있다. 《신의 지문》[28]을 인용해 창조신 비라코차라고 설명한 자료가 많은데, 역시 납득이 가지 않는다. 이것이 태양의 문이라면 그 문에 자리잡은 신은 태양신이어야 하지 않을까? 머리에 빛을 상징하는 것처럼 보이는 선들이 달려 있는 것이나 벼락을 상징하는 듯한 물체를 두 손에 들고 있는 것도 태양신 인티임을 보여주는 것 같다. 그렇기 때문에 역사가들이 태양의 문이라고 불렀을 것이다.

인티 신의 양옆으로는 가로 3줄 세로 8칸씩 정사각형 안에 문양이 새겨져 있는데, 첫째 줄과 셋째 줄에 있는 문양들이 같은 모양이고, 둘째 줄에 있는 문양들이 서로 같다. 둘째 줄의 문양은 콘도르가 머리를 올려 태양신을 경배하는 모습인데 나머지 문양은 사람인지 새인지 분명하지 않다. 아무튼 콘도르의 경배를 받는 것도 태양신 인티임을 보여준다.

그 아래 줄에는 동물 얼굴처럼 보이는 것을 포함해 몇 가지 문양이 섞여 있는데《신의 지문》에서 핸콕은 이 동물 문양이 수륙양생의 톡소돈 Toxodon이라고 주장했다.[29] 톡소돈은 약 260만 년 전부터 남미 대륙에 살다가 1만 6,500년 전에 멸종된 동물로 길이 2.7m, 몸무게 1.4톤 정도 되는 거대한 동물이었다. 과거에는 수륙양생으로 추측했으나 연구 결과 육지 동물로 확인됐다.[30] 푸마푼쿠가 항구였고, 이곳까지 티티카카호가 이어져 있었다는 핸콕의 주장도 고고학 발굴 결과 근거가 없음이 드러났다. 이 문양을 톡소돈이라고 볼 근거는 없는 것이다.《신의 지문》에 핸콕이 실어놓은 톡소돈 그림과 태양의 문에 있는 문양은 조금도 닮지 않았다. 핸콕이 태양의 문을 제대로 보기라도 했는지 의심스럽다.

태양신을 섬긴 잉카 전통에 따라 볼리비아에서는 동지인 6월 21일을 새해 첫날로 친다. 이날 볼리비아인들은 티와나쿠에서 새해에 처음으로 떠오르는 해를 맞이하며 축제를 벌인다. 볼리비아의 전통 달력에서는 콜럼버스가 도착하기 전 역사를 5,000년으로 보고 그 후에 지나간 햇수를 더해서 계산하므로 2017년은 볼리비아력 5525년이다.[31] 우리가 단군기원을 계산하는 방법과 흡사하다.

칼라사사야 옆에는 반지하 신전이 있다. 평지에 사각형으로 2m 깊이를 파내 광장을 만들고 주변에 바위벽돌로 벽을 쌓았는데 한가운데에 세 개의 바위기둥이 있다. 특이한 것은 신전의 벽인데, 네 방향 모두 사람의 얼굴을 조각해 벽돌 사이사이에 끼워 넣었다. 가이드는 이 바위들이 이곳에서 태양신에게 희생으로 바쳐진 포로들의 얼굴을 조각한 것이라고 설명했으나 선뜻 납득이 가지 않았다. 반지하 신전이 각종 의식을 치르는 중요한 장소라는 점에서 티와나쿠 국가를 형성하는 여러 종족의 모습을 표현해 공동체 의식을 고취했다는 견해가 더 그럴듯해 보인다.[32]

신전 한가운데 서 있는 세 개의 석상도 관심거리다. 붉은색 사암으로 된 큰 것과 회색 사암으로 된 작은 것 두 개인데 모두 전면에 사람의 모습을 새겼다. 원래는 이곳에 석상이 여러 개 있었는데 티와나쿠 박물관에 있는 거대한 파차마마상 외에는 모두 사라지고 이 세 개만 남았다. 붉은색 큰 석상은 옆면에도 부조를 새겨놓았다. 윗부분에는 고대 안데스의 신처럼 보이는 두 개의 물체가 있고 그 밑에는 마름모꼴 네 개를 다시 마름모꼴로 붙여 새겼으며 제일 아래쪽에는 마치 해마처럼 생긴 물체가 보인다. 뒷면은 풍화되었는지, 원래 아무것도 없었는지 분명하지 않다.

붉은 석상 전면의 사람 모양 부조는 이른바 '야야마마'YAYA-MAMA의 남자 모습과 흡사해 보인다. 야야마마란 케추아어로 '남자-여자' 또는 '아버지-어머니'라는 뜻인데, 잉카 이전 안데스 지역에서 돌기둥의 앞면에는 남자, 뒷면에는 여자 모양을 조각한 것을 가리킨다. 문헌에는 서기전 8세기경 치리파Chiripa 시대부터 시작해 티와나쿠까지 이어진 전통이며, 티와나쿠에서도 야야마마가 발견됐다고 하는데[33] 박물관으로 옮겼는지 유적에서는 보지 못했다.

고대 그리스 유물 중에는 두 개의 얼굴을 한 야누스상이 많다. 과거와 미래를 동시에 본다고 해서 한쪽은 젊은이, 반대쪽은 늙은이의 얼굴로 표현한 것이 많은데 야야마처럼 남자와 여자를 함께 표현한 것이 있는지는 모르겠다. 인도나 타이 등 힌두교나 남방불교 계통에는 세 개의 얼굴을 가진 아수라阿修羅상이나 네 개의 얼굴을 가진 부처상을 많이 만드는데, 이런 관념이 어떻게 형성됐는지 공통점과 차이점을 연구해보면 재미있을 것 같다.

티와나쿠의 신전이 안데스인들의 세 단계 우주론을 형상화했다는 견해도 있다. 인간이 살고 있는 세계(카이파차Cay Pacha)를 중심으로 아래쪽에 있는 반지하 신전은 만물을 만들어내는 풍요의 신과 조상들이 사는 곳(우쿠파차Ucu Pacha)이고, 하늘로 솟은 아카파나와 푸마푼쿠는 천상의 신들이 사는 세계(아난파차Hanan Pacha)를 상징한다는 것이다.[34]

유적 옆에 있는 티와나쿠 박물관은 티와나쿠에서 발굴된 유물들과 석상들을 전시해놓았다. 이곳의 명물은 뭐니 뭐니 해도 거대한 파차마마 석상이다. 네댓 길은 족히 되어 보이는 이 파차마마상은 반지하 신전을 본떠 만든 전시실 한가운데에 말없이 우뚝 서 있다. 원래 서 있던 자리를 떠나 어두운 방에 홀로 있는 것이 파차마마에게 어울리지 않아 보였다. 사진 촬영을 금지해서 유감스러웠다.

한창때 티와나쿠의 인구는 4만 명 정도에 달했을 것으로 추정된다. 그 많은 사람들, 그리고 티와나쿠를 건설하는 인력을 부양하려면 농업생산성이 상당히 높았을 것이 틀림없다. 그 경제적 기반이 수카코요스Sukakollos라는 방법으로 조성한 농지다. 라파스에 있는 국립고고학박물관Museo Nacional de Arqueologia의 설명에 따르면 티와나쿠의 농사법은 안데스 고원

반지하 신전의 전경(위)과 신전의 벽(아래).
반지하 신전은 풍요의 신과 죽은 조상들이 사는 곳, 지하세계를 상징한다.
바위벽돌로 쌓은 신전의 벽에는 티와나쿠를 구성하는 여러 종족의 두상을 끼워 넣었다.
여기에 전 세계 모든 인종이 다 포함되어 있다며 확인되지 않은 신화적 주장을 하는 사람들도 있다.

수카코요스. 대단히 독특하고 과학적인 농사법으로 같은 면적의 일반 육지 밭에서 인공 비료를 사용하는 것보다 생산성이 더 높다고 한다. 그림 박다영.

지대의 지형과 기후에 최적화된, 고도의 과학적인 방법이라고 한다.

농사법은 두 가지다. 하나는 페루에서 많이 본 것처럼 산지의 경사면에 돌로 축대를 쌓아올려 만든 계단식 밭terrace이고, 다른 하나가 수카코요스로 평지에 만든 농토를 말한다. 티와나쿠처럼 평균기온이 섭씨 15°C 이하고 낮에는 덥지만 밤에는 추워서 농사를 짓기 어려운 기후에 적응하기 위해 고안한 방법이다. 물이 흐르는 곳에, 먼저 큰 돌을 쌓고 그 위에 다시 작은 돌을 쌓아서 땅을 북돋은 다음 흙을 쌓아서 밭을 조성하는 것이다. 밭들 사이에 물이 흐르게 해서 작물에 물을 공급할 뿐 아니라 낮에 강렬한 햇빛을 흡수한 물이 밤에 열을 발산함으로써 작물이 어는 것을 방지한다. 밭들 사이의 물에는 수초가 자라고 작은 물고기와 양서류, 물오리 등이 서식하면서 질소를 비롯해 작물의 성장에 필요한 영양분을 자연적으로 공급한다. 대단히 독특하고 과학적인 농사법이다. 노동집약적이고 생산성이 매우 높다고 한다. 티티카카호에서 흘러오는 물이 티와나쿠 문명을 일으킨 수카코요스 농경의 기초였음은 물론이다.

볼수록 들을수록 감탄하지 않을 수 없다. 거대한 돌이나 다듬어 세운 것으로 단순하게 여겼던 안데스 문명의 수준이 보통이 아닌 것을 실감하게 된다. 잉카 문명이 그냥 만들어진 것이 아님을 알겠다.

2016년 11월 9일 미국 대통령 선거에서 트럼프가 당선됐다. 티와나쿠에 가던 날 라파스 시내 가판대에 진열된 신문들마다 1면에 트럼프 사진을 대문짝만 하게 실어놓았다. 이곳 사람들도 충격을 받고 당황한 빛이 역력하다. 서울에서는 국정농단으로 혼란해진 나라를 바로잡기 위해 촛불집회가 계속되는데 미국에서는 트럼프가 대통령이 되다니, 갈수록 태산이다. 실망스럽고 걱정스러웠다. 그래서 그런지 티와나쿠를 보면서도 별로 흥이 나지 않았다. 오후가 되면서 날이 흐려지더니 비가 뿌리기 시작했다. 저녁 먹으러 나갈 기분이 나지 않아 슈퍼에서 사온 컵라면으로 때웠다.

<~~~>

우유니 소금사막, 일몰과 일출

우유니 소금사막Salar de Uyuni으로 가기 위해 아침 6시에 엘알토 공항으로 출발했다. 비행기는 오전 8시 10분 이륙했다. 눈 아래 광막한 안데스 고원지대가 펼쳐졌다. 놀라운 것은 거대한 공해 띠였다. 비행기를 탔을 때 서울 상공에서 볼 수 있는 것과 비슷한, 기분 나쁜 잿빛의 공기 더미가 사람도 거의 살지 않는 안데스 고원을 뒤덮고 있는 것이다. 처음에는 의아했지만 곧 계곡 사이에 있는 라파스에서 나온 것임을 알 수 있었다.

1시간 남짓 날아가는 동안 눈 아래 보이는 것은 황토색밖에 없었다. 이따금씩 산도 보였지만, 끝없는 사막지대였다. 해발 3,500m를 넘는 고원에 이처럼 광활한 평원이 자리잡고 있다는 것이 믿어지지 않았다. 문자 그대로 "높은 평원", '알티플라노'였다. 그리고 잠시 후 거대한 호수가 멀리서 나타났다. 분명 호수인데 온통 하얀색이었다. 여기저기 작은 섬들도 떠 있었다. 마치 높은 산봉우리들이 두꺼운 구름을 뚫고 솟아오른 듯한 광경이었다.

우유니 소금사막은 볼리비아의 남서쪽 해발 3,656m의 고원지대에 자리잡은 1만 582km²의 소금평원이다. 경상남도만 한, 세계에서 제일 큰 소금사막이다. 안데스산맥이 솟아오를 때 함께 형성됐다. 거대한 산맥 사이에 갇힌 바닷물이 빠져나갈 곳을 찾지 못해 호수를 이룬 다음 억겁의 세월 동안 건조한 기후와 강한 햇빛에 증발하면서 소금사막이 됐다. 대략 1만 5,000년 내지 4만 2,000년 전이라고 한다. 표면을 덮은 소금 덩어리 밑에는 아직도 소금물 호수가 있다. 소금 표면의 깊이는 지역에 따라 수십 센티미터에서 수십 미터에 달한다.

우기인 1월에는 약 70mm 정도의 비가 내리는 반면 4월부터 11월 사이의 강수량은 월평균 1mm 정도에 지나지 않는다. 우기에 내린 빗물이 호수를 채웠다가 건기에 증발하기를 반복하면서 소금사막의 표면은 전체의 표고 차가 1m에 그칠 만큼 완벽하게 평평하다.

호수에 있는 섬들은 화산 활동으로 만들어졌다고 한다. 우유니 사막에서 떠낸 소금 덩어리를 보면 소금물에 가라앉은 화산재가 일정한 간격을 두고 수평 무늬를 형성하고 있다. 이곳에 있는 소금의 양은 약 100억 톤으로 추정되는데 1년에 2만 5,000톤 정도를 채취한다.

숙소에 짐을 풀고 여행사에 가서 상품을 알아봤다. 일몰과 일출, 그리

세상에서 제일 큰 화수분. 소금을 아무리 긁어내도 끝없이 채워진다.

고 칠레로 가는 2박 3일 여행을 예약했다. 오후 4시에 여행사 앞으로 가
니 여러 여행사에서 나온 지프차들이 길가를 가득 메우고 관광객이 바
글바글했다. 차를 타고 1시간 정도 달려 소금사막에 도착했다.

　현지 여행사가 운영하는 프로그램을 통해야만 소금사막을 여행할 수
있도록 제도가 바뀌었다는 말을 들었을 때는 현지인들의 이권을 보장하
기 위해 그러나 보다 했는데, 막상 와보니 그게 아니었다. 사방을 둘러봐
도 보이는 것은 끝없이 펼쳐진 평원밖에 없었다. 여기저기 작은 섬들이
보였지만 여기가 저기 같고 저기가 여기 같아 방향을 가늠할 수 없었다.
표지판은커녕 도로도 없었다. 차들이 다닌 흔적이 있었지만, 산지사방
으로 나 있어 어느 방향으로 가는 것인지 짐작조차 할 수 없었다.

외국인 관광객들이 홀로 차를 몰고 이곳에 들어왔다가 조난당해 희생된 적이 있다는 말이 실감났다. 이곳 지형을 몸으로 꿰뚫고 있지 않으면 끝없는 사막에서 방향을 잃기 마련이고, 방향을 잃으면 대책이 없다. 가이드 말에 의하면 운 좋게 '육지'를 찾는다고 하더라도 육지 주변은 땅에 물기가 많아 차가 갈 수 없는 경우가 대부분이라고 한다. 표면이 단단한 곳을 알지 못하면 육지를 눈앞에 두고 변을 당할 수 있다는 것이다. 천지간에 소금이니, 식수가 떨어지면 끝이다. 어떠한 장애물도 보이지 않는 끝없이 평평한 땅이 높은 산과 깊은 계곡 못지않게 위험하다니, 전율을 느꼈다.

이곳저곳 소금 덩어리들이 일렬로 늘어서 있고 그것을 실어 나르는 커다란 트럭이 다니고 있었다. 건기에 소금을 긁어 채취하면 우기에 내린 비로 그 부분이 채워지고 다시 그 물을 증발시켜 소금을 채취하니 화수분이 따로 없다. 지구에서 제일 큰 화수분이다.

소금사막 여행에서 하는 일은 잠시 소금평원을 바라보며 감탄한 다음 사진을 찍는 것이다. 사진 놀이다. 끝없는 평원밖에 아무것도 없는 환경 때문에 원근감이 없다는 걸 이용해 재미있는 사진을 찍을 수 있다. 다음에는 물이 있는 곳으로 옮겨 반영을 이용해 사진을 찍는다. 일몰여행에서는 해가 진 다음, 일출여행에서는 해 뜨기 직전에 멋진 작품을 만들 수 있다. 이곳 여행사들의 매출은 가이드에 대한 관광객들의 평가에 달려 있는데, 멋지고 재미있는 사진을 연출하고 찍어주는 성의와 능력이 평가를 좌우한다.

건기가 끝나가는 무렵이라 물이 많은 곳이라고 해봐야 거의 없다. 여기저기 소금이 드러나 울퉁불퉁하다. 물이 고인 호수가 거울을 만들고 지평선을 경계로 하늘과 땅이 완벽한 대칭을 이루는, 우유니 사막 여행자들이 꿈꾸는 광경을 보지 못해 아쉬웠다.

일행과 함께 온 여행객들은 상상력을 발동해 재미있는 그림을 만들어 사진을 찍느라 정신이 없는데 그 모습을 지켜보는 재미도 쏠쏠했다. 해가 지면서 아름다운 석양이 지평선을 물들였다. 순식간에 날씨가 변했다. 기온이 확 떨어지면서 바람이 매섭게 불기 시작했다. 천지간에 온기라곤 없었다. 몸도 추웠지만 소금물 속에 발이 얼어붙는 것 같았다. 여행사에서 준 장화를 신었는데도 얼음물 속에 맨발을 담그고 있는 느낌이었다. 발이 시려 서 있을 수 없었다. 고도가 낮은 아프리카 나미비아 사막에서도 밤이 되니 기온이 엄청나게 떨어져 고생했는데 해발 3,600m가 넘는 우유니 사막의 밤은 정말 대단했다.

일출여행은 새벽 3시에 출발한다. 새벽 2시에 일어나 고양이 세수를 하고 2시 반에 숙소를 나섰다. 4시경 소금사막에 도착했다. 일출여행에서는 새벽녘 소금사막의 하늘을 가로질러 흐르는 은하수를 볼 수 있다.

우유니 사막의 사진 놀이. 원근감이 없는 끝없는 평지와 일몰 직후 또는 일출 직전 물에 비친 반영을 이용해 재미있는 사진을 만든다.

상현달이 지평선 위에 걸려 붉게 빛나는 가운데 은하수가 하늘을 채우고 하얀 사막에 고인 물에는 별들이 비치고 있다. 물이 표면을 가득 채우면 하늘과 호수에 동시에 떠 있는 은하수를 볼 수 있다는데 그런 광경은 보지 못했다. 달이 지자 은하수와 별들이 더욱 또렷해졌다. 아름답고 황홀했다. 티티카카호의 하늘에서 본 은하수와 느낌이 또 달랐다.

장시간 노출로 밤하늘을 담을 수 있는, 평소에 쓰던 좋은 사진기를 놓고 온 걸 다시 한 번 크게 후회했다. 여기까지 와서 이 모습을 사진으로 남기지 못하다니, 평생의 기회를 날려버린 내 소심함과 어리석음을 뒤늦게 탓해봐도 소용없었다. 눈에 담고 마음에 담겠다고 다짐했지만, 시간이 지나면서 그 다짐도 함께 흘러가버리고 말았다.

사실 여행을 떠날 때마다 고민하게 되는 게 사진기다. 욕심껏 사진을 담으려면 큰 사진기에 최소한 두 개 이상의 렌즈와 삼각대를 준비해야 하는데 크기와 무게가 만만치 않다. 더구나 혼자 떠나는 배낭여행에 부담이 더욱 컸고 치안도 염려됐다. 그런 데다 두 가지가 마음에 걸렸다. 하나는 내가 사진에 너무 열중해 정작 눈으로 보고 마음으로 느끼는 여행의 본질에는 소홀하지 않은가 하는 것이고 또 하나는 경제 사정이 어려운 사람들 앞에서 커다란 사진기를 들고 다니며 사진을 찍는 게 그들의 마음을 상하게 하지는 않을까 하는 염려였다.

공교롭다고 할까, 여행을 앞두고 읽은 두 권의 책이 모두 그 점을 지적했다. 정신과 의사 문요한은 노동 윤리가 냉혹한 직업을 가진 사람일수록 사진 찍기에 집착한다는 수전 손택의 말을 인용하면서 일을 하지 않는 데 대한 불안감에서 자신을 방어하기 위한 과잉 활동이라고 했다.[35] 인류학자 로버트 고든은 "사진을 찍는다는 행위는 어딘지 약탈과 같은 면이 있다. 사람들을 찍는다는 건 그들을 부당하게 침해하는 행위다"라는 수전 손택의 말을 인용하며 윤리적 측면을 지적했다.[36] 공감하는 바가 컸다. 여행과 사진의 조화, 겸손한 사진 찍기를 고민하게 됐다. 안데스로 떠나며 큰 사진기를 포기한 데에는 이런저런 이유가 있었다. 그런 대로 괜찮았는데, 태양의 섬과 우유니 사막에서 잉카의 하늘을 가득 채운 황홀한 은하수를 보면서 가슴을 쳤다. 사진기 문제는 풀기 어려운 딜레마다.

몹시 추웠다. 가지고 온 옷을 몽땅 다 껴입고 왔더니 몸은 그럭저럭 견딜 만한데, 장화와 양말을 뚫고 들어오는 한기로 발이 마비되는 듯했다. 차에 들어가 잠시 한기를 녹이고 다시 나오기를 반복했다. 시간이 지나자 지평선 한쪽에서 어스름한 붉은색이 조금씩 피어오르기 시작했다. 마침내 해가 떠오르는 순간 밝은 빛과 함께 따뜻한 기운이 온 누리에 퍼지며 내 몸에도 온기가 느껴졌다. 태양이 생명의 근원임을 온몸으로 깨달았다. 이곳 사람들이 유독 태양신을 섬기는 이유를 알겠다.

여행객들은 평생의 기념이 될 사진을 남기느라 정신이 없고, 나는 그 모습을 사진에 담았다. 혼자 온 것이 좀 아쉽기도 했다. 숙소에 돌아와 느지막한 아침을 먹고 쉬다가 우유니 시내 구경에 나섰다.

고고학박물관Arqueologico Museo을 찾아갔는데 없었다. 구글 지도에는 분명히 있는데 아무것도 없었다. 동네 사람들에게 물어봐도 아는 사람이 없었다. 몇 사람에게 물어본 끝에 겨우 아는 사람을 만났다. 다른 곳으로 옮겼다는 것이다. 겨우 찾아갔더니 문이 닫혀 있었다. 점심시간이라 그런가 생각해 오후에 다시 갔더니 여전히 잠겨 있었다. 그제서야 안내판을 자세히 보니 토요일이 휴관일이었다. 11월 12일, 토요일이었다.

소박한 우유니 성당과 시장을 돌아보고 철도박물관을 찾았더니 아직

공사 중이었다. 차코 전쟁 전시관도 닫혀 있었다. 근처 사거리 한가운데 있는 전쟁 기념탑만 구경했다.

차코 전쟁은 1932년부터 35년 사이에 볼리비아와 파라과이가 접경지대의 영유권을 둘러싸고 벌인 전쟁이다. 이 전쟁에서 볼리비아가 지는 바람에 분쟁지역의 3분의 2를 파라과이가 차지했다. 당시 이 지역에 풍부하게 매장되어 있는 것으로 알려진 석유를 둘러싸고 쉘Royal Dutch Shell과 스탠다드 오일Standard Oil이 파라과이와 볼리비아의 배후에서 전쟁을 부추겼다는 얘기도 있다.[37] 19세기 말 남미 태평양 전쟁으로 아타카마 사막 대부분을 칠레에 빼앗기고 태평양으로 나가는 통로가 막힌 볼리비아가 파라과이강을 통해 대서양으로 나가는 통로를 확보하려는 뜻도 있었다고 한다. 하지만 다니엘 살라망카 정권이 경제위기 상황에서 국민의 관심을 외부로 돌리려 했다는 비판도 있다.[38] 결국 또 전쟁에 지는 바람에 더 많은 땅을 빼앗겼다. 그런데 정작 석유는 나오지 않았다. 무능한 정권이 벌인 무모한 전쟁에서 애꿎게 희생된 6만 5,000명 젊은이들을 저런 동상으로 위로할 수 있을까? 빼앗긴 국토에 대한 안타까움을 부추겨 정권의 책임을 가리는 것 같았다.

◆√√√◆

우유니 소금사막의 진수, 2박 3일 여행

광활한 면적에 걸쳐 완벽할 정도로 평탄한 우유니 사막은 천혜의 교통로다. 소금사막 내부에 있는 마을들은 물론 사막 주변 지역들을 연결하기에 이보다 좋은 곳이 있을 수 없다.

사막과 사막을 둘러싼 안데스산맥의 봉우리들, 특히 화산지대는 지구의 다른 어떤 곳에서도 볼 수 없는 지형과 풍경을 만들어내고 그 안에 숱한 생명을 품고 있다. 관광지로 최적의 조건을 갖춘 데다 교통까지 완벽해 우유니와 주변 도시들은 물론 아르헨티나와 칠레에서도 당일치기부터 3박 4일까지 다양한 프로그램을 운영하는 여행사들이 성업하고 있다. 칠레의 산페드로데아타카마San Pedro de Atacama로 넘어가는 2박 3일 일정을 선택했다.

오전 10시 30분, 여행사에 갔더니 이 프로그램을 신청한 여행객이 적어 다른 여행사 팀에 합쳐졌다. 이들과 2박 3일을 함께 다니며 칠레까지 가게 된다.

일몰과 일출 여행은 우유니에서 가까운 사막 가장자리의 물 있는 곳을 찾아간다. 반면 2박 3일 여행은 사막을 가로질러 다양한 풍광을 보면서 서남쪽으로 내려가 칠레로 넘어간다.

시작은 기차 무덤이다. 칠레로 연결되는 철로 주변에 폐차한 기차 차량들을 가져다 모아놓은 곳, 기차 폐차장이다. 관광객들은 기차 위로 올라가거나 안에 들어가 사진을 찍으며 즐거워했지만 사막에 고철을 모아놓고 관광지라고 하는 것이 무슨 블랙코미디 같은 느낌이 들었다.

콜차니Colchani는 우유니 사막에서 채취한 소금을 정제하는 마을이다. 우유니 소금은 여기서만 생산할 수 있다고 한다. 페루의 살리네라스처럼 주민들이 만든 협동조합에서 전통 방식으로 굽고 정제해 소금을 생산하고 있다. 우리가 방문한 오래된 소금공장을 박물관으로 바꿔달라는 청원서에 서명하고 헌금을 했다. 가게에서는 정제한 소금 외에 소금 결정 덩어리도 팔고 있었다.

우유니의 소금은 리튬을 많이 포함하고 있다. 워낙 넓은 소금사막이라 함유된 리튬의 양도 엄청나서 지구 전체 리튬의 50~70%에 달한다고

우유니 소금사막. 사방을 둘러봐도 하얀 소금평원밖에 없다.

소금벽돌에 수평으로 새겨진 줄무늬.
우유니 사막 주변에 있는 화산이 폭발할 때
분출된 화산재가 가라앉으며 생겼다.

한다. 리튬은 리튬 전지를 만드는 데 꼭 필요한 재료다. 볼리비아 정부는 이곳의 리튬을 개발할 계획을 가지고 있다.

은을 비롯한 볼리비아의 풍부한 천연자원은 지금까지 스페인 제국과 서구 열강의 부를 축적하는 데 활용됐다. 이 땅의 주인들은 오히려 정치적으로 억압받고 가난에 내몰렸다. 볼리비아가 '자원의 저주'에서 벗어나 국부를 늘리고 국민의 삶을 개선하는 데 자원을 활용해야 한다는 점에 이론이 있을 수 없다. 모랄레스 정부와 그 뒤를 이을 민주정부가 그 과제를 달성하길 기대한다. 하지만 공장이 들어서 연기를 내뿜고 폐수를 내보내는 우유니 사막은 상상이 가지 않는다. 엽기적이다. 우유니 사막의 아름답고 신비로운 경관과 환경과 생태계를 보존하면서 리튬을 개발해야 하는 볼리비아의 새로운 실험에 기대와 걱정이 크다.

사막 가운데에 소금 호텔이 있다. 소금 바닥에 소금 벽돌로 지은 건물이다. 탁자와 의자, 침대를 비롯한 온갖 것이 소금이다. 호텔 앞에는 이곳에서 벌어지는 다카르 경주를 알리는 거대한 소금 조각이 서 있고 호텔 옆에는 온갖 나라의 국기가 펄럭이고 있다. 관광객들이 매달아놓은 것이다. 세찬 사막 바람에 끝없이 시달리면서 낡고 찢어진 것들도 많은데, 태극기도 절반이 달아났다. 국정농단으로 혼란에 빠진 우리나라의 모습 같았다.

이곳의 사막 표면은 특이했다. 사막 전체가 육각형의 소금판으로 이루어져 있다. 육각형의 선을 따라 소금이 부풀어 올라 결합한 모양이어서 매우 신기했다. 중간중간 불규칙한 모양으로 소금판 전체가 부풀어 올라 일정한 간격으로 길게 늘어서 있기도 했다. 가이드는 그 밑에 소금물이 흘러서 그렇다고 하는데 하필이면 왜 그런 모양으로 부풀어 오르는지는 알 수 없었다.

사막 안으로 깊이 들어가면 흔히 물고기섬이라고 부르는 잉카와시Incawashi가 있다. 이곳이 호수였던 시절 화산 활동으로 생긴 섬이다. 하얀 소금바다 위에 떠 있는 화산섬의 모습은 초현실적이다. 이 섬의 주인은 칵투스Cactus라는 거대한 선

칵투스. 워낙 굵고 천천히 자라기 때문에 살아 있는 채로 집의 기둥을 삼기도 한다. 흰 꽃이 핀다.

인장이다. 우유니 사막부터 아타카마 사막에 이르기까지 칵투스가 자라고 있지만 이 섬처럼 땅을 가득 채우고 있는 곳은 보지 못했다. 물이 전혀 없는 사막 한가운데 화산섬에 사람 몸통보다도 더 굵고 높이가 몇 길이나 되는 칵투스가 꽉 차 있는 것은 신기한 볼거리가 아닐 수 없다.

칵투스는 1년에 1cm 정도 자란다. 그렇게 자라는 속도가 느리니 나이들이 많다. 100살, 200살은 명함도 못 내민다. 잉카 제국의 영광과 몰락까지 지켜보았을 법한 것들이 드물지 않다. 꽃은 흰색이다. 껍질은 길고 강인한 가시로 덮여 있고 속에는 단단한 목질 원통이 있다. 그 안에 스펀지 조직이 물을 함유하고 있다. 비는 거의 오지 않지만 밤낮의 일교차로 인해 바위틈에 맺히는 습기를 빨아들여 산다. 생명의 신비가 놀랍기 짝이 없다.

큰 나무가 자랄 수 없는 사막지대 사람들은 칵투스로 집을 짓는다. 껍

질 안에 있는 목질로 기둥과 서까래, 문을 만드는데, 살아 있는 채로 기둥을 삼기도 한다.

소금사막에서 조난당할 경우 살아남을 수 있는 유일한 방법은 가까운 섬을 찾아 칵투스를 확보하는 것이다. 칵투스를 잘라 안에 들어 있는 스펀지 조직의 물을 빨아먹으면서 버티는 것이 목숨을 구할 수 있는 유일한 길이다. 길고 단단하고 날카로운 가시로 무장한 칵투스를 자르는 게 보통 일이 아니겠지만, 그 방법밖에 없다.

섬 근처에서 소금을 파면 소금물이 나온다. 이것을 보면 우유니 사막이 거대한 소금 호수 위에 떠 있는 표면에 지나지 않음을 알 수 있다.

내일 떠오르기로 예정된 60년 만의 슈퍼문을 앞두고 보름달이 둥실 떴다. 해가 지면서 소금사막은 짙은 안개에 잠기기 시작했다. 사막 안에 있는 어느 섬마을에서 하룻밤을 묵었다. 낮에 데워진 공기가 밤이 되어 식으면서 흐르는지 강렬한 바람이 불었다. 프랑스 페르피냥 사막지대, 프랑코 시대 피해자들을 수용했던 수용소가 떠오르는 모질고 거센 바람이었다. 비수기라 그런지 다행히도 숙소에 우리 일행밖에 없어 독방에서 잘 수 있었다. 시멘트 바닥에 매트리스 하나 깔아 만든 침대는 별로 깨끗하지 않고 추웠다. 샤워는 10볼bol을 내면 정확하게 8분 동안 더운 물이 나온다. 화장실과 세면장은 남녀 공용. 인터넷도 되지 않았다.

남미에서 처음으로 외부세계와 완벽하게 고립된 날이었다. 생각해보면 안데스산맥의 사막 한가운데까지 와서도 집과 고향과 연결돼야 한다고 생각하는 것이 비정상이다. 하지만 물리적으로 차단됐다고 생각하니 서울 소식이 더 궁금했다.

이튿날은 사막 가장자리를 따라 남쪽으로 내려간다. 아침 7시 출발. 사막 마을 산후안San Juan을 지나 한참 달리자 화산들이 보이기 시작했다.

칠레와 볼리비아의 국경을 이루는 환태평양 조산대의 화산들이다. 하얀 땅과 파란 하늘 사이에 옅은 황토색의 크고 작은 화산들이 나지막하게 펼쳐졌다. 녹색은 전혀 없다. 바닥이야 소금이니 당연하지만 산에도 녹색이라곤 찾아볼 수 없다. 너무 높아 수목한계선을 넘은 것인지, 화산재의 특성 때문인지 모르겠다. 가까이 가서 보면 노랗게 시든 억센 풀들과 야레타yareta라고 하는, 마치 연한 갈색 이끼 덩어리처럼 보이는 식물도 자라고 있는데 멀리서는 생명의 흔적을 느낄 수 없었다. 그런데 그처럼 메마른 사막에도 사람이 살고 있었다. 마을에서 멀리 벗어나 소금 섞인 모래바람만이 불어오는 언덕에 자리잡은 집은 비현실적으로 보였다. 저런 삶은 어떨까, 짐작도 할 수 없었다.

계속 내려가자 거대한 오야게 화산Volcán Ollagüe이 나타났다. 칠레와 볼리비아 국경에 자리잡은 오야게 화산은 해발 5,868m로 정상 부근에서 연기를 내뿜는 활화산이다. 노란색과 주황색 빛이 도는 황토색이고, 주변의 바위 또한 같은 색의 화산암이다. 용암이 굳어 바위가 되고 오랜 세

야레타. 마치 이끼 덩어리처럼 보이지만 연보라색 꽃이 피는 식물이다. 사막의 추운 날씨에 견디기 위해 이끼처럼 덩어리를 이룬다고 한다.

오야게 화산. 연기가 피어오르는 활화산이다.

월에 풍화된 흔적이 역력하다. 억세고 메마른 풀들이 화산암과 조화를
이룬다. 멀리서 과나코들이 그 풀을 뜯어먹고 있다. 황량한 풍경인데도
분위기가 포근하다고 할까, 어느 외계 행성에 온 듯한 느낌이 들었다.

안데스산맥은 수많은 호수를 품고 있다. 상당수는 우유니 사막처럼
안데스산맥이 솟아오를 때 함께 솟아오른 바닷물이 갇혀 만들어진 것이
다. 겨울에 안데스산맥에 내린 눈이 녹아 호수를 채운다. 물 색깔은 다양
하다. 초록빛이 섞인 파란색도 있지만 물속에 녹아 있는 미네랄 성분에
따라 연두색과 붉은색도 있다. 호수 주변은 말라붙은 소금기로 하얗게
보인다. 눈이 덮인 듯하다. 주변의 늪지대에는 갈색 풀들이 자란다. 파란
하늘 아래 주황색이 섞인 황토색 화산을 배경으로 펼쳐진 호수의 풍경

은 참으로 아름답고 이국적이다. 그 물에 홍학flamingo이 산다.

홍학은 헤엄을 못 치지만 긴 다리로 서서 물속에 있는 개구리를 먹고 산다고 한다. 물속에 얼마나 많은 개구리가 살기에 저렇게 많은 홍학이 살고 있는지. 아무도 방해하지 않는 안데스산맥 호수에서 홍학들은 오직 개구리를 잡는 데만 열중하고 있다. 멋지게 날개를 펴고 우아하게 날아가는 모습을 보여주면 좋으련만 전혀 관심이 없다. 소리라도 질러보고 싶지만 홍학을 괴롭혀서는 안 된다는 것이 절대 불문율이다. 홍학은 알을 1년에 한 개만 낳는다. 알을 낳아 부화해서 새끼를 키우는 동안 일부일처제로 산다. 그러다 보니 증식이 어려워 보호가 필요하다.

봄이 오는 길목, 햇볕은 따사롭고 바람도 평온하다. 옥색과 파란색이 섞인 부드러운 호수에는 햇빛이 반사되며 부서진다. 그 물에 고개를 박은 채 한가로이 거니는 홍학들, 머리와 날개의 주황색이 참 예쁘다. 너무 높지도 너무 낮지도 않은 적당한 높이의 화산들, 한때 지옥도를 방불케 할 만큼 격렬하게 폭발했을 화산들이 이제는 평화로움의 극치를 연출한다. 이곳에서 늘어지게 시간을 보내고 싶다는 욕망이 솟아오른다.

에코호텔Eco Hotel 모래밭에서 호수를 내려다보며 점심을 먹었다. 날씨도 좋고 경치도 좋고 분위기도 좋았다. 모래바람이 불 때는 조금 괴로웠다. 얼른 점심을 먹고 호수 주변을 걸으며 홍학을 봤다. 홍학이 알을 낳는 호수 주변 구역은 들어갈 수 없게 해놓아서 가까이 가지 못하는 게 아쉬웠다.

몇 개의 호수를 더 보면서 4,200m에서 4,600m 사이의 고지를 넘어갔다. 몸이 휘청거릴 정도로 바람이 거셌다. 바람과 함께 날아오는 모래알 때문에 바람이 불어오는 방향으로는 고개를 돌릴 수도 없었다. 몸을 돌리자 등을 때리는 모래알 소리가 들릴 정도였다. 소금사막이 모래사막

홍학이 사는 소금호수. 파란 하늘과 황토색 화산을 배경으로 소금이 말라붙어 눈이 덮인 것 같은 호수에서 홍학이 노닌다. 이국적이고 평화롭다.

으로 바뀌었다.

오른쪽으로 화산들을 바라보면서 달리다 보면 모래사막 한가운데에 거대한 바위들이 나타난다. 이 바위들은 이 넓은 사막을 채우는 모래가 원래는 거대한 바위였다는 것을 뜻한다. 얼마나 오랜 세월이 흘렀을지 짐작조차 할 수 없는 가운데 인간의 관심을 끄는 것은 바위들의 모양이다. 제일 유명한 것은 바위나무Arbol de Piedra다.

비가 거의 오지 않는 메마른 사막인데 바위가 풍화되는 속도는 의외로 빠르다고 한다. 밤과 낮의 기온차로 물방울이 맺혀 얼고 녹기를 반복하는 가운데 바위에 틈이 생기고 갈라진다. 24시간 쉬지 않고 불어대는 거센 모래바람이 바위를 깎아낸다. 자연의 조화라 제멋대로 생긴 모양 하나하나가 모두 아름답고 신기하다. 이 바위들도 언젠가는 다 풍화되어 모래로 돌아갈 것이다. 저 화산들도 그렇고, 우리도 마찬가지다.

바위나무. 인간이 가늠할 수 없는 세월 동안 거대한 바위가 풍화되면서 여러 가지 모습으로 바뀌다가 마침내 모래가 되어 사라진다.

둘째 날 여행의 하이라이트는 붉은 호수 콜로라도Laguna Colorado 다. 우유니 여행을 준비하면서부터 이 호수가 궁금했다. 어떻게 호수가 붉은색일 수 있는지 이해할 수 없었기 때문이다. 이 호수가 붉은색을 띠는 건 철분이 많이 섞인 미네랄과 물속에 사는 특정 조류藻類가 얕은 물에 침전됐기 때문이라고 한다. 여기저기 넓게 드러난 땅은 소금이 말라붙어 영락없이 눈이 덮인 모양이다. 그 사이로 파란 물도 보인다. 붉은색과 흰색이 파란 물과 어우러진 호수는 너무나 낯선 풍광인데도 주변 환경과 조화를 이루어 자연스럽게 보인다. 그 물에 홍학들이 살고 파란 하늘 아래 파스텔 톤의 황토색 화산과 검은색 화산 모래가 쌓인 언덕이 둘러싸고 있다. 기온이 낮고 바람이 몹시 불어서 엄청 추웠다. 가파르고 긴 모래언덕을 내려가서 호수에 손을 담가보니 화산의 영향인지 물이 따뜻했다. 언덕을 올라올 때 세찬 바람에 날려 오는 검은 모래가 사람을 괴롭혔다.

이날 숙소는 여행 중 가장 열악했다. 남녀 구별하지 않고 여섯 명이 들어가는 일여덟 개의 방이 다 찼다. 화장실은 두 개, 세면대는 단 한 개, 물은 쫄쫄쫄 흘렀다. 화장실 옆에 펄럭거리는 천으로 슬쩍 가린 샤워장이 한 개 있는데 춥기도 했지만 단체로 온 서양 젊은이들이 몰려들어 자리를 차지하고 아우성을 치는 바람에 샤워할 엄두를 낼 수 없었다. 겨우 고양이 세수만 했다. 전기도 열악했다. 저녁 7시 반이 되어 주위가 완전히 어두워진 다음에야 희미한 전등 하나 켜주는데 40여 명이 들어앉은 식당에서 겨우 사람 분간하며 식사할 정도였다. 그나마 밤 10시부터 아침 6시까지는 소등했다. 인터넷은 당연히 안 되고, 침대와 모포도 그다지 깨끗해 보이지 않아서 침낭을 꺼내야 했다.

안데스산맥 고지에서 보내는 마지막 밤, 지평선 위로 해인지 달인지 분간하기 힘들 정도로 밝은 쟁반이 떠올랐다. 60년 만의 슈퍼문이었다.

콜로라도 호수. '붉은 호수'로 알려진 콜로라도 호수의 초현실적 모습.

보름달이 떠 있는 동안 전등을 켜지 않고도 바깥에서 돌아다니는 데 지장이 없을 정도로 환했다. 그 대신 은하수는 볼 수 없었다.

　남미 여행의 전반부가 끝나는 시점이다. 감회가 없을 수 없다. 아직도 먼 길이 남았지만 홀로 떠난 남미 여행길의 절반을 보내고 후반부로 넘어가는데 함께 소회를 나눌 사람이 없어 조금 아쉬웠다.

　셋째 날 여행은 간헐천Geyser에서 시작했다. 간헐천에 도착하기 전부터 유황 냄새가 났다. 간헐천이라고 하지만 아이슬란드에서 본 것처럼 수증기가 폭발하듯 솟아오르지 않고 뭉게뭉게 쏟아져 나오는 유황온천이었다. 곳곳의 웅덩이에 섬뜩한 느낌을 주는 회색빛 유황물이 들끓고 있었다.

　노천온천에는 관광객들이 온천욕을 즐기고 온천물이 흘러가는 물길을 따라 수증기가 피어오르며 새들이 놀고 있었다.

우유니 사막 여행, 그리고 볼리비아 여행의 마지막은 녹색 호수, 라구나 베르데Laguna Verde였다. 내가 갔을 때는 녹색이 감도는 회색이었지만 날씨와 햇빛에 따라서는 맑고 진한 녹색을 띠기도 한다고 했다. 신기했다. 파란 하늘을 배경으로 호수 건너편 한가운데에는 5,916m의 리칸카부르Licancabur 화산이 우뚝 서 있다. 붉은빛이 도는 황토색 화산들이 오른편으로 줄지어 있고 '녹색' 호수가 길게 펼쳐져 있다. 라구나 베르데가 녹색빛을 띠는 것은 물에 비소 성분이 섞여 있기 때문이다. 비소 성분으로 인해 기온이 영하 56℃까지 내려가는 한겨울에도 물이 얼지 않는다니 경이로울 뿐이다. 홍학도 있다는데, 내가 갔을 때는 보이지 않았다. 호수 물에 손이라도 넣어보고 싶었지만 가까이 갈 수 없었다.

신비한 호수 라구나 베르데와 함께 볼리비아 여행이 끝났다. 칠레 국경은 멀지 않았다. 소박한 국경 사무소였다. 출입국사무소에서 나온 사람이 여권을 걷어가더니 도장을 찍어 돌려줬다. 아쉬운 마음으로 국경을 넘었다.

칠레

모네다를 넘어서

칠레의 관문 산페드로데아타카마

칠레 출입국사무소는 국경에서 버스로 30분 정도 가서 산페드로데아타카마 외곽에 있다. 칠레 쪽은 포장도로였다. 사흘 동안 사막에서 지프차에 실려 다니다가 깨끗하고 편안한 버스를 타고 포장도로를 달리자 그렇게 편할 수가 없었다. 아타카마의 고도가 해발 2,400m이므로 1,200m 이상 내려온 셈이다. 아침과 대낮이라는 차이도 있지만 완전히 딴 세상에 온 느낌이었다. 춥고 거센 바람에 시달리던 고원지대와 달리 바람도 없고 온화했다. 아침에 옷을 껴입은 탓에 더울 지경이었다. 드디어 추위와 거센 바람으로부터 해방된 것 같았다.

그동안 고산지대를 여행하며 강한 햇빛과 소금과 모래가 섞인 거센 바람, 추운 날씨에 시달리다 보니 손등과 손바닥의 피부가 다 트고 피가 날 지경이 됐다. 얼굴은 햇빛 차단 크림을 두껍게 바르고 다니니 나은 편인데 물과 흙을 자꾸 만지게 되는 손은 그렇지 못했다. 검고 거친 현지인들의 피부를 닮게 됐는데, 이곳에 적응하지 못한 내 손은 괴롭기 짝이 없었다. 아타카마 외곽 버스터미널에서 시내를 가로질러 숙소로 걸어가면서 이제 더 이상 춥지는 않겠구나, 손도 좀 낫겠구나 생각했다.

아타카마는 인구 5,000명 남짓한 작은 도시인데 진흙 도시 같았다. 나중에 알게 된 것이지만, 우유니 사막은 소금과 모래로 되었는데 아타카마 사막은 진흙이 많았다. 시내 중심만 길이 포장돼 있고 주변부는 먼지가 날리는 비포장도로였다. 시내는 밝고 활기찼다. 관광객도 많이 보였다. 깔끔하게 단장한 값비싼 음식점도 많았다.

아타카마 성당. 아타카마의 환경에 맞게 외부는 진흙으로, 내부는 칵투스로 소박하고 깔끔하게 지었다.

아타카마의 중심은 성당이다. 아담한 성당이었다. 진흙 벽돌을 쌓은 다음 진흙을 발랐다. 아무런 치장도 없어 무척 소박한데 깔끔하고 품위가 있다. 야트막한 담과 문에는 삼각형과 십자가 모양의 문양을 올렸는데 안데스의 분위기가 물씬했다. 성당 내부는 흰색을 칠해 깨끗하고 밝은데, 문과 기둥, 서까래, 지붕을 만든 재료가 모두 칵투스였다. 성당 곳곳에는 원주민들의 유물을 전시해놓았다. 성모상에 칠레 국기를 형상화한 휘장을 걸쳐놓았다. 그 마음을 이해하지 못할 바는 아니지만 좀 낯설었다.

♟♟♟.. 진흙이 빚어낸 조화, 달의 계곡

오후에는 달의 계곡Valle de la Luna을 구경했다. 지구에서 달과 가장 비슷한 곳이다. 지표면의 주성분은 소금기가 많이 섞인 진흙이다. 이 계곡의 연평균 강수량은 16~23mm 정도인데 커다란 일교차로 인한 팽창과 수축, 물방울 응결과 엄청난 바람으로 풍화가 진행되면서 거대한 계곡과 사막이 형성됐다.

아타카마 사막은 우유니 사막에 비해 해발이 낮아서 볼 것이 없으리라고 생각했는데 그게 아니었다. 우유니 사막은 3,600~4,000m의 고원지대지만 너무나 평평하다. 주변의 화산들 또한 직접 등산을 하면 다르겠지만 멀리서 보기에는 뒷동산처럼 완만하고 부드럽게 보인다. 반면 진흙으로 이루어진 거대한 지역이 풍화되면서 생긴 달의 계곡은 깊은 계곡과 봉우리들로 훨씬 더 거칠고 황량하면서 다양한 지형을 이룬다. 달의 계곡을 트레킹할 때에는 잠시도 바닥에서 눈을 뗄 수 없을 정도로 조심해야 했다.

눈이 아플 정도로 햇빛이 강해서 선글라스를 끼고 안경을 배낭에 넣었다. 가이드를 따라 울퉁불퉁한 바위산을 넘어 계곡을 걷던 중 갑자기 눈앞이 캄캄해졌다. 동굴로 들어간 것이다. 얼른 선글라스를 벗으니 조금 밝아지기는 했지만 앞이 안 보이는 건 매일반이었다. 뒤에서 관광객들이 계속 오는데 한 사람이 몸도 펴지 못하고 때로는 기다시피 해야 통과할 수 있는 깜깜한 동굴에서 배낭을 벗어 안경을 꺼내는 것은 불가능했다. 진땀이 났지만 도리가 없었다. 한 손은 머리를 보호하며 동굴 천장을 더듬고 또 한 손은 벽을 더듬으면서 나아갈 수밖에 없었다. 한 5분 정도 그렇게 갔을까, 햇빛이 들어오면서 출구가 나타났다. 다행히도 손바닥과 정강이가 몇 군데 까졌을 뿐 별로 다친 데는 없었다.

거칠고 황량하기 짝이 없는 달의 계곡을 더욱 돋보이게 하는 것은 곳곳에 자리잡은 작은 모래사막이다. 진흙이 풍화해서 그런지 모래 입자는 미세하고 부드러운데 약간 붉은 기운이 돈다. 가장 부드러운 지형과 거친 지형이 오묘한 조화를 이뤄 초현실적 풍경을 만들고 있다.

진흙으로 된 제법 높은 봉우리의 가파른 능선을 따라 끝까지 가서 본 전경은 장관이었다. 좁은 능선길을 따라가는데 우유니 사막에 못지않게 강한 바람이 불었다. 때로는 정면에서, 때로는 가파른 사면을 따라 오른쪽과 왼쪽에서 마구 불어오는데, 강하게 휘몰아칠 때는 몸이 휘청거릴 정도여서, 미끄러운 곳에서는 겁이 나기도 했다.

이 능선에서 내려다보는 달의 계곡은 참으로 볼 만했다. 달의 계곡은 정말로 달 표면 같았다. 그래서인지 달 착륙선을 이곳에서 시험했다고 한다. 거센 바람이 만들어내는 모래산이 선정적일 정도로 원초적 아름다움을 간직하고 있다는 것은 나미비아에서 느꼈지만, 거칠기 짝이 없는 아타카마 사막은 또 다른 아름다움을 품고 있었다.

거대한 달의 계곡을 건너 안데스 화산들이 병풍처럼 늘어서 있고, 그 너머로 해가 지고 있었다. 여행객들은 어떻게든지 더 아찔하고 기억에 남을 사진을 담기 위해 쳐다보기만 해도 오금이 저려오는 벼랑 끝 바위를 건너다니며 자세를 잡았다. 장엄한 달의 계곡을 넘어 저물어가는 석양을 넋 놓고 바라보다가 숙소로 돌아왔다.

밤의 아타카마는 낮보다 더 활기차고 붐볐다. 골목마다 가게마다 관광객들로 넘쳐나고 시끌벅적했다. 이 많은 사람들이 도대체 어디서 나타났는지 의아할 정도였다. 숙소 근처 작은 식당에 들어가 닭고기 요리

진흙이 빚어낸 조화. 아타카마 사막의 초현실적 풍경. 진흙이 풍화한 극히 부드러운 모래사막과 거칠고 황량하기 짝이 없는 지형이 어울려 있다.

를 시켰다. 왁자지껄 떠들며 즐기는 서양 관광객들 사이에서 혼자 닭고
기를 먹자니 조금 외로웠다.

♟♟♟♟.
아타카마 사막의 호수와 소금평원

아타카마 사막 대부분은 원래 페루와 볼리비아의 영토였는데 남미 태평
양 전쟁에서 승리한 칠레가 빼앗았다. 칠레는 당시 국토의 약 3분의 1에
해당하는 넓은 영토를 확보했을 뿐 아니라 그곳에 매장된 초석과 구리
를 비롯해 막대한 광물자원을 확보했다.

　당시 볼리비아가 칠레와 체결한 조약을 위반해 아타카마에서 활동하
는 칠레 기업의 조세를 인상한 게 전쟁으로 이어졌다. 볼리비아와 군사
동맹을 체결한 페루도 참전했다가 큰 피해를 봤는데 독립 후 세 나라 사
이의 경쟁과 불신, 아타카마의 자원과 경제 주도권을 둘러싼 다툼이 배
경이었다고 한다. 겉으로 우세해 보이는 군사력과 페루의 지원을 믿고
어리석은 판단을 한 무능하고 무모한 볼리비아 정권 덕분에 칠레가 횡
재를 해도 크게 한 셈이다.

　아타카마 사막은 페루 남부에서 칠레 북부까지 안데스산맥 서쪽 12
만 8,000km²에 걸쳐 뻗어 있다. 나스카판과 남아메리카판의 충돌로 솟
아오른 후 동쪽으로 안데스산맥, 서쪽으로 칠레 해안의 도메이코산맥
Cordollera Domeyko 사이가 침강하면서 화산물질로 채워져 형성됐다. 태평
양 연안을 흐르는 훔볼트 한류가 구름의 형성을 막고, 안데스산맥은 아
마존의 습기를 차단하고, 도메이코산맥은 태평양의 습기를 차단해 약
2,000만 년 동안 지구상에서 가장 건조한 땅이 됐다. 지구에서 가장 오래

된 사막이다.

보통 연평균 강수량이 250mm 이하면 사막으로 보는데 아타카마 사막의 상당 부분은 연평균 강수량이 1~3mm에 지나지 않으며 비가 아예 내리지 않는 곳도 있다. 생명이 존재하지 않는 '죽음의 구역'death zone이다. 섭씨 100℃가 넘는 해저화산 근처나 가장 추운 남극, 빛이 없고 압력이 엄청나게 높은 심해저에서도 생명이 살아가지만, 물이 없으면 생명도 없다는 진리를 증명하는 장소가 이곳이다. 아타카마 사막에서 가장 건조한 곳에는 생명이 없다.[1] 토양은 화성과 가장 비슷해서 미국항공우주국NASA이 화성에 보내는 기계를 시험하는 곳으로 사용하며 화성에 관한 영화도 여기서 찍는다고 한다.

이곳에 사람이 처음 도착한 것은 약 1만 년 전으로 추정된다. 1만 5,000년 전 아시아에서 넘어온 사람들이 태평양 연안을 따라 남미까지 내려왔다고 보는 것이 통설이지만, 폴리네시아에서 남태평양을 건너왔을 가능성도 제기되고 있다. 주요 원주민은 칠레 북부와 중부에 살았던 아라우칸Araucan족과 남부 파타고니아 원주민으로 나뉘며, 아라우칸족은 잉카와 그 이전 문명의 영향을 받았다.

아타카마 사막에 있는 호수와 소금평원을 관광하는 일정은 아침 7시에 시작했다. 1시간 정도 달려 멀리 아타카마 소금평원이 내려다보이는 산 중턱 마을에서 아침을 먹었다. 어제 아타카마에 와서 고산지대의 추위와 거센 바람에 시달리는 일은 다 끝났으리라고 생각한 것은 속단이었다. 옷을 얇게 입고 나간 덕택에 단단히 고생했다. 호수들이 해발 4,200m까지 올라가는 고산지대에 있었기 때문이다. 우유니 사막에 못지않게 차갑고 거센 바람이 불었다.

파란 하늘 아래 솟아 있는 화산들은 보는 방향과 거리, 시간에 따라 색

탈라르 소금호수(위)와 구럼비를 닮은 바위평원(아래). 길게 뻗은 모래톱 끝에 홍학들이 보인다. 호수 주변에는 붉은색 용암이 굳어 만들어진 바위평원이 있다. 면적은 거대하지만 제주도 강정마을 해변에 있던 구럼비 바위와 꼭 닮았다.

깔이 다르게 보였다. 붉은빛을 띠기도 하고 거무스레해 보이기도 했다. 마르고 억센 풀로 뒤덮인 산언저리는 노란색으로 보였다. 그 풀을 과나코들이 뜯고 있었다. 5,500m가 넘는 산들인데도 능선이 부드러운 데다가 4,000m가 넘는 곳에서 바라보니 마치 한달음에 올라갈 수 있는 동네 뒷산처럼 아늑해 보였다.

해발 4,200m의 고개를 넘으면 탈라르 소금평원 한쪽에 환상적으로 아름다운 호수가 나타난다. 탈라르 소금호수Laguna Salar de Talar다. 옥색 호수 주변으로는 신성한 화산 미스칸티Cerro Miscanti를 중심으로 화산들이 늘어서 있고, 건너편에는 넓은 소금평원이 펼쳐져 있다. 호수 가운데로 원추 모양의 하얀 모래톱이 길게 뻗어 있고, 홍학들이 노닐고 있다.

호수도 아름답지만 내 눈길을 끈 것은 호수 한쪽 면을 가득 채우고 있는 붉은빛의 거대하고 평평한 바위평원이었다. 화산에서 흘러내린 용암이 넓게 퍼지면서 굳었는데 영락없는 구럼비 바위였다. 서귀포 강정마을, 해군기지를 만든다고 산산조각으로 폭파해버린 구럼비 바위가 생각났다. 제주올레 7코스, 내가 좋아하던 구럼비 바위가 무참하게 사라진 후에는 제주도에 가는 것조차 꺼려졌다. 그런데 그 구럼비 바위의 확대판 같은 용암 바위평원을 이곳에서 보게 될 줄은 상상도 못했다. 일행들은 호수에 손을 담그고 사진을 찍느라 분주했다.

사람들의 움직임이 거슬렸는지 홍학들이 날아오르더니 호수 건너 산너머로 사라졌다. 하늘은 파랗고 공기는 맑았다. 어떤 소리도 없는 절대고요, 절대 청정, 평화로웠다. 바람은 차갑고 거셌지만, 너무나 맑았다.

이곳이 만들어질 때 저 화산들이 얼마나 격렬하게 폭발하며 화산재와 용암을 내뿜었을지, 지옥이 따로 없었을 것이다. 상상만 해도 무서운 화산 활동의 결과로 이처럼 천국같이 아름답고 평화로운 자연이 만들어졌

신성한 호수 미니케스. 모래와 화산과 하늘과 물빛의 조화가 아름답고 평화롭다.

다니, 우주의 신비가 아닐 수 없다. 호수를 따라 바위평원을 거닐면서 구
럼비 바위와 사랑하는 사람들을 생각했다.

사이좋은 자매처럼 붙어 있는 미스칸티 호수Laguna Miskanti와 미니케스
호수Laguna Miniques는 거리만 가까운 것이 아니라 물길도 서로 연결돼 있
다고 한다. 해발 4,120m로 이 지역에서 제일 높은 곳에 자리잡은 미스칸
티 호수는 해발 5,622m의 미스칸티 화산과 미니케스산 바로 아래 있다.
연두색과 진한 녹색, 그리고 파란색이 아름답게 뒤섞인 미스칸티 호수의
물은 낮은 고개 너머에 있는 미니케스 호수로 흘러간다. 물가에 가서 손
도 적셔볼 수 있는 탈라르 호수와 달리 미스칸티와 미니케스 호수는 신
성한 곳이라 사람이 접근할 수 없게 막아놓았다. 멀찌감치 떨어진 산책
로에서 바라보는 수밖에 없었다.

아타카마 소금평원. 우유니 사막은 소금과 모래로 이루어진 반면 아타카마 사막은 소금과 진흙으로 이루어져 풍광이 전혀 다르다. 홍학의 습성도 다른 것 같다.

점심을 먹은 다음 아타카마 소금평원으로 갔다. 안데스산맥에서 흘러 내리는 물에 씻겨 내려온 소금과 광물질이 진흙과 화산재, 바위 따위와 뒤섞여 만들어진 이곳은 우유니 소금사막과 전혀 달랐다. 소금평원의 최고 깊이는 1,450m고 소듐(나트륨), 포타슘(칼륨), 마그네슘, 리튬, 보론 (붕소) 등이 풍부하다.

소금평원을 가로지르는 넓은 물길과 야트막한 호수에는 홍학들이 물 에 코를 박고 있었다. 재미있는 것은 우유니 사막과 탈라르 호수에서 본 홍학들은 무리를 짓고 있었는데 이곳의 홍학들은 한 마리씩 떨어져 있 다는 점이었다. 습성이 다른 종류인 것 같았다.

홍학은 칠레 홍학, 제임스 홍학, 안데스 홍학 세 종류가 있다. 알에서 깬 후 6개월 정도 지나면 날개에 붉은빛이 돌면서 날기 시작한다. 지구

에서 가장 오래된 새로 1억 3천만 년 전에 나타났다고 한다. 아르헨티나,
칠레, 볼리비아, 페루가 다자간조류합의multinational bird consensus를 체결해
홍학을 보호하고 있다.

과거를 보존하는 아타카마 사막

아타카마 사막은 모든 것을 보존한다. 산과 계곡, 바위와 자갈, 모래, 그
곳에 살던 사람들의 흔적까지, 과거의 모습을 고스란히 간직하고 있다.
7,000년 전 만들어진 역사상 가장 오래된 친초로Chinchorro 미라도 여기
서 발견됐다. 이집트 미라가 약 5,000년 전 무렵의 것임을 생각하면 정말
오래된 것이다. 하지만 그것과는 차원이 다르게 오래된 것도 있다. 우주
에서 날아온 운석이다. 운석보다 훨씬 더 오래된 것은 우주의 과거에서
날아온 별빛이다.

이곳은 고도가 높고 건조해 공기가 희박하고 수증기가 거의 없다. 구
름도 끼지 않고 빛공해도 없어 우주를 관측하는 데 최적의 장소다. 별과
은하수, 우주가 가장 아름답게 빛난다. 그래서 많은 천문대가 모여 있고
'별보기 관광'Star-gazing tour의 성지다. 나는 하필이면 60년 만의 슈퍼문이
뜨는 시기에 가는 바람에 별 관광을 할 수 없었다. 이곳에서 별을 보고 사
진을 찍겠다는 욕심만 부렸을 뿐 시기를 잘 선택해야 한다는 걸 생각지
못했다. 아타카마 사막을 여행하려면 보름달 뜨는 날 앞뒤로 일주일을
피해야 한다.

영화 〈빛을 향한 노스탤지어〉Nostalgia for the Light는 아타카마 사막에서
과거의 흔적을 좇는 사람들 이야기다. 한쪽은 밤에 일하고 또 한쪽은 낮

에 일한다. 천문대에서 아름다운 별빛을 보는 사람들과 사막에 묻힌 유골을 찾는 사람들이다. 영화는 우주의 빛을 탐구하는 천문학자들의 노력과 독재정권에 실종된 가족의 유해를 찾아 헤매는 어머니들의 피눈물이 다르지 않다는 것을 보여준다.

차카부코Chacabuco 광산촌은 과거에 초석을 생산하던 원주민 노동자들이 살던 곳이다. 광산이 폐쇄되면서 수십 년 동안 버려진 이 마을이 어느 날부터 사람으로 꽉 찼다. 피노체트 정권이 수천 명의 정치범을 끌고 와 수용한 것이다. 그들을 고문하고 살해한 다음 사막에 파묻었다. 아내와 어머니들이 작은 삽을 들고 와 남편과 자식의 주검을 찾아 헤맸다. 사막에 파묻힌 남편의 구두와 양말 속에서 찾은 발목 조각, 총알 자국이 선명한 두개골 조각……. 땅속을 비추는 망원경이 있으면 좋겠다던 그들의 고통은 이제 끝났을까?

1990년대 말 어느 날 한 노인이 예고도 없이 사무실에 찾아왔다. 빨간색 빵모자에 개량한복을 입은 차림은 남루했지만 족히 수십 년을 길렀을 듯한 머리카락을 뒤로 감아올린 데다가 형형한 눈빛이 예사롭지 않았다. 문경 민간인 학살 사건 유족 채의진 선생이었다. 아직 전쟁이 일어나지도 않은 1949년 12월, 문경 석달리 마을의 주민들을 군인들이 학살했다. 백주 대낮에 아무 이유도 없었다. 채 선생은 마침 산 너머에 있는 학교에 갔다가 구사일생으로 목숨을 구했지만 졸지에 부모와 일가친척을 모두 잃고 천애고아가 됐다. 그 한을 풀 때까지 머리를 자르지 않겠다고 결심하고 혼자 진상규명에 매달렸다. 워싱턴에 있는 미국국립문서보관소NARA까지 가서 자료를 찾기도 했다. 그를 통해 국가와 전쟁의 민낯을 알게 됐고 한동안 트라우마에 시달렸다.

국가의 진상규명 의무를 확인해달라고 요구하며 헌법소원을 제기했는데 헌법재판소는 국가가 아무것도 할 의무가 없다면서 기각했다. 허탈했다. 노무현 정부에서 과거사위원회 활동으로 학살 사건들의 진상이 조금씩 밝혀지면서 해결의 실마리가 풀리는 듯하더니 정권이 바뀌면서 도루묵이 됐다. 위원회는 해체되고 유골 발굴은 중지되고 발굴된 유골은 컨테이너에 쌓여 떠돌고 있다. 1, 2심 법원이 손해배상금으로 인정한, 얼마 되지도 않는 돈이 너무 많아 부당하다고 대법원이 파기하는 바람에 유족들은 받았던 돈에 이자까지 붙여 물어줘야 할 판이다. 이게 대한민국의 실제 상황이다.

적절한 애도를 거쳐 장례를 치르지 못한 영혼은 저승에 가지 못한다. 모든 인간 사회에 전해오는 믿음이다. 안식을 얻지 못해 떠도는 원혼은 살아 있는 자들의 삶에 개입하게 된다. 세상이 평온해지려면 원혼을 달래서 저승으로 보내야 한다. 그게 인간 세상의 이치다. 죽은 자에 대한 연민과 존중이야말로 인간의 "가장 깊고 신성한 본능"이기 때문이다. 죽은 자는 누구든 차별하지 않고 장례를 치러야 한다는 것은 "기원이 알려져 있지 않고 근원도 알 수 없지만 인간의 법보다 영원하고 보다 고차원적인 윤리적 실체", 곧 "신의 법"이다.[2] 인간과 동물을 나누고 문명과 국가를 건설하는 토대다. 한국의 법은 언제쯤 '신의 법'에 합당하게 되려나.

아타카마에서 별 관광도 못하고 차카부코 광산촌에 가는 것도 일정이 맞지 않았다. 꿩 대신 닭을 찾는 기분으로 운석박물관Museo del Meteorito을 방문했다.

운석박물관은 마을 외곽에 둥근 천막 두 개를 연결해 아타카마 사막에서 발견된 운석들을 전시하고 있다. 과학적인 설명을 제대로 다 이해하지는 못했지만 전시도 짜임새 있고 생각보다 재미있었다. 이렇게 작은 박물관도 지역의 특성과 결합해 내용을 채우면 충분히 역할할 수 있다는 것을 다시 한 번 느꼈다.

아타카마 사막에서는 어느 곳보다도 많은 운석이 발견된다. 운석 탐사 관광도 있을 정도다. 지구에서 가장 오래되고 건조한 사막이라 운석이 잘 보존될 뿐 아니라 발견하기도 쉽다. 지구에는 매일 약 48톤에 이르는 엄청난 양의 운석이 쏟아진다고 한다. 그런데도 우리가 운석을 볼 수 없는 이유가 뭐냐니까 거의 대부분이 대기권에 진입할 때 폭발하면서 타버리고 먼지보다도 작게 부서져버리기 때문이란다. 박물관 가이드는 운석을 쉽게 찾을 수 있는 방법을 가르쳐주었다. 비가 많이 오는 날 지붕에서 흘러내리는 빗물을 받아 가라앉히면 그중 상당 부분이 운석이라는 것이다. 모래와 운석을 구별하는 것은 좀 번거롭다. 운석은 대기권에 진입하면서 불에 타기 때문에 녹은 흔적과 함께 표면이 검은 재로 덮여 있고 철분이 많아 자석에 붙는다고 한다. 알갱이마다 확인해야 한다는 말이다.

박물관에는 45억 년 전에 만들어진 운석이 있었다. 지구의 나이가 대략 46억 년이니 지구와 거의 비슷한 시기에 만들어져 우주를 떠돌다가 '최근'에 아타카마 사막에 떨어진 것이다. 아타카마 사막이 만들어진 2,000만 년 전에 떨어졌다고 하더라도 운석의 나이에 비추어보면 극히 최근이다. 어디서 만들어졌는지, 그 오랜 세월 동안 어디를 떠돌아다녔는지 알 수 없다. 이 운석을 구성하는 먼지들은 어디서 왔을까? 우주 어느 구석에서 생명을 다하고 폭발한 별에서 날아왔을 것이다.

아미노산이 포함돼 있어 생명이 우주에서 도래했다는 주장의 근거가 된 운석도 있었다. 운석을 이루는 물질은 기본적으로 지구를 이루는 물질과 같다고 한다. 태초에 우주를 가득 채운 수소와 헬륨이 뭉쳐 별이 되는 과정에서 핵융합반응으로 탄소와 산소, 나아가 철까지 점점 더 무거

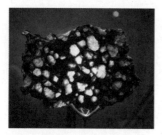

운석의 내면. 운석을 잘라 빛을 비추면 보석처럼 영롱하게 빛난다. 운석이나 우리나 우주의 먼지로 만들어진 존재다.

운 원소가 만들어졌다. 수억 년 내지 수십억 년의 시간이 흐르면 그 별이 죽으면서 폭발하는데 그 충격으로 생긴 수십억 도의 열로 금처럼 철보다 무거운 원소들이 생긴다. 그렇게 우주로 퍼져나간 원소들, 별이 타고 남은 재가 다시 뭉쳐 새로운 별이 된다. 우주의 연금술 덕분에 온갖 원소들이 생기고, 별이 타고 남은 재가 이리저리 뭉쳐 우주를 채우고 지구와 지구가 품고 있는 온갖 생명과 물질로 변했으니, 우리 모두는 별의 자녀들이고 모든 존재는 형제자매임이 틀림없다.[3]

박물관은 운석을 얇게 잘라낸 편에 빛을 비추어 내부가 다양한 광물로 이루어졌음을 보여주었다. 다양한 빛깔을 띤 영롱한 보석들이었다. 운석이 그 안에 아름답게 빛나는 보석을 간직하고 있다면, 운석과 같은 물질로 만들어진 내 안에도 저렇게 빛나는 무언가가 있지 않을까? 그런 존재들이 만들어낸 인간 세상은 왜 이 모양인가, 내 안에서는 무슨 연금술이 진행되고 있을까, 따지고 보면 사람이야말로 가장 경이로운 우주의 연금술이 만들어낸 존재 아닌가, 실없는 생각을 하며 박물관을 나왔다.

칠레에서 만난 친절한 사람들

산티아고행 비행기를 타기 위해 칼라마Calama로 갔다. 생각보다 도시가 크고 번화했다. 숙소에 짐을 푼 다음 휴대전화의 여분 전지를 구하기 위해 시내로 나갔다. 페루에서부터 휴대전화가 저절로 꺼지거나 전지를 교체하면 잘 켜지지 않는 등 말썽을 부리기 시작했는데, 시간이 지나면서 증세가 조금씩 나빠졌다.

숙소에서 알려준 상가가 2~3km 남짓한 것 같아 시내 구경도 할 겸 걸어가는데 휴대전화가 꺼져버렸다. 지도에서 본 길이 그렇게 복잡하지 않았기 때문에 기억을 더듬어 한참을 걸었는데 상가 비슷한 것도 나타나지 않았다. 어디선가 길을 잘못 든 것이다. 도저히 방향을 알 수 없어 몇 사람에게 물어도 말이 통하지 않았다. 난감하던 차에 어떤 청년을 붙잡고 물었더니 자기도 그쪽 방향으로 간다면서 택시를 잡아 함께 타고는 상가 앞에서 내려줬다.

엄청나게 큰 상가였다. 전자제품 상점을 포함해 이곳저곳 발품을 팔았지만 여분 전지를 파는 곳은 없었다. 상가 1층에 있는 약국에 들어가 손에 바르는 크림만 한 통 사서 택시 타고 숙소로 돌아왔다. 다행히 밤에 휴대전화가 다시 켜졌다. 산티아고에 있는 휴대전화 회사 대리점을 찾아서 이메일을 보내고 잤다.

인터넷에 돌아다니는 정보에는 칼라마도 치안이 좋지 않은 곳으로 나온다. 산티아고에 가려면 들를 수밖에 없는데 시내 구경 하지 말고 곧바로 공항으로 가라는 말이 많았다. 그런 말들 때문에 잔뜩 긴장했는데 도시는 평온했고 사람들은 친절했다. 내가 특별한 행운을 누렸을 수도 있지만 다니면 다닐수록 사람 사는 곳은 다 마찬가지라는 느낌이 든다. 어디든 극소수의 범죄자가 있기 마련이고, 대다수의 시민들은 선량하며 여행자에게 친절하다. 치안이 나쁘다는 칼라마가 이렇다면 다른 곳은 더 낫겠지 생각했다.

다음 날 오전 8시 50분에 칼라마 공항을 이륙한 비행기는 11시에 산티아고에 내렸다. 산티아고는 공항에서 시내로 바로 연결되는 전철이 없고 버스를 타고 들어가 지하철로 갈아타야 하기 때문에 불편하다. 버스도 굉장히 복잡했다. 큰 배낭을 운전기사 바로 뒷자리에 있는 짐칸에 놓았는데 사람이 자꾸 타니까 점점 안쪽으로 밀려들어가게 돼서 짐이 신경 쓰였다. 어느 정류장에서 내려야 할지도 알 수 없어 고민스러웠는데 이번에도 친절한 노인을 만난 덕분에 문제가 해결됐다.

자기도 방향이 같다면서 함께 내려 지하철을 같이 타고는 숙소 근처 역을 알려주었다. 어제 칼라마에서는 친절한 청년의 덕을 봤는데, 산티아고에서는 70대 후반의 노인 덕을 보게 되니 우연의 일치라고 할 수 없었다. 칠레 사람들이 다 친절해 보이고 산티아고가 친근하게 느껴졌다. 어떻게 칠레에 왔냐고 물어서 두 달 동안 남미를 여행하고 있다니까 무척 부러워했다. 당신도 이제 여행을 할 수 있지 않느냐고 하니까 젊을 때에는 사업하느라 너무 바빴고 이제는 건강이 좋지 않아 먼 여행을 할 수 없다면서 쓸쓸해했다. 공감하는 바가 컸다. 헤어지면서 나도 그처럼 낯선 여행자에게 친절한 사람이 되어야겠다고 다짐했다. 늙기 전에 좀 더 여행하는 것도. 레이날도의 건강과 행운을 빈다.

숙소는 시내 중심가에 가까운 아파트로 깔끔했다. 오후에 박물관들을 다녀볼 생각이었는데 포기하고 휴대전화와 사진기의 여분 전지를 구하러 나섰다. 제일 먼저 산티아고의 신도심이라고 할 수 있는 코스타네라 Costanera 센터 근처의 휴대전화 회사 대리점을 찾았는데 다행히 전지를 구했다. 그곳 기술자도 배터리가 오래돼 문제가 생긴 것 같다고 했다. 하나를 사려다가 두 개를 샀다. 다음은 사진기 대리점. 그곳에서는 여분 전지를 팔지 않았지만 시내에 있는 전자제품 상점을 소개해줬다. 한참 걸어서 갔으나 내 모델에 맞는 건 없다면서 또 다른 상점을 소개해줬다. 여기도 전철을 타기에는 애매해서 걸어갔다. 그리고 그곳에서 또 다른 곳을 소개받아 마침내 사진기도 여분 전지를 구할 수 있었다.

이미 저녁이 됐고 워낙 많이 걸었더니 그냥 아무 데나 주저앉고 싶을 만큼 힘들었다. 하지만 골치 아픈 문제를 모두 해결한 것 같아 마음이 가벼웠다. 슈퍼에서 저녁거리를 사서 숙소로 돌아왔다. 주말이라 그런지 밤늦게까지 동네가 시끌벅적했다. 새로 산 전지를 충전한 다음 휴대전화에 넣으니 잘 켜졌다. 그동안 마음 졸인 것이 다 끝났다. 이스터섬과 파타고니아 트레킹 준비를 마친 기분이었다. 하루 일정을 놓친 것은 아쉬웠지만 오랜만에 마음이 편안했다.

수수께끼 석상의 땅 이스터섬

11월 19일, 모아이Moai라는 거대한 석상으로 유명한 이스터섬Easter Island 으로 갔다. 칠레에서 3,700km, 사람이 사는 가장 가까운 섬에서 2,000km 이상 떨어진 남태평양의 고도孤島 이스터섬은 산티아고에서 비행기로 4시간 반이나 걸린다. 3시간의 시차를 감안하면 7시간 반이 걸리는 셈이다. 아침에 출발하면 오후에 도착한다.

최초의 서양인 방문자인 네덜란드 탐험가 야코프 로헤벤이 이 섬에 도착한 날이 1722년 4월 5일로 부활절Easter Day이라 이스터섬이라고 불렀다. 스페인어 이름 '이슬라데파스쿠아'Isla de Pascua도 같은 뜻이다. 오늘날 원주민들은 이 섬과 자신들을 폴리네시아어로 '라파누이'Rapa Nui라고 부른다. 이 섬의 원래 이름에 관해서는 설이 나뉜다. 하나는 '세상의 배꼽'(테피토오테에누아Te pito o te henua 또는 테피토오테카잉가아아우마카Te pito o te kainga a Hau Maka)이고 또 하나는 '하늘을 바라보는 눈'(마타키테랑기 Mata ki te rangi)이다.[4] 둘 다 이스터섬에 딱 어울리는 낭만적이고 아름다운 이름이다. 네루다는 '거대한 바다의 배꼽'이라고 이 섬을 노래했다.[5]

몸 한가운데, 어머니의 자궁과 연결됐던 배꼽은 우주의 중심이고 생명의 근원이다. 창조주, 신과 연결되는 곳이다. 고대 그리스 시대 신탁으로 유명한 델피 신전의 옴팔로스가 그렇다. 남태평양 한가운데 외로이 떠 있는 이스터섬 원주민들이 자기들의 섬을 세상의 배꼽이라고 생각한 것은 자연스럽고 또 재미있다.

이스터섬은 하와이섬과 뉴질랜드를 연결하는 폴리네시아 삼각형의 동남쪽 꼭짓점에 해당한다. 면적은 163.6km²로 제주도(1,833km²)의 10분의 1에도 못 미치는 작은 섬이다. 주민은 약 6,600명이며 중심 마을은 앙가로아Hanga Roa다. 섬 전체가 유네스코 세계문화유산이며 원주민이 아니면 토지를 소유할 수 없다.

이스터섬도 동그스름한 삼각형인데, 세 꼭짓점이 모두 화산이다. 섬의 대부분을 차지하는 해발 507m의 최고봉 테레바카Terevaka, 포이케Poike, 라노카우Rano Kau가 섬의 틀을 이루고 그 사이를 제주도의 오름과 같은 작은 기생화산들이 채웠다. 이스터섬 인류학박물관의 설명에 의하면 300만 년 전 포이케 화산이 처음 분출했고, 100만 년 전에 라노카우가, 30만 년 전에 테레바카가 분출했다고 한다. 마지막 화산 분출은 1만 년 전에 있었다. 수많은 폴리네시아의 섬들이 대부분 해저화산 폭발로 형성된 점을 생각하면 태평양이 실제로는 "그렇게 태평하지 않은 바다!"Not So Pacific Ocean!라는 박물관의 표현이 정말 기발하고 적절하다.

이 섬에 처음으로 사람이 도착한 것은 서기 700년 내지 1200년 사이로 추정된다. 전설에 의하면 섬 북쪽 해안의 아나케나Anakena가 최초 도래지라는데, 실제로 이곳은 만으로 둘러싸인 고운 모래사장이 있어 카누가 정박하고 사람이 살기에 좋은 조건을 갖추고 있다. 하지만 최근 방사성탄소연대측정법으로 조사한 바에 의하면 서쪽 해안의 타아이Tahai가 아나케나보다 더 오래된 주거지라고 한다.

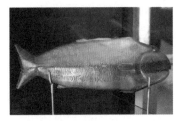

롱고롱고어 서판. 인류의 해양 이주 역사를 밝힐 수 있는 정보가 들어 있을 수도 있지만 해독할 수 있는 원주민이 남아 있지 않다.

최근에는 1200년 이후에 사람이 정착했다는 주장도 제기되고 있다.

한때 번성한 섬의 문명은 과도한 인구 팽창과 모아이 석상 건립을 위한 산림 벌채, 쥐의 증식으로 생태계가 파괴되고 종족 간에 분쟁이 일어나면서 쇠퇴하기 시작했다. 1만 5,000명에 달하던 인구도 서양인들이 도착한 1722년 무렵 2,000~3,000명으로 줄었다. 다음으로 큰 사건은 1862년 페루에서 노예사냥꾼들이 온 것이다. 그들은 몇 달 동안 섬 주민의 절반에 해당하는 1,500명 정도를 납치했다. 납치된 이들은 천연두와 결핵에 걸려 대부분 사망했다. 노예사냥꾼들의 대규모 납치가 국제적인 비난을 불러오자 페루는 살아남은 10여 명의 노예를 이스터섬으로 돌려보냈는데 그들이 옮겨온 천연두와 결핵이 퍼지면서 원주민들이 다시 몰살당했다. 1871년, 남아 있는 원주민은 111명에 지나지 않았다. 그 와중에 이스터섬의 그림문자인 '롱고롱고'rongorongo를 읽고 쓸 수 있는 사람들도 사라졌다. 이것이 섬의 공식적인 역사다. 그러나 서양인들이 저지른 학살도 상당했을 것으로 보인다. 박물관에는 원주민을 학살하는 서양인들의 그림이 남아 있다.

영국 출신 유대인 상인의 아들 알렉산더 새먼이 섬 전체를 매입했다가 1888년 1월 2일 칠레 정부에 양도했고 그해 9월 9일 칠레에 병합됐다.

칠레 정부는 아타무 테케나를 왕으로 임명한 다음 그와 병합조약을 체결했다. 원주민 후손들은 이 조약의 효력에 이의를 제기하고 있다. 이스터섬에 왕이 존재한 적이 없고, 아타무 타케나는 이스터섬의 마지막 최고 추장과 혈연관계가 없기 때문이다. 사실상 섬에 감금된 노예였던 원주민들은 1966년 칠레 국적을 인정받았고, 섬은 2007년 헌법 개정으로 특별행정구역이 됐다. 하지만 불씨는 꺼지지 않았다. 2010년 8월에는 원주민 후손들이 휴양지를 점거해 조상들이 기망당해 땅을 빼앗겼다고 주장했다. 2011년에는 원주민에 관한 유엔 특별보고관UN Special Rapporteur on Indegenous Peoples이 칠레 정부에 원주민 대표들과 대화하도록 권고했다.[6] 이스터섬의 지위와 원주민의 권리 문제는 여전히 해결되지 않은 채 수면 아래 잠복해 있다.

라파누이인들이 어디서 왔는지도 설이 나뉘고 있다. 약 2,600km 떨어진 망가레바제도Mangareva, Gambier islands에서 왔다는 설이 유력하다. 라파누이인들의 언어와 망가레바어가 단어의 80%가 같을 정도로 유사하고, 1999년 폴리네시아 방식으로 건조한 배로 망가레바에서 19일 만에 이스터섬까지 항해하는 데 성공했기 때문이다. 인류학박물관도 이 설을 지지하고 있다. 기원전 500년경부터 커다란 카누를 타고 폴리네시아 섬들을 식민화한 폴리네시아인들이 마지막으로 이스터섬에 왔다는 것이다. 반면 남미가 원산지인 고구마가 이스터섬의 주요 식량이었다는 점을 근거로 남아메리카에서 건너왔을 수 있다는 주장도 있다. 그런데 남미에서는 폴리네시아 군도에서 남미로 이주가 이루어졌을 가능성을 제기하고 있다.

개빈 멘지스는 15세기 초 정화 함대의 선단이 이스터섬에 고구마를 전했을 가능성을 제기했다. 멘지스에 의하면 유럽인들이 처음 이스터섬에 도착했을 때 티티카카호가 원산지인 토토라 갈대와 남아프리카의 토마토, 야생 파인애플, 고구마, 중남미의 담배, 파파야, 동남아시아의 참마, 남태평양의 코코넛 같은 식물을 발견했는데,[7] 이것들을 전할 수 있는 것은 동남아시아를 시작으로 아프리카와 남미를 거쳐 태평양을 횡단한 정화 함대밖에 없다는 것이다. 멘지스의 연구가 맞다면 라파누이인들의 주식이 고구마라는 사실은 그들의 조상이 남미에서 건너왔을 가능성을 보여주는 증거가 되기 어렵다.

최근 게놈 연구 결과 서기 1300년부터 1500년 사이에 라파누이인들과 남미 원주민들 사이에 상당한 수준의 접촉이 있었음을 보여주는 증거가 나왔다. 현대 라파누이인들의 유전자 구성이 폴리네시아인 76%, 남미 원주민 8%, 유럽인 16%로 나타난 것이다. 이는 어떤 경로로든 남미 원주민이 이스터섬으로 건너왔다는 것을 의미한다.[8] 인류의 교류사는 아직도 수많은 수수께끼에 싸여 있다.

뭐니 뭐니 해도 이스터섬의 상징은 모아이다. 작은 섬에 어울리지 않는 거대한 석상 때문에 이스터섬이 유명해졌고, 석상을 보기 위해 전 세계에서 수많은 관광객이 이 섬을 찾는다. 박물관에서는 지금까지 확인된 모아이가 모두 887개라면서 채석장인 라노라라쿠Rano Raraku에 남아 있는 것 397개, 다른 곳으로 옮겨서 세운 것 288개, 길에 남아 있는 것 92개만 표시해놓았다. 나머지는 모르겠는데 아마도 이스터섬과 칠레, 미국과 유럽 등지의 박물관으로 반출된 것들[9]과 부서진 것들이 포함되지 않을까 싶다.

지금까지의 연구 결과를 종합하면 모아이는 신이 아니라 조상이나 족장 같은 중요한 인물을 숭배하는 표현이다. 작은 섬의 자원을 고갈시키면서까지 여러 종족이 경쟁적으로 거대한 석상을 만든 이유는 분명하지 않다. 재레드 다이아몬드는 라노라라쿠의 응회암이 조각하기에 적당한 돌이라는 점, 다른 섬이나 육지에서 완전히 고립된 이스터섬의 경우 교역과 침략, 탐험, 식민지 건설, 이주 등의 활동에 힘과 자원을 쏟을 필요가 없어 경쟁의 분출구를 찾지 못했다는 점, 섬의 지형이 완만하고 통합이 이루어져 모든 부족이 라노라라쿠의 돌을 확보할 수 있었다는 점을 들고 있는데,[10] 두 번째 이유가 재미있고 그럴듯하다.

숙소는 공항에서 2km 정도 떨어진 곳인데 공항을 가운데 두고 앙가로아 시내와 반대쪽에 있었다. 시내와 같은 방향으로 조금 더 떨어져 있는 줄 알고 예약했는데 시내에서 3km 이상 떨어진 공항 반대편 외진 곳에 잡은 것이다. 시내에 나가기에 너무 멀다. 잘 가꾼 정원은 아름답고 방도 널찍하고 깨끗했다. 두 개의 침대도 큼직하고 가족 단위 관광객이 와서 묵으며 차를 빌려 관광하기에 적절한 곳이다. 하지만 방에서 와이파이가 되지 않는 것은 큰 흠이었다.

숙소에 내일 관광 예약을 부탁한 다음 돈도 바꿀 겸 시내에 나갔는데 비가 조금씩 뿌리기 시작하더니 곧 장대비로 변했다. 길에는 택시도 없었다. 중간에 되돌아갈 수도 없고, 내친김에 계속 걸었더니 완전히 물에 빠진 생쥐 신세가 됐다.

거의 1시간을 걸어서 바닷가에 있는 은행을 찾아 ATM으로 돈을 찾았다. 슈퍼에서 먹을거리를 사서 돌아오니 내일이 일요일이라 예약이 되지 않았다고 했다. 다시 시내에 나갈 수도 없어 할 수 없이 주인의 권유대로 차를 빌리기로 했다. 이 섬에는 자동차보험이 없고 수동변속기 자동차만 있어서 좀 걱정스러웠지만 어쩔 수 없었다. 오래전 수동변속기 자동차로 운전면허를 따서 한동안 운전해봤고, 다른 관광객들도 다 하는데 나라고 못하겠나 생각했다.

저녁 먹고 와이파이가 연결되는 로비에 나가 떨면서 한국 시간으로 11월 20일 오전에 진행된 국정농단 사건 중간 수사 발표를 봤다. 바람 소리 외에는 아무것도 들리지 않는 이스터섬의 밤, 하늘에는 구름이 잔뜩 끼어 별 하나도 보이지 않았다.

문명의 발상지 아나케나와 동남쪽 해안

이스터섬 둘째 날, 이스터섬 북동쪽과 동남쪽 해안을 구경했다.

섬 한가운데를 가로질러 원주민의 최초 도래지로 알려진 북동쪽 해안 아나케나까지 갔다. 제주도 중산간의 어느 도로를 달리는 듯한 착각에 빠질 정도로 비슷했다. 이스터섬 자체가 제주도의 축소판이라고 해도 지나치지 않을 정도다. 화산 활동으로 형성된 야트막한 오름과 초지, 돌담, 온화한 기후, 화산암으로 형성된 바닷가와 세찬 바람…… 한가운데 웅장하면서도 부드러운 한라산이 솟아 있고 숲이 우거져 있는 점만 빼면 제주도와 이스터섬을 구별하기 힘들 정도다. 제주도의 돌하르방과 이스터섬의 모아이는 석상이라는 점에서 비슷하지만, 크기와 섬의 생태계에 미친 영향은 천양지차다.

이스터섬의 오름들은 관능적으로 보이는 완만하고 부드러운 곡선을 그리고 있다. 하지만 나무가 전혀 없다. 제주도 오름 가운데에도 풀이나 관목으로 덮여 있는 곳들이 더러 있지만 이스터섬은 섬 전체에 나무가 없다. 여기저기 표토가 침식되어 흘러내리는 모습이 보일 정도로 상태가 열악하다. 오름들만이 아니라 바닷가에도 그런 곳이 많았다. 기후가 가혹한 것도 아니고 고도가 높은 것도 아니고, 사람이 많이 사는 것도 아닌데 섬 전체에 나무가 없다. 나무가 없으니 생태계도 없다. 섬 전체가 마치 골프장 같은 분위기다. 기괴하다고 할 수밖에 없다. 이 문제가 학계에서 뜨거운 관심사가 됐다. 이스터섬의 문명이 붕괴한 원인에 관한 의문이다.

고고학 발굴조사에 의하면 이스터섬은 최초로 인류가 정착할 무렵 많은 종류의 수목으로 덮여 있었다. 그중에 적어도 세 종은 세계에서 가장 큰 야자나무를 포함해 15m 이상 자라는 것이었다. 최소 여섯 종 이상의 토종새가 있었다. 그런데 유럽인들이 도착할 무렵 거의 모든 나무가 사라지고 새들이 멸종된 상태였다. 생태계가 붕괴된 것이다.

일반적으로 폴리네시아 들쥐의 도입과 번성, 과도한 수렵과 벌목, 기후변화를 원인으로 들고 있다. 나무는 모아이 석상을 제작한 라노라라쿠에서 석상을 옮기는 데 사용했을 것으로 본다.

더 이상 큰 나무가 없게 되자 배를 만들 수 없게 됐고 물고기를 잡기 어려워졌다. 새들의 멸종과 더불어 식량 부족의 원인이 된 것이다. 나무를 베어내자 표토층이 사라져 토양이 침식됐고 이 또한 식량 부족을 가속화시켰을 것이다. 부족한 자원을 놓고 부족들 사이에 싸움이 일어나고 상대편의 석상을 파괴하기에 이르렀다는 것이 재레드 다이아몬드를 비롯한 다수의 견해다.

반론도 있다. 1994년 더글러스 우슬리는 유럽인들이 도착하기 전에 사회가 붕괴했다는 증거가 없고 유골을 조사한 결과 직접 폭력으로 사망한 사례가 거의 없다고 주장했다. 제임스 쿡을 비롯한 유럽인들은 원주민들의 적대적 태도 때문에 섬에 상륙하지 못한 채 해안에 쓰러져 있는 석상들에 대한 인상기만 남겼을 뿐이라고 했다.[11]

유럽인들이 도착하기 전에 약 600만 그루의 나무를 베어낸 것은 사실이지만 원주민들은 새로운 농사법을 개발했고 추장 중심 사회에서 더 평등한 사회로 변해갔는데, 유럽인들이 옮긴 전염병이 사회 붕괴의 주 원인이라는 견해도 있다. 2016년의 연구도 유럽인 도착 전에 대규모 생태적·문화적 붕괴는 일어나지 않았다고 주장한다.[12]

서양인들이 도착하기 전에 부족들이 전쟁을 벌여 모아이를 파괴할 정도로 문명이 붕괴했는지는 확실치 않다. 하지만 생태계가 심각하게 파괴된 것은 사실로 보인다. 다양한 종류의 큰 나무가 많이 자라고 있었다는 고고학 조사 결과와 이 섬을 처음 발견한 로헤벤의 목격담이 그 점을 말해준다.

> 멀리서 처음 보았을 때 우리는 이스터섬을 모래땅으로 생각했다. 시들어 말라버린 풀이나 뜨거운 햇살에 타버린 초목을 모래로 생각한 탓이었다. 황폐한 모습은 우리에게 척박한 불모의 땅으로밖에 보이지 않았다.[13]

오늘날까지도 섬 전체에 걸쳐 나무가 거의 없고 오름과 해안에서 진행되는 표토층의 침식 현상은 생태계 파괴설의 설득력을 보여주는 증거다. 원주민을 절멸로 이끌어간 직접 원인은 서양인이 옮겨온 전염병과 노예사냥일 수도 있지만, 생태계가 파괴된 상황에서 인간의 문명과 삶이 오래 계속되기는 어렵다.

섬의 경관은 얼핏 보기에 아름답고 평화롭지만, 자세히 보면 생태계가 위기를 넘어 아예 존재하지도 않음을 알 수 있다. 그 주된 원인이 조그만 섬에 도무지 어울리지 않는 거대한 석상 제작과 관련 있다는 것은 부정할 수 없을 것 같다. 겸손한 제주도 돌하르방은 모아이 석상처럼 대단한 볼거리도 아니고 상상력을 자극하지도 않지만 그게 오히려 다행스러운 일이라는 것을 알게 됐다.

권력의 과대망상으로 생태계를 파괴한 어리석음의 결과를 보여주는 전시장이 이스터섬인 셈이다. 그런데 바로 그 석상으로 인해 이 섬이 온 세상에 널리 알려지고, 세계 각지에서 관광객이 몰려오게 되었으니 역사의 아이러니다.

둥그런 작은 만과 아늑한 모래사장이 있는 아나케나는 참 예쁜 곳이다. 푸른색과 녹색이 아름답게 뒤섞인 맑은 물과 모래사장 한쪽 언덕에 있는 아우나우나우Ahu Nau Nau라 불리는 모아이 석상들과 야자수들은 이스터섬의 문명 발상지답게 잘 정비돼 있다. 이곳의 모아이들은 붉은색 돌모자인 푸카오Pukao를 갖춘 것이 네 개나 있어 비교적 원래 모습을 유지하고 있다. 하나는 모자가 없어졌고 또 하나는 머리가 없고, 오른쪽 마지막 모아이는 몸통만 절반 남아 있어 처량하다. 아우Ahu는 모아이를 세운 받침대를 말한다.

모아이는 섬 동쪽에 있는 라노라라쿠의 응회암으로 만들었고 푸카오는 서남쪽에 있는 푸나파우Puna Pau 채석장에서 캐낸 붉은색 암재로 만들었다고 한다. 푸카오의 의미는 정확하게 알 수 없다. 폴리네시아 전역에서 족장들이 붉은 새의 깃털로 장식물이나 모자를 만들어 썼는데 그걸 상징하는 것으로 추정한다.[14]

아우나우나우 앞에서 관광객들이 여신을 흉내내며 놀고 있었다. 그 모습을 찍고 야자수 밑에 앉아 준비해간 빵과 음료수로 점심을 먹는데 갑자기 하늘이 어두워지더니 비가 쏟아졌다. 빗물 젖은 빵을 먹었다.

오후에 다시 날이 갰다. 해변을 따라가며 모아이들을 둘러봤다. 남태평양 동쪽 절해고도라 그런지 바람이 만만치 않게 불고 파도가 거셌다. 하지만 날씨는 온화했고 거센 파도가 풍경을 더 돋보이게 했다.

아우나우나우. 이스터섬 문명의 발상지답게 잘 정비된 이곳의 석상들은 비교적 온전한 모습을 갖추고 있다.

아나케나에서 멀지 않은 바닷가에 높이 10m, 무게 80톤으로 아우에 옮겨 세워진 것 가운데 가장 거대한 파로Paro 모아이가 있다. 애석하게도 제자리를 벗어나 땅에 엎어져 있다. 무게 12톤에 달한다는 푸카오도 따로 나뒹굴고 있다. 파도소리를 들으며 세상모르고 잠들어버린 것인지, 쓰러지면서 아예 숨이 끊어진 것인지, 보기에 딱했다.

그 근처에는 가운데 큰 타원형의 돌을 놓고 사방에 작은 구형의 돌을 배치한 다음 돌담을 쌓은 테피토쿠라Te Pito Kura가 있다. 네 개의 작은 돌은 동서남북을 가리킨다고 하는데, 종교 의례를 올린 장소로 추정할 뿐 정확한 용도는 알 수 없다고 한다.

바닷가 곳곳에 돌무더기와 집터, 돌담이 흩어져 있는데 거친 현무암을 다듬어 쌓은 솜씨가 예사롭지 않았다. 돌담은 제주도에서 보는 것과 너무 비슷해서 제주 올레길 어느 한켠인 듯한 느낌이 들 정도였다. 작은 섬이다 보니 모든 것이 작았다. 아담한 만을 끼고 있는 모래사장, 현무암으로 된 해안가 바위들, 모두 작고 예뻤다.

사실 섬의 경관만 놓고 본다면 제주도와 비교가 되지 않는다. 워낙 작아서 규모와 다양성에 한계가 있고, 생태계가 파괴된 까닭이다. 석상이 없다면 많은 시간과 비용을 들여 이 섬에 올 이유는 없다. 하지만 정말 부러운 것은 쓰레기 하나 없는 바다와 해안이었다. 쓰레기가 없으니 바닷물도 맑고 깨끗하다. 온갖 쓰레기로 뒤범벅이 되어 있는 제주도 해안을 생각하면 한숨밖에 나오지 않는다. 제주올레가 올레꾼들을 동원해 쓰레기를 줍는 '클린 올레'까지 진행하지만 대책이 없다.

파파바카Papa Vaka(돌 카누)는 바위에 참치와 상어, 문어, 거북이, 카누 등의 문양을 새겨놓은 곳이다. 이곳 원주민들이 카누를 타고 바다로 나가서 물고기를 잡았다는 것을 보여준다.

섬의 동쪽 끝에 있는 포이케 화산은 복원작업을 진행하고 있어 들어

테피토쿠라. 이스터섬의 원래 이름으로 추정되는 '세상의 배꼽', 테피토오테에누아가 여기라고 주장하는 여행 사이트도 있다.

파파바카. 문어를 잡는 모양으로 추정되는 문양으로, 보존 상태가 제일 좋다.

갈 수 없다. 포이케 바로 옆에는 이스터섬의 상징이라고 할 수 있는 통가리키Tongariki가 있다. 통가리키는 15개의 모아이가 모여 있는 가장 대표적인 석상군이다. 이 석상들은 1km 정도 떨어져 있는 고향 라노라라쿠를 바라보고 있다. 모두 쓰러져 있었는데 1992년 일본의 지원으로 지금처럼 세웠다고 한다.

석상의 윤곽은 비슷하다. 직사각형 모양의 넓은 얼굴, 움푹 들어간 큰 눈과 코. 목이 거의 없고 어깨가 딱 벌어졌으며, 아랫배가 튀어나왔다. 족장이나 중요한 인물들을 새긴 것이니 결국 원주민들의 신체 모양을 약간 추상화한 것일 터이다. 자세히 보면 석상의 크기는 물론 얼굴 생김새도 조금씩 다르다. 돌의 색깔도 다르다. 전반적으로 검은색이지만 왼쪽에서 일곱 번째 석상은 아주 밝다. 밝은색과 검정색이 섞인 것들도 있다. 라노라라쿠에서 조각해낸 부분이 서로 달라 그런 것 같다. 어떤 석상

통가리키. 이스터섬을 대표하는 모아이다. 고향인 라노라라쿠를 바라보며 무슨 생각들을 하고 있을까 궁금했다.

문지기 모아이. 통가리키 입구에 문지기처럼 서 있다. 석상을 옮기는 데 쓴 것인지, 레일처럼 좁고 길게 자른 바위가 세 줄 놓여 있고 멀리 통가리키 석상들이 서 있다. 그 뒤로 보이는 언덕이 생태 복원 중인 포이케 화산이다.

은 좀 뚱뚱하고 어떤 것은 조금 날씬하다. 오른쪽 두 번째 모아이만 푸카오를 쓰고 있다.

단체로 서 있는 석상들 외에도 이 주변에는 석상의 머리와 몸통, 푸카오 등 잔해가 많이 흩어져 있다. 라노라라쿠에서 가까워 그런지 이곳은 모아이의 밀도가 제일 높다. 파파바카처럼 문양을 새긴 바위도 있는데 풍화가 심해서 판독하기가 쉽지 않다.

통가리키 입구에는 마치 문지기처럼 보이는 또 하나의 모아이가 서 있다. 이 석상은 고향인 라노라라쿠가 아닌 섬의 내륙을 향하고 있다. 그쪽을 경계하는 게 자기 임무라고 생각했는지 모르겠다. 그 주변에는 석상을 옮기는 데 사용했는지, 마치 레일처럼 생긴 기다란 사각 기둥 형태의 돌이 줄지어 놓여 있다.

석상 뒤쪽 바다는 맑은 녹색으로 무척 아름다웠다. 그날 이스터섬의 바다는 환상적이었다. 바닷가를 따라 크고 작은 모아이들이 여기저기 흩어져 있었다. 제자리에 서 있는 것도 있었지만 쓰러져 있는 것이 많았다. 엎어져 있기도 하고 자빠져 있기도 했다. 모아이들이 더 이상 쓰러지는 일이 없기를 바랐다.

앙가로아로 돌아오니 해가 지고 있었다. 짙은 구름 뒤에서 황금빛 햇살이 쏟아져 내렸다. 저 수평선 아래로 넘어가는 해가 우리나라에서는 동해 바다에 아침 해로 떠오를 것이었다.

바람이 거세게 불었다. 해가 지니 너무 추워서 바닷가에 더 이상 있을 수 없었다. 숙소로 돌아오는 길에 미니슈퍼에 들러 장을 보는데 오뚜기 진라면이 있었다. 여행 시작 후 처음 먹어보는 우리나라 컵라면이었다. 계란과 함께 사와서 끓여먹었다. 매콤하면서 오묘한 맛의 국물이 목으로 넘어가면서 온몸의 세포를 깨우는 것 같았다. 밤에 정원에 나가보니 구름이 짙게 끼어 별 하나 보이지 않았다.

테레바카를 걷다

새벽 6시에 일어나 통가리키에 일출을 보러 갔다. 30분 정도 운전하는 동안 차가 전혀 없어서 일출 보러 오는 사람이 나밖에 없나, 아무도 없으면 어쩌나 걱정했다. 웬걸, 주차장에 도착하니 주차하기 힘들 정도로 차들이 빼곡했고 통가리키 앞에 많은 사람이 모여 있었다. 둘러앉아 아침 식사를 하는 사람들도 있었다. 이미 해가 떠오르고 있어 뛰어갔다.

구름이 그렇게 많이 낀 것은 아닌데 일출은 좋지 않았다. 공기 중에 수증기가 많은지 해가 뿌옇게 보이면서 구름 색깔도 별로였다. 관광객들이 다 빠져나간 다음에도 혹시나 하는 마음으로 기다렸으나 별로 나아지지 않았다. 실망한 마음으로 숙소에 돌아와 늦은 아침을 먹었다.

어젯밤에 휴대전화가 꺼지더니 아침이 되어도 켜지지 않았다. 산티아고에서 구입한 새 전지를 끼워도 소용없었다. 난감했다. 집에 연락할 수도 없고, 숙소와 교통편 예약을 비롯해 모든 여행정보가 휴대전화에 들어 있을 뿐 아니라 어디 한 군데 찾아가는 것도 휴대전화에 들어 있는 지도의 도움을 받지 않으면 쉽지 않다.

오전 일정을 포기하고 앙가로아에 있는 인터넷 카페를 찾아가 메일을 쓰려고 하는데 갑자기 남태평양의 고도에서 접속해 그런지 인증을 하라고 했다. 휴대전화가 꺼졌으니 인증할 방법이 없다. 내가 나라는 사실을 증명할 수 없는 것이다. 휴대전화가 나고, 나는 휴대전화를 운반하는 도구에 지나지 않는 것 같았다. 어처구니가 없었지만 현실이었다.

너무나 편한 세상, 안데스산맥이나 남태평양 한가운데서도 온 세상과 즉시, 자유롭게 연결되고, 또 그래야 한다고 믿는 시대에 적응하다 보니 그게 뒤틀리는 순간 어쩔 줄 모르게 됐다. 내 나라도 아니고 지구 반대편을 떠도는 여행에서 모든 게 내 뜻대로 된다면 그게 이상한 것 아닌가, 어떻게 되겠지, 하고 생각했지만 마음이 편치 않았다.

일단 포기하고 테레바카로 갔다. 테레바카는 나이로 보면 이스터섬을 이루는 세 화산 가운데 막내지만 섬의 대부분을 차지한다는 점에서는 맏이라고도 할 수 있다. 테레바카Terevaka는 '카누를 얻는 곳'이라는 뜻이다.[15] 원주민들이 이 산에 자라던 큰 나무들을 베어 카누를 만들었음을 보여주는 이름이다. 실제로 이곳에서 나무를 베고 카누를 만드는 데 쓰던 연장들이 많이 발견됐다고 한다.

테레바카산 입구에는 아우아키비Ahu a Kivi가 있다. 이곳에는 일곱 개의 석상이 서 있는데 통가리키보다도 더 멀리, 거의 50m는 떨어진 곳에 줄을 쳐놓고 가까이 가지 못하게 해놓은 데다가 마침 햇빛도 역광이라 석상의 모습을 제대로 볼 수 없었다.

테레바카로 올라가는 길을 헷갈려 45분 정도 엉뚱한 길로 들어갔다가 돌아나왔다. 구름이 끼기는 했지만 날씨는 화창했다. 기분 좋게 걷고 있는데 갑자기 뭔가 뒤통수를 쳤다. 깜짝 놀라 돌아보니 매 한 마리가 나를 공격하고 날아가는 게 아닌가! 너무나 놀라고 어이가 없었다. 새에게 공격당하기는 난생 처음이었다. 어린 시절 동네에 매가 참 많았다. 하늘에 매가 보이면 병아리들을 우리 안에 몰아넣느라 동분서주했지만 아이들을 공격할까봐 걱정하지는 않았다. 혼자 산을 돌아다닌 적도 한두 번이 아니지만 새에게 공격당한다는 것은 생각도 해본 적 없고 들어본 일도 없다.

큰 충격까지는 아니었지만 제법 무게감이 있었다. 모자를 썼기에 망정이지, 발톱에 긁힌 듯 살갗이 조금 벗겨져 손가락으로 누르니 핏기가 묻어났다. 그런데 그 매가 계속 나를 공격했다. 공중에서 선회하다가 어느 순간 나를 향해 직선으로 날아왔다. 똑바로 날아올 때는 섬뜩한 느낌까지 들었다. 신경이 쓰였다. 처음에는 여기 어디 매의 집과 새끼들이 있나 하면서 빨리 걸어 피하려고 했는데 자꾸 공격해오니 화가 나서 돌도 던지고 나뭇가지도 휘둘렀다.

그 매는 테레바카를 올라가는 길 내내 나를 따라오며 괴롭혔고 내려올 때에도 몇 번 공격하더니 어느 순간 사라졌는데 도무지 이해를 할 수 없었다. 휴대전화가 꺼져 가뜩이나 마음이 편치 않은데 엉뚱하게 새에게까지 공격을 받으니 기분이 묘했다. 이스터섬이 나를 거부하는 것 같은 느낌조차 들었다.

테레바카는 평탄한 오르막으로 경치가 좋았다. 나무가 하나도 없으니 시야를 가리는 것이 전혀 없었다. 길에 돌도 없고, 흙이나 풀로 덮여 있어 걷기도 편했다. 생태계는 파괴됐지만 관광하기에는 좋았다. 사람들이 이래서 골프를 좋아하나 싶었다.

군데군데 야트막하고 부드러운 오름들이 보이고, 앞으로는 테레바카로 가는 길이 확 터져 있었다. 가끔은 얕은 분화구도 있었다. 등 뒤로는 앙가로아 마을과 해안선, 그리고 남태평양의 끝없는 바다가 펼쳐졌다. 몇 군데 숲을 조성한 곳이 보이기는 했지만 섬은 전부 초지였고 사실상 민둥산이었다. 최고봉의 해발고도가 500m 남짓한 섬이 마치 해발 5,000m 이상의 고산지대처럼 황량하게 헐벗고 있다니 황당하기 짝이 없었다. 지금 남아 있는 원주민의 수가 워낙 적고 외부인의 토지 소유를 금해서 그럭저럭 버티고는 있지만 이 섬이 과연 얼마나 지속가능할지 걱정스러웠다. 1만 년 전에 화산이 멈춘 이곳에 어디선가 흘러와 섬을 덮었던 생명의 씨앗들은 어디로 다 흘러가버렸나.

이런저런 생각을 하며 2시간 남짓 올라가니 정상에 닿았다. 정상은 풀조차 벗겨져 흙이 그대로 드러나 있는데 작은 돌과 나뭇가지들을 쌓고 그 위에 짐승의 두개골 뼈를 올려놓았다. 야마쯤 되어 보이는 제법 큰 짐승의 두개골인데, 이 섬에 살았던 짐승일 리는 없고, 정체를 알 수 없었다. 나중에 숙소 주인에게 물어봤지만 모른다고 했다. 출발이 늦어져 마음이 바빠 쉬지 않고 걸었더니 제법 힘들었다. 준비해간 빵과 음료수로 점심을 때우고 부근에 있는 몇 개의 오름을 거닐었다. 섬을 둘러싼 바다가 완벽한 원을 이루고 있었다. 동그랗고 끝없는 바다 한가운데 어린 시절부터 꿈꾸던 전설의 섬이 있고 그 정상에 내가 서 있다. 잊을 수 없는 경험이었다. 날씨는 맑고 따뜻했지만 대양에서 불어오는 바람은 만만치 않았다. 모자 끈을 조였는데도 계속 벗겨지며 날리는 바람에 쓰고 있을 수 없었다.

하산을 준비하면서 휴대전화를 켜보니 전원이 들어왔다. 고맙고도 대견했다. 아침에 답답한 마음에 이번 여행을 끝낼 때까지만 버텨주면 같은 회사 제품을 계속 쓰겠다고 전화기에게 약속했는

타아이 부근의 특이한 동물 조각.
무언가에 올라타고 엎드린 짐승의 머리가 똑바로 서 있는 사람 얼굴처럼 보인다.

데 그래서 다시 켜졌나? 휴대전화가 켜지니 마음이 편안해졌다.

볼리비아에서 심각한 가뭄으로 비상사태를 선포했다는 소식이 들어와 있었다. 대책은? 없다. 제한 급수와 제한 송전. 우기인 2월까지 기다리는 것이 전부다. 하산길에 아우아키비를 한 번 더 보고 앙가로아 마을 서북쪽 해안선에 있는 타아이 부근의 아나키오에Hana Kio'e 등 모아이들을 구경했다. 이쪽 해안에는 모아이뿐만 아니라 동물 모양을 조각한 바위들도 있었는데 그중에서도 특별히 눈길을 끄는 것이 있었다.

몸통과 사지가 양서류인 것처럼 보이는 거대한 동물이 무언가에 올라타 엎드려 있는 모양이다. 그 동물이 올라탄 것은 바위인지 몸을 웅크리고 있는 다른 동물인지 분간하기 어렵다. 문제는 그 동물의 머리였다. 분명히 동물의 머리인데 꼭 사람 얼굴처럼 보인다. 이것이 무엇을 의미하는지는 알 수 없었다.

모아이의 고향 라노라라쿠

셋째 날 아침에 일어나니 온 하늘이 두꺼운 구름으로 덮여 있었다. 웬만하면 일출을 보러 가려고 했는데 포기했다. 거의 9시가 될 때까지도 해가 나오지 않았다. 이렇게 날이 계속 흐리면 은하수는커녕 일출 한 번 제대로 보지 못하고 이스터섬을 떠나는 것 아닌가 걱정이 됐다.

아침을 먹고 라노라라쿠로 갔다. 화산재가 굳은 응회암으로 만들어진 바위산으로, 모아이를 만든 채석장이다. 모아이들의 모태이자 고향인 셈이다.

입구에서부터 이곳저곳에 누워 있거나 엎어져 있는 거대한 모아이들이 보였다. 조금 더 올라가자 경사면 여기저기에 모아이들이 서 있거나

태어나지 못한 모아이들. 윤곽만 완성된 채 라노라라쿠의 암반에 그대로 붙어 있는 석상들. 이곳에서 무슨 일이 일어났기에 그러고 있는지 말 좀 해보라고 묻고 싶었다.

야외 석상박물관 라노라라쿠. 산등성이 여기저기 흩어져 있는 모아이들. 왠지 표정이 슬퍼 보인다.

누워 있는데, 야외 석상박물관이었다. 경사면에 서 있는 모아이들은 대부분 머리 또는 목 부분까지만 지상에 드러나 있는데, 나머지 부분은 땅속에 파묻혀 있는 것인지, 원래 이 정도만 깎은 것인지는 모르겠다. 몸통까지 다 조각했는데 땅에 파묻힌 거라면 왜 복원하지 않는지 의문이고, 처음부터 이렇게 조각했다면 그 이유가 무엇인지 궁금했다.

산책로를 따라 산 중턱으로 올라가니 멀리 통가리키와 바다가 눈에 들어왔다. 만들다가 만 모아이들이 바위산에서 반쯤만 몸을 드러낸 채 그대로 붙어 있었다. 바위산에서 바로 모아이를 조각한 다음 떼어내 옮기는 방식으로 제작한 것 같았다. 모태에서 몸을 떼지 못한 채 그대로 누워 있는 모아이들을 보니 기분이 묘했다. 그대들은 여기에서 뭘 하고 있는 거냐, 이 섬에서 무슨 일이 일어났기에 그러고 있는지 말 좀 해보라고 묻고 싶었다.

모아이들의 모습은 거의 비슷했지만 조금씩 차이도 있었다. 물건을 실은 배 모양을 가슴에 새겨 넣은 모아이도 있고 턱을 앞으로 내민 채 무릎 위에 손을 올리고 있는 듯한 모습도 있었다.

완성된 많은 석상들이 여기저기 방치돼 있고 바위산에서 반쯤만 모습을 드러낸 채 잠겨 있는 석상들도 있는 것을 보면 라파누이인들이 마지막 순간까지도 석상을 만드는 데 몰두하다가 어느 순간 포기하고 떠나버린 듯한 느낌이 든다. 그게 무엇이었을까? 왜 마지막까지 석상을 만드는 데 몰두했을까?

숲을 베어내 생태계가 파괴되고 생존조건이 악화될수록 조상신들이 구원해주리라 기대하면서 석상 만드는 데 더 집착한 것은 아닐까? 사정이 무엇이든, 잘못된 방향을 바로잡지 못하고, 오히려 점점 더 그 방향에 매몰돼 끝내 파탄에 이르고야 마는 인간의 어리석음을 보여주는 현장처럼 보였다. 세월이 지나 돌이켜보면 너무나 뻔한 결과인데도 정작 그 당시에는 절대로 일어나지 않을 것으로 생각해 파탄을 향해 내달리는 일이 얼마나 많은지. 여전히 구름이 끼고 음산했다. 날씨가 어두우니 모아이들의 표정도 음울했다. 모아이의 고향 라노라라쿠는 장관이었지만, 어딘지 쓸쓸했다.

라파누이 연구의 중심 인류학박물관

세바스티안 엥글레르트 인류학박물관Museo Antropologico P. Sebastian Englert 은 1973년 독일 출신의 세바스티안 엥글레르트 신부를 기념해 세웠다. 그는 1935년 이스터섬에 와서 1969년 사망할 때까지 라파누이의 사회

이스터섬의 나무 인형들. 생김새가 모아이 석상들과 전혀 다른데 그에 대한 설명을 찾을 수 없었다.

와 언어를 연구하고 문화를 보존하는 데 노력했다. 건물이 깔끔했고 유물은 그렇게 많지 않았지만, 설명이 충실했다. 3,000여 권의 장서를 가진 도서관과 세미나실도 있다. 이스터섬의 문화를 연구하는 중심지였다. 입장료는 무료였다. 이렇게 작은 섬에서 박물관을 무료로 운영한다는 것이 놀라웠다.

제일 먼저 눈에 띈 건 나무 인형들이었다. 이스터섬의 나무 인형들은 서양 선교사들이 악령으로 간주해 없애버리는 바람에 남아 있는 것이 별로 없다고 한다. 무릎을 꿇거나 쪼그려 앉거나 서 있는 모양인데, 하나같이 머리와 몸통이 비정상적으로 큰 반면 다리는 비정상적으로 짧았다. 앉아 있는 인형들의 다리가 새다리처럼 가는 것이 특이했다.

인형을 다듬은 솜씨는 상당히 세련됐고, 얼굴 모습은 물론 신체도 모

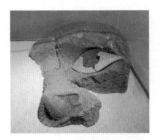

모아이의 눈. 흰색 돌을 다듬어 넣은 흰자위에 붉은색 돌로 눈동자를 박아 상대방을 꿰뚫어보는 듯한 느낌이 든다.

아이 석상들과 전혀 달랐다. 재질의 차이만으로는 설명하기 어려워 보였다. 모아이 석상이 조상이나 추장처럼 중요한 사람을 숭배하는 것이라면 나무 인형도 다를 이유가 없을 것 같은데, 이 둘이 다른 이유를 이해할 수 없었다

박물관에서 제일 인상적인 건 한쪽만 남은 모아이의 실물 눈이었다. 모아이의 눈은 굉장히 크다. 석상의 눈 부분을 조각해서 파낸 다음 눈동자 모양의 동그란 구멍이 뚫린 하얀 돌을 흰자위 부위에 매끈하게 다듬어서 박고 눈동자 부분에는 붉은색 돌을 끼웠다. 그 붉은색 눈동자가 특별한 인상을 준다. "그런 눈이 석상에 박히는 순간부터 석상은 한층 섬뜩한 느낌을 자아냈다. 뭐든지 꿰뚫어보며 상대의 눈을 멀게 만들 듯한 시선이었다." 재레드 다이아몬드의 평이 설득력 있었다.[16] 하지만 석상의 눈을 왜 그렇게 섬뜩하게 만들었는지는 의문이다.

박물관에 따르면 폴리네시아인들은 큰 카누를 타고 이스터섬에 왔다. 그들은 저녁에 집으로 돌아가는 새들의 움직임, 구름의 움직임과 색깔, 섬에서 떠내려온 나무 같은 물건들의 움직임을 통해 30~40km 떨어져 눈에 보이지 않는 섬의 위치를 알 수 있었고, 별의 위치와 직관으로 자신의 위치를 파악했다. 하지만 이는 수많은 섬들이 비교적 가까이 모여 있는 폴리네시아 군도에나 해당될 수 있는 이야기고 그로부터 2,000km 이상 떨어진 이스터섬까지 온 것을 설명하기에는 부족해 보인다.

이 섬에 인간이 이주하게 된 경위는 내 머리로 이해할 수 있는 한계 너머에 있다. 최소한 2,000km가 넘는, 그 먼 거리의 대양을 건너 섬이 있다

는 것을 알고 많은 사람이 계획적으로 이주했을 리는 없고 조난당한 사람들이 우연히 이곳에 집단으로 도착했다고 보기도 어렵다. 어쩌다 이곳에 온 폴리네시아인이 다시 고향으로 돌아가 일행을 데리고 왔을 것 같지도 않다. 그들은 남태평양의 망망대해에서 어떻게 이스터섬을 찾아냈을까? 하나의 공동체를 형성할 정도의 인구가 어떻게 그 먼 바다를 건너올 수 있었을까? 생각할수록 수수께끼가 아닐 수 없다.

인간의 해양 이주사는 학자들에게도 풀기 힘든 문제인 것 같다. 독일의 진화학자 스반테 파보는 "미쳤다"고 단언했다.

> 우리는 미쳤고, 네안데르탈인은 미치지 않았다. 이것이 결정적인 차이다. 원시적인 인류의 형태는 약 200만 년 전에 나타났지만, 이들은 아메리카나 오스트레일리아 또는 그 어떤 작은 섬에도 이르지 못했다. 그러나 약 10만 년 전 신인이 나타났으며, 가장 짧은 기간에 전 세계에 거주하게 되었다. 그리고 작은 보트 하나를 가지고 길을 떠나 항해하면서 존재 여부조차 모르는 한 섬을 찾아가려는 생각이 신인에게 들었다는 것을 보면 분명 그는 미친 게 틀림없다.[17]

이 말을 인용한 헤닝 엥겔른은 "미쳤다"는 것을 "넘쳐나는 창의력, 거역할 수 없는 호기심, 그리고 죽음을 무릅쓴 모험심"과 "모종의 무분별함"이라고 설명했다. 호모사피엔스만이 가진 이런 특성이 인간을 만들었다는 것인데 생각해볼수록 맞는 말 같다. 그중에서도 "모종의 무분별함"이라는 말이 특히 마음에 닿는다.

초기 인류의 발상지인 아프리카 동남부 사바나 지대를 여행하면서 그런 생각을 했다. 기후변화로 밀림이 사라지는 상황에서 숲이 있는 곳을 찾아 떠나지 않고 초원으로 내려가 두 발로 서보려는 생각을 어떻게 할 수 있었을까? 나무 위에 살던 침팬지들에게 초원은 맹수가 득실거리는 위험한 곳이었다. 그뿐 아니다. 두 발로 서는 것은 온몸의 뼈와 근육과 장기까지 모든 것을 완전히 바꾸어야 하는 고통스런 일이었다. 초원으로 내려온 첫 번째 침팬지의 머리에 무엇이 떠올랐을까? 다른 침팬지들에게는 그 모습이 어떻게 보였을까? 대책이 없을 만큼 무분별해 보이지 않았을까? 그런 무분별함은 호기심과 모험심에서 나왔을지도 모르겠다. 혹 그 반대일 수도 있고. 창의력도 그래서 생겼을 것이다.

망망대해 너머 어딘가 육지가 있으리라 상상하고 상상 속의 육지를 찾겠다며 통나무에 의지해 바다로 나가는 것을 무분별함 말고 어떤 말로 설명할 수 있을까? 인간의 고귀함은 보이지 않는 것을 상상하고 그것을 찾아내는 능력 덕분이라고 설명한 글을 읽은 적이 있다. 그 능력을 길러낸 게 바로 창의력과 호기심과 모험심과 무모함 아니겠는가.

이스터섬의 그림문자 롱고롱고 서판들에 이주의 역사가 기록돼 있지 않았을까? 서양 선교사들이 그 서판들을 파괴하지 않았다면, 노예사냥꾼들이 라파누이인들을 납치해 몰살시키지 않았다면 그 역사가 살아남았을 수도 있지 않았을까? 인류 역사의 놀라운 비밀이 속절없이 사라져버렸다고 생각하니 아쉽기 짝이 없다.

신성한 마을 오롱고와 라노카우 화산

섬 남서쪽 모퉁이에 있는 화산 라노카우는 해발 324m로 마타베리 공항 활주로를 경계로 섬에 붙어 있다.

라노카우에는 제법 큰 분화구가 있고 분화구 벽 한쪽의 다소 넓은 부분에는 오롱고Orongo라고 부르는, 얇은 돌판을 겹쳐 쌓아 지은 원형 건축물들이 늘어서 있다. 바다 쪽은 깎아지른 절벽이고 해안에서 조금 떨어져 세 개의 작은 바위섬이 있다. 두 개는 평평하고 하나는 촛대바위처럼 뾰족한데, 제일 멀리 떨어져 있는 평평한 섬의 이름은 모투누이Motu Nui다. 오롱고와 모투누이는 이곳에서 성행한 새-인간Bird-man, Tangata manu 의식에서 중요한 역할을 했다.

새-인간 의식이란 마케마케Make-Make라는 최고신을 중심으로 한 이곳 신화에 등장하는 '알의 신'(아와투타케타케Hawa-tuu-take-take)과 관련된 종교의식이다. 1년에 한 번씩 라노카우 앞바다에 있는 작은 섬 모투누이에 가서 새알을 가져오는 의식을 치른다. 제사장 역할을 하는 사람이 섬의 중요한 인물들 가운데 이 의식에 참여할 사람들을 선택하면 이들은 각자 자신을 대신해 모투누이에 가서 새알을 가져올 사람, 오푸hopu를 지명한다. 지명된 오푸들은 헤엄을 쳐서 모투누이로 건너가는데 제일 먼저 새알을 발견한 사람이 그것을 가지고 다시 헤엄쳐 돌아온다. 그런 다음 라노카우의 절벽을 기어올라 오롱고 마을로 와서 자신을 지명한 사람에게 그 알을 바치면 알을 받은 사람은 1년 동안 신성한 사람으로 대우받는다.[18] 그 과정에서 바다에 빠져 죽거나 상어에 먹히거나 절벽에서 떨어져 죽는 경우가 많았다고 하는데 왜 이런 의식이 생겼는지, 모아이 석상과 무슨 관계가 있는지는 알 수 없다고 한다. 이 의식은 서양 선교사들이 금지하면서 없어졌다고 하는데, 모아이 석상에 관해 재레드 다이아몬드가 설명한 것처럼 경쟁의 욕구를 분출하고 해소할 것이 없는 이 섬의 지리적 환경 때문이 아닐까 싶다.

라노카우로 들어가는 길 입구의 해안 절벽 아래 좁은 만에는 아나카이탕가타Ana Kai Tangata 동굴이 있다. 동굴 자체는 보잘것없다. 규모나 깊이나 모양이나 특별할 것이 없는 작은 해안동굴인데, 천장에 원주민들이 그린 그림이 있다. 흰색과 붉은색으로 그린 새 그림들인데 그림 자체도 풍화된 데다가 군데군데 바위 표면이 떨어져 나가기도 해서 판독하기가 쉽지 않았다. 자세히 보면 붉은색이 새 모양으로 보이는데 흰색은 무엇인지 알 수 없다. 새-인간 의식을 치른 장소로 추정된다고 한다.

라노카우 분화구에는 호수가 있다. 이끼와 수생식물들이 표면을 덮고 있다. 날이 따뜻해지면 꽃이 피는 것도 있을 법한데, 사면이 가파르고 접근할 수 없어 자세한 상황은 알 수 없었다. 전망대에 있는 설명문에는 이곳이 이스터섬 생태계 다양성의 보고라고 써놓았다. 다소 높이가 낮은 건너편 분화구 벽 사이로 푸른 바다가 보이고, 가장자리에 때 이른 개미취가 몇 송이 피어 반기고 있었다.

라노카우 분화구에 있는 오롱고 또한 새-인간 의식과 관련된 곳이라고 한다. 얇은 돌판을 정교하게 원형으로 쌓아올린 모양이 범상치 않다. 이렇게 집을 만들고 옆으로 출입구를 냈다. 아래쪽에는 창문처럼 보이는 구멍도 보이는데 안에 들어가볼 수 없으니 실제로 어떤 모양인지는 알 수 없었다. 집들의 모양으로 보나 그 주변에 제단처럼 보이는 바위들과 창조신 마케마케를 새긴 바위가 있는 것으로 보나 종교의식과 관련된 장소인 것만은 분명해 보인다.

이곳에는 창조신 마케마케를 비롯해 새-인간, 그리고 여러 동물을 바위에 새긴 그림이 많은데, 가파른 절벽에 있는 것이 대부분이라 접근할 수 없게 막아놓고 여기저기서 안내인들까지 눈을 부릅뜬 채 지키고 있었다. 통행로 가까이 있는 것은 풍화되어 제대로 보이지도 않았다.

이스터섬 여행의 마지막 날, 석양을 보러 갈까 생각하다가 구름이 끼어 그냥 숙소로 돌아왔다. 기름을 넣으러 들른 주유소 가게에서 발견한

오롱고. 얇은 돌판을 타원형으로 정교하게 쌓아올렸다. 새-인간 의식과 관련된 종교 시설인데 들어가볼 수 없어 아쉬웠다.

신라면을 사와서 저녁으로 먹었다. 저녁을 먹고 나니 짙은 구름 사이로 찬란한 햇살이 비쳤다. 멀리 산 너머로 땅거미가 피어오르면서 어둠이 몰려오고 있었다. 늦은 밤에는 하늘이 갰다. 내일 새벽에 은하수를 볼 수 있지 않을까 기대하며 잠들었다.

통가리키의 마지막 일출

11월 23일, 이스터섬을 떠나는 날, 은하수를 볼 수 있을까 해서 새벽에 일어났으나 또 구름이 짙게 끼어 있었다. 이스터섬의 4박 5일 내내 날씨가 좋지 않았던 셈이다. 일출을 포기할까 하다가 그래도 마지막 날이니 헛걸음할 셈 치고 통가리키로 향했다.

해안을 따라 운전하는데 섬 윗부분 하늘에는 구름이 많지만, 멀리 수평선 부근은 비어 있었다. 섬 바깥쪽은 맑은 하늘도 보였다. 이 정도면 기대할 수 있겠다는 느낌이 들었다. 통가리키 앞에 서자 해가 떠오르기 시작했다. 구름이 좀 많았지만 괜찮았다. 솟아오르는 해를 배경으로 당당하게 서 있는 모아이들을 찍었다. 일출을 보면서 통가리키 주변을 거닐고 여기저기 흩어져 있는 석상 잔해도 다시 살펴봤다. 철부지 어린 시절 내 상상력을 자극해 세상을 구경하려는 꿈을 갖게 해주고 오늘 이곳까지 오게 만든 모아이들에게 작별인사를 했다. 모아이들과 어깨동무하는 기분으로 기념사진을 찍었다. 그러는 사이 해는 구름 속으로 들어가버렸다.

돌아서려는 찰나, 석상들 뒤에서 말들이 줄지어 나타나 행진했다. 모아이들의 선물 같았다. 숙소로 돌아오는 길, 바다가 너무나 아름다워 차를 세우고 바닷가로 나갔다. 바람을 맞으며 잠시 거닐었는데 야생 칸나

통가리키의 일출. 이스터섬의 마지막 날 아침 일출을 맞이하며 석상들과 작별인사를 하고 함께 기념사진을 찍었다. 아래 사진 정면에 보이는 산이 석상들의 고향 라노라라쿠다.

가 바위 사이에 피어 있었다. 초등학교 때 학교 화단에 칸나가 참 많았다. 그런데 긴 세월을 넘어, 태평양을 건너 이스터섬 해안에서 그 원조를 만났다. 알고 보니 칸나의 고향이 남미였다. 이스터섬과 모아이들과 그렇게 작별했다. 오후 비행기를 타고 밤늦게 산티아고로 돌아왔다.

♟♟♟.. '더 나은 사회를 위한 자유인들의 길', 기억과 인권 박물관

산티아고 지하철 킨타노르말Quinta Normal 역에서 밖으로 나오면 길 건너편에 있는 공원 입구에 초록색의 거대한 직육면체 상자를 뉘여놓은 듯한 건물이 눈에 들어온다. 보기에 따라 다소 빛이 바랜 듯하기도 하고 녹슨 구리판들을 붙여놓은 것 같기도 한 이 건물은 '기억과 인권 박물관'Museo de la Memoria y los Derechos Humanos이다. 피노체트 정권이 저지른 인권유린의 진상을 밝히고 민주화 운동의 역사를 기록하며 희생자들을 기리는 장소다.[19]

큰길에서 연결된 계단을 내려가면 반지하 광장이 있고 커다란 자갈을 가득 채운 넓은 콘크리트 받침대 두 개가 건물을 공중에 떠받치고 있는 듯한 모습이다. 뒷면에는 시멘트 벽으로 둘러싼 긴 삼각형 부분을 역시 커다란 자갈로 가득 채워놓았는데 삭막한 인권유린의 현장을 상기시키는 듯하다. 광장과 초록 건물 사이 공간에는 현관과 카페가 있고 현관으로 이어지는 경사로에는 "VICTOR JARA–ESTADIO CHILE – SEPTEMBRE 1973"이라는 큼직한 글씨를 쓴 하늘색 펼침막이 벽을 채우고 있다. 1973년 9월 칠레 국립경기장에서 쿠데타군에 살해된 빅토르 하라를 기리는 내용이다.

기억과 인권 박물관. 피노체트의 쿠데타부터 민주화에 이르는 과정을 기록하고 희생자들을 기리는 곳이다.

광장 한쪽에는 로드리고 로하스를 추모하는 사진들이 전시돼 있다. 건물 안에도 〈로드리고 로하스와 카르멘 글로리아 킨타나의 순교〉 Martirio de Rodrigo Rojas y Carmen Gloria Quintana 라는 벽화가 걸려 있다. 로드리고 로하스는 1973년 9월 피노체트 쿠데타 당시 고문당하고 추방돼 망명 생활을 하던 베로니카 데 네그리의 아들이다. 19세 되던 1986년 5월 산티아고에 가서 파업노동자들을 지지하며 사진을 찍던 중 18세의 카르멘 글로리아 킨타나와 함께 군인들에게 붙잡혔다. 군인들은 이들을 구타한 후 몸에 휘발유를 뿌리고 불을 붙였다. 그러고는 산티아고 외각 개천에 유기했다. 지역 주민이 발견해 병원으로 옮겼으나 로드리고 로하스는 7월 6일 사망했다. 가까스로 살아난 카르멘은 캐나다로 이송돼 40여 차례의 수술을 받았다. 피노체트 정권은 이들이 스스로 분신했다고 발표하고 사건을 덮었다. 2013년부터 이 사건을 조사한 마리오 카로사 판사는 2015년 7월, 살인을 저지른 책임자 훌리오 코스타네르와 이반 피게로아를 기소했다. 당시 현장에 있던 군인 페르난도 구스만이 사건의 진상과 군부의 은폐 조작을 증언했다.[20]

전시는 피노체트의 쿠데타에서 시작한다. 한쪽 벽에 쿠데타군 전투기가 모네다궁을 폭격하는 모습과 불타오르는 모네다궁의 모습을 찍은 당시 필름을 상영하고 있다. 언젠가 〈칠레 전투〉라는 기록영화에서 본 적이 있지만, 막상 그 현장, 모네다궁과 얼마 떨어지지 않은 곳에서 대형 화면으로 보니 마치 그 자리에 있는 듯한 느낌이 들면서 쿠데타의 야만성에 소름이 끼친다.

아옌데는 1970년 대통령 선거에서 진보 세력의 연대조직인 민중연합Popular Unity 후보로 출마했다. 1차 투표에서 36% 득표로 35%를 얻은 보수파 전 대통령 알레산드리를 가까스로 눌렀다. 의회에서 진행하는 결선투표를 앞두고 미국이 알레산드리를 뽑으라고 공공연히 압력을 가했지만 153대 35의 압도적 차이로 아옌데가 당선됐다.

아옌데 정부는 구리 광산을 비롯해 미국의 이익이 걸려 있는 주요 자원기업을 국유화하고 임금인상, 조세개혁, 공공근로 사업 등으로 취임 첫해에 주목할 만한 성과를 거뒀다. 산업생산과 GDP가 각각 12%와 8.6% 증가한 반면 인플레이션은 34.9%에서 22.1%로, 실업률은 3.8%로 줄었다.[21] 그러나 미국의 경제봉쇄와 자본 탈출, 국내외 기업들의 보이콧, 공장폐쇄 등으로 둘째 해부터 경제가 혼란에 빠지기 시작했다. 경제 위기가 심화되고 걷잡을 수 없이 갈등이 격화되는 가운데 1973년 9월 11일 피노체트가 쿠데타를 일으켰다. 그 과정에 CIA와 아르헨티나 정보부대가 직접 개입하고 지원했다. 1972년 10월, 지구 반대편에서 박정희 정권이 '10월 유신'을 일으킨 지 1년 후였다.

미국은 '뒷마당'인 칠레에서 사회주의 정권이 등장하는 것을 용납할 수 없었다. 미국의 전략적, 경제적 이익을 침해할 뿐 아니라 다른 남미 국가로 확산될 위험도 있었다. 사회주의 정부가 자유롭고 공정한 선거로 수립되어 '민주 세력'이라는 정당성을 가지게 되는 것도 받아들일 수 없었다. 미국은 "쿠데타로 아옌데를 타도하는 것"을 "확고한 정책"으로 추진했다. 그 과정에서 반 아옌데 세력의 파업과 폐업, 시위에 650만 달러를 지원했다.[22]

쿠데타가 다 그렇듯이 피노체트 정권도 피비린내 나는 철권통치를 자행했다. 군사정권은 이른바 '시카고 녀석들'Chicago Boys이라고 하는, 신자유주의를 맹신하는 경제학자와 관료들을 동원해 경제 자유화, 규제 해제, 민영화 정책을 강행했다. 1980년대에 외채가 급증하고 경제가 파탄에 이르렀다. 군사정권에 대한 저항과 비판이 확산되고 군부 내부에서도 균열이 일어나는 가운데 1988년 피노체트는 자신에 대한 재신임을 국민투표에 부쳤다. 가결되면 피노체트가 다시 8년 동안 집권하고 부결되면 1년 후에 피노체트와 군부가 정권을 내놓는 조건이었다. 유권자 97.6%가 투표에 참여해 반대 55.9%로 부결됐다.[23] 결국 피노체트가 하야하고 새 헌법을 제정하면서 민주화 과정이 시작됐다.

1989년 12월 대통령에 당선된 아일윈은 1990년 5월 대통령령 355호로 '진실화해위원회'를 설치하고 라울 레티그를 위원장으로 임명했다. 위원회의 임무는 첫째, 군사정권 시절에 국가권력이 저지른 실종, 처형, 고문, 살해와 민간인이 정치적 목적으로 저지른 납치와 살인 등 가장 심각한 인권침해의 진상을 최대한 규명하는 것, 둘째, 희생자들의 피해회복을 위한 조치를 건의하는 것, 셋째, 재발 방지에 필요한 조치를 권고

하는 것이었다. 1991년 2월에 발간한 보고서에 의하면 피노체트 정권은 쿠데타 후 6개월 동안 최소한 1,000명 이상을 불법 처형했고, '죽음의 대상'Caravan of Death이라는 암살부대를 운영해 최소한 72건의 살인을 저질렀으며, 실종자 957명을 포함 2,279건의 강제실종을 일으켰다.[24] 심지어 고문하고 살해한 피해자들의 시신을 암매장하거나 바다에 버리기까지 했다. 위원회는 상당한 성과를 거두기는 했지만 피노체트의 영향력이 그대로 남아 있는 상황에서 1년도 안 되는 짧은 기간 동안 인권유린의 전모를 밝히는 데에는 역부족이었다.

2000년 취임한 리카르도 라고스 대통령은 '정치적 구금과 고문에 관한 국가위원회'Comisión Nacional sobre Prisión Política y Tortura를 구성했다. 세르지오 발레치가 이끈 위원회는 2004년 6월 2만 8,459명의 고문피해를 추가로 밝히는 성과를 거두었다. 이 결과를 바탕으로 의회는 2004년 12월 24일 희생자와 그 자녀들에게 연금과 교육 및 의료혜택을 주는 법률을 제정했다.[25] 2010년, 위원회는 미첼 바첼레트 대통령의 요구에 따라 18개월 동안 추가로 조사한 후 9,795건의 고문과 30명의 강제실종 또는 불법 처형을 밝혀냈다. 중대한 인권유린의 책임자들 상당수가 재판에 회부돼 유죄판결을 받기도 했다. 박물관에는 레티그 보고서와 발레치 보고서가 전시돼 있다.

모네다궁의 타자기. 불에 타서 형체를 알아볼 수 없다. 아옌데가 이 타자기로 마지막 연설을 준비하지는 않았을까?

쿠데타군이 모네다궁을 폭격하는 장면이 비치는 벽 앞에 타자기가 한 대 놓여 있다. 설명이 없으면 타자기란 것을 알아볼 수 없을 정도로 찌그러지고 불에 탔는데 당시 모네다궁에서 사용하던 것이라고 한다. 혹시 아엔데가 마지막 연설을 준비하며 사용한 것 아닐까? 그날 아옌데는 총탄이 날아드는 가운데 전화기를 이용해 '최후의 약속'이라는 라디오 연설을 했다.[26]

이것은 국민 여러분께 하는 마지막 연설이 될 것입니다. …… 저는 사임하지 않을 것입니다. …… 이 역사적 순간에 저는 여러분의 신뢰에 목숨을 바쳐 보답하겠습니다. 여러분, 우리가 수많은 칠레인들의 소중한 양심에 뿌린 씨앗은 한 번에 수확할 수 있는 것이 아니라고 믿습니다. 저들은 힘을 가졌고 우리를 종처럼 부릴 수도 있습니다. 하지만 저들은 범죄로든 무력으로든 사회의 진보를 막지 못합니다. 역사는 우리의 것입니다. 역사는 민중이 만드는 것입니다. …… 역사가 저들을 심판할 것입니다. …… 이 나라의 노동자 여러분, 저는 칠레와 칠레의 운명을 믿습니다. 반역이 우리를 강요하는 암울하고 쓰라린 시대를 또 다른 사람들이 넘어설 것입니다. 더 나은 사회를 향해 자유인들이 걸어갈 커다란 길을 우리가 머지않아 열 것임을 기억하시기 바랍니다. ……[27]

군부는 아옌데가 자살했다고 발표했다. 실화를 바탕으로 쓴 소설《칠레의 밤》에서 주인공 라크루아 신부는 다음과 같이 회상한다.

그 후 군사 쿠데타가 일어나고, 모네다를 폭격하고, 폭격이 그친 후 대통령이 자살하고, 모든 것이 끝났다. 그때 나는 읽고 있던 페이지에 손가락을 대고 평온한 상태로 생각했다. 참 평화롭군. 나는 일어나 창밖으로 몸을 내밀었다. 정말 조용하군. 하늘은 파랬다. 여기저기 구름이 표식을 해놓은 그윽하고 깨끗한 하늘이었다. 멀리 헬리콥터 한 대가 보였다. 창문을 열어둔 채 무릎을 꿇고 기도했다. 칠레를 위해, 모든 칠레인을 위해, 죽은 자들을 위해, 산 자들을 위해.[28]

칠레 국민은 아옌데가 자살했다는 군부의 발표를 믿을 수 없었다. 아옌데의 시신에 난 총상은 쿠데타군이 쏜 총에 맞은 것으로 생각할 수밖에 없었다. 쿠데타가 일어나고 열흘 남짓 만에 사망한 네루다도 자서전 끝부분에 그렇게 덧붙였다.[29] 그 주장을 뒷받침하는 증언과 자료도 있었다.[30] 진상규명 요구가 점점 커졌다. 2011년 아옌데의 시신을 부검했다. 사인은 자살이었다. 아옌데는 피델 카스트로가 선물한 AK-47 소총으로 자신의 머리를 쏜 것으로 확인됐다.[31]

박물관은 쿠데타의 진행 과정을 보여주는 사진과 신문들, 인권유린의 참상, 감옥에 갇힌 피해자와 그 가족들이 쓴 엽서와 글과 그림들, 민주화운동의 역사에 관한 자료를 체계적으로 전시해놓았다.

1층에서 3층까지 연결된 벽 전체에 군사독재의 희생자들 사진을 붙여놓고 반대편 2층에 '생각하는 방'을 설치한 것이 특히 인상적이었다. 삼면이 유리로 된 그 방에 들어가면 희생자들의 사진이 빼곡히 붙어 있는 맞은편 벽이 한눈에 들어온다. 유리벽 아래에는 전자 촛불들을 켜놓아서 분위기가 엄숙하고 경건하다. 하나하나 자기만의 얼굴을 가진 희생자들의 사진을 바라보면서 생각에 잠기게 된다. 감동적인 전시였다. 기획도 좋고 내용도 좋았다.

3층에는 시청각 자료실이 있다. 온갖 시청각 자료들과 피해자들의 증언을 데이터베이스에서 검색해 보고 들을 수 있다. 빅토르 하라가 노래하는 영상 〈큰 길로 가자〉Vamos por ancho camino를 찾아서 봤다. 워낙 오래돼 화질은 좋지 않았지만 안데스의 사막과 숲을 배경으로 만면에 웃음을 띠고 자신만만한 모습으로 뛰어다니며 노래하는 하라가 있었다. 단단하고 민중적인 투사의 풍모였다. 그의 삶을 복원한 다큐멘터리도 여러 편 있었다.

생각하는 방. 벽을 따라 전자 촛불을 켜 분위기가 경건한 이 방에 들어가면 맞은편 3층까지 통하는 벽에 붙여놓은 희생자들의 얼굴을 마주하게 된다.

빅토르 하라. 칠레의 가수·시인·교사·연출가·정치활동가. 안데스의 민속음악을 현대 음악 양식으로 되살린 새로운 노래Nueva Cancion 운동을 주창한 비올레타 파라의 영향으로 이 운동의 대표적인 작가 겸 가수로 거듭났다. 아내 조안 하라와 함께 아옌데 시절 칠레 문화의 르네상스를 이끌었다. 피노체트가 쿠데타를 일으킨 다음 날 산티아고 대학에서 수많은 사람과 함께 체포돼 국립경기장으로 끌려가 고문당하고 9월 16일 살해됐다. 목격자들의 증언에 의하면 군인들은 하라의 손가락을 모두 부러뜨린 다음 기타를 연주해보라며 조롱했고, 하라는 끝까지 노래하며 저항했다. 그를 살해한 군인들은 한동안 시신을 경기장에 전시했다가 산티아고 외곽에 버렸다. 하라는 아비규환 속에서 광기의 범죄를 증언하는 마지막 시를 썼다.[32]

여기 우리 5천 명이 모여 있네
도시의 이 작은 부분 속에,
우리는 5천 명
시내의 다른 데와 전국을 다 합치면
우리는 몇 명이나 될까?
......

얼마나 많은 인간들이
굶주림과 추위, 공포와 고통,
정신적 학대와 폭력과 광기에
희생되고 있는 것일까?
......

오, 신이여, 이것이 당신이 만든 세상입니까?
7일간 기적과 권능으로 일하신 결과입니까?
......

우리의 동지, 우리의 대통령이 흘린 피는
폭탄이나 기관총보다 더 강하게 그들을 치리라!
우리들의 주먹도 그처럼 다시 치리라!
노래하기란 얼마나 어려운 일인가
공포를 노래해야 할 때에는,
내가 살고 있다는 공포
내가 죽어간다는 공포.
......

2009년 하라를 살해한 두 명의 군인이 유죄판결을 받았고, 그해 12월 3일 바첼레트 대통령과 수천 명의 추모객이 참석한 가운데 산티아고 공동묘지에서 하라의 장례식이 치러졌다.

피노체트 정권도 퇴진하기 전 사면법을 만들었다. 군사정권 시절 저지른 모든 범죄에 면죄부를 주는 내용이었다. 하지만 시간이 흐르면서 칠레 법원은 제 길을 찾았다. 사면법을 헤집고 들어가 조금씩 틈을 벌였고 상당 부분을 무력화했다. 대법원은 먼저 사면법의 적용 대상에서 강제실종이 제외된다고 선언했다. 강제실종은 실종자의 소재가 확인될 때까지 범죄가 종료되지 않는 계속범이라는 이유였다. 범죄가 아직 끝나지 않았으니 이미 완료된 범죄에 적용되는 사면법이 적용되지 않는다는 것이다. 다음 단계로 약식처형과 고문 같은 반인도적 범죄는 사면법의 적용 대상이 아니라고 했다. 나아가 국제법상 반인도적 범죄에는 국내법에 정한 공소시효가 적용되지 않는다고 했다. 이렇게 해서 칠레는 과거 인권유린 범죄의 책임자들과 실행자들 수백 명을 처벌했고, 지금도 수사와 재판을 계속하고 있다.[33]

칠레는 분명히 자신의 과거를 기억하려고 노력하고 있다. 과거를 기억하는 사람은 현재의 자신이 누구인지 인식할 수 있다. 그러면 잘못을 반성할 수 있고, 되풀이하지 않을 수 있다. 새롭게 시작할 수 있는 것이다. 기억상실증에 걸린 존재는 제구실을 할 수 없다. 자기가 어떻게 살아왔는지, 다른 사람들에게 무슨 짓을 했는지 기억하지 못한다면 자기가 누군지도 알 수 없기 때문이다. 개인이든 국가든 마찬가지다. 오랜 세월에 걸쳐 끈질기게 과거청산의 길을 열어가는 칠레의 힘이 어디서 나오는지 궁금했다.

시간 가는 줄 모르고 보다 보니 점심시간이 훌쩍 지났다. 현관에 있는 카페에서 빵과 주스로 점심을 때웠다. 광장에는 햇살이 따가웠지만 그늘은 시원했다.

아옌데 동상. 아옌데는 헌법광장 한쪽에 서서 모네다궁 너머를 바라보고 있다.

모네다궁을 찾았다. 하얀 대리석이 파란 하늘을 배경으로 선명한 대조를 이루며 서 있고 당시의 상처를 기억할 만한 흔적은 찾을 길 없었다. 모네다궁 앞에 있는 헌법 광장에는 대형 칠레 국기들이 펄럭이고 광장 왼쪽에는 아옌데 동상이 서 있다. 아옌데는 자신의 관저이자 쿠데타군의 폭격에 맞서 싸우다 목숨을 바친 모네다궁 너머를 바라보고 있다.

모네다궁 뒤에는 커다란 분수광장이 있고 지하에는 모네다 문화센터가 들어서 있다. 누구든지 자유롭게 들어갈 수 있는 이곳에는 여러 가지 공연장과 전시관이 있고 휴식공간도 마련되어 있다. 와이파이도 되기 때문에 나 같은 여행자들에게 유용한 장소다. 미술관에는 '악마'El Diablo라는 제목을 붙인 피노체트의 초상화와 모네다궁 폭격 장면을 그린 그림이 걸려 있었다.

국민이 뽑은 대통령을 살해하고 살육과 공포로 지배한 피노체트와 쿠데타를 지원한 미국은 아무리 비난받아도 지나치지 않다. 누가 그들을 옹호할 수 있겠는가! 하지만 거기에만 머무를 수는 없는 노릇이다. 미국이 그런 나라라는 것은 잘 알려진 사실이었다. 칠레 군부가 쿠데타를 일으킬 수 있다는 것도 누구나 아는 바였다. 경제·사회적 권력을 장악한 우익 세력이 민주정부를 적대하며 파탄으로 몰아가려고 수단과 방법을 가리지 않는 것도 공공연한 비밀이었다. 그게 칠레의 현실이었다. 아옌데 정부는 어떻게 해야 했나? 칠레의 비극에 책임이 없다고 할 수 있

모네다궁. 광장 왼쪽에 아옌데 동상이 서 있다.

을까? 전혀 다른 차원에서 아옌데 정부의 책임을 고민해봐야 하지 않을까? 곡절 많은 나라에서 민주정부가 떠안을 수밖에 없는 딜레마를 풀지 않으면 역사의 보복을 당할 수도 있기 때문이다.

아옌데의 보좌관이던 작가 아리엘 도르프만은 쿠데타 후 구사일생으로 칠레를 탈출했다. 20년이 지난 후 망명지의 방에 걸어놓은 두 개의 사진, 즉 1970년 11월 4일 대통령에 취임한 아옌데가 모네다궁 발코니에서 군중들에게 인사하는 사진과 1973년 9월 11일 쿠데타군의 폭격으로 구멍이 뚫린 채 검게 불탄 모네다궁 발코니 사진을 보며 "삶에서 가장 고통스러운 정치적 질문"을 던진다.

만약 그 과거가 그렇게도 찬란하고 유망하며 모두 참여하는 것이었다면 그

것이 어떻게 현재의 블랙홀이 되어버렸는가? 어떻게 저 발코니가 이 발코니로 변해버렸는가? 그 두 번째 사진, 사라지고 없는 두 번째 발코니는 우리의 실패를 따져 묻고 우리의 비전 없음을 따져 물으며 우리가 혁명을 시작한 날 어떻게 해서 그렇게 잘못을 저지를 수 있었는지, 어떻게 해서 닥쳐오는 재앙과 그 재앙에 이르는 길을 계속해서 닦아나간 우리의 실수에 그다지도 맹목적일 수 있었는지 깨달으라고 요구한다.

그것은 그냥 사라져버릴 수 있는 질문이 아니었다. 그 질문은 우리 한 사람 한 사람이 개별적으로, 그리고 아옌데를 지지한 칠레인 모두가 다 같이 대답하라고 요구했다. 우리를 삼켜버릴 듯 바라보는 그 블랙홀은 우리가 완고하게, 그리고 향수에 젖어 과거를 되풀이하거나 정당성을 주장한다고 해서 사라지지 않을 것이다. 그 과거는 우리가 살아가고 있는 이 미래에 대해 책임이 있기 때문이고 또 우리가 그 책임, 그 참사에 대한 우리의 책임을 인식할 때까지 아무것도 바뀌지 않을 것이기 때문이다.[34]

도르프만의 반성은 처절하다. "피노체트 장군은 살아 있고 아옌데는 죽은 이 역겨운 세상" 때문이다.

…… 정당하게 의견을 달리하는 많은 동료를 마치 배신자라도 되는 것처럼 공개적으로 가혹하게 비난하고 사적으로 무시하는 게 바로 (전투적 동지들 가운데 가장 관용적이고 다른 사람들에게 공감한다는) 내 방식이라는 걸 깨닫지 못했다. 나는 우리가 충분히 민주적이지 않으며 합리적인 선을 넘어서까지 혁명을 밀어붙이고 있다는 걸 깨달으려고 하지 않았다. 마치 돈 파트리시오 같은 사람들은 의미 없는 존재인 것처럼, 그들의 반대의견은 소중한 것이 아니라 경멸해야 할 것처럼, 합의하는 게 무슨 범죄라도 되는 것처럼 그들을 역사의 장에서 쓸어내버렸다는 것을 깨달으려고 하지 않았다.

낙원에 대한 우리의 비전에서 배제됐다고 느낀 사람들에게는 우리를 그토록 들뜨게 했던 것이 위협으로 다가왔다는 것을 이해하기는 어려웠고, 이해하는 데 여러 해가 걸렸다. 우리는 그들을 무의미한 존재처럼 무시했고 미래에도 없을 존재처럼 여겼으며 우리의 순례행렬에 동참하거나 영원히 사라져버리는 것 외에는 아무런 대안을 주지 않았다. 바로 그런 우리의 비전이 우리를 반대한 남자들과 여자들의 원초적 공포심을 부채질했다고 믿는다.[35]

아르마스 광장과 메트로폴리탄 성당Catedral Metropolitana, 중앙시장을 둘러봤다. 성당에서는 미사를 진행하고 있었는데 신도는 많지 않았지만 분위기는 경건했다. 광장 한쪽에는 원주민 기념비Monumento a los Pueblos Indigenas가 서 있었다. 시장 가판대마다 온갖 먹음직스런 과일이 풍성했다. 값도 쌌다. 유혹을 이기지 못하고 체리를 한 봉지 샀다.

저녁에 남미 교민 몇 분과 식사했다. 화제는 자연스레 박근혜 정권의 국정농단과 탄핵으로 이어졌다. 다들 걱정하며 하루빨리 해결되기를 바랐다. 칠레 교민들은 한국과 칠레를 비교했다. 민주화 이후 칠레는 비교적 견실하게 발전하고 있으며 경제 사정도 좋아지고 정치도 상당히 깨끗하며 노점상조차도 탈세를 꿈도 꾸지 않을 만큼 사회가 투명해졌다고 했다. 국정농단 사건은 칠레에서는 절대 일어날 수 없고 만일 일어났다면 당장 감옥에 갔을 거라고 입을 모았다. 좌우를 막론하고 정치가들에 대한 신뢰가 있었다.

그 점이 신기해 숙소로 돌아와 인터넷으로 검색해봤다. 국제투명성기구가 발표한 2016년 부패인식지수에서 176개국 가운데 칠레가 24위였다. 한국은? 르완다에 이어 52위였다.[36] 불과 20여 년 전에 참혹한 내전과 학살을 겪은 그 르완다 말이다. 프리덤하우스가 발표한 2016년 자유권 평가에서 한국은 정치적 권리와 시민적 자유 모두 2등급으로 83점에 그친 반면 칠레는 두 영역 모두 1등급으로 95점을 기록했다.[37] 정치, 경제, 성평등, 지식, 건강, 환경 분야를 종합해 민주주의의 질을 평가한 순위에서 2015년 칠레는 24위, 한국은 28위였다.[38] 물론 그런 순위가 전부는 아니겠지만 칠레가 민주화의 성과를 착실히 쌓아가고 있는 것만은 분명했다. 아옌데의 시선이 모네다궁 너머를 향하고 있는 이유가 바로 그건가 싶었다.

♟♟♟..

론드레스 38, 기억의 장소

11월 25일, 발파라이소Valparaiso를 가볼 생각이었는데 포기했다. 산티아고에 도착한 날, 그러니까 이스터섬으로 떠나기 전날 휴대전화 전지를 구하러 다니느라 공치는 바람에 계획을 변경했다. 발파라이소를 가려고 했던 이유는 오로지 네루다의 집을 찾아서 그의 자취를 느껴보고 싶었기 때문이다. 1992년 산티아고에 왔을 때도 회의 참가자들이 단체로 가는 데 함께하지 못하고 서둘러 귀국했다. 그때는 공식 일정 외에 관광을 다니는 것이 내게 어울리지 않는 사치라고 생각했다. 지나고 보니 참 어리석었다. 다시 오지 못할지도 모른다고 생각하니 발파라이소에 가지 못하는 아쉬움이 더 컸다. 나에게 깊은 감동을 준, 자신의 시와 삶에 관해 그가 한 말을 다시 음미하며 아쉬움을 달래는 수밖에 없었다.

고통받으며 투쟁하고 사랑하며 노래했다. 시를 통해 세상의 승리와 패배를 경험했고 성공의 단맛과 실패의 쓴맛을 알게 됐다. 시인이 더 이상 무엇을

론드레스 38번지. 피노체트 정권은 번화한 거리에 있는 평범한 건물에 비밀감옥을 만들어놓고
정치범들을 납치해 고문하고 살해했다.

원하겠는가? 슬픔에서 입맞춤까지, 외로움에서 민중까지, 모든 것이 내 안
에 살아남아 내 시 안에 숨 쉬고 있다. 나는 시를 위해 살아왔고 시는 내 투
쟁의 자양분이었다.[39]

네루다가 양해해주기를 기대하며 산티아고에 있는 현대사의 현장을
좀 더 둘러보기로 했다. 먼저 론드레스Londres 거리 38번지를 찾았다. 2층
건물 입구에 걸어놓은 기다란 펼침막에는 '기억의 장소'Espacio de Memorias
라고 쓰여 있다. 건물 앞 도로에 붙여놓은 동판에는 '1973년 9월 11일부
터 1975년까지 구금, 고문, 실종과 절멸을 저지른 비밀센터'라고 표시돼
있다.

그 이름 그대로다. 피노체트 정권이 정치범들을 비밀리에 가두어놓고

고문하고 살해하던 곳이다. 상가와 호텔이 밀집해 있는 대로변의 평범한 건물을 비밀감옥으로 사용했다는 것이 놀랍다. 시간이 많이 흘러 그렇겠지만, 집도 허름하고 방음도 잘 되지 않았을 듯한 이곳에서 고문당하던 정치범들의 비명소리가 들리는 듯한 느낌이 든다.

1층 입구에는 붉은색 흙에 파묻힌 석관을 배치해 이곳의 역사적 성격을 드러내고 있다. 지하실부터 2층까지 건물 전체를 원래 모습 그대로 보존하면서 방마다 설명서와 사진, 약간의 소품을 배치해놓았다. 2층에는 널찍한 회의실도 있다. 이곳에 범죄자들이 모여 앉아 어제는 누구에게 무슨 자백을 받아냈고 오늘은 누구를 잡아와 어떤 혐의를 씌울 것인지 모의했을 것이다. 벽에는 칠레의 산림과 목재산업단지 지도가 붙어 있다. 외부인이 오면 평범한 기업으로 가장하려고 했던 것 같다. 섬뜩했다. 1층 자료실에는 노트북으로 자료를 찾아볼 수 있게 해놓았다.

아르투로고도이Arturo Godoy 거리 2750번지에는 빅토르 하라 경기장 Estadio Victor Jara이 있다. 기대를 갖고 찾아갔으나 낡은 건물 입구는 쇠창살이 내려진 채 굳게 잠겨 있고, 바깥 벽에 하라의 초상화를 담은 커다란 간판이 붙어 있을 뿐이었다. 경기장 안에 하라를 기리는 조형물이 있다고 들었는데 들어갈 길이 없었다. 외부에는 온갖 물건으로 가득 찬 상가 외에 하라를 기억할 만한 것이 없었다.

♟♟♟♟♟♟
산티아고 대학에 남은 하라의 정신

1973년 9월 12일 하라가 붙잡혀 간 산티아고 대학을 찾았다. 하라는 이 대학에서 강의를 했다. 금요일인데 정문은 잠가놓고 옆문만 열어놓았

서슬 푸른 하라의 정신. 하라에게 기타는 '별에 오르기 위해 만드는 사다리'였다.
그 기타의 끝에서 피투성이가 된 하라의 손이 하늘을 향해 솟았다.

다. 학생들이 그렇게 많지는 않았으나 대학의 활기가 느껴졌다.

하라의 기념물을 발견했다. 받침대에 '빅토르 하라를 기념하며'En
Memoria de VICTOR JARA라는 명판이 붙어 있다. 기념물의 몸체는 하라의
분신과도 같은 기타다. 살해당하기 며칠 전 마치 유언을 기록하듯이 만
든 노래에서 "대지의 마음과 비둘기의 날개를 가지고 …… 노동하는 기
타, 봄내음이 풍기는 기타", "우리가 별에 오르기 위해 만드는 사다리"라
고 표현한[40] 바로 그 기타다. 그 기타의 끝에서 하늘을 향해 하라의 손이
뻗어나왔다. 기타줄은 하라의 손에서 흘러내린 핏자국처럼 보인다. 손
가락 마디를 다 부러뜨리는 끔찍한 고문을 당하고 살해되는 순간까지

인문대학 광장 벽화. 오른쪽에서 두 번째가 하라, 왼쪽에서 두 번째가 아옌데다.

노래하며 저항한 하라의 서슬 푸른 정신을 보는 듯했다.

……

나의 노래는 이 좁다란 나라를 위한 것

땅속 깊이까지 이 나라를 위한 것.

만물이 여기 잠들고

모든 것이 시작되는 이곳에

그동안 용감했던 그 노래는

영원히 새롭게 태어나리라.

본관 입구에는 엔리케 키르버그 총장의 기념비가 있다. 산티아고 대

학 총장이던 그는 피노체트 정권에 저항하다가 정치범으로 수감되고 추
방돼 망명 생활을 했다.

인문대학 앞에 있는 조그만 광장에는 벽화가 있다. 하라와 키르버그,
아옌데, 그리고 파라인 듯한 여성의 초상화와 비둘기, 원주민을 상징하
는 도형과 당시 이름인 국립공과대학UTE이라고 쓴 건물이 그려져 있다.
그림 아래에는 '빅토르와 함께, 키르버그와 함께 국립공과대학 만세!'…
CON ViCTOR, CON KiRBERG LA UTE ViVE!라고 검정색 테두리에 빨간색으
로 쓰여 있다. 광장 계단에는 학생들이 삼삼오오 앉아 떠들고 있다.

🗿 역사박물관과 현대미술관

칠레 사람들은 자신들의 역사를 어떻게 기억하고 있을까 궁금해서 아르
마스 광장 부근에 있는 국립역사박물관Museo Histórico Nacional을 찾았다.
결론부터 말하자면 실망스러웠다. 스페인 식민 시절과 칠레 독립 후 지
금까지 공식적인 역사의 흐름을 정복자와 정치 지도자 중심으로 전시해
놓았다. 식민지 이전은 말할 것도 없고 식민지 시대 마푸체Mapuche족을
중심으로 한 원주민들의 저항, 독립 후의 여러 우여곡절, 특히 피노체트
의 쿠데타와 민주화 과정에 관한 내용은 전혀 없었다.

공식적으로 칠레에 처음 도착한 서양인은 1520년 마젤란이다. 그는
자신의 이름이 붙은 마젤란해협을 가로질러 대서양에서 태평양으로 넘
어갔다. 실질적으로 칠레 땅을 처음 밟은 서양인은 피사로의 동료인 디
에고 데 알마그로라고 한다. 1537년 칠레 중부에 도착한 그는 오직 황금
을 찾는 데에만 정신이 팔려 있었기 때문에 이 땅의 가치를 알아보지 못

했다. 그에게 이곳은 황금이 나지 않는 쓸모없는 땅이었다. 그 후 페드로 데 발디비아가 와서 이 지역을 정복하고 1541년 산티아고를 세웠다.

스페인 정복자들은 마푸체족의 완강한 저항에 부딪혔다. 아라우코 Arauco 전쟁으로 알려진, 끊임없이 이어지는 마푸체족의 저항과 반격으로 식민통치 기간 내내 비오비오Bio-Bio강 이남으로는 영역을 넓히지 못했다. 1641년에는 킬린 조약Treaty of Killin을 체결해 비오비오강 이남 지역, 아라우카니아Araucania에 대한 마푸체족의 권리를 인정했다. 마푸체족이 독립을 지킨 것이다. 진짜 비극은 칠레와 아르헨티나가 독립한 다음에 일어났다. 칠레와 아르헨티나 군대가 정복 전쟁을 일으킨 것이다. 1860년부터 1885년까지, "기관총을 쏘아대고 마을을 불지르"는 "피비린내 나는 전쟁"41 끝에 10만 명 이상의 원주민이 학살당하면서 칠레와 아르헨티나에 분할 점령되고 말았다.

국립역사박물관의 전시는 칠레 땅에는 칠레 국민만 있을 뿐이라며 원주민의 존재를 부인해온 칠레 정부의 정책을 반영하는 것 같기도 했다. 마푸체족은 피노체트 치하에서 특히 극심한 탄압을 받고 그나마 가지고 있던 땅마저 빼앗긴 채 강제이주를 당했다. 마푸체의 땅은 갈기갈기 찢겨 다국적기업과 백인 이주민들에게 불하됐다. 그들은 민주화 이후 저항과 점령의 역사와 문화를 되새기면서 정당한 권리와 지위를 되찾으려는 운동을 전개하고 있다. 하지만 큰일이 끊임없이 일어나는 세상에서 관심을 끌기에는 너무 미약해 보인다. 아직은 가상 세계에서 한가한 여행자의 눈길이나 붙잡을 뿐이다.42

지금 이곳에서 살아가는 사람들은 무슨 생각을 하고 있을까? 현대미술관Museo de Arte Contemporaneo을 찾았는데 이름과 어울리지 않게 중세 바로크 미술을 개척한 이탈리아의 거장 카라바조의 작품을 특별 전시하고 있었다. 칠레에 와서 카라바조의 특별전을 보다니, 횡재였다. 상설 전시도 전체적으로 괜찮았다. 상대적으로 추상 작품들이 많이 보였는데 내 수준에 맞게 현대 칠레 화가들의 경향을 보여주는 작품은 별로 없어 아쉬웠다.

내가 홀로 떠난 여행자라 그런지, 카밀로 모리 세라노의 작품 〈여행하는 여인〉La Viajera이 눈에 띄었다. 주인공은 단정한 차림으로 기차를 타고 어딘가 가고 있다. 창밖으로 바깥 풍경이 흐리게 보이고 여인은 창틀에 팔꿈치를 걸치고 창가로 약간 당겨 앉았다. 혼자 여행하는 모습이다. 검정 외투 안에 검정옷을 받쳐 입고 빨간 바탕에 하늘색과 노란색 줄무늬가 있는 머플러를 둘렀다. 옷차림으로 보아 나 같은 싸구려 여행자는 아니다. 검정 모자 아래 커다란 눈은 뭔가 생각에 잠긴 듯, 우수에 젖은 분위기를 풍긴다. 무릎에는 다 읽었는지, 읽으려고 하는지 책을 한 권 들고 있다. 무슨 책일까? 어디로 가는 걸까? 자꾸 눈길이 갔다.

그날 자려고 하는데 한등자 선생이 돌아가셨다는 소식이 왔다. 얼마 전부터 위독하시다는 말씀을 들었지만 설마 했는데, 마음이 아팠다. 울적했다. 평생 땅을 파서 농사지으며 정직하게 살았지만 전두환 정권의 중앙정보부에 온 가족이 끌려가 간첩단으로 조작됐다. 이른바 '진도 가족간첩단' 조작 사건이다. "도저히 사람이 했다고 할 수도 없고 사람한테 했다고 할 수도 없는 일"을 당했다. 간첩단 두목으로 날조돼 무기징역을 받은 큰조카와 남편 박경준 선생을 비롯해 다섯 명이 감옥에 가고 집안은 쑥대밭이 됐다. 한등자 선생은 검찰에서 풀려났지만 7년 만에 감옥에서 나온 남편은 고문후유증으로 돌아가셨다.

한 많은 세월을 살아오던 일가족은 마침내 재심 재판에서 무죄판결을 받고 손해배상 소송 1, 2심에서 승소했다. 그런데 대법원이 갑자기 판례를 변경해 판결을 뒤집었다. 판결 이유가 기가 막힌다. 대법원은 함께 고문을 당하고 함께 간첩단으로 조작된 일가족을 두 편으로 나눴다.

먼저 유죄판결을 받았던 피해자들은 무죄판결을 받거나 형사보상 결정이 확정된 날부터 6개월 안에 소송을 해야만 한다고 했다. 그동안은 3년 안에 소송하면 손해배상을 인정해왔다. 불법행위에 대한 소멸시효가 "권리를 행사할 수 있는 때"로부터 3년이기 때문이다. 그런데 대법원이 갑자기 이 기간을 6개월로 축소해버렸다. 형사보상금은 무죄판결을 받은 날부터 3년 안에 받으면 되는데 형사보상금을 포함하는 손해배상금은 6개월이 지나면 소멸해버리는 결과가 됐다. 궤변이라고 할 수밖에 없다. 다음으로 한 선생처럼 기소되지 않은 피해자는 그 당시에 국가를 상대로 소송을 했어야 하는데 하지 않았으니 소멸시효가 완성돼서 권리가 없어졌다고 했다. 멀쩡한 시민을 몇 달씩 잡아놓고 고문해서 간첩으로 조작해도 법원이 유죄판결을 해서 사형이다 무기다 중형을 선고하는 판에 국가를 상대로 소송을 걸 수 있었을까? 대법관들이라면 그럴 수 있었을까? 만에 하나 소송을 걸었다면 그 법원이 진실을 밝혀서 억울함을 풀어주기라도 했을까?

기소된 피해자들은 재판을 받을 때 고문을 당해 허위로 자백할 수밖에 없었다고 호소했다. 법원은 어떻게 했을까? 귀를 기울이는 척이라도 했을까? 아직도 몸에 상처가 있다면서 피해자들이 옷을 벗어 보여주려 하자 그것도 못하게 막았다. 그러고는 "고문당했다고 주장하지만 그 사실을 인정할 증거가 없다"고 판결문에 썼다. 그런 법원에 소송을 내지 않았으니 손해배상을 받을 자격이 없다는 것이다. 그 대법원과 이 대법원,

어떻게 이해해야 할지 모르겠다. 일관성은 있다고 해야 하나?

대한민국이 국제사회에서 보이는 태도는 딴판이다. 2005년 12월 유엔은 중대한 인권침해 피해자들의 구제에 관한 기본원칙을 선언했다. 유엔은 국제법상 범죄를 구성하는 중대한 인권침해에는 시효를 적용해서는 안 되며 범죄를 구성하지 않는 인권침해에도 시효를 부당하게 제한적으로 적용해서는 안 되는 것이 "이미 존재하는 법적 의무"라고 확인했다.[43] 한국 정부는 이 원칙 채택에 적극 찬성했다. 그렇다면 대한민국에서는 왜 이 원칙을 적용하지 않는가? 이 원칙을 적용하기는커녕 훨씬 더 부당하게 차별하는 까닭은 무엇인가? 내 머리로는 도저히 이해가 되지 않는다. 그걸 설명하는 게 대법원의 임무 아닌가? 그런데 이유가 없다. 그냥 그렇다는 것이다.

어거지 패소판결로 손해배상을 한 푼도 못 받게 되고 이미 받았던 돈마저 도로 빼앗겼다. 한등자 선생과 조작간첩 피해자들의 상처가 더욱 깊어졌다. 그 한을 풀어드리지 못한 것이 죄송하고 안타까웠다. 나도 깊은 내상을 입었다. 내가 변호사인 게 그저 부끄럽고 후회스러웠다. 힘없는 사람 업신여기지 않는 하늘나라에서 박경준 선생 다시 만나 편히 쉬시길 빌었다.

칠레 대법원은 다르다. 2017년 3월, 다섯 명을 강제실종시킨 26명의 경찰과 7명의 군인에 대해 유죄를 선고하면서 국가가 피해자들에게 750만 달러의 손해배상을 하라고 판결했다. 반인도적 범죄에 공소시효를 적용하지 않는 국제법 원칙을 손해배상 책임에도 적용했다.[44] 반인도적 범죄에는 소멸시효도 적용해서는 안 된다는 것이다. 칠레 대법원과 한국 대법원, 과거는 같았는데 지금 가는 길은 왜 이리 다른가.

우리는 정의를 정당하게 대우해야 한다.[45] 정의를 부당하게 대우하고 모욕한다면, 그것도 법원이 법의 이름으로 그렇게 한다면, 공동체가 위태로워진다.

파타고니아 트레킹,
토레스델파이네 국립공원과 푸에르토나탈레스

11월 26일, 남미 여행의 정점이라고 할 수 있는 파타고니아Patagonia 트레킹으로 넘어가는 날이다. 안데스를 내 발로 걸으며 눈으로 보고 몸으로 느끼게 된다. 드디어 파타고니아로 간다는 기대감으로 마음이 설렌다. 오늘은 푼타아레나스Punta Arenas를 거쳐 푸에르토나탈레스Puerto Natales까지 간다.

새벽 5시에 일어나 아침을 해먹고 7시에 택시 타고 산티아고 공항으로 갔다. 9시에 이륙, 12시 15분에 푼타아레나스에 도착했다. 푼타아레나스는 칠레의 최남단 도시로 마젤란해협 중간에 있다. 마젤란해협은 남미 대륙과 티에라델푸에고Tierra del Fuego섬 사이의 바닷길을 말한다. 공항 식당에서 점심을 사먹고 오후 2시 버스를 탔다. 푸에르토나탈레스에 5시 10분경 도착했다.

푸에르토나탈레스는 토레스델파이네Torres del Paine 국립공원의 관문이라고 할 수 있는 작은 도시다. 토레스델파이네 국립공원을 가려면 반드시 거쳐야 한다. 여러 개의 거대한 피오르fjord가 미로처럼 연결된 수로 안쪽에 있고, 그중 하나의 좁은 수로를 통해 태평양으로 연결된다. 내륙 방향으로는 '최후의 희망'Ultima Esperanza이라는 긴 피오르를 통해 토레스델파이네 국립공원과 연결된다. 1557년 탐험가 후안 라드리예로가 마젤란해협으로 통하는 수로를 찾는 과정에서 마지막으로 탐험하며 그렇게 이름 붙였다.

이곳은 남부 파타고니아 빙하지대Southern Patagonian Ice Field에 속한다. 칠레와 아르헨티나 국경을 따라 뻗어 있는 해발 3,000m 부근의 안데스산맥을 중심으로 길이 300~400km, 너비 약 50km, 전체 면적 1만 2,360km²에 이른다. 빙하 시대에 파타고니아 지방 전체를 뒤덮었던 빙하가 물러나면서 고산지대에 남은 것으로 남극과 그린란드 빙하 다음으로 크다.[46] 토레스델파이네 공원은 칠레 국경 부근에 있고, 안데스산맥을 넘어 아르헨티나로 건너가면 빙하국립공원이 있다. 빙하국립공원의 아래쪽 관문은 엘칼라파테El Calafate, 위쪽 관문은 엘찰텐El Chalten이다. 파타고니아에서 칠레의 마지막 도시는 푼타아레나스고, 아르헨티나의 마지막 도시는 우수아이아Ushuaia다.

빙하의 모체가 되는 안데스 고원에는 해마다 30~40m의 눈이 쌓인다. 그 눈이 자체의 무게로 다져지고 또 다져지면서 얼음으로 변하며 안데스산맥의 계곡으로 흘러내린다. 48개의 주요 빙하는 다시 수백 개의 작은 빙하로 나뉜다. 태평양 쪽으로는 미로 같은 피오르와 수많은 섬들을 키워내고, 내륙 쪽으로는 점점이 흩어진 크고 작은 호수를 품어 환상적인 풍경을 만들어낸다.

'파타고니아'란 이름은 마젤란이 붙였다. 원시적, 야만적이라는 뜻이다. 마젤란은 이곳에서 테우엘체Tehuelche족을 보고 거인족으로 생각해 '파타곤'Patagon이라 부르고 그들이 사는 땅을 파타고니아라고 했다. 유럽에는 '거인들의 땅'으로 알려졌다.

토레스델파이네에서 시작하는 파타고니아 트레킹은 엘찰텐과 엘칼라파테를 거쳐, 남극을 바라보는 '세상의 끝 도시' 우수아이아에서 마칠 예정이다. 남미 여행의 막바지에 다다르는 셈이다.

토레스델파이네 트레킹은 안데스산맥의 곁가지인 파이네산맥의 주변을 걷는 것이다. 한쪽에는 3,000m대의 바위산들이 곳곳에 만년설을 머리에 이고 줄줄이 늘어서 있고, 반대쪽에는 아름다운 호수와 빙하와 산록지대가 이어지는, 숨이 막힐 정도로 아름다운 길이다.

산맥 전체를 한 바퀴 도는 O자 트레킹과 W자 트레킹이 있다. W 트레킹은 산맥의 아랫부분, 즉 그레이 산장Refugio Gray에서 시작해 파이네그란데Paine Grande 산장을 거쳐 산맥의 골짜기를 따라들어가 브리타니코 전망대Mirador Britanico를 들른 다음 다시 내려와 쿠에르노스Cuernos 산장, 토레스센트랄Torres Central 산장을 거쳐 토레스 삼봉을 보고 내려온다. 그 길을 이어보면 W자 비슷한 모양이 되기 때문에 W 트레킹이라고 한다. 왼쪽에서 오른쪽으로 걸을 수도 있고 반대로 걸을 수도 있는데 나는 그레이 산장에서 토레스센트랄 방향으로 5박 6일의 W 트레킹을 선택했다.

공원에는 여러 개의 산장과 캠핑장이 있는데 베르티스Vertice와 판타스티코수르Fantastico Sur, 두 회사가 나누어 관리하며 어느 회사를 통해서도 예약할 수 있다. 일정도 취향과 형편에 따라 다양하게 선택할 수 있다.

푸에르토나탈레스에 도착해 산장 숙박권과 식사권을 받으려고 판타스티코수르 사무실에 갔더니 이미 숙소로 보냈다고 한다. 숙소는 터미널에서 시내를 가로질러 반대쪽으로 해협에 가까운 곳이다. 해협을 구경하기는 좋지만 터미널에서는 2km 정도 떨어져 조금 멀었다. 숙소에 짐을 풀고 근처 슈퍼에 가서 먹을 것을 샀다. 숙소 여주인은 영어를 한마디도 못하지만 매우 친절했다. 손짓 발짓과 표정으로 대화했고 정 안 될 때는 휴대전화 번역기로 소통했다.

석양에 해협에 나갔다. 호수인지 바다인지 구별하기 힘들었다. 주변은 공원으로 단장해놓았고 커피숍도 있었다. 날씨도 맑고 분위기도 좋았으나 바람이 굉장히 세게 불었다. 저녁 9시가 거의 다 됐는데도 해가 지지 않았다. 위도가 남위 51도 조금 아래니까 북반구로 치면 스코틀랜드 수준이고, 이제 봄이니 충분히 그럴 만하다. 멀리 눈에 덮인 토레스델파이네 연봉들이 보였다. 그곳 날씨가 만만치 않을 것 같은 예감이 들었다. 숙소에 돌아와 재킷과 남방과 바지를 빨았다.

11월 27일, 이른 아침에 해가 잠깐 나는가 싶더니 금세 온 하늘을 두꺼운 구름이 뒤덮었다. 이번 트레킹 기간 내내 흐린 날씨와 비가 계속되리라는 일기예보가 맞아들어가는 듯한 불안한 예감이 들었다. 어제까지 계속된, 이례적으로 맑은 날씨가 끝났다는 뜻이다.

오전에 준비물을 구입하러 시내에 나갔는데 차가운 바람이 세차게 부는 가운데 빗방울도 조금씩 떨어지며 음산했다. 날씨가 나빠지니 두려움이 어디선가 또 고개를 내민다. 물러나고 싶은 마음, 누가 좀 말려주면 좋겠다 싶은 마음이 들었다. 하지만 내가 원해서 떠나온 길, 말려줄 사람은 없고 물러날 데도 없다. 그냥 나아가 홀로 마주 서는 수밖에 없다. 날씨가 어떻든 조심하고 신중하게 행동하면서 즐기자고 생각하니 마음이 좀 가벼워졌다. 하쿠나 마타타!

몇 군데 상점을 다니며 지팡이와 우비, 수건, 양말, 장갑, 근육통 완화제를 구입했다. 점심을 먹으려고 하는데 일요일이라 그런지 음식점들이 대부분 문을 닫았다. 딱 하나 눈에 띈 곳은 제법 비싸 보였다. 트레킹을 앞두고 나를 격려해주자는 생각으로 큰맘 먹고 들어갔다. 돼지고기 구이 pork chop를 시켰다. 즉석에서 장작불에 구워주는 고기라 맛이 좋았다. 장도를 자축하는 뜻에서 이 지역 특산인 파타고니아 맥주도 한 잔 했다. 오후에는 해협에 갔다. 경치를 감상하며 산책하다가 커피숍에서 커피를 마시며 토레스델파이네 사진첩을 봤다. 이런 곳의 사진을 찍으며 사는 작가가 참으로 부러웠다. 예술가들은 전생에 착한 일을 많이 한 사람들이라는 게 내 지론이지만, 부러운 마음을 감출 길이 없었다.

터미널에 가서 12월 4일 엘칼라파테로 가는 버스표를 구입하고 숙소로 돌아왔다. 트레킹에 들고 가지 않을 짐을 숙소에 맡겼다. 준비가 끝났다.

트레킹 첫날, 그레이 산장

11월 28일, 트레킹을 시작하는 날이다. 예상과 달리 아침에 하늘이 개고 찬란하게 해가 떴다. 바람이 제법 찼지만 해가 나니 마음도 가벼워졌다. 7시 30분 토레스델파이네 공원으로 가는 버스를 탔다. 10시경 공원 입구인 아마르가 호수Laguna Amarga에 도착했다. 버스가 공원에 가까워지면서 창밖으로 보이는 경치가 장난이 아니었다. 파란 하늘, 하얀 구름, 우뚝 솟은 바위산들, 옥색 또는 초록색 호수⋯⋯.

2만 1,000페소(한화 약 3만 7,000원)를 주고 입장권을 샀다. 주의사항을 알려주는 비디오를 봐야만 밖으로 나올 수 있다. 요약하면 단 두 가지, 첫째, 아무것도 버리지 말고 다 가지고 가라, 둘째, 절대로 불 피우지 마라였다. 다시 버스를 타고 페오에Pehoé 호수의 푸데토Pudeto 선착장으로 갔다. 이 길은 메마른 산을 돌아가기 때문에 별로 볼 것이 없었다. 과나코인지 죽은 동물의 머리뼈가 여기저기 나뒹굴고 있었다. 모든 것을 자연 상태 그대로 두는 것 같았다. 선착장에서 파이네그란데로 가는 배를 기다리는데 웬 훤칠한 청년이 말을 걸어왔다. 한국 청년이었다. 김찬삼 선생의 세계여행기를 읽고 영감을 받아 직장을 그만두고 세계여행을 떠났다고 했다.

젊은 사람이 김찬삼 선생을 아는 것이 신기해 물었더니 도서관에서 읽고 감명을 받았다고 했다. 어린 내 마음에 세상에 대한 호기심과 동경을 심어준 것이 바로 김찬삼 선생의 여행기 아니었던가. 그 어려운 시절, 우리 민족에게 세계로 향하는 창문을 만들어주겠다는 사명감으로 유서까지 써놓고 세상을 떠돌며 여행기를 남긴 그가 지금의 젊은 세대에게도 영감을 주고 있다니, 한 인간의 꿈과 실천이 세대를 이어 전달되는 것을 보고 감동과 흥분을 느꼈다.

파이네그란데 산장 선착장까지 30분 정도 배를 타는 동안 절경이 펼쳐졌다. 쿠에르노스Cuernos 봉우리를 비롯한 바위산들이 눈앞에 모습을 드러냈다. 호수 표면은 해발 30m 정도밖에 되지 않는데 바로 그 옆에 2,600~3,000m에 달하는 바위산들이 솟아 있는 게 실감이 가지 않았다. 옥색 호수도 아름다웠다. 우유니 사막을 여행하는 동안 옥색 호수들을 보았지만 그것들과는 비교도 할 수 없는 거대한 호수가 진한 옥색으로 넘쳐났다. 내가 그 물 위에 떠 있는데도 현실감이 들지 않을 정도였다.

바람이 엄청나게 불었다. 호수인데도 파도가 거세게 치고 배가 곤두박질을 계속했다. 배 지붕에 올라가 경치를 보면서 사진을 찍다가 물보라를 몇 번이나 맞고 선실로 내려왔다. 하늘은 마치 두 조각으로 나뉜 듯, 쿠에르노스 봉우리와 파이네그란데산 사이를 기준으로 오른쪽은 파란 하늘, 왼쪽은 구름이 덮고 있었다. 오늘 가야 할 방향으로 구름이 두껍게 덮여 날씨가 만만치 않을 것 같았다.

파이네그란데 산장에 도착하니 얼굴만 한 샌드위치와 사과, 초콜릿, 에너지바, 그리고 물 한 통이 든 주머니를 준다. 식당 창가에서 페오에 호수를 바라보며 점심을 때웠다.

파이네그란데 산장에서 오늘 숙소인 그레이 산장까지는 11km, 3시간 반 거리로 지도에 표시돼 있다. 날씨는 언제라도 비를 뿌릴 듯했다. 초반은 계곡 사이로 난 완만한 오르막길이었다. 계곡이 좁아 그런지 굉장히 멀어 보였다. 저걸 언제 다 넘어가나 한숨이 나왔다. 따지고 보면 앞뒤로 배낭을 메고 본격적으로 걷는 건 오늘이 처음이었다. 내 걸음이 답답하게 느껴졌는지 청년이 작은 배낭을 대신 메겠다고 했다. 그는 그레이 산장까지 가서 빙하를 보고 파이네그란데 산장으로 되돌아와야 하기 때문에 짐을 다 내려놓고 맨몸으로 가고 있었다. 순간적으로 유혹을 느꼈으나 사양했다. 오늘 하루로 해결될 문제도 아니고 어차피 내가 지고 가야 할 내 짐이었다. 먼저 가라고 했다. 성큼성큼 앞서 가던 청년이 곧 시야에서 사라졌다.

배낭을 앞뒤로 메고 걸으니 평지에서는 안정감도 있고 별 문제가 없었으나 산길에서는 상당히 거추장스러웠다. 오르막길에서는 앞배낭이 무릎을 압박하고 내리막길에서는 발밑이 잘 보이지 않아 조심스러웠다. 보조배낭을 넣을 수 있는 좀 더 큰 배낭을 구할 걸 하고 후회했다. 앞뒤로 배낭을 멘 탓에 사진기를 따로 멜 수 없는 것도 큰 부담이었다. 배낭 속에 넣은 사진기를 꺼내고 다시 넣는 게 보통 귀찮은 일이 아니었다.

이런저런 생각을 하며 걷다 보니 고갯마루에 올랐다. 계곡을 올라올 때에도 바람이 많이 분다고 느꼈는데 능선에 올라오니 대단했다. 몸이 휘청거릴 정도로 거세게 부는데 날씨까지 춥고 음산했다. 내가 걸어온 길이 아득했다. 멀리 옥색으로 가득한 페오에 호수도 보였다.

그 다음에는 바위에 둘러싸인 호수가 나타났다. 지도에는 아주 작게 표시됐지만 실제로는 제법 규모가 있었다. 오른쪽으로 파이네그란데산 뒷면의 날카로운 봉우리가 나타나면서 왼쪽으로 그레이 호수가 보이기

페오에 호수에서 본 파이네산맥. 가운데에서 약간 오른쪽이 쿠에르노스 봉우리, 왼쪽이
파이네그란데산이다. 그 사이의 계곡으로 올라가면 브리타니코 전망대가 있다.

토레스델파이네의 들꽃들. 차례로 바람꽃처럼 보이는 미색 꽃과 칠레불꽃나무다.

시작했다. 지금부터는 계속 그레이 호수를 끼고 걷는 길이다. 호수를 건너 불어오는 안데스 설산의 바람이 더욱 거세졌다. 세차게 휘몰아칠 때에는 앞으로 나가기가 힘들 정도였다. 올 초엔가 브라질 여행객이 바람에 날려 절벽에서 떨어졌다는 얘기가 실감났다. 가파른 능선에서 두세 번은 바닥에 쪼그리고 앉아 바람이 잦아들기를 기다리다가 다시 걸었다.

그렇게 걷다가 어느 모퉁이를 돌자 저 앞에 그레이 빙하가 나타났다. 하늘을 뒤덮은 먹장구름으로 어둑한 느낌이 드는 가운데 빙하는 푸르스름한 빛을 내뿜고 있었다. 두 개의 바위섬 사이로 빙하가 흘러내리고 그 뒤로 설산들이 위용을 뽐내고 있었다. 숙소는 그레이 빙하 직전이기 때문에 곧 도착하리라고 생각했으나 생각보다 훨씬 멀어서 그 지점에서부터 1시간 반을 더 걸었다. 간간이 비가 뿌렸고 바람은 거셌다.

우리나라로 따지면 5월 말에 해당하는데도 위도가 워낙 높아 그런지 큰키나무들은 아직도 신록을 피워내지 않고 있었다. 아쉬웠다. 하지만 들꽃들은 여기저기서 피고 있었다. 봄은 봄이었다. 민들레가 지천이고, 노랑제비, 보라색 꽃 콩덩굴Ubiquitous Sweet Pea, 바람꽃을 닮은 미색 꽃, 진노랑색의 앙증맞은 꽃이 달린 레이디 슬리퍼Lady's Slipper, 그 외에도 많은 들꽃이 피어 있었다. 제일 화려한 것은 빨간색 꽃이 폭죽처럼 피는 칠레 불꽃나무Chilean Firebush였다. 관목인 이 나무는 다른 지방에서도 계속 보게 되지만 토레스델파이네 공원에 특히 많았다. 맑은 날 꽃이 핀 칠레불꽃나무 군락을 멀리서 보면 정말로 불이 난 것처럼 착각할 만했다.

그레이 산장 가까이 가자 몇 해 전 이스라엘 여행객이 산불을 낸 곳이 나타났다. 내 몸통보다 더 굵은 커다란 나무들이 불에 탄 채 쓰러져 나뒹굴며 풍화되어가는 모습이 처참했다. 이런 곳에서 불장난을 해 아름다운 자연을 망가뜨리다니, 참으로 이해할 수 없고 한심하기 짝이 없었다.

가끔 사진을 찍으면서 걷다 보니 오후 4시경 그레이 산장에 도착했다. 거의 쉬지 않고 걸었는데 지도에 표시된 3시간 반이 꼬박 다 걸렸다. 이런 식이면 25km를 걸어야 하는 사흘째에는 부담이 꽤 크겠구나 싶었다.

길은 헷갈릴 염려가 없도록 잘 만들어놓았고 전체적으로는 평탄한 편이지만 비가 내리면 제법 곤혹스러울 만한 가파른 구간도 몇 군데 있었다. 등산화 대신 가벼운 트레킹화를 신고 왔는데, 밑창도 약한 데다가 윗부분이 가죽 대신 헝겊이라 돌에 부딪히면 발이 많이 아팠다.

오가는 여행자들이 꽤 많았다. 거의 대부분 일행과 함께였고 한국인들도 눈에 띄었다. 산장 앞에 먼저 간 청년이 앉아 있었다. 그레이 빙하를 보고 내려왔나 했더니 나를 기다리는 중이라고 했다. 얼른 산장에 짐을 내려놓고 함께 빙하를 보러 나섰는데 10여 분 가다가 시간이 늦어서 안 되겠다며 그냥 돌아가겠다고 했다. 내 간식과 물을 나눠주며 여행과 인생에 행운이 있기를 빌어주었다. 틀에 매인 직장생활을 포기하고 세계를 향해 도전하는 젊음과 용기가 부러웠다.

청년과 헤어져 5분쯤 더 가서 그레이 빙하를 만났다. 호수에 유빙들이 떠 있고, 위쪽에 빙하가 밀고 내려와 있었다. 아이슬란드에서 본 육지 빙하와 전혀 다른 느낌이었다. 구름이 많이 끼고 비가 오락가락하는 가운데 날씨가 어두워져 색깔이 잘 나오지 않았지만 나름대로 정취가 있었다. 갈색 호수 위에서 파르스름한 빛을 내는 유빙들과 빙하는 다른 세계에 온 듯한 느낌을 주었다. 빙하를 구경하다가 숙소로 돌아왔다.

그레이 산장 숙소는 4인실, 내 침대는 2층인데 반대쪽은 서양 젊은이 커플이고 내 밑 침대에 자리잡은 이는 뜻밖에도 한국 여대생이었다. 대학교를 휴학하고 혼자 남미 여행을 왔다고 했다. 오늘만 숙소에서 자고 내일부터는 캠핑을 할 예정이란다. 나도 겁이 나서 못한 캠핑을 하다니,

그레이 빙하와 유빙. 빙하가 녹으면서 생긴 유빙이 호수에 떠 있다.

대단한 용기다. 저녁을 수프로 때운다고 해서 식당에서 받은 따뜻한 물과 함께 내 커피와 간식을 나눠주었다. 첫날, 트레킹도 잘 마쳤고 홀로 여행하는 멋진 우리 젊은이를 둘이나 만난 운 좋은 날이었다. 방은 그렇게 따뜻하지 않았지만 춥지는 않았다. 밤새 거센 바람이 불었다. 창문 흔들리는 소리에 몇 번 깼지만 그런대로 잘 잤다.

트레킹 둘째 날, 파이네그란데 산장

11월 29일, 토레스델파이네 트레킹 가운데 제일 여유가 있는 날이다. 파이네그란데 산장까지만 가면 되기 때문이다. 7시에 아침을 먹고 8시 반에 숙소에 짐을 맡기고 다시 그레이 빙하를 보러 갔다. 전체적으로 흐렸지만 간혹 파란 하늘이 보이고 햇살이 비치기도 했다. 기상도 온화했다. 빙하가 바라보이는 절벽 끝에 가서 사진을 찍고 있는데 갑자기 하늘이 어두워지면서 돌풍이 불기 시작했다. 잠시 바위에 앉아 몸을 숙이고 바람이 잦아들기를 기다렸지만 소용이 없었다. 주변에 아무도 없고 더 이상 사진을 찍을 상황도 되지 않아서 철수했다.

그레이 산장으로 돌아와 배낭을 찾아 파이네그란데 방향으로 걷기 시작했다. 30분쯤 지나 가파른 비탈길을 올라 그레이 호수가 보이는 능선에 다다랐을 때 빗방울이 떨어지기 시작했다. 그제서야 방수재킷을 숙소 벽에 걸어놓고 온 것을 깨달았다. 비탈길을 다시 내려가 옷을 가지고 올 일이 까마득했지만 도리가 없었다. 다른 옷이라면 몰라도 방수재킷을 놓고 갈 수는 없는 노릇이었다. 배낭을 맡겨놓을 데도 없고, 힘겹게 그레이 산장으로 되돌아가 재킷을 찾았다. 한국 여대생이 써놓고 간 감사

메모가 있었다. 기분이 좋았다. 재킷을 놓고 가길 잘했다는 생각이 들었다. 인생은 정말 새옹지마다.

먹구름이 뒤덮은 하늘은 어둑어둑한 느낌이 들 정도였지만 다행히도 비는 조금 뿌리다 말다 해서 걷는 데 지장은 없었다. 어제는 엄청난 맞바람을 맞으며 걷느라 굉장히 힘들었는데 오늘은 뒷바람이 계속 몰아붙였다. 맞바람이나 뒷바람이나 다 힘들었지만 그래도 맞바람보다는 조금 나았다. 신기하게도 어제는 길이 거의 오르막이고 내리막이 별로 없는 느낌이었는데 오늘도 어제와 마찬가지로 오르막만 있는 것처럼 느껴졌다. 지도를 꺼내 이정표를 보니 그레이 산장에서 파이네그란데 산장 사이는 오르막과 내리막이 딱 절반씩이었다. 최고 고도는 300m에도 못 미쳤다. 허접한 내 기억에 실소하지 않을 수 없었다.

인생길도 그런 것 아닐까 싶다. 지금이 항상 제일 힘들고 고생스럽게 느껴진다. 이미 지나온 길은 실제보다 평탄하고 쉬웠던 것처럼 기억한다. 한나 아렌트도 어디선가 그렇게 말했다. 어린 시절 돌아가신 현실의 아버지는 언제나 병석에 누워 있는 연약한 환자였지만 꿈속에 나타나는 아빠는 자기와 즐겁게 놀아주는 건강한 모습이었다고. 사람의 기억이란 그런 것이라고. "삶이 그대를 속일지라도 슬퍼하거나 노여워하지 말라"고 푸시킨이 쓴 것도 그런 뜻 아니었나 싶다.

오늘은 천천히 걸으면서 들꽃 사진을 많이 찍으려고 생각했다. 오후 적당한 시간에 파이네그란데 산장에 도착해 푹 쉬면서 내일 먼 길을 준비하면 되기 때문이다. 하지만 앞배낭과 뒷배낭을 지고 사진 찍는 것은 역시 쉬운 일이 아니었다. 게다가 하늘은 어둡고 간간이 비가 뿌리는데 바람도 거세게 부니 사진 찍는 게 너무 어려웠다. 이 구간에 들꽃이 제일 많았는데 하나하나 눈을 맞추며 제대로 사진에 담지 못한 것이 아쉽다.

그레이 호수가 끝나는 지점 근처 절벽에서 호수를 바라보며 점심을 먹는데 바람이 점점 강해지더니 앉아 있는 것도 힘들 정도로 거세졌다. 너무 춥기도 했다. 할 수 없이 먹다 말고 배낭을 싸서 일어났다. 빙하가 보이는 마지막 모퉁이를 돌 때는 서운했다. 바위 호수를 지나 멀리 페오에 호수의 옥빛 물결이 보이는 고갯마루에 도착하자 날이 갰다. 그때부터는 내리막이었다. 아름다운 호수를 바라보며 내려오니 힘든 줄도 몰랐다. 오후 2시 반경 파이네그란데 산장에 도착했다.

창문으로 호수가 바라보이는 2층 6인실, 들어갔을 때에는 나밖에 없었다. 저녁때까지 아무도 오지 않아 혹시 혼자 자게 되는 거 아닌가 은근히 기대했으나 어두워진 다음 서양 사람들이 들어왔다. 그러면 그렇지.

파이네그란데 산장은 이곳 산장 가운데 경치와 시설이 제일 좋고 페오에 호수를 통해 배로 올 수 있기 때문에 트레킹을 하지 않는 일반 관광객도 꽤 오는 것 같다. 노인들도 제법 눈에 띄었다. 3,000m가 넘는 파이네그란데산과 2,600m의 바릴로체Bariloche 봉우리가 머리에 흰 눈을 인 채 바로 눈앞에서 위용을 자랑했다. 넓고 푸른 연두색 초원이 펼쳐져 있고 한쪽에는 주황색 텐트들이 떠 있는 캠핑장이 있다. 옥빛 물결이 넘실거리는 페오에 호수도 있다. 인간이 상상할 수 있는 자연의 아름다움을 모두 갖추고 있는 셈이다. 사랑하는 사람들과 이곳에서 며칠 머무를 수 있으면 좋겠다고 생각했다.

2층 휴게실 난로에 장작불이 활활 타고 있었다. 장작불은 아름다우면서도 외로워 보였다. 난로 앞에 앉아 일기를 쓰자니 이런저런 상념, 보고 싶은 얼굴들이 떠올랐다. 창밖에는 바람이 몹시 불었다. 깃대에 매달린 낡은 칠레 깃발이 정신없이 휘날리며 밤이 깊어갔다.

트레킹 셋째 날, 쿠에르노스 산장

11월 30일, 제일 먼 길을 걷는 날이다. 파이네그란데 산장을 떠나 이탈리아노 산장을 거쳐 쿠에르노스 봉우리와 파이네그란데산 사이의 계곡을 따라 올라가서 브리타니코 전망대까지 간다. 올라갔던 계곡을 다시 내려와 쿠에르노스 산장까지 가는 여정이다. 일기예보는 오전에 맑고 오후에 비가 온다고 했다. 해발 700m 부근의 브리타니코 전망대까지 최대한 빨리 올라갔다가 내려오는 것이 중요하다.

새벽 6시에 일어났는데 호수 건너편에서 찬란한 아침 해가 떠오르고 있었다. 하늘은 맑고 파랗다. 이 호수에 아침 해가 떠오르기 시작한 것은 언제부터일까, 이 땅의 주인이던 마푸체족은 이 광경을 봤을까? 이 아름다운 곳을 스쳐 지나간 수많은 여행자들에 내가 속하게 됐다는 것이 감격스러웠다. 이제 세상은 토레스델파이네를 걸은 사람과 걷지 못한 사람으로 나뉘게 됐다!

오전 8시에 숙소를 나섰다. 날씨는 화창하고 몸도 가뿐했다. 일정에 부담이 있으므로 서둘러 걸었다. 야트막한 언덕을 올라가자 오른쪽으로 자그마한 스쾨트버그Skottsberg 호수가 나오고 앞으로 뻗은 오솔길 너머로 쿠에르노스 봉우리가 보였다. '쿠에르노스'는 코뿔소의 뿔이라는 뜻인데 날카로운 두 개의 검은색 봉우리로 된 바위산이 진짜 코뿔소의 뿔처럼 보인다. 두 봉우리 바로 아랫부분은 밝은 회색이고 그 아래는 다시 검은색으로 세 층을 이루고 있다. 얼마나 오랜 세월 어떤 조화가 있었기에 저렇게 서로 다른 재질의 바위가 층을 이루며 합쳐지고 또 저런 모양으로 풍화했는지, 세월의 무게가 아득했다.

호수가 끝나는 지점부터 거센 바람이 불기 시작했다. 오른쪽에 숲이 있어서 어느 정도 바람을 막아주었지만 호수 표면은 물보라가 하얗게 뒤덮고 있었다. 장관이었다. 숲 사이로 들리는 바람소리가 마치 초음속 비행기 소리 같았다. 아름다운 길이었다. 바람은 거세도 햇볕이 따뜻하고 하늘은 파랗고 공기는 맑았다. 어떤 오염도 없는 깨끗한 공기를 마시며 이처럼 아름다운 길을 걸을 수 있다는 것, 행복하고 감사했다.

언덕과 숲, 작은 호수를 더 지나자 다시 산길이 나오고 계곡을 흘러내리는 프랑스강이 보이고, 출렁다리가 나타났다. 강은 크지 않지만 경사가 급한 계곡을 흘러내리는 빙하 녹은 물살이 거셌다. 석회석이 섞였는지 물빛은 탁했다. 나무로 만든 다리는 허술해서 건너갈 때 삐걱거리는 느낌이었고 기둥도 약해 보여서 이거 괜찮나 싶을 정도였다. 아니나 다를까, 12월 2일 이 다리가 거센 바람에 무너지고 말았다. 프랑스강을 건너 파이네그란데 산장과 이탈리아노 산장을 잇는 길이 끊어졌으니 여행객들이 엄청난 혼란을 겪었을 것이 틀림없다. 불과 이틀 차이로 다리를 무사히 건넌 나는 정말 운이 좋았다.

이탈리아노 산장까지 2시간 반 걸렸다. 이번에도 지도에 표시된 시간을 꽉 채웠다. 이탈리아노 산장 앞에는 수많은 배낭이 쌓여 있었다. 이미 많은 여행자들이 이곳에 짐을 내려놓고 브리타니코 전망대를 향해 올라갔다는 뜻이다. 나도 큰 배낭을 내려놓고 잠시 쉬면서 숨을 가다듬은 다음 앞으로 멨던 작은 배낭을 등에 지고 올라가기 시작했다.

계곡을 따라 해발 700m까지 올라가야 하므로 가파른 경사가 많았다. 빙하 녹은 물이 흘러넘치는 너덜지대는 길이 좀 헷갈렸는데 자세히 보니 중간중간에 나무 막대기를 꽂아서 길을 표시해놓았다. 계곡 너머 왼쪽으로 높은 바위산 봉우리들이 나타나고 경사면에 흘러내리는 빙하도

코뿔소의 뿔. 파이네그란데 산장에서 이탈리아노 산장으로 가는 오솔길에서 보이는 쿠에르노스 봉우리.
코뿔소의 뿔을 닮았다.

야생 후쿠시아. 알고 보면
우리 주변에 남미가 원산인 식물이 많다.

보이기 시작했다.

계곡을 따라 계속 올라가던 중에 뭔가 스쳐 지나간 듯한 느낌이 들었다. 돌아봤지만 특별한 건 보이지 않았다. 한 5~6m 남짓한 거리지만 비탈길이라 내려갔다 오기가 부담스러웠다. 별 거 없는데 그냥 올라갈까, 내려가볼까 잠시 망설이다가 내려갔다. 숲 안쪽에 빨간 게 보였다. 야생 후쿠시아였다. 젊은 시절, 화원에서 이 꽃을 보고 신기해서 화분을 구입해서 키운 적 있다. 그 꽃을 파타고니아에서 만나다니. 따지고 보면 이 세상에 야생화 아닌 꽃이 없지만, 후쿠시아가 야생화라는 게 새삼 신기했다. 기분이 좋았다. 행운이 함께하는 느낌이었다.

가끔 천둥소리 같은 것이 들렸다. 맑은 하늘에 무슨 천둥소린가 의아했는데 어느 순간 벼락 치는 듯한 큰 소리가 나서 고개를 들어보니 바위산 절벽에서 빙하가 무너져 내리고 있었다. 여행사에서 준 안내문에 운이 좋으면 이 구간에서 빙하가 무너지는 광경을 볼 수도 있다고 쓰여 있었는데, 역시 장관이었다. 맑은 물이 흐르는 계곡에서 병에 물을 받았다. 빙하 녹은 물이라 시원하기는 하지만 특별히 맛이 좋다는 느낌은 들지 않았다. 접근이 금지된 큰 폭포가 나오고, 커다란 계곡을 지나 숲길을 통과하자 넓은 평원이 나왔다. 우뚝 솟은 바위 봉우리들이 양옆과 앞으로 감싸듯 펼쳐져 있었다. 여기저기 누워서 일광욕을 하는 등산객들이 보였다. 바람이 거셌고 햇빛도 강렬했다. 숲길과 자갈밭, 흙길이 반복됐다.

사진을 찍으며 올라가다 보니 어느 순간 길이 끝나면서 브리타니코 전망대'Mirador Britanico, '산책로 끝'Fin del Sendero이라고 쓴 푯말들이 가로 막았다. 왼쪽에 커다란 바위가 있고 그 위에 사람들이 있었다. 나도 올라 갔다. 장관이었다. 내가 있는 전망대는 해발 750m고 바위산들의 높이는 3,000m 부근이니 2,000m가 넘는 바위산들이 나를 내려다보고 있는 형국이었다. 백운대와 인수봉을 닮은 거대한 바위산들이 내 양쪽과 앞에서 삼면을 둘러싸고 있는 모습을 생각하면 된다. 그런데도 분위기는 위압적이지 않고 편안했다. 화창한 날씨 때문이었을까? 그 모습, 그 기분은 어떻게 표현할 길이 없다. 상상에 맡길 수밖에 없다. 사진을 찍고 그 모습을 바라보며 점심을 먹었다.

구름이 조금씩 끼기 시작했다. 색깔도 짙어지는 것을 보니 오후에 비가 온다는 예보가 생각났다. 오후 1시 50분에 하산을 시작했다. 햇살은 여전히 따가웠으나 바람이 많이 불고 기온이 높지 않아 걷기에 딱 좋은 날씨였다. 중간에 그레이 산장에서 본 여대생을 만났다. 이탈리아노 산장에서 캠핑한다며 맨몸으로 올라오고 있었다. 간식을 조금 나눠주며 무사히 여행하기를 빌어주었다.

유목민 기질 때문인지 우리나라 사람들은 다들 여행을 좋아하지만 여성들이 특히 그런 것 같다. 좋아할 뿐 아니라 더 용감하고 진취적이다. 혼자 여행하는 한국인도 남성보다 여성이 많은 것 같다. 유명 관광지가 아닐수록 더 그렇다. 현지인들과도 여성들이 훨씬 잘 어울린다. 돌이켜보면 나도 그런 여성들에게 도움을 받았다. 홀로 남미를 여행한 여성들이 인터넷에 올린 글을 보면서 나도 할 수 있겠다는 용기를 얻었다.

내려올 때에는 눈을 시원하게 해주는 노르덴셸드Nordenskjöld 호수와 그 너머 안데스산맥이 점점 가까워지는 것을 보면서 힘든 것을 잊었다. 이탈리아노 산장 앞에는 내 배낭만 홀로 남아 뒹굴고 있었다.

프랑스 캠핑장을 지나자 길 상태가 별로 좋지 않았다. 가파른 내리막

브리타니코 전망대에서 본 광경. 전망대에 서면 이런 장면이 270도를 둘러싸고 있다.
사진은 전망대 오른쪽 모습이다.

길에 모래가 많아 미끄러운 구간이 여럿 있었다. 비 오는 날 이 길을 걸으면 고생할 것 같았다. 다행히도 비는 오지 않았다. 지쳐서인지 길이 무척 멀게 느껴졌다. 이 구간에는 별다른 경치도 없었다. 마지막에는 오른쪽에 노르덴셸드 호수를 끼고 끝없는 자갈길을 하염없이 걸었다. 후둑후둑 빗방울이 떨어질 무렵 마침내 쿠에르노스 산장에 도착했다.

드디어 이번 트레킹의 가장 어려운 구간을 걸었다. 다리와 어깨가 뻐근하고 피곤했지만 견딜 만했다. 보호대를 해서 무릎도 그런대로 괜찮았다. 이번 여행 내내 될 수 있으면 많이 걸으면서 단련한 것이 효과를 낸 것 같았다.

쿠에르노스 산장은 매우 비좁고 열악했다. 방은 7인실, 2층 침대 둘, 3층 침대 하나였다. 나는 다행히도 2층 침대의 2층을 배정받았다. 바닥에 배낭을 놓으니 사람이 다닐 공간도 없었다. 화장실도 샤워실도 비좁았다. 한참 기다린 끝에 겨우 샤워하고, 저녁을 먹으러 갔더니 식당도 역시 복잡하고 시끄러웠다. 밖에는 비가 주룩주룩 내렸다. 저녁 먹고 어두워진 창밖에 내리는 비를 보며 피스코 사워를 한 잔 했다.

♟♟♟♟. 트레킹 넷째 날, 토레스센트랄 산장

12월 1일, 오늘은 여유가 있는 날이다. 비교적 완만한 길을 따라 토레스센트랄 산장까지 가면 된다. 어제 무리한 몸을 쉬면서 내일 트레킹을 준비하면 된다. 그런데 고생했다. 어제 저녁에 시작한 비가 계속 내렸기 때문이다. 따지고 보면 29일부터 온다던 비가 늦어진 것이므로 나로서는 행운이고 감사할 일이었다. 어제 이렇게 비가 왔다면 브리타니코 전망대까지 가는 것은 불가능했을 것이다.

푸에르토나탈레스에서 산 우비를 썼다. 안나푸르나 트레킹을 위해 준비했던 방수바지와 재킷을 입고 배낭에 커버를 씌웠다. 큰 배낭을 등에 메고 우비를 덮어쓴 다음 앞배낭을 멨다. 비로부터 거의 완벽하게 보호되고, 보온 효과도 있었다.

오른쪽으로 노르덴셸드 호수를 끼고 걸었다. 왼쪽에는 웅장하고 기품 있게 솟아오른 2,670m의 알미란테니에토Almirante Nieto산이 비구름에 잠겨 있었다. 그 산자락을 끼고 넘어갔다. 대평원에서는 과나코 무리를 만났다. 꽃도 많았다. 하얀 꽃이 피어 있어 다가가 보니 영락없는 마가렛이었다. 데이지라고도 하는데 아내가 제일 좋아하는 꽃이다. 당장 땅에 엎드려 사진을 찍고 싶었지만 비가 내리는 데다 앞뒤 배낭을 메고 우비까지 쓰고 있으니 도리가 없었다. 눈과 마음에 담았지만 그게 얼마나 갈 것인가. 전해줄 방법도 없었다.

과나코를 만난 평원을 지나 긴 고개를 넘으니 왼쪽에 지도에 없는 호수가 나타났다. 호수 건너편에는 바위산이 솟아 있고 산기슭은 연두색으로 덮여 있었다. 알프스산맥 언저리를 걷는 듯한, 그림 같은 풍경 속에 들어와 있는 느낌이었다. 신선이 사는 동네가 따로 없었다. 이쯤부터 비가 조금씩 가늘어지더니 토레스센트랄 산장에 도착할 무렵 그쳤다.

몹시 피곤했다. 어깨가 빠질 듯이 아팠다. 5시간가량 비를 맞으며 걸은 탓이다. 배낭을 지고 우비를 덮어썼더니 힘이 들어도 배낭을 내려놓을 수가 없었다. 이 길에는 걸터앉을 만한 바위도 별로 없었다. 도저히 견딜 수 없을 정도로 어깨가 아플 때에는 나무에 배낭을 기댄 채 서서 숨을 돌렸다. 점심도 먹지 못했다.

토레스센트랄 산장은 쿠에르노스 산장보다는 사정이 좋았다. 방도 좀 더 여유가 있고 무엇보다 식당과 휴게실이 널찍해 좋았다. 전면 창으로 보이는 알미란테니에토산의 경치도 훌륭했다. 시끄러운 게 단점이었지만 쉴 수도 있었다. 쿠에르노스 산장에서 가져온 샌드위치를 먹었다. 샤워하고 나오니 날이 갰다.

저녁식사 시간, 역시나 혼자 온 사람은 나밖에 없는 것 같았다. 안내해주는 대로 단체로 온 서양 여행객들 틈에 끼어 먹자니 좀 불편했다. 바로 옆과 맞은편에 앉은 사람과 간단히 인사했지만, 자기들끼리 시끄럽게 떠드는데 끼어들 수도 없고 끼고 싶지도 않았다. 여럿이 함께 여행을 하면 어느 정도 떠들게 되는 것이 인지상정이지만, 너무 시끄러웠다. 거의 목숨을 걸고 떠드는 것 같았다. 여행을 다녀보니 서양 사람들도 단체가 되면 만만치 않게 시끄러웠다. 식단은 수프와 생선구이, 감자, 샐러드, 디저트. 하나같이 훌륭했다.

숭고한 자연 앞에서 내 영혼을 돌보는 여유를 가질 수 없는 게 아쉬웠다. 식사 후 손님들이 어느 정도 빠져나간 다음 다시 식당에 가서 포도주를 한 잔 시켰다. 생각도 정리할 겸 일기도 쓸 겸 천천히 시간을 보냈다. 알미란테니에토산 너머 토레스 삼봉이 저녁놀을 받아 붉게 물들고 구름 조각들이 황금색으로 빛나고 있었다.

트레킹 마지막 날, 토레스 삼봉

토레스 삼봉이란 해발 2,800m의 토레스 중앙봉Torres Central과 그 남쪽에 있는 토레스 남봉Torres Sur(2,850m), 북쪽에 있는 토레스 북봉Torres Norte (2,248m)의 세 봉우리를 말한다. 모두 원추 모양으로 날카롭게 솟아오른 바위산이다. 북한산 인수봉이 세 개 연달아 솟아 있는 모습을 연상하면 된다. 그 옆에는 백운대를 닮은 2,243m의 콘도르 둥지 봉우리Cerro Nido de Condor가 있다. 이 봉우리들 앞에는 토레스 빙하가 녹은 물이 모여 만든 호수가 있다. 전망대 높이는 해발 950m. 이번 트레킹에서 제일 높은 곳이다.

12월 2일 아침에는 날씨가 맑았다. 서쪽 하늘에 옅은 구름이 끼어 있지만 토레스 삼봉은 파란 하늘을 배경으로 우뚝 서 있다. 일기예보는 오후에 흐려지기 시작해 저녁 무렵 비가 많이 온다고 했다. 오늘도 빨리 올라갔다 내려오는 것이 바람직하다.

부지런한 사람들은 일출을 본다고 새벽 2~3시경에 올라갔다. 어제 대낮에 산장 로비와 휴게실에 지쳐 널브러져 있던 젊은이들이 바로 그런 사람들이었던 셈이다.

길이 그렇게 멀지는 않지만 제일 높은 곳이라 가파르고 시간이 오래 걸릴 수밖에 없다. 아무래도 힘이 들 것이다. 서두르지 말 것, 이 여행은 나의 여행이니 다른 사람 신경 쓰지 말고 내 속도를 지킬 것, 침착하게 무리하지 말 것을 다짐했다.

계곡을 따라 올라가는 길, 지도를 보며 예상했지만 시작부터 된비알이다. 가파른 경사면에 아슬아슬하게 난 길을 따라 올라가다가 방향을 트는 곳, 하산할 때 경사길을 내려오다가 자칫 절벽으로 추락할 위험이 있는 곳에 큰 나무뿌리를 세워 막아놓았다. 수많은 여행자들이 거기에 크고 작은 돌을 올려 무슨 예술품처럼 만들어놓았다. 나도 작은 돌을 하나 올리며, 나와 앞으로 이곳에 올 모든 여행자들의 안전을 기원했다.

산비탈에 난 좁은 길을 따라 걷다 보니 계곡 너머로 칠레노 산장이 나왔다. 이곳에서 잠시 몸을 푼 다음 거대한 계곡을 따라 끝이 없어 보이는 길을 3km 정도 걸었다. 캠핑장이 나오고 전망대가 1km 남았다는 표지판이 보였다. 거기서부터 다시 된비알이 시작됐다. 날은 흐려지고 간간이 진눈깨비가 날리며 기온이 떨어지기 시작했다. 물이 흐르는 계곡 바위 길을 건너자 넓고 긴, 가파른 너덜지대가 나타났다. 금방이라도 바위가 무너져 내릴 것 같은 아찔한 너덜지대 너머로 토레스 삼봉이 짙은 구름에 잠겨 있었다.

너덜길 중간쯤에서 바람이 너무 세게 불고 추워서 방수재킷을 꺼내 입었지만 별 도움이 되지 않았다. 이 정도로 등산을 하면 웬만해서는 땀이 나고 추운 줄 모르는데, 여기는 달랐다. 4시간 가까이 산을 올랐는데도 땀이 나기는커녕 몸도 풀리지 않았다. 긴장한 상태로 조심조심 올라가 마지막 언덕을 넘자 갑자기 눈앞이 확 터지면서 옥색 호수가 나타났다. 호수 건너 토레스 봉우리들이 서 있었다. 왼쪽은 작은 바위와 자갈이 뒤섞여 이룬 산이 호수를 막고 있었다. 원래는 이곳도 바위산이었을 텐데, 비와 눈과 바람에 풍화돼 무너져 내린 것이다. 내 머리로는 상상조차 할 수 없는 세월의 흔적이었다.

토레스 봉우리들은 구름에 가려 보이지 않았다. 날이 흐려 호수도 탁하게 보였다. 호숫가에는 바람이 더욱 거세게 불고 기온이 더 떨어졌다. 진눈깨비도 휘날렸다. 사진을 몇 장 찍고 바위틈에서 바람을 피해 샌드위치를 먹는데 몸이 덜덜 떨리고 이가 딱딱 부딪쳤다. 출발할 때만 해도 그렇게 맑던 날씨가 이렇게 변하다니, 이래서 사람들이 새벽에 올라오는구나 싶었다. 3,000m급 바위산들이 만들어내는 기상변화의 위력을 절감했다. 하산하지 않을 수 없었다.

내려오는 길에 칠레노 산장에서 물 한 잔 마시고 숙소로 돌아왔다. 기대와 걱정 속에 시작했던 토레스델파이네 트레킹을 마무리했다.

구름에 잠긴 토레스 삼봉과 토레스 호수. 앞에 보이는 검은 바위산은 콘도르 둥지 봉우리다.
남미 여행을 통틀어 이날이 가장 추웠다.

숭고하다고밖에 표현할 길이 없는 대자연이었다. 해발 30m의 평원에 수직으로 솟아오른 3,000m급 바위산들의 위용, 눈 덮인 안데스의 봉우리와 빙하들, 옥색 호수들, 바위산 정상에 자리잡은 호수들, 개마고원을 연상케 하는 구릉지대, 들꽃들, 맑디맑은 공기, 참으로 멋지고 아름다운 곳, 인간의 상상력을 넘어서는 곳이다. 하지만 그게 다는 아니다. 토레스델파이네를 토레스델파이네답게 만드는 결정적인 요인은 따로 있다. 바람이다.

길에서 만난, 파타고니아를 다녀왔다는 사람들은 하나같이 바람을 얘기했다. '웬 바람?'이라고 생각했다. 이제는 안다. 나도 바람을 이야기할 수밖에 없다. 하지만 설명하기는 어렵다. 그냥 내 몸이 안다. 몸이 휘청거리고, 때로는 주저앉을 수밖에 없을 만큼, 두려움을 불러일으키는 바람, 때로는 부드럽게 몸을 휘감아 땀을 식혀주고, 때로는 정신이 번쩍 들도록, 두통이 날 정도로, 뼛속까지 몰아치는 바람. 그 바람이 파타고니아의 숭고한 자연을 만들어내고 숭고함을 더해준다.

토레스델파이네에 와서 흐린 날, 맑은 날, 비 오는 날, 화창한 날씨와 거센 바람이 불어닥치는 날씨를 모두 경험했다. 고생스러웠지만, 다행이었다. 그 유명한 파타고니아의 바람을 맞아보지 못했다면 유감스러웠을 것이다. 경험할 수 있는 모든 날씨를 다 경험했는데도 일정과 잘 맞아떨어져 차질도 생기지 않고 큰 고생도 하지 않았다. 다리가 무너지거나 배가 운항을 정지하는 당황스런 일도 없었다.

푸에르토나탈레스에서 산 우비와 지팡이가 큰 역할을 했다. 지팡이는 무거운 배낭을 진 내 다리를 받쳐주고 충격을 줄여 무릎을 보호했고, 오르막과 내리막 길에서 균형을 잡아주었다. 값이 좀 애매해 살까말까 망설이다가 산 우비도 제값을 톡톡히 했다. 방수바지도 큰 역할을 했다. 어제 만일 바지가 젖은 채 걸었다면 다리에 감겨 불편한 것은 말할 것도 없고 체온을 빼앗겨 훨씬 힘들었을 것이다. 모든 것이 잘 맞았고, 운이 좋았다. 그저 감사했다.

다시 푸에르토나탈레스로

12월 3일, 푸에르토나탈레스로 돌아가는 날이다. 버스가 오후 2시에 있어서 산장에 짐을 맡기고 가볍게 산책했다. 비가 오락가락했으나 걷는 데 지장은 없을 정도였다. 세론Seron 캠프장 방향으로 걸었다.

큰 경치는 없었지만 길은 완만하고 바람도 평온했다. 마음도 편안하고 느긋했다. 평원에는 지난번에 담지 못한 마가렛이 지천으로 피어 있었다. 얼마나 반갑고 고마웠는지. 칠레불꽃나무와 미색 바람꽃과 이름을 알 수 없는 꽃들도 많았다. 천천히 들꽃들을 보고 사진에 담으며 여유롭게 시간을 보냈다. 땅에 엎드려 꽃을 담고 있는 나를 본 여행자들이 신기해했다. 가까이 다가와서 뭐하냐고 묻거나 덩달아 꽃을 들여다보거나 함께 꽃 사진을 찍기도 했다.

세론 방향으로 걷다 보니 11시가 지났다. 이제 돌아가야지 하고 잠시 배낭을 내려놓고 바위에 걸터앉아 물을 마시는데 바로 옆에 난초과 식물이 있었다. 꽃도 피어 있었다. 토레스델파이네를 떠나면서 귀한 난초를 발견하다니 무척 기분이 좋았다. 이곳에선 행운의 연속이다. 나중에 인터넷으로 확인해보니 도자기난초Porcelain Orchid였다. 그러고 보니 꽃잎과 꽃받침의 도톰하면서도 매끄러운 모양이 도자기의 질감을 닮았다.

이곳의 공기를 뭐라고 표현할 수 있을까? 맑고 깨끗하다는 말로는 부

마가렛(위 왼쪽). 아내가 제일 좋아하는 꽃인데 다시 만나 사진을 담을 수 있어 다행이었다.

도자기난초(위 오른쪽). 귀한 난초과 식물을 만나는 것은 들꽃 애호가들에게 행운이다.

노인의 수염(아래). 워낙 공해에 취약해 지구상에 남아 있는 곳이 얼마 없다.

족하다. 먼지 한 점도, 어떤 오염도 없는, 천연 그대로의 공기였다. 내 몸과 마음까지 정화해주는 듯한 공기였다. 사람은 이런 공기를 마시며 살아야 하는데, 그럴 수만 있다면 얼마나 좋을까? 이 공기를 숨 쉬는 것만으로도 행복했고 이곳을 그리워하며 살 것 같았다.

숲 속 어느 지점에 고목이 가득한 숲을 지날 때 나무껍질들이 온통 거미줄 같은 밝은 갈색 이끼로 뒤덮여 있었다. '노인의 수염'Old Man's Beard 이다. 바람에 섞인 영양분과 소금기를 흡수해 자신과 나무에게 공급하는 놀라운 이끼식물이다. 공해에 워낙 취약해 지구 대부분에서 사라졌지만 파타고니아에는 남아 있다. 이곳의 맑고 깨끗한 공기와 자연이 영원히 보존되기를 바라는 마음 간절하다.

12시 조금 지나 산장으로 돌아왔다. 커피 한 잔과 함께 도시락을 먹은 다음 배낭을 찾아 버스정류장이 있는 환영센터Welcome Center로 갔다. 조금 일찍, 1시 50분에 버스가 왔다. 버스에 탄 여행자들의 얼굴에는 하나같이 아쉬운 빛이 역력했다. 나도 그랬다. 2시 15분 공원 입구에 도착해 버스를 갈아타고 4시 반에 푸에르토나탈레스에 도착했다. 숙소로 가면서 슈퍼에서 컵라면과 빵과 요구르트를 샀다.

숙소의 주인 할머니가 환하게 웃으며 맞이했다. 스페인 말로 톤을 높여 뭐라고 하는데 알아들을 수가 없었다. 트레킹 잘했냐, 어땠냐, 뭐 그런 말 같아서 엄지손가락을 치켜세우자 박수를 쳤다. 샤워하고 윗도리와 바지, 셔츠, 내의, 모자를 빨고 나자 기분이 상쾌했다. 뿌듯했다. 이제 이 여행도 막바지로 접어들었다. 잘 마칠 수 있겠다 싶었다.

며칠 만에 인터넷을 연결하니 촛불집회에 전국에서 230만 명이 참여했다는 소식이 떴다. 수백만 명이 모였다는 것도, 단 한 건의 폭력도, 단 한 건의 사고도 없이 평화적으로 진행했다는 것도 감격스러웠다. 내가 그런 시민들에 속해 있다는 게 자랑스러웠다. 그 자리에 함께하지 못해 아쉽고 미안했다. 한영애 씨의 노래처럼 이 촛불들이 "천년의 어둠을 태우는 촛불"이 되기를 바라는 마음 간절했다.

칠레 여행을 마치고 내일은 엘칼라파테를 거쳐 빙하국립공원의 북쪽 엘찰텐으로 간다. 거기서 파타고니아의 최고봉 피츠로이를 보며 걷는다. 나라 이름은 아르헨티나로 바뀌지만 여전히 파타고니아, 마푸체의 땅이다.

아르헨티나

소사의 나라

빙하국립공원의 백미, 피츠로이 트레킹

12월 4일, 안데스산맥을 넘었다. 아르헨티나는 파타고니아 지역 안데스 산맥 동쪽을 빙하국립공원Los Glaciares National Park으로 지정했다. 3,000m 부근의 바위 산맥 사이에 수많은 빙하가 흘러내려 옥색 호수를 이루고 마침내 대서양으로 이어진다. 절경 중의 절경이다. 북쪽 관문 엘찰텐은 피츠로이FitzRoy와 세로토레Cerro Torre 트레킹이 유명하고 남쪽 관문 엘칼 라파테는 페리토모레노Perito Moreno 빙하와 웁살라Upsala 빙하로 널리 알 려졌다.

아침 7시 버스로 푸에르토나탈레스를 출발해 오후 2시에 엘칼라파테 에 도착했다. 중간에 국경을 넘었다. 아르헨티나 세관원의 관심은 오직 한 가지, 칠레 과일 유입을 막는 것밖에 없어 보였다. 여행객들이 가진 과 일을 모두 꺼내 커다란 쓰레기 봉지에 넣게 했다. 여행 계획을 세울 때 도 움을 받은 엘칼라파테 린다비스타Linda Vista 호텔에 가서 점심을 얻어먹 으며 일정을 협의했다. 4시 반 버스로 출발해 저녁 7시 반에 엘찰텐에 도 착했다. 일요일 저녁이라 슈퍼마다 문이 닫혀 있었다. 돌고 돌아 작은 가 게에서 먹을거리를 사서 숙소에 도착하니 9시였다.

엘찰텐 여행의 백미는 뭐니 뭐니 해도 이 지역 최고봉인 피츠로이 트 레킹이다. 해발 3,400m의 피츠로이를 눈앞에 보면서 트레스 호수Laguna de los Tres와 수시아 호수Laguna Sucia의 절경을 감상한다. 다음 날은 세로토 레 트레킹을 계획했다. 비에드마 빙하 트레킹 등 아까운 프로그램이 더 있는 걸 진작 알았더라면 하루나 이틀 더 잡았을 텐데 아쉬웠다.

12월 5일, 아침 8시에 출발했다. 등산로 입구는 숙소에서 5분 거리에 있었다. 이미 많은 여행자들이 출발한 듯, 삼삼오오 줄지어 산길을 올라가는 사람들이 보였다. 어제 잠을 제대로 자지 못해 몸이 무겁다는 느낌을 받으면서 산길을 오르기 시작했다.

짧은 평지를 지나 숲 사이로 난 급한 경사길을 20~30분 올라가자 부엘타스강Rio Vueltas이 흘러내리는 넓은 계곡 사이로 멀리 눈 덮인 바위산들이 보였다. 산을 넘고, 완만한 길과 오르막길, 숲과 습지, 돌길이 반복되면서 점차 고도를 높여갔다. 길은 비교적 평탄했다.

오늘 계획은 카프리 호수Laguna Capri와 포인세노트Poincenot 캠핑장을 거쳐 트레스 호수까지 간 다음 마드레 호수Laguna Madre와 이하 호수Laguna Hija를 거치는 사잇길로 내려와 돌아오는 것이다. 시간과 체력이 허용하면 토레 호수Laguna Torre까지도 가볼 수 있을 것 같았다. 해 지는 시간을 9시로 잡으면 토레 호수로 연결되는 갈림길에 3시 반 정도까지 도착할 경우 시도해볼 수 있을 것으로 생각했다. 그러면 하루를 절약해 또 다른 일정을 경험해볼 수 있다.

입구에서 4km 지점에 카프리 호수가 있다. 이탈리아의 카프리섬에서 빌려온 이름인지 호수는 평화롭고, 호수 너머로 피츠로이를 비롯한 봉우리들이 우뚝 서 있었다. 바람만 없다면 수면에 반사되는 피츠로이의 모습이 장관일 듯싶었다. 호수 주변 캠핑용 텐트에서 밤을 지새운 듯한 여행자들이 쌍쌍이 호숫가에 앉아 아침을 즐기는 모습이 보기 좋았다. 이 평화로운 호수에서 한나절쯤 한가하게 시간을 보내며 사랑하는 사람들을 떠올려도 좋을 듯했다. 하지만 그런 호사를 누릴 여유가 없었다. 호숫가를 조금 걷다가 길을 재촉했다.

강이 나왔다. 강변의 돌과 자갈지대, 습지대로 맑은 물이 흐르고 있었다. '수정같이 맑은 물'이라는 말로는 제대로 표현할 수 없는, 맑고도 맑은 물이었다. 어찌나 맑은지 손을 적시는 것조차도 미안할 정도였다. 여행 안내문에 이곳의 물은 아무 데서나 떠 마셔도 되니까 생수를 준비할 필요가 없다고 설명하는 이유를 알 수 있었다. 냇물 표면에 닿을 정도로 수초가 자라고 있어 지팡이를 넣어보니 끝까지 다 넣었는데도 바닥에 닿지 않았다. 깊이가 상당하다는 뜻이었다. 수초가 저 정도로 자라면 불순물이 끼면서 물이 더러워지기 쉬운데 이곳은 전혀 달랐다. 물도 수초도 맑고 깨끗하기 그지없었다. 순수 그 자체였다. 저 물에 몸을 담가보고 싶은 마음을 억누른 채 손으로 한 모금 떠서 목을 축인 다음 발길을 옮겼다. 물맛이 좋았다.

포인세노트 캠핑장을 지나자 갈림길이 나왔다. 왼쪽은 마드레 호수를 거쳐 토레 호수로 내려가는 길이다. 오후에 내가 갈 길이다. 오른쪽 길로 접어들었다. 조금 걷자 피츠로이를 비롯한 암봉들과 빙하가 보이기 시작했다. 그 장엄한 모습을 바라보면서 걸으니 몸이 풀리고 발걸음이 가벼워졌다. 날씨도 화창했다. 더 이상 바랄 것이 없었다.

이곳의 표지판은 특이해서 걸어온 거리를 숫자 대신 10분의 1, 10분의 2 하는 식으로 보여줬다. 소나무 숲 사이로 난 넓은 모래밭을 지나 10분의 9 지점에 도착한 것이 오전 10시 45분이었다. 지금까지는 잘 온 편이다. 여기서부터 산길이 시작되고 그 다음에는 너덜지대가 나타났다. 토레스델파이네 국립공원의 토레스 삼봉으로 이어지는 너덜지대보다 더 길고 가팔랐다. 30분이면 오를 것으로 예상했으나 꼬박 1시간 걸렸다. 너덜지대 건너 마지막 고개를 넘자 검푸른 트레스 호수가 나타났다. 구름 속에 몸을 맡긴 피츠로이는 오른쪽과 왼쪽으로 흐르는 빙하를 거느린 채 위용을 자랑하고 있었다.

로버트 피츠로이는 다윈을 태우고 파타고니아를 탐사한 비글호의 함장이다. 자연선택과 적자생존이라는 생명 진화의 법칙을 발견한 위대한 과학자를 태운 배의 선장으로 알려져 있지만, 그 자신의 업적도 결코 적지 않다. 두 번에 걸친 남미 남단 탐사를 통해 비글해협을 발견했다. 남미 해안과 포클랜드제도와 갈라파고스제도의 상세한 지도를 만들었고 파타고니아에 관한 보고서도 냈다. 다윈의 《비글호 항해기》에는 무려 5년에 걸친 긴 탐사를 이끄는 그의 범상치 않은 모습이 곳곳에 나타난다. 그는 파타고니아의 최고봉에 이름을 붙일 만한 자격이 있다.

이렇게 생각하면서도 한켠에 찜찜한 마음이 드는 건 어쩔 수 없다. 영국 해군이 비글호를 보낸 것은 제국주의 식민지 경쟁을 위한 것이었다. 낯선 땅과 사람을 정복해 식민지로 지배하려면 그곳의 역사와 문화와 언어는 물론 지리와 기후, 식물과 동물과 광물에 관한 정보가 필요했다. 군대와 함께 동원된 학자들은 새로운 지식을 생산했고 과학을 발전시켰다. 그렇게 다스리고 착취하면서 뒤떨어진 인간들에게 진보의 혜택을 베푸는 자선사업처럼 선전했다.[1]

식민지배의 진짜 해악은 여기서 시작된다. 지배자들의 선전을 받아들이고 협력하는 피해자들이 나타나는 것이다. 식민지배와 착취에도 불구하고 싸우며 살아남은 피지배민족의 역사를 식민지배와 착취 덕분에 살게 됐다고, 거꾸로 믿는다. 그러고는 다른 사람들까지 그렇게 믿으라고 윽박지르고 분란을 일으키기까지 한다. 미신이란 게 허무맹랑해 보이지만, 그래서 무서운 법이다. 식민지배자들은 얼마나 흐뭇할까?

언덕 위에서 검푸르게 보이던 트레스 호수는 바로 앞에 가서 보니 맑고 깨끗하기가 이를 데 없었다. 사진을 찍고, 빵으로 점심을 때운 다음 왼쪽 앞에 있는, 바위산이 무너져 생긴 듯한 언덕 위로 올라갔다. 피츠로이를 배경으로 장관이 나타났다. 장엄한 피츠로이는 구름에 가려 위엄을 더했다. 피츠로이 좌우로 호위하듯 바위산들이 늘어서 있고 산허리에는 빙하가 가로놓여 호수 뒤 절벽으로 흘러내렸다. 그 아래 트레스 호수와 수시아 호수가 양쪽으로 펼쳐져 있었다. 할 말이 없었다. 그냥 넋을 놓고 바라보는 것밖에 할 수 있는 게 없었다. 선경이다, 절경이다, 감동을 받았다 같은 뻔한 말 외에는 내 눈앞에 펼쳐진 광경과 느낌을 표현할 길이 없다. 숭고한 자연과 그 앞에 선 감정의 움직임을 전달할 수 있는, 정밀하고 섬세하며 아름다운 표현을 구사하지 못하는 내 언어의 빈곤함이 안타까울 뿐이다. 등 뒤로는 까마득히 뻗은 계곡 아래 마드레 호수와 이하 호수, 카프리 호수가 보였다.

마그마가 천천히 식으며 생긴 화강암 산은 비바람을 견뎌내며 피츠로이 같은 거대하고 위엄 있는 바위산으로 남고, 퇴적암이 솟아오른 산은 세월의 무게를 견디지 못하고 무너져 내려 크고 작은 바위와 자갈, 모래산으로 변한다. 끊임없이 낮은 곳을 찾아 흘러가는 냇물과 함께 부서지고 닳아서 강변과 호수의 모래사장을 이루기도 하고, 마침내 바다에 이를 것이다.

냇물아 흘러흘러 어디로 가니
강물 따라 가고 싶어 강으로 간다.
강물아 흘러흘러 어디로 가니
넓은 세상 보고 싶어 바다로 간다.

어릴 때 이 노래를 좋아했다. 언젠가부터 잊고 있었는데 신영복 선생님 말씀을 듣고 가사에 담긴 깊은 뜻을 알게 됐다.[2] 상선약수上善若水, 성인의 말씀만 머리로 좋아하고 실천하지 못하는 나를 돌아봤다. 날씨도

피츠로이와 빙하와 두 개의 호수. 트레스 호수의 물이 좁은 계곡을 통해 수시아 호수로 흘러간다. 그 물은 길고 긴 계곡을 따라 부엘타스강으로 이어지고 비에드마 호수와 아르헨티노 호수에 잠시 머물렀다가 산타크루스강을 거쳐 대서양에 이른다.

화창하고 바람도 적당해서 걷기에 최고의 날씨였다. 이곳에서 더 많은 시간을 보내고 싶었지만, 일정 욕심에 오후 1시경 하산하기 시작했다. 지도상으로는 토레 호수 갈림길까지 길어야 6~7km 정도로 보였다. 전체적으로 가벼운 내리막길이거나 평탄한 길일 것이므로 2시간 남짓이면 갈 수 있으리라 생각했다.

마드레 호수 쪽으로 내려가는 길은 야트막한 구릉과 숲으로 이어져 있었다. 사람이 많이 다니지 않아 그런지 숲길은 한 사람이 겨우 통과할 수 있는 정도로 좁았다. 팔과 배낭이 나뭇가지에 걸리고 지팡이 짚기가 곤란했다. 이따금씩 오가는 여행자들이 있어 외롭지는 않았다. 마드레 호수와 이하 호수를 오른쪽에 두고 걷는 길. 호수 너머로 바위산들이 솟아 있고, 뒤로는 피츠로이와 빙하가 조금씩 멀어졌다. 마드레 호수와 이하 호수는 원래 하나였다가 바위와 모래가 흘러내리면서 갈라진 듯, 좁고 얕은 둔덕으로 나뉘어 있다.

호숫가 모래밭에는 여행자들이 쌍쌍이 누워 일광욕을 즐기고 있고, 수정보다 맑은 물이 가득한 호수는 빛방울들을 튕겨내며 찬란하게 빛났다. 새파란 하늘에 흰 구름이 피어오르고, 들판에는 들꽃들이 지천으로 피어 있고, 나비들이 날았다. 공기는 맑고도 맑았다. 평화롭고 아름다운 길, 평화 그 자체, 아름다움의 극치였다. 천국에 산책로가 있다면 이런 모습일 듯싶었다. 젊은 시절 즐겨 흥얼거리던 〈저 구름 흘러가는 곳〉이 나도 모르게 흘러나왔다. 그러다가 갑자기 눈물이 쏟아졌다. 그냥 아무런 이유 없이 한참을 울면서 걸었다.

토레 호수 갈림길까지는 지도를 보고 예상한 것보다 훨씬 멀고 힘들었다. 경사가 상당한 비탈길과 구불구불한 숲길이 반복됐다. 오늘 토레 호수까지 가면 일정을 하나 더 추가할 수 있다는 욕심에다 힘든 것을 느

천국의 산책로. 신비로울 만큼 평화롭고 아름다운 자연과 하나가 된 듯한 충만감 때문인지 걷는 동안 눈물이 쏟아졌다.

낄 겨를이 없는, 천국 같은 길을 걷다 보니 무리하는 줄도 모르고 걸었다. 마지막으로 길고 가파른 비탈길을 내려가자 드디어 갈림길이 나왔다. 오후 4시 15분이었다.

사과를 한 개 먹으면서 고민하다가 토레 호수 쪽에서 내려오는 사람에게 물었다. 2시간 이상 가야 한다고 했다. 토레 호수 방향은 제법 가파른 오르막이었다. 여기서 왕복 4시간, 숙소까지 다시 5~6km, 저녁이 다가오는데 체력이 많이 떨어진 상태에서 아무래도 무리였다. 아쉽지만 포기하고 숙소로 향했다. 숙소로 가는 길은 비교적 평탄했지만 지쳐서 그런지 생각보다 길게 느껴졌다.

세로토레 가는 길

새벽 2시 반, 계속되는 전화 진동소리에 잠을 깼다. '진실의 힘' 이사랑
간사였다. 강용주가 경찰에 체포됐다고 했다. 지난봄부터 경찰이 자꾸
성가시게 해 걱정하다가 한동안 잠잠해져서 안심하고 있었는데, 결국
체포하다니. 이 와중에 말이다. 피보안관찰자로서 경찰에 활동을 신고
해야 하는데 하지 않았다는 죄다. 통화 중에는 너무나 졸린 나머지 몽롱
했는데 정작 전화를 끊고 나니 정신이 말똥말똥해지면서 잠이 오지 않
았다. 앞으로 세상이 바뀌어도 강용주를 붙잡아두려는 '알박기'인가?

강용주에게 죄가 많기는 하다. 내가 잘 안다. 어린 시절, 공부는 안 하
고 말썽만 부렸다. 고등학생이던 1980년 5월 광주항쟁에 시민군으로 참
여했다. 대학에 들어가서는 전두환 정권 '타도'를 꿈꿨다. 그러다가 '구
미유학생 간첩단 사건'에 휘말려 '간첩'이 됐다. 전남대 운동권 상황과
광주 지역 병력배치 상황 같은 "군사기밀을 탐지 수집"했다는 거다. "공
지의 사실도 국가기밀"이라던 시대의 너절하기 짝이 없는, 강용주의 원
죄다. "널리 알려진 것이 알려지지 않은 것"이라는, 말이 될 수 없는 말로
사람을 잡던 시대의 억지로 아직도 사람을 얽매고 있다.

광주항쟁 마지막 날 계엄군이 도청을 점령하는 순간 도망했다. 안기
부에서는 고문에 못 이겨 허위자백을 했다. 그게 부끄러워 감옥에서는
전향을 거부했고, 석방된 후에는 보안관찰법에 따른 신고를 거부했다.
큰 죄다. 공안기관이 제일 미워하는 공적이 됐고, 많은 사람에게 부담스
런 존재가 됐다.

법무부장관은 강용주가 간첩죄를 저지를 위험이 있다는 주요 근거로

"국가보안법 위반 전력을 가진 사람들과 자주 접촉하고 있는 점"을 들었다. 재단법인 진실의 힘 활동을 말하는 거다. 그가 자주 접촉한다는 "국가보안법 위반 전력을 가진 사람들"이란 검찰과 수사기관의 불법 수사와 법원의 불공정한 재판으로 간첩으로 조작된 이들이다. 하나같이 재심 재판에서 무죄로 판명됐다. 권력의 범죄로 삶을 파괴당한 피해자들, 간첩이 아닌 사람들을 도와주니까 간첩죄를 저지를 위험이 있다는 것이다. "죄 없는 사람들과 만나니까 죄가 있다"는 말과 다를 게 없다. 흰색이 검은색이고 검은색이 흰색[3]인 셈이다. 가만히 있지 않은 죄, 권력을 불편하게 한 죄다.

새삼스레 가슴이 벌렁거리고 화가 났다. 뒤척거리다 밤을 새웠다. 아침이 돼서야 조사받고 풀려났다는 말을 들었다.

세로토레로 가는 길은 고산 평원지대 같은 분위기였다. 피츠로이강 계곡을 따라 오르막과 내리막을 교차하면서 어제 내려온 길을 거슬러 올라갔다. 어제 많이 걸은 데다가 밤잠을 설치는 바람에 몸이 몹시 무거웠다. 마음도 그랬다.

입구에서 3km 지점에 있는 토레 전망대Mirador del Torre에서 잠시 쉬었다. 3,102m의 세로토레는 구름에 가려 보이지 않았지만 그란데Grande 빙하가 흘러내리는 모습이 장관이었다. 여기서부터는 계속 그 모습을 바라보면서 앞으로 나아갔다. 전망이 좋으니 힘이 덜 드는 느낌이었다. 1시간 반 만에 갈림길에 도착해 몸을 추스르고 다시 출발했다.

갈림길에서 오르막이 시작돼 이제 힘든 길이 나오나 긴장했는데 작은 고개를 넘자 다시 평탄한 길로 바뀌었다. 피츠로이강 언저리를 따라 긴 평원지대가 계속됐다. 마지막에 토레 호수로 연결된 너덜지대 언덕 외

그란데 빙하(위). 세로토레 아래로 흘러 토레 호수에 닿았다.

흐드러지게 핀 바람꽃(아래). 바람꽃이 들판에 별처럼 피어 있고 세로토레는 구름 속에 숨었다.

에는 거의 산책하는 수준이었다. 11시 반에 호수에 도착했다. 이럴 줄 알았으면 어제 좀 무리해서라도 올 걸 싶었다. 세로토레는 구름에 숨어서 우람한 몸통만 드러내고 있었다. 정면에 보이는 2,751m의 그란데봉과 2,938m의 아델라스Adelas봉 사이 가파른 사면을 굽이치며 흘러내린 그란데 빙하가 호수에 닿았다. 호수에는 여기저기 유빙이 떠 있었다.

오른쪽 언덕 위로 올라가 마에스트리 전망대Mirador Maestri 방향으로 빙하가 잘 보이는 지점까지 가서 사진을 찍고 점심을 먹었다. 멀리 호수 주변은 수많은 여행자들로 바글바글했다. 어슬렁거리며 시간을 보내다가 하산을 시작했다. 내려오는 길에도 날씨가 화창했다. 세로토레를 비롯한 봉우리들만 구름에 숨어 모습을 드러내지 않았다. 아침에는 봉오리를 열지 않았던 미색 바람꽃들이 지천으로 피어났다. 햇빛을 받아 별처럼 핀 바람꽃이 환상적일 만큼 예뻤다.

토레 전망대에 도착할 무렵 무릎이 아프기 시작했다. 파타고니아에서 걸을 만큼 걸었다는 신호 같았다. 숙소에서 샤워하고 빨래하고 저녁 먹은 다음 푹 쉬었다.

빙하의 땅 엘칼라파테

12월 7일, 엘찰텐을 떠나는 날, 흐리고 쌀쌀했다. 아침 9시에 출발한 셔틀버스가 이곳저곳을 다니며 손님을 태운 다음 엘칼라파테를 향해 조금 달리는가 싶더니 도시 외곽의 평원에 섰다. 기사가 다들 내리라고 해서 무슨 영문인지 모르고 내렸다. 뻥 뚫린 평원인데 뒤를 돌아보니 피츠로이와 세로토레를 비롯한 영봉들이 완전히 모습을 드러내고 일렬로 서 있는 게 아닌가! 옅은 구름이 낀 하늘은 파스텔톤으로 분위기를 더욱 빛냈다. 어제와 그제, 바로 그 앞에 갔을 때는 모습을 보여주지 않더니 이제 떠나는 마당에 이렇게 먼빛으로 장엄한 모습을 드러냈다. 뭐라고 말로 표현할 수 없는 광경이었다. 다시 달려갈 수도 없고, 한참 정신없이 바라보다가 아쉽고 고마운 마음으로 작별했다.

엘칼라파테의 숙소는 1인용 방갈로인데 몹시 비좁고 불편했다. 주인 부부는 무척 친절했고 두 아이들도 귀엽고 붙임성이 있었다. 강아지도 그랬다. 하도 매달리고 안기는 바람에 로비에 앉아 있을 수가 없을 정도였다. 집에서 기다리고 있을 우리 '뭉치'가 떠올랐다. 점심을 간단히 때우고 빙하박물관Glaciarium에 갔다. 시내에 무료 셔틀버스가 운행되고 있었다.

아르헨티노 호수를 내려다보는 언덕 위에 빙하의 모습을 형상화해 지은 이 박물관은 빙하에 미친 두 명의 갑부가 만들었다고 한다. 전 세계 빙하의 현황과 역사를 그림이나 사진과 함께 잘 설명해놓아 큰 도움이 됐다. 사진들도 하나같이 전문가의 작품이었다. 페리토모레노 빙하의 붕괴 장면을 찍은 영화가 특히 볼 만했다. 빙하 관광을 앞두고 예습을 제대로 했다.

저녁에는 역사박물관Centro de Interpretación Histórica에 들렀다. 시내 외곽에 있는 소박한 건물이다. 온갖 잡다한 것들을 체계 없이 모아놓아서 입장료가 좀 아깝다는 느낌이 들었으나 이곳 원주민들의 역사에 관한 설명은 다른 곳에서 보기 힘든 것이라 나름 의미 있었다.

이곳의 설명에 의하면 지구에는 2억 년 전에 모든 대륙이 하나로 뭉친 판게아Pangaea가 있었는데 1억 년 전에 북반구의 로라시아Laurasia와 남반구의 곤드와나Gondwana로 나뉘었다. 5,000만 년 전에 남미와 북미, 유라

엘찰텐의 영봉들. 떠나는 날 모습을 드러냈다. 제일 높은 봉우리가 피츠로이, 그 왼쪽이 세로토레다.

시아, 아프리카, 인도, 호주, 남극 대륙이 형성됐으며 2,000만 년 전에 북미와 남미가 이어졌다. 인간이 파타고니아에 도착한 것은 1만 4,000년 전으로 추정했다. 북미와 남미를 연결하는 콜롬비아와 페루에 사람이 살기 시작한 것을 1만 1,000년 전으로 추정하는 것과 많이 달랐지만 특별히 근거를 제시하지는 않았다. 이렇게 되면 파타고니아 원주민은 폴리네시아에서 건너왔다고 해야 하는데, 근거가 약하다. 고증을 제대로 한 것 같지는 않았다.

다윈이 '저주받은 땅'이라고 할 만큼 춥고 메마른 이곳은 서양인들에게 관심의 대상이 아니었으나 산업혁명 후 양모 생산지로 각광받기 시작했다. 서양인들이 몰려오면서 일어난 직접적인 결과는 원주민 학살이었다, 제1차 세계대전 때 양모 값이 하락하면서 노동자들이 파업을 일으키자 1,400명 이상을 학살하기도 했단다. 박물관의 결론은 "북미에서 시작된 제노사이드가 파타고니아에서 완성됐다"는 것이다. 파타고니아는 결코 저주받은 땅이 아니다. 아름다움을 넘어 숭고한 땅이다. 서양인들이 몰려오면서 저주받은 땅이 됐고, 피와 눈물의 땅이 됐다.

삶에 감사를, 페리토모레노 빙하

페리토모레노 빙하는 안데스 고원 빙하지대에서 발원한 거대한 빙판으로 아르헨티노 호수를 향해 밀고 내려와 옥색 물 위에 떠 있다. 세상에서 제일 아름다운 빙하다. 엘칼라파테에서 아르헨티노 호수 남쪽을 따라 1시간 정도 달려 마젤란반도Peninsula Magallanes(마가야네스반도) 끝으로 가면 맞은편 산에서 흘러내리는 거대한 빙하를 마주하게 된다.

남부 파타고니아 빙하지대의 48개 주요 빙하 가운데 하나로 아르헨티나에서는 웁살라 빙하와 비에드마 빙하에 이어 세 번째로 크지만 가장 유명하다. 길이 30km, 면적 250km², 평균 깊이는 무려 700m다.

이 빙하가 유명한 데는 몇 가지 이유가 있다. 첫째, 접근하기 쉽다. 엘칼라파테에서 차로 1시간이면 갈 수 있고 마젤란반도 끝에서 배를 타고 호수를 건너면 빙하 트레킹도 할 수 있다. 둘째, 빙하의 크기가 줄어들지 않고 있다. 지구 온난화로 전 세계 대부분의 빙하가 점점 녹으면서 줄어들고 있고 파타고니아 빙하지대도 마찬가지다. 그런데 웬일인지 페리토모레노 빙하만은 평형을 유지하고 있다. 최근에는 마젤란반도와 연결돼 댐을 형성하는 빈도가 오히려 늘어나고 있다. 원인은 아직 밝혀지지 않고 있다. 셋째, 터널 붕괴 현상이다. 몇 해에 한 번씩 페리토모레노 빙하는 겨울에 아르헨티노 호수를 넘어 마젤란반도에 닿아 댐을 만들면서 호수를 두 개로 나누어버린다. 봄이 되면 호수 안쪽 브라조리코Brazo Rico에 빙하 녹은 물이 갇히면서 수면이 점점 더 높아지고 아르헨티노 호수와 연결된 바깥쪽 템파노스 운하Canal de los Tempanos에 비해 20~30m나 높아진다. 엄청난 수압 때문에 빙하가 마젤란반도와 맞닿은 부분 근처 수면에 터널이 생겨 물이 흐르기 시작한다. 날씨가 따뜻해지면서 터널이 점점 커지고 마침내 어느 시점이 되면 빙하가 무너지면서 호수 안쪽과 바깥쪽이 연결된다. 붕괴 현상이 일어날 때는 그 장관을 보기 위해 전 세계에서 관광객이 몰려들고 아르헨티나 방송국들은 중계방송을 한다.

빙하 트레킹은 두 가지다. 빙하 안쪽으로 들어가 걷는 '빅 아이스'Big Ice와 빙하 주변을 맛보기로 걸어보는 미니 트레킹이 있는데, 빅 아이스에 참가할 수 있는 자격은 만 50세 미만이다. 객관적인 체력과 관계없이 나이로 제한하는 것은 부당한 연령차별이고 억울하기 짝이 없는 일이지만, 남의 나라에서 소송을 할 수도 없는 노릇이었다. 미니 트레킹으로 만족할 수밖에 없었다.

빙하국립공원 입구에서 입장료 330페소를 낸 다음 마젤란반도 끝에 있는 전망대로 갔다. 날씨가 기막히게 좋았다. 눈이 시릴 정도로 파란 하늘엔 뭉게구름이 떠 있고, 화창했다. 바람이 많이 불었지만 춥지 않고 기분 좋을 정도였다.

전망대를 향해 얕은 언덕을 넘는 순간 길이가 거의 3km에 달하고 높이가 70m에 이르는 페리토모레노 빙하의 장대한 전면이 눈앞에 나타났다. 나도 모르게 탄성이 터져나왔다. 누구나 다 마찬가지였다. 2014년에 이어 올해(2016년)도 빙하는 마젤란반도에 연결돼 댐을 형성했고, 그 아래 제법 큰 터널이 생겨 물이 흐르고 있었다. 머지않아 날씨가 더 따뜻해

세상에서 제일 아름다운 페리토모레노 빙하. 호수를 가로지른 빙하가 마젤란반도에 닿아 댐을 만들었다.
빙하 높이는 약 70m, 전면의 길이는 약 3km다. 빙하 왼쪽으로 보이는 호수 안쪽이 브라조리코,
아르헨티노 호수와 연결되는 오른쪽이 템파노스 운하다. 안쪽에 갇힌 물의 압력으로 생긴 터널이 보인다.

지면 저 빙하가 무너지는 장관을 다시 한 번 연출할 터이다.

호수 위로 솟은, 면도칼로 잘라낸 벽처럼 서 있는 거대한 빙하는 수없이 많은 얼음탑을 겹쳐 쌓은 것처럼 보였다. 햇빛을 받아 푸르스름한 에메랄드 빛을 내뿜고 있었다. 지상의 것이라고 믿기 힘든 신비한 빛이었다. 빙하가 푸른빛을 내뿜는 것은 햇빛 중에서 파란색만 얼음을 통과할 수 있기 때문이라고 한다. 일곱 가지 색깔이 어울려 투명하게 보이는 빛이 얼음에 닿으면 각기 나뉘어서 다른 것은 모두 얼음에 갇히고 파란색만 통과한다니, 그래서 저렇게 아름다운 빛을 띤다니, 자연의 신비는 끝이 없다.

전망대를 따라 빙하 전면을 보며 오른쪽으로 가는 동안 이따금씩 빙하가 무너지는 장면을 볼 수 있었다. 수면 아래 잠긴 빙하의 깊이는 무려 170m에 달한다. 빙산의 일각이라는 말이 빙하에도 적용되는 셈이다. 물속에 잠긴 부분이 물 위에 나온 부분보다 먼저 녹으면서 빙하 끝부분이 물에 떠 있게 되는데 그 무게를 감당하지 못하게 되는 시점에 무너지는 것이다. 벼락 치는 듯한 소리를 내면서 무너진 빙하는 눈보라를 날리며 호수로 떨어져 크고 작은 파도를 일으키고 표면에 잠시 흔적을 남긴다.

바다 같은 아르헨티노 호수의 옥색 물 위에 칼로 자른 듯, 거대한 수직 얼음벽에서 쏟아져 나오는 에메랄드 빛은 형언할 수 없을 만큼 아름답고 신비했다. 차마 잊을 수 없는 놀라운 광경이었다. 빙하 주변 물 위에는 빙하에서 떨어진 작은 유빙과 얼음 조각들이 가득해 더욱 아름다웠다.

김찬삼 선생은 끝내 이 빙하를 보지 못했다. 토레스델파이네에서 만난 청년에게 들었다. 온갖 고생 끝에 이 근처까지 왔지만 날씨가 나빠 빙하를 보지 못한 채 떠났다는 것이다. 귀국한 다음 도서관에서 여행기를 찾아 확인해보니 사실이었다. 여름에만 버스가 다니던 시절이었다. 이른 봄에 도착한 선생은 우편차를 얻어타고 마젤란반도 입구 푼타반데라 Punta Bandera까지 갔지만 30km나 떨어진 빙하에 갈 수 없었다. 걸어가기로 하고 세 번이나 시도했는데 번번이 궂은 날씨 때문에 실패했다. 9일 동안 기다렸는데도 날씨는 좋아지지 않았고 결국 포기했다.[4] 빙하를 바라보며 김밥을 먹다가 그를 생각했다. 자신의 여행기를 읽으며 세상에 대한 호기심을 키운 다음 세대, 또 그 다음 세대가 좋은 시절을 만나 이렇게 다니는 것을 알면 기분이 어떨까?

오후에는 배를 타고 호수를 건너가 빙하 언저리를 걸었다. 빙하의 얼음 기둥들 사이에서 뿜어져 나오는 푸른빛은 숨이 막힐 정도로 맑고 밝고 고왔다. 지상의 빛이라고 할 수 없을 만큼 환상적이었다. 이보다 더 아름답고 신비한 빛이 또 있을까 모르겠다. 더 가까이 가서 그 빛을 들여다보고 싶었지만 붕괴 위험 때문에 멀찍이 떨어져서 바라보아야 하는 것이 안타까웠다. 넋을 잃을 만큼 맑고 파란빛을 내 언어로 표현할 수 있다면 얼마나 좋을까. 그저 안타까울 뿐이다. 그 빛을 함께 들여다보고 함께 감탄하고 내 모국어로 그 아름다움과 신비로움을 함께 나눌 사람이 없는 것도 안타까웠다.

비록 언저리에 지나지 않았지만 잠시 트레킹을 하며 본 빙하는 또 다른 모습을 연출했다. 하나하나 엄청난 규모의 얼음 봉우리들이 끝없이 연결된 거대한 설산이었다. 군데군데 얼음이 녹아 흘러내리며 곳곳에 깊고 얕은 연못이 만들어져 있었다. 깊이를 가늠할 수 없는 심연으로 흘러들어가기도 했다. 그 물의 맑고 깊은 파란색이란……. 빙하 얼음으로 만든 칵테일 한 잔으로 일정을 마무리했다.

페리토모레노 빙하는 안데스 고원지대에 내린 눈이 10년 이상 쌓이면서 그 무게 때문에 얼음으로 변하며 흘러내려온 것이다. 많이 움직일 때

아름답고 신비한 색깔. 햇빛 중에서 파란색이 빙하의 얼음을 통과하면서 이런 색을 띤다.

에는 하루 3m까지 흐른다고 한다. 생각보다 빠른 속도다. '얼어붙는다' 는 말은 얼음의 성질을 가장 분명하게 드러내는 표현으로, 제자리에서 조금도 움직일 수 없게 되는 상태를 뜻한다. 그런데 얼음의 정화精華라고 할 수 있는 거대한 빙하는 유장하게 흐르고 있다니, 신비스러운 모순이 아닐 수 없다. 자연이 모순일 수 없으니, 모순이라고 말하는 것이 모순이 다. 움직이지 않으면서 움직이는 것이 지구의 모습이고 우주의 본질 아 닌가. 살아 있다는 것, 우주의 먼지에 지나지 않는 내가 인간으로 태어나 이런 광경을 볼 수 있다는 것이 감사했다.

삶에 감사합니다. 내게 참으로 많은 것을 주었습니다.
흰 것과 검은 것을 구별할 수 있는 두 눈을 주었습니다.
높은 하늘에 빛나는 별을, 많은 사람들 중에 사랑하는 이를 주었습니다.

빙하의 언저리(위)와 빙하의 안쪽(아래). 신비한 빛을 내뿜는, 엄청난 높이의 빙하 앞에 선 느낌은 말로 설명하는 게 불가능하다. 빙하의 안쪽은 거대한 설산이다.

삶에 감사합니다. 내게 참으로 많은 것을 주었습니다.

밤과 낮에 귀뚜라미와 카나리아 소리를 들려주고

망치소리, 터빈소리, 개 짖는 소리, 빗소리, 그리고 내가 가장 사랑하는 이
　의 부드러운 목소리를 기억할 수 있는 넓은 귀를 주었습니다.

삶에 감사합니다. 내게 참으로 많은 것을 주었습니다.

생각하고 말할 수 있는 단어와 소리와 문자를 주고

어머니와 친구와 자매와 사랑하는 이의 영혼을 밝혀주는 빛을 주었습니다.

삶에 감사합니다. 내게 참으로 많은 것을 주었습니다.

앞으로 나아갈 수 있는 두 발을 주었습니다.

나는 피곤한 발을 이끌고 도시와 늪지, 해변과 사막, 산과 평야, 당신의 집
　과 거리, 그리고 당신의 정원을 거닐었습니다.

삶에 감사합니다. 내게 참으로 많은 것을 주었습니다.

인간의 정신이 맺는 열매를 볼 때

악에서 멀리 떠난 선함을 볼 때

그리고 당신의 맑은 눈 그 깊은 곳을 볼 때 떨리는 심장을 주었습니다.

삶에 감사합니다. 내게 참으로 많은 것을 주었습니다.

행복과 슬픔을 구별할 수 있는 웃음과 눈물을 주었습니다.

나의 노래는 그 웃음과 눈물로 만들었습니다.

당신의 노래가 그렇고 모든 사람의 노래가 그렇습니다. 그것이 바로 나의
　노래입니다.

삶에 감사합니다. 삶에 감사합니다. 삶에 감사합니다.[5]

　아르헨티나는 내게 메르세데스 소사의 나라다. 그는 군사정권 시절
공포와 절망에 빠진 아르헨티나 국민들을 위로하고 다시 일어설 수 있
는 영감과 희망과 용기를 불어넣었다. 약간 굵고 쉰 듯하면서도 맑고 서
정적인 그의 소리는 가슴 깊은 곳을 울리는 힘이 있다. 부드럽고 서정적

이다. 대지에서 나오는 듯 힘이 있고 정열적이다. 소사의 노래를 처음 들은 것이 언제인지는 모르겠다. 정태춘과 박은옥 선생의 노래들처럼 그의 노래도 가수가 누군지도 모르는 상태에서 내 마음에 닿았고 젊은 내 영혼을 위로했다. 더구나 소사는, 내 모국어가 아니라 내가 전혀 이해하지 못하는 언어로 부르는데도 마음을 끌어당기고 흔들었다.

〈삶에 감사합니다〉Gracias a la Vida가 특히 그랬다. 무슨 뜻인지도 모르면서 이 노래를 흥얼거리고 다녔다. 오랜 시간이 지나서야 뜻을 알게 됐고, 더욱 깊은 위로와 감동을 받았다. 인간의 존엄성에 대해 다시 생각하게 됐고 삶에 대한 내 태도를 반성하게 됐다. 물론 비올레타 파라가 지은, 경이로울 만큼 아름답고 심오한 노랫말 덕분이지만 소사의 목소리가 아니었다면 무심하게 흘려듣고 말았을 것이다. 어쩌면 아예 들리지도 않았을 것이다. 그런 점에서 내게 이 노래는 어디까지나 소사의 노래다. 특히 1982년 2월 망명에서 귀국한 소사가 이 노래를 열창한 장면은 잊을 수가 없다. 군인들이 포위한 공연장을 가득 채운 관객들이 소사와 함께 '삶에 감사합니다'라고 노래하는 모습은 눈물 없이는 볼 수가 없다. 세계 음악사에 남을 장면 아닐까 싶다. 이 노래는 아르헨티나를 넘어 남미 대륙을 통틀어 민중의 고통과 희망과 투쟁의 상징이었다. 아르헨티나를 생각하면 이 노래부터 떠오른다.

페리토모레노 빙하에서도 그랬다. 하루 종일 〈그라시아스 아 라 비다〉가 흥얼흥얼 흘러나왔다. 아름다운 페리토모레노 빙하가 언제까지나 평형을 유지하며 제 모습을 간직하길 빌었다. 우리 아이들, 손자들, 그 손자들의 손자들까지도 볼 수 있기를. 이 빙하를 볼 수 있게 해준 삶이 가슴 저리게 감사한 하루였다.

온난화에 신음하는 웁살라 빙하

웁살라 빙하는 안데스 고원지대에서 흘러내려 아르헨티노 호수 북쪽 끝 브라조웁살라Brazo Upsala로 연결된, 전체 면적 765km²의 거대한 빙하다. 엘찰텐 부근에서 비에드마 빙하와 갈라진다. 웁살라 빙하는 지구 온난화의 타격을 직접 받고 있다. 크기가 빠르게 줄어들고 있다고 한다. 트레킹은 할 수 없고 마젤란반도 선착장에서 배를 타고 1시간 정도 올라가 빙하를 보면서 유빙을 구경할 수 있다.

유빙들 때문인지 배가 빙하 언저리에 가까이 가지 못해 자세히 볼 수는 없었지만 멀리서도 빙하 뒤로 펼쳐진 끝이 보이지 않는 빙판을 통해 거대한 규모를 느낄 수 있었다.

전반적으로 흐린 가운데 잠깐씩 해가 났다. 바람이 엄청나게 불었다. 안데스산맥의 모든 바람이 웁살라 빙하를 타고 불어닥치는 듯했다. 어제 페리토모레노 빙하 위에서도 추운 줄 몰랐고 오늘은 배를 타고 도는 일정이라 가볍게 생각했는데 오산이었다. 빙하와 유빙들을 잘 보려면 배 갑판으로 나가야 하는데, 워낙 차갑고 거센 바람이 불어 계속 서 있기가 쉽지 않았다. 날씨가 흐리니 더 추웠다. 선실 안팎을 부지런히 왔다 갔다 할 수밖에 없었다.

배는 웁살라 빙하 입구 근처를 배회하며 온갖 모양과 크기의 유빙들을 유람했다. 유빙들은 보는 방향에 따라, 그리고 순간순간 변하는 날씨에 따라 모양과 색깔을 바꾸며 자연의 신비를 드러냈다. 유빙 아래 물속에는 거대한 얼음 덩어리가 잠겨 있으리라. 유빙 외에도 계곡마다 흘러내리는 작은 빙하들이 곳곳에서 멋진 광경을 연출했다.

오늘 토레스델파이네 국립공원의 푸데토 선착장에서 파이네그란데 산장으로 들어가는 배편이 바람 때문에 취소됐다는 소식을 저녁에 들었다. 내가 들어가던 날도 바람이 거세게 불었는데, 배편이 끊어질 정도였다니 안데스산맥 저편에도 오늘 내가 맞은 것만큼 바람이 불었던 모양이다. 아르헨티노 호수에서 탄 배는 3층으로 된 대형 유람선인 데 비해 페오에 호수를 오가는 배는 단층의 작은 배니 오늘 같은 바람에서는 운행하기 어려웠을 것이다. 여행객들이 얼마나 불편하고 황당했을지 안타까운 마음이 들었다.

무사히 여행을 마친 것이 얼마나 다행스럽고 고마운 일인지 모르겠다. 바람에 다리가 무너지고 배가 끊기는 거야 불가항력이라 치더라도 위험은 그것만이 아니다. 몇 년 전에는 가스요금 인상에 항의해 지역 주민들이 길을 봉쇄하는 바람에 모든 여행객이 여러 날 동안 오도 가도 못하는 상황이 벌어졌는가 하면, 이스라엘 사람이 산불을 냈을 때는 한동안 공원이 폐쇄되기까지 했다. 세상에 당연한 일은 없다. 쉽게 생각할 일이 아닌 것이다. 마추픽추에서도 내가 다녀온 직후에 파업이 벌어졌다는 소식을 들었는데, 그런저런 불편과 치안 불안으로 인한 위험을 한 번도 겪지 않고 여행을 마쳤으니 그저 운이 좋았다고밖에 말할 수 없다.

이날 새벽 지구 반대편 국회에서 대통령 탄핵을 의결했다. 국정파탄을 해결하는 단초가 마련되고 시민들이 촛불로 표현한 염원이 평화적으로 이루어질 수 있는 길이 열려 정말 기뻤다. 앞으로 사태가 어떻게 마무리될지 불안한 마음도 없지 않지만 이번에야말로 성공하는 역사가 되리라는 희망을 가졌다. 가벼운 마음으로 숙소를 나오는 순간 개인적으로 기쁜 소식이 날아왔다. 그런 상태에서 파타고니아의 숭고한 자연을 내 눈으로 보고 온몸으로 느끼니 더욱 감사했다. 내 평생에 이처럼 홀가분하고 행복한 날이 또 있었을까 싶은 하루였다.

'세상의 끝 도시', 우수아이아

12월 10일, 우수아이아로 갔다. 우수아이아는 남미 대륙의 남단을 이루는 거대한 섬 티에라델푸에고 남쪽에 있다. 빙하의 땅Tierra de Glaciares에서 불의 땅Tierra del Fuego으로 간 것이다. 남위 54.5도, 비글해협에 자리잡고 있는 우수아이아는 남극에서 가장 가까운 도시다. 그래서 '세상의 끝Fin del Mundo 도시'라고 부른다.

엘칼라파테 공항을 이륙한 비행기는 한동안 옥색 물결이 넘실거리는 아르헨티노 호수를 내려다보며 날았다. 호수 저편으로는 안데스 영봉들이 파란 하늘과 흰 구름을 배경으로 사열하듯 늘어서 있고 산타크루스 강은 아르헨티노 호수를 대서양으로 연결하기 위해 낮은 곳을 찾아 구불구불 흘러가고 있었다. 우수아이아로 다가가자 남극을 향해 뻗은 안데스산맥의 마지막 자락이 나타나고, 짙은 안개 사이로 비글해협이 모습을 드러냈다. 음산한 날씨였다. 빗방울이 비행기 창문을 두드리는 가운데 착륙했다. 지도에 보일락 말락 한 선으로 표시돼 아주 좁은 바닷길로 생각한 비글해협은 실제로 보니 엄청나게 넓었다. 새삼 남미 대륙의 거대함을 실감했다.

숙소는 '세상의 끝 여관'Posada del Fin del Mundo이었다. 숙소 앱에서 이 여관을 보고 바로 예약했다. '세상의 끝 도시' 우수아이아에 제일 어울리는 숙소 이름이었다. 고풍스러운 주택을 개조했는데 여장부 같은 나이

우수아이아 시내 원주민 관련 벽화들. 원주민에 대한 차별이 남아 있음을 느낄 수 있다.

든 주인이 운영한다. 내가 도착했을 때 남편은 소파에 앉아 꼼짝도 하지 않았다. 먼저 인사했지만 신문만 들여다보며 아는 척은커녕 쳐다보지도 않았다. 저녁에 난방이 들어오지 않아 가서 말했을 때도 마찬가지였다. 여주인이 와서 한참 수선을 피우다 끝내 못 고쳤다. 시내에 나가 비글해협 관광을 예약했다. 값이 꽤 비쌌지만 펭귄섬에 상륙할 수 있는 유일한 여행사라고 했다.

엘찰텐과 엘칼라파테에 이어 우수아이아도 시내에서 보이는 주민은 대부분 백인이었다. 외곽으로 나가면 어떤지 모르겠으나 원주민 후예 같은 사람은 보이지 않았다. 하지만 시내 곳곳의 벽화나 낙서에서는 원주민들의 지위를 둘러싼 갈등이 잠재돼 있는 것을 느낄 수 있었다. 아르헨티나 북쪽 후후이Jujuy를 중심으로 원주민 권리운동을 하다가 2016년 초 체포된 투팍 아마루 공동체연합Tupac Amaru Neighborhood Association의 지도자 밀라그로 살라의 석방을 촉구하는 커다란 벽화가 눈에 띄었다. 우체국 벽에는 원주민을 그린 벽화들이 있고 또 어딘가에는 "권리와 정의의 평등"Igualidad de Derechos y Justicia을 요구하는 그림도 있었다.

세상의 끝 박물관Museo del Fin del Mundo은 우수아이아에 서양인들이 도착한 후의 역사를 보존하고 있다. 8,500년 전에 사람들이 정착해서 살았던 흔적과 선사시대 유물들을 전시하고 원주민으로 야마나Yamana족과 셀크남Selk'nam족이 있었다고 설명하면서도 그들의 역사와 문화, 서양인들이 저지른 학살과 후손들의 삶에 관한 자료는 없어 아쉬웠다. 특히 1870년대, 칠레와 아르헨티나 군대가 '사막의 정복'conquista del desierto 작전으로 파타고니아 지방을 나누어 점령하는 과정에서 저지른 범죄에 관해 설명 한마디 없는 것은 좀 너무했다. 국내에 출판된《비글호 항해기》번역판에는 백인들이 티에라델푸에고에서 원주민들을 학살하는 사진

사실과 진실. 박물관 벽에 있는 벽화인데, 장면 자체는 사실일지도 모르지만 백인과 원주민의 관계에 관한 진실을 왜곡하는 그림이다.

들이 실려 있다.[6]

오히려 박물관 외벽에는 서양인들과 접촉할 때 원주민들의 야만적 상태를 보여주는 그림과 그들이 백인들을 공격하는 그림을 그려놓았는데 보기에 편치 않았다. 장면 자체는 사실일 수도 있겠지만 진실이라고는 할 수 없는, 역사를 왜곡하는 그림이었다. 박물관 외벽에 꼭 이런 그림을 그려놓아야 했을까? 누굴 보라고 이런 그림을 그려놓았을까? 원주민 후예들이 제대로 대우받지 못하고 있음을 보여주는 증거처럼 보였다.

1930년 1월 비글해협에서 좌초된 유람선 몬테세르반테스Monte Cervantes호 사건 자료에 눈길이 끌렸다. 1,117명의 승객과 330명의 승무원을 태우고 부에노스아이레스를 떠나 우수아이아에 들른 배는 출항 후 45분 만에 좌초했다. 다행히도 모든 승객과 선원을 구출하는 데 성공했다. 박물관에 전시된 당시 사진에서는 좌초한 배에서 승객을 태운 구명보트들이 연이어 바다에 내려지는 모습을 볼 수 있다. 희생자는 단 한 명,

좌초한 몬테세르반테스호.
승객을 태운 구명보트들이 바다에
내려지고 있다. 이게 정상적인
여객선의 모습일 것이다.

테오도르 드레이어 선장이다. 승객과 선원 구조가 끝난 다음 서류를 챙긴다며 침몰하는 배 안으로 들어갔다가 실종됐다. 당시 우수아이아 인구가 800여 명이었는데 1,400명이 넘는 승객과 승무원들을 먹이고 입히고 재웠다. 모든 공공기관, 학교, 교회, 가정집, 감옥에까지도 수용했다고 한다.

지난 3월 초 노르웨이에서 북해를 여행할 때 탔던 여객선이 생각났다. 승객 정원만큼을 태울 수 있는 구명보트들이 배 양쪽에 매달려 있었다. 다른 배들도 다 그랬다. 구명뗏목과 구명복 상자는 복도 곳곳에 있었다. 승객들이 육지에 나가는 낮시간이면 선원들은 비상시에 승객을 탈출시키는 훈련을 했다. 하루는 관광에서 돌아오니 선원들이 분주하게 다니면서 객실 문고리에서 노란색 고리를 벗겨가고 있었다. 사고가 나면 선원들이 객실로 진입하면서 문마다 고리를 건다. 승객을 탈출시키면서 고리를 벗기고 고리가 남아 있는 객실은 거듭 확인하는 것이다.

내가 탄 배가 그러하니 안심이 되면서도 마음이 착잡했다. 세월호엔 구명보트가 아예 없었다. 구명뗏목은 펼쳐지지도 않았다. 선장과 선원들은 승객들에게 선실에 가만히 있으라고 한 다음 자기들끼리 모여 해경 경비정을 타고 도망쳤다. 현장에 출동한 해경과 지휘부, 청와대까지 승객들을 구하려고 절실하게 노력한 사람은 아무도 없었다. 수백 명을 태운 배가 가라앉는데 "다른 거 하지 말고 영상부터 띄우라"고 해경에 지시하는 청와대의 한가한 모습에 충격을 받았다. 나라의 운명을 책임지는 자리에 저런 사람들이 앉아 있다는 것을 알게 된 마음의 상처가 깊었다.

우수아이아는 남극으로 가는 관문이고 아르헨티나 해군의 주요 기지다. 관광 도시라 그런지 크고 활기가 넘쳤다. 항구에는 군함과 유람선을 비롯한 수많은 배가 정박해 있었다. 남극을 왕복하는 듯한 거대한 여객선도 보였다. 원주민을 떠올리게 하는 그림과 장식들이 눈길을 끄는, 바닷가의 공예품 상가도 대부분 백인이 운영하고 있었다. 날씨는 흐리고 빗방울이 오락가락했다. 음산했지만 그렇게 춥지는 않았다.

비글해협에서 맞은 파타고니아의 바람

12월 11일 비글해협Beagle Channel을 항해하는 날이다. 비글해협은 남미 대륙 남쪽 끝에서 대서양과 태평양을 연결하는 해협이다. 위대한 다윈을 태우고 5년 동안 남미 해안을 탐험하면서 진화론의 산실이 된 비글호가 발견했다.

마젤란해협이 티에라델푸에고섬과 남미 대륙 사이, 즉 섬의 북쪽에서 대서양과 태평양을 잇는 바닷길이라면 비글해협은 티에라델푸에고섬 남쪽과 나바리노섬Isla Navarino 및 오스테섬Isla Hoste 사이에서 일직선으로 대서양과 태평양을 연결한다.

'불의 땅'이라는 이름을 처음 들었을 때는 화산이 많아 그런가 생각했지만 아니었다. 원주민들이 해안에 피운 불을 본 마젤란이 '불의 땅'이라고 부른 게 섬 이름으로 굳어졌다.

《비글호 항해기》를 보면 피츠로이 선장이 지휘한 비글호는 나바리노섬의 남쪽을 돌아 오스테섬과 나바리노섬 사이의 수로로 올라가 비글해협과 연결되는 곳까지 갔다. 그러고는 그 길을 다시 내려와 오스테섬의 남쪽을 돌아 태평양으로 나간 것으로 보인다. 비글해협을 관통해서 항해하지는 않았다는 뜻이다.

이날 일정은 우수아이아에서 비글해협을 따라 동쪽으로 가서 흔히 펭귄섬이라고 하는 마르티요섬Isla Martillo에 올라 펭귄을 본 다음 버스를 타고 티에라델푸에고 남쪽 도로를 따라 돌아오는 것이다. 비글호의 항로는 아니지만 비글호가 발견한 해협, 그리고 다윈이 깊은 관심을 가지고 탐사한 이 지역의 정취와 다윈의 느낌을 조금이라도 느낄 수 있기를 기대하면서 배를 탔다.

오전 9시에 항구를 출발한 배는 가파른 산맥에 둘러싸인 우수아이아를 빠른 속도로 밀어내며 바다로 나갔다. 바다로 나가자 해협이 더욱 넓게 느껴졌다. 구름이 잔뜩 끼어 다소 어두운 느낌이 드는 가운데 바람이 몹시 부는 을씨년스런 날씨였다. 해협이 거의 일직선이고 양쪽이 대부분 가파른 산비탈인 것을 보면 이곳은 빙하시대에 거대한 빙하가 휩쓸고 가면서 만들어진 계곡이 아닐까 하는 생각이 들었다. 부에노스아이레스보다 남극이 더 가까운 툰드라 지역이라 숲은 별로 보이지 않았다. 다행히 비는 오지 않았다.

다윈이 비글호를 타고 이 지역을 탐사할 때도 크게 다르지 않았던 것 같다. 다윈도 이 지역의 황량한 자연과 춥고 음산한 날씨를 거듭 지적했다.

"하지가 지났는데도 산에는 매일 눈이 왔다. 계곡에도 진눈깨비와 함께 비가 내렸다."

"햇빛이 없어 실제보다 기후가 훨씬 나쁘다고 생각되었다."

"이들의 땅은 바위투성이며, 높은 산과 쓸모없는 숲으로 이루어져 있다. 안개와 폭풍은 끊임없이 몰아친다. 사람이 살 만한 곳은 해변 정도로 줄어들었다."7

다윈이 항해할 때와 비슷한 날씨라면 나도 만족이다.

갈매기섬과 바다사자섬을 한 바퀴씩 돌며 구경한 다음 해협 가운데 칠레와 아르헨티나 경계선을 따라 항해했다. 멀리 몇 개의 작은 바위섬들과 함께 '세상의 끝 등대'Faro les Éclaireurs가 모습을 드러냈다. 1905년 출간된 쥘 베른의 소설《세상의 끝 등대》와 이름이 같은 이 등대는 벽돌을 둥글게 쌓아올려 붉은색과 흰색 페인트를 칠한 탑 위에 설치했다. 아무것도 특별할 것이 없는 극히 평범한 등대다. 그런데 비글해협 입구에 서서 '세상의 끝 등대'라는 엄청난 상징성이 담긴 이름을 붙이자 세계적으로 유명한 관광자원이 됐다. 우수아이아 시내의 수많은 기념품 가게를

세상의 끝 등대. 평범한 등대가 이름 덕분에 세계적 명소가 됐다.

채우고 있는 그림엽서들 가운데 가장 눈에 많이 띄는 것이 바로 이 등대다. 관광객들은 이 등대를 배경으로 기념사진을 찍느라 분주했다. 이름 붙이기가 얼마나 중요한지 보여주는 사례다.

등대를 지나 30분 정도 항해한 배는 해협 건너편 나바리노섬 북쪽에 있는 칠레의 작은 마을 카보데오르노스Cabo de Hornos를 바라보며 선착장에 도착했다. 펭귄섬에 갈 승객은 여기서 내려 작은 고무보트로 갈아탔다. 정원 20명 정도의 보트가 눈앞에 빤히 보이는 섬까지 5분 정도 가는데, 30인용 구명뗏목이 실려 있었다.

자갈로 된 펭귄섬 해안에는 수많은 펭귄이 모여 있었다. 우리는 펭귄으로부터 상당한 거리를 띄운 채 나무로 구획을 지어놓은 산책로를 따라 1시간 정도 구경하며 가이드의 설명을 들었다. 가이드는 원주민 후예였다. 직업에 대한 자부심과 전문성이 대단했다. 펭귄의 습성과 파타고니아의 환경에 관해 모르는 게 없었다. 그냥 타면 그만인, 지극히 평범한

마르티요섬의 펭귄. 바닷가 모래사장에 굴을 파고 가정을 꾸린다.

파타고니아의 바람. 이따금씩 서 있는 키 큰 나무들은 파타고니아 바람의 실체를 보여준다.

작은 보트를 탈 때 주의사항을 세세하게 설명해 대단하다고 생각했는데 돌아올 때 다시 한 번 같은 내용을 똑같이 설명했다. 앵무새처럼 외운 것을 기계적으로 말하는 것이 아니라 승객들과 눈을 맞추면서 진지하게 설명했다. 친절하고 즐겁게 안내하면서도 펭귄을 성가시게 하는 행동은 단호하게 제지했다. 기품이 있었다.

펭귄은 바닷가 모래사장에 굴을 파고 알을 낳아 부화시킨 새끼를 기르고 있었다. 산책 중간에 가이드가 죽은 펭귄의 날개를 만져보게 했는데, 억세게 보이는 외양과 달리 굉장히 부드럽고 기름기가 있어 바닷물에 들어가더라도 젖지 않는다는 것을 실감할 수 있었다.

다시 배를 타고 티에라델푸에고섬으로 나와 점심을 먹고 근처에 있는 고래박물관Museo Acatushun을 구경했다. 마치 공룡 뼈처럼 생긴 거대한 고래 뼈들과 함께 남극 주변 생물자료를 전시하고 있는 이 작은 박물관은 남극 고래 연구에 앞장서고 있다고 한다.

버스를 타고 오면서 보이는 티에라델푸에고섬의 자연은 역시 황량했다. 대부분 풀밭이고 나무는 있어봐야 관목들이었다. 바람을 막아주는 언덕 사면에 빈약한 숲이 형성된 가운데 드물게 몸통이 굵게 자란 나무들이 있었다. 문제는 그 모습이었다. 워낙 심한 바람에 시달리다 보니 나무줄기 자체가 거의 45도 이상 꺾여 자라고 있었다. 파타고니아 바람의 실체를 이보다 더 잘 보여주는 장면이 없을 것이다. 파타고니아를 파타고니아답게 만드는 것은 다름 아닌 바람이다.

눈보라 속에 마친 파타고니아 트레킹

토레스델파이네에서 시작한 파타고니아 트레킹은 티에라델푸에고 국립공원Parque Nacional Tierra del Fuego에서 끝났다. 12월 12일 일기예보는 하루 종일 비가 온다고 했는데 밤새 내리던 비가 새벽에 그쳤다. 아침 먹고 출발할 때까지 비는 내리지 않았다. 구름이 많이 끼고 음산해서 다소 걱정스럽기는 했지만 밤새 내릴 만큼 내린 데다가 비가 온다고 해도 그렇게 많이 오지는 않는 게 그동안 경험한 이 지역 날씨라 그냥 출발했다. 혹시나 해서 우비를 가지고 갔다.

시내에서 약 30km 떨어진, 칠레 접경지대에 있는 국립공원으로 가는 동안 버스 앞 유리창에 빗방울이 부딪치기 시작했지만 걱정할 수준은 아니었다. 공원 입구에서 표를 사고 다시 안쪽으로 10km 떨어진 라파타이아만Lapataia Bay으로 가는 동안 진눈깨비로 변하더니 버스에서 내릴 즈음에는 우비를 꺼내 써야 할 정도가 됐다.

숲속으로 난 오솔길을 걸어 아리아스 포인트Arias point에 도착했을 때

눈보라가 치기 시작했다. 바닷가에 난 길을 따라 2km 정도 걷고 다시 나올 때에는 맞바람을 받은 앞가슴에 눈이 수북이 쌓일 정도였다. 날씨가 나쁘니 걷는 사람도 거의 없고 여행사 버스를 타고 온 단체 관광객들만 바닷가에 잠시 내려 사진을 찍고 떠날 뿐이었다. 라파타이아강 언저리에 있는 휴게소까지 4km를 걷는 동안 마주친 사람은 딱 세 명, 중년의 서양인 부부와 젊은 여성 한 명밖에 없었다.

눈보라가 거세게 몰아쳐서 걷기도 힘들고 당황스러웠다. 하지만 다시 생각하니 파타고니아 트레킹을 마무리하는 날, 햇살 가득한 화창한 날씨보다는 눈보라 휘날리는 날씨가 더 어울릴 수도 있겠다 싶었다. 다윈이 썼듯이 그게 이 세상에서 남극에 제일 가까운 이곳 날씨 아닌가 말이다. 다윈의 책을 읽은 이래 내 마음속에 담긴 이곳의 이미지기도 했다. 그렇게 생각하자 마음이 편안해지고 자유로워졌다. 신발이 젖어 발이 축축하고 차가웠지만 그것까지 즐기며 걸었다.

티에라델푸에고의 눈보라. 눈보라야말로 파타고니아 트레킹의 대미를 장식하는 데 제일 잘 어울렸다. 눈보라 속에 들꽃들이 피어나고 있었다.

눈보라 속에서도 들꽃들이 피어나고 있었다. 이른 봄에 피어난 연약한 봄꽃들이 꽃샘추위로 내린 눈에 파묻히면 얼어 죽을 것 같지만 결코 그렇지 않다. 자기 몸에서 내는 미약한 열로 눈과 싸우며 이겨낸다. 이곳의 꽃들도 다르지 않을 것이다. 그렇게 생명의 끈질김과 고귀함을 증명하기 때문에 더 눈물겹게 아름다운 것이 봄꽃들이다. 찾아오는 이 있거나 말거나 주어진 자리와 시간을 지키며 차갑고 어두운 땅속에서 물과 거름을 찾아 싹을 틔우고 눈보라와 비바람을 견뎌내며 꽃을 피우는 들꽃들, 들꽃들이야말로 내 스승이다.

휴게소에 도착할 무렵 눈보라가 잦아들었다. 모자가 찢어져 나가는 바람에 우비를 버렸다. 점심으로 준비해온 빵과 음료수를 먹기에는 너무 추워서 휴게소에 들어가 뜨거운 수프와 차를 사먹었다. 원래는 점심 먹고 두세 시간을 더 걸을 계획이었는데, 밖으로 나오니 다시 진눈깨비가 쏟아지기 시작했다. 발이 다 젖은 데다가 우비도 없는 상태라 더 걷는 것은 무리였다. 이 정도면 됐다 싶었다. 우수아이아로 나왔다.

파놉티콘의 전형 우수아이아 해양박물관

우수아이아 동쪽 끝에 20세기 초에 건설한 우수아이아 감옥 건물에 박물관을 만들었다. 다섯 동의 감옥 건물을 개조해 해양박물관, 감옥박물관, 미술관, 역사박물관을 설치했다.

내게는 건물의 형태가 더 관심을 끌었다. 벤담이 감옥의 모델로 제안한 파놉티콘panopticon의 전형이기 때문이다. 가운데 원형 건물을 중심으로 다섯 개의 긴 건물을 방사형으로 배치했다. 원형 건물에는 거대한 감시탑과 함께 행정 기능을 하는 사무실들이 모여 있고 강당도 있다. 그중 하나가 감옥박물관인데 옛 모습 그대로 보존해놓아 당시 상황을 알 수 있다. 건물은 2층으로 돼 있고 각 층마다 양쪽으로 감방이 늘어서 있으며 1층과 2층 사이는 뚫려 있다. 중간중간에 배치된 간수들이 재소자들을 감시했다.

이곳에는 정치범들도 수용됐는데 제일 유명한 사람은 변호사로서 부에노스아이레스 대학 철학교수자 역사가 리카르도 로하스였다. 군사 쿠데타에 반대한 죄로 수감된 그는 1934년 1월부터 3월까지 이곳에 수용됐다고 한다.

전시는 다소 두서가 없었지만 볼거리는 다양하고 내용도 충실했다. 특히 파타고니아와 남극 탐험의 역사, 남극의 식생과 동물들에 관한 전시와 남극 사진들이 볼 만했다.

감옥박물관. 파놉티콘의 한쪽 날개에 옛날 감옥을 그대로 보존해놓았다. 긴 복도를 따라 양쪽에 감방이 있다. 2층도 마찬가지인데 중간중간에 간수가 배치되어 재소자들을 감시했다.

1520년 마젤란의 트리니다드호Trinidad carrack를 시작으로 티에라델푸에고 지방을 탐험한 유럽의 탐험가들을 기록하면서 그들이 탔던 배 모형을 전시해놓은 것도 재미있었다. 시대에 따라 탐험선의 모양도 바뀌는 게 인상적이었다. 다윈이 탔던 비글호 모형도 있었다.

이 박물관은 물론이고 일반적으로 통용되는 세계사는 마젤란이 외부 사람으로는 처음으로 남미 남단을 탐험했고 마젤란해협을 발견했다고 설명하고 있다. 하지만 앞서 언급했듯이 개빈 멘지스는 마젤란보다 100년 앞선 1421년 명나라 정화 함대의 일부 선단이 이곳에 도착했으며 마젤란해협을 통과했다고 주장한다. 그가 발굴한 역사기록에 의하면 포르투갈 왕실은 이미 1428년에 아프리카의 희망봉과 남미의 마젤란해협을 '용의 꼬리'라는 이름으로 표시한 지도를 가지고 있었고, 1492년 신대륙으로 항해한 콜럼버스도 그 지도를 입수해 마젤란해협을 알고 있었다.[8] 바로 그 지도가 정화 함대의 남미 항해를 통해 만들어졌다는 것이다.

토레스델파이네에서 시작한 파타고니아 트레킹을 우수아이아에서 마쳤다. 정말 걸어보고 싶었다. 언제였던가, 파타고니아를 담은 사진을 보는 순간 가슴이 뛰기 시작했다. 내 마음속에서 안데스의 절반이 잉카라면 나머지 절반은 파타고니아였다. 주마간산 격이긴 하지만 그 파타고니아 트레킹을 끝낸 것이다. 거센 바람과 함께 몰아치는 진눈깨비를 뒤집어써서 그런지 아니면 남미 여행이 끝나가고 있어서 그런지, 무지개산에 오른 날과는 기분이 달랐다. 토레스델파이네 트레킹을 마친 날과도 달랐다. 같은 파타고니아지만 이곳의 느낌은 뭔가 또 달랐다. 마음이 차분하게 가라앉았고 그러면서 홀가분했다. 남극이 지척인 '세상의 끝'이라 그런지도 모르겠다.

다윈은 이곳을 탐사하면서 '저주받은 땅'이라고 했다. 하지만 영국으로 돌아가《비글호 항해기》를 쓰면서는 생각이 달라진 것 같다. "과거의 기억을 불러내노라면, 눈앞에서 파타고니아 평원이 자주 어른거린다"고 했기 때문이다. 몇 년이 지나서도 파타고니아가 그의 눈앞에 어른거린 이유는 무엇일까? 다윈은 파타고니아가 "어떤 문명도 만들어내지 못하는 극도의 기쁨"을 준다고 했다. 그러면서 "누구도 이 외딴 곳에서 감동받지 않을 수 없는 무언가가 있다"고 했다. 그 말이 맞다. 파타고니아에는 여행자로 하여금 감동받지 않을 수 없게 하는 무언가가 있다.

그가 파타고니아를 탐사한 때로부터 200년 가까운 세월이 흘렀다. 세상은 변했고 파타고니아는 그때의 파타고니아가 아니다. 슬픈 역사가 흐르며 주인이 바뀌었고 전 세계에서 여행자들이 찾아온다. 더 이상 '외딴 곳'이라고 하기 어렵다. 정보도 넘친다. 하지만 나는 여전히 그의 감상에 공감한다. 파타고니아가 다윈에게 준, '어떤 문명도 만들어내지 못하는 극도의 기쁨'은 오히려 오늘날의 여행자에게 더 크고 절실하게 다가온다. 다윈이 파타고니아 평원에 보낸 축복을 나도 간절한 마음으로 되풀이하고 싶다.

> 그 평원은 지금도 그렇듯 오랜 세월을 지나온 특징을 지니고 있으며 미래에도 무한히 지속될 것처럼 보인다.[9]

아르헨티나의 상징 오월광장

12월 13일 숙소에서 아침 7시에 출발했다. 9시에 우수아이아를 이륙한 비행기는 12시 30분 부에노스아이레스에 내렸다.

부에노스아이레스는 섭씨 25℃의 화창한 날씨였다. 조금 더운 느낌이었다. 춥고 을씨년스러운 파타고니아에서 부에노스아이레스의 찬란한 햇살 아래로 공간이동을 하니 영 어색했다. 하지만 온몸이 살아나는 것 같은 느낌도 들었다. 그런데 이곳 사람들은 날씨가 갑자기 추워졌다면서 두꺼운 옷을 입고 움츠리고 있었다.

오후에 오월광장Plaza de Mayo과 대통령궁Casa Rosada, 오페라극장을 개조해서 만든 엘아테네오El Ateneo 서점을 구경했다.

부에노스아이레스 관광은 오월광장에서 시작한다. 1808년 나폴레옹군의 점령으로 스페인이 혼란에 빠지자 부에노스아이레스에서 횃불이 올랐다. 1810년 5월 스페인 부왕Viceroy을 쫓아내고 자치정부를 수립하면서 아르헨티나 독립전쟁이 시작됐고 남미 전역으로 불길이 번졌다.

대통령궁 바로 앞에 있는, 그리 크지 않은 이 광장에서 아르헨티나의 운명을 좌우한 수많은 정치적 사건이 일어난 것은 자연스러운 일이었다. 세계적으로는 오월광장의 어머니들Madres de Plaza de Mayo을 통해 민주화의 상징으로 더 잘 알려졌고 친근하다. 우리나라의 민가협과 유가협 어머니들처럼 군사정권에 고문당하고 살해되고 실종된 희생자의 어머니들이 자녀의 이름을 적은 사진을 들고 광장을 돌며 침묵시위를 시작한 눈물겨운 곳이다. 공포에 짓눌려 있던 아르헨티나 시민들이 양심의 눈을 뜨며 용기를 회복하기 시작했고 국제사회가 호응하면서 군사정권의 철권통치에 금이 가기 시작했다.

민가협과 유가협 어머니들이 당했듯이 오월광장의 어머니들도 가혹한 탄압을 받았다. 정권은 '미친 여자들'las locas이라고 하면서 두들겨 패고 체포하고 차에 태워 낯선 곳에 버렸다. 어머니들이 실종자가 되기도

오월광장. 실종자 어머니들이 시민들의 양심을 깨우고 독재정권을 흔들기 시작한 곳이다.

했다. 2005년 부에노스아이레스 남쪽 바닷가 암매장터에서 찾은 시신들의 DNA를 검사한 결과 어머니회 창립자인 아수세나 빌라플로르, 에스테르 카레아가, 마리아 비앙코로 확인됐다.

2003년 아르헨티나 의회는 인권유린 책임자들의 처벌을 면제한 최종해결법Ley de Punto Final, Full Stop Law과 '정당한 복종 면책법'Law of Due Obedience을 폐기했다. 2005년 대법원은 그 법들이 무효라고 선언했다. 헌법에 위반되기 때문이다. 마침내 가해자를 처벌하는 길이 열렸다. 2006년 1월, 오월광장의 어머니들은 "이제 더 이상 정부에는 적이 없다"고 선언했다. 그래도 목요시위는 계속된다. 진정한 민주주의와 사회정의와 인간의 존엄성을 위해 싸우는, 현재와 미래의 모든 이들을 당신들의 자녀로 받아들였기 때문이다.[10]

어머니들의 시위가 없는 광장은 따스한 햇살 아래 한산했다. 벤치에

세상에서 제일 아름다운 서점 엘아테네오. 파노라마로 찍어 양쪽으로 펼쳐져 보이지만 타원형의 오페라극장이다.

는 사람들이 한가롭게 앉아 있고 관광객 외에는 오가는 사람도 많지 않았다. 아수세나의 재를 묻은 정원 한쪽에는 포클랜드(말비나스) 전쟁 실종자 문제 해결을 촉구하는 플래카드와 모형 무덤들이 설치돼 있었다. 1982년에 끓어오르는 비판과 저항에 직면한 군사정권은 포클랜드제도를 기습 점령했다. 하지만 전쟁은 74일 만인 6월 14일 아르헨티나군의 항복으로 허망하게 끝나고 군사정권의 마지막을 재촉했다. 역사의 심판이다. 이 광장에서 해결을 촉구하는 전쟁 실종자들은 군사정권의 또 다른 피해자들로, 영국 해군에 격침된 아르헨티나 함정의 군인들 같다. 안보를 내세워 국민을 윽박지르며 불장난을 벌이고는 희생자들을 내팽개친 군사정권의 잔재였다.

광장 주변을 오가는 행인들과 벤치에 무료하게 앉아 있는 시민들은 관심이 없어 보이고 나 같은 여행자들만 이따금씩 호기심을 보이며 사진을 찍고 돌아선다. 역사의 희생자들, 제물이 된 억울한 이들의 고통과 한이 쌓이고 흘러넘친 곳, 누가 이들을 기억할 것인가? 무려 35년 전에 깊고 깊은 대서양 차가운 바다에 수장된 이들을 어떻게 해야 하나, 한숨이 나왔다.

분홍색의 대통령궁은 소박했다. 건물도 소박했지만 건물 바로 앞까지 사람들이 자유롭게 통행하고 있는 모습이 인상적이었다. 특별한 경비도 없었다. 그저 아무나 함부로 들어갈 수 없도록 건물 바로 앞에 쇠창살로 만든 담을 만들어놓았을 뿐이다. 여행하면서 여러 나라의 왕궁이나 대통령궁을 가보았지만 우리나라 청와대처럼 위압적인 곳은 본 적이 없다. 아르헨티나 대통령궁은 우리나라의 웬만한 정부 부처 건물보다도 더 개방적이었다.

엘아테네오는 세계에서 제일 아름다운 서점이라는 평을 듣고 있다. 과연 그런 말을 들을 만했다. 오페라극장을 서점으로 개조했는데 1층에서 3층까지 객석을 서가로 가득 채웠고 지하에도 서가가 있었다. 천장화도 있었다. 참으로 아름답고 우아했다. 서점이자 도서관이자 오페라극장이었다. 인구 비례로 따질 때 세계에서 서점이 제일 많은 도시가 부에노스아이레스라는 말을 들었는데, 문화적 저력이 만만치 않아 보였다.

남미 여행의 보람, 국립미술관

12월 14일 오전, 국립미술관Museo Nacional de Bellas Artes을 방문했다. 남미 여행에서 방문한 미술관 가운데 전시 작품이 제일 좋았다. 미술책에서나 보던 근현대 유럽 거장들의 작품이 다수 전시된 것을 보고 20세기 초 아르헨티나의 번영을 실감했다. 다만 아르헨티나 현대 화가들의 작품이 부족한 것은 아쉬웠다.

전시는 로댕의 작품들로 시작했다. 로댕의 작품이 상당히 많아 놀랍고 기뻤다. 가장 눈길을 끄는 작품은 단연 〈입맞춤〉El Beso이었다. 전시실 배치부터 그랬다. 어두운 벽을 배경으로 환한 조명을 비춰 그 방에 들어서는 순간 시선이 갈 수밖에 없도록 해놓았다. 이탈리아에서 일어난 실화라고 하는데 단테의 《신곡》에 나와 유명해진 파울로와 프란체스카다. 수많은 예술가에게 영감을 준 이야기를 로댕이 형상화했다. 설명이 필

〈입맞춤〉(왼쪽). 지옥에서 이들의 이야기를 들은 단테가 충격을 받아 기절할 만큼 슬픈 이야기의 주인공들이 로댕의 손끝에서 영원한 생명을 얻었다.

〈첫 번째 장례식〉(오른쪽). 자식을 떠나보내는 부모의 모습을 형상화한 루이스-에르네스트 바리아스의 작품이다.

요 없는 걸작이다.

비운의 사랑에 빠져 다가오는 죽음의 그림자도 아랑곳하지 않고 입맞춤을 하는 연인의 모습은 너무나도 관능적이다. 대리석으로 조각한 남녀의 몸이 워낙 사실적이어서 마치 살아 움직이는 것 같고 그 열정이 전해오는 듯했다. 이 작품이 처음 공개됐을 때 사람들이 충격을 받았다는 말이 실감났다. 지옥에 떨어진 파울로와 프란체스카를 로댕이 되살려냈다고 해도 지나치지 않을 정도다.

라이너 마리아 릴케는 이 작품을 보고 "두 사람의 몸 전체에서 입맞춤의 환희를 눈으로 보는 듯한 느낌을 받는다. 그것은 마치 떠오르는 태양과 같고 사방으로 퍼지는 햇살과 같다"고 감탄했다.[11] 작품이 너무 생생하다 보니 이들에게 닥쳐올 비극이 마치 현실인 듯, 조마조마한 느낌까지 들었다. 〈입맞춤〉을 본 것만으로도 여기 온 보람이 있었다.

루이스-에르네스트 바리아스의 〈첫 번째 장례식〉Les Primieres Funerailles 은 아벨의 시신을 들고 있는 아담과 이브의 모습을 형상화했다. 생명이 빠져나간 아벨의 모습도 그렇지만, 아들의 다리를 붙잡고 있는 아담의 넋 나간 모습과 아벨의 몸을 끌어안은 채 금방이라도 고꾸라질 듯한 이브의 모습에서 자식의 주검을 묻으러 가는 부모의 비통함이 절절하게 느껴졌다. 세월호 부모들이 저랬겠구나 생각하니 가슴이 저려왔다.

엘 그레코의 〈올리브 정원의 예수〉Jesús en el huerto de los Olivos를 시작으로 모네의 〈센강 기슭〉la berge de la Seine, 마네의 〈깜짝 놀란 님프〉La Nymphe surprise, 드가의 〈디에고 마르텔리 초상〉Portrait de Diego Martelli, 고갱의 〈바다의 여인〉Femme a la mer, 피카소의 〈잠자는 여인〉Femme allongée, 샤갈의 〈사랑〉Los Amentes, 모딜리아니가 그린, 목과 얼굴이 유난히 긴 여인들의 초상화 등 수많은 명화를 스쳐 지나갈 수밖에 없는 것이 안타까웠다.

고야의 작품도 여러 점 있었는데 〈전쟁 장면〉Escena de guerra이 반가웠다. 제목은 전쟁이지만 군인들이 양쪽에서 총을 쏘며 민간인을 학살하는 장면이다. 많은 사람이 총에 맞아 쓰러졌거나 쓰러지고 있다. 도망을 가는 길인지, 아니면 저 너머에 있는 사람들에게 도망가라고 손짓하는 중인지, 언덕 위에서 두 손을 들고 있는 사람은 등에 총을 맞았다. 멀리 떨어진 전선에서 총을 든 군인들 사이에 벌어지는, 나와 무관한 싸움 같은 허상 뒤에서 벌어지는 참모습이다.

마드리드의 프라도 미술관에서 본, 스페인을 점령한 나폴레옹 군대가 민간인을 학살하는 장면을 담은 〈1808년 5월 3일〉의 연작임이 분명하다. 나는 그 작품을 보면서 고야를 다시 보게 됐고 언젠가는 고야에 관해 공부를 해보겠다고 생각했는데 이곳에서 다시 만나게 되니 감회가 새로웠다.

아르헨티나 작가 앙헬 바예의 1892년작 〈습격에서 귀환하는 인디언〉La vuelta del malon은 멋지지만 찜찜했다. 이른 새벽 교회를 습격하고 되돌아가는 인디언들의 모습이다. 살해한 사람들의 목을 잘라 말에 매달고 약탈한 성물과 무기를 휘두르며 백인 여성을 납치해 환호하며 달려가는 인디언들의 모습이 너무나 생생하다. 상반신이 벗겨진 채 납치된 여인은 아예 넋을 잃었다. 구도도 나무랄 데 없고 폭력의 생동감이 적나라하다.

그림 자체로는 아주 멋지고 실제로 벌어진 일일 수도 있겠지만 보는

〈습격에서 귀환하는 인디언〉. 실제로는 가해자면서 자신을 피해자로 인식하는 백인들의 인지부조화를 드러내는 앙헬 바예의 1892년 작품이다.

마음은 편치 않았다. 팜파스와 파타고니아에서 원주민들을 몰아내고 학살한 백인들의 범죄를 그린 작품은 없었기 때문이다. 원주민들을 죽이고 그들의 땅을 빼앗는 행위를 정당화하는 선전도구 같았다. 1892년 콜럼버스의 신대륙 도착 400주년을 기념해 그렸는데 "아르헨티나의 진정한 첫 번째 민족 예술 작품"이라는 평가를 받았다고 하니[12] 혐의가 더욱 짙어졌다. 고작 원주민들의 '만행' 장면을 그려놓고 그렇게 거창한 평가를 붙이다니, 백인들을 공격하는 원주민의 모습을 담벼락에 그려놓은 우수아이아 박물관이 떠올랐다. 아르헨티나는 백인들의 나라라는 인상이 맞았다. 그들의 땅은 광대하지만 마음은 좁아 보였다.

아르헨티나의 현실을 드러내는 작품으로 안토니오 푸히아의 〈빵도 일자리도 없는 2000년〉Sin pan y sin trabajo en el 2000이 돋보였다. 남루한 옷에 비쩍 마른 몸으로, 아내는 배고파 우는 아기를 안고 있고 남편은 삽자루를 세워놓은 채 빈 접시를 들고 있다. 2000년대 외환위기 상황에서 가난한 노동자 가정의 고통을 절절하게 묘사했다.

가장 좋았던 것은 〈칼레의 시민〉The Burghers of Calais 가운데 한 사람인 장 데어의 상이었다. 물론 로댕의 작품이다. 프랑스의 왕위 계승권을 놓고 영국과 프랑스 사이에 벌어진 100년 전쟁 초기, 도버해협의 프랑스 쪽 관문 칼레가 무대다. 칼레 시민들은 1346년 9월부터 1347년 8월까지 1년 가까이 영국군의 포위공격에 대항해 싸웠으나 굶주림을 이기지 못하고 항복했다.[13] 영국왕 에드워드 3세는 칼레 시민들을 대신해 처형당할 여섯 명의 대표를 보내라고 명령했다. 성문의 열쇠를 들고 목에는 교수대에 매달 밧줄을 걸고 긴 옷을 입은 채 맨발로……

대표를 뽑는 문제를 두고 온 시민이 모여 비탄에 빠졌다. 시민들은 절망으로 탄식했고 성주 장 드 비엔느는 구슬프게 울었다. 잠시 후 한 사람

〈**빵도 일자리도 없는 2000년**〉. 경제위기를 맞은 가난한 부부의
고통스런 모습이다.

이 일어났다. 칼레에서 최고 부호인 유스타슈 드 상 피에르였다. 당시 영
국 왕실에서 활동한 작가이자 역사가 장 프루아사르(1337~1405)의《연
대기》에 따르면 유스타슈는 다음과 같이 말했다.

시민 여러분, 막을 수 있는 방법이 있는데도 수많은 시민을 굶어 죽게 하는
것은 있을 수 없는 일입니다. 그런 참극을 막을 수 있다면 하느님이 보시기
에 매우 합당할 것입니다. 저는 하느님 앞에 은총을 구하는 믿음으로 제일

〈칼레의 시민〉 중 장 데어. 공동체의 위기에
지도자의 모습이 어떠해야 하는지 보여주는 표본이다.

먼저 자원하겠습니다.

다음으로 장 데어가 자원했고 장 데어에 이어 네 명이 더 나섰다. 〈칼
레의 시민〉은 그렇게 자원한 여섯 명이 목숨을 바치기 위해 적의 왕에게
가는 장면을 형상화한 작품이다.

시민들의 신뢰를 받은 지도자로서 시민들을 대신해 목숨을 내놓기로
결심했지만, 죽음을 향하는 발걸음은 무겁기 그지없다. 생명에 대한 애
착을 끊을 수 없는 인간이기 때문이다. 적의 왕에게 넘겨줄 성문의 열쇠

를 움켜잡은 장 데어의 두 손은 치욕을 참느라 안간힘을 쓰고 있다. 턱을 조금 앞으로 내밀고 꽉 다문 입과 정면을 향한 두 눈은 고귀한 결단을 수행하려는 의지와 자존심으로 가득하다. 장 데어뿐 아니라 나머지 다섯 명도 마찬가지다. 다행히도 이들은 목숨을 건졌다. 신하들은 물론 임신한 왕비까지 나서서 이들을 살려달라고 간청하자 영국 왕이 관용을 베풀었다.[14]

민족의 영웅들을 기리는 동상을 세우는 것은 칼레 시의 오랜 숙원사업이었다. 이들의 모습을 웅장하게, 영웅다운 모습으로 만드는 대신 지극히 평범한, 고뇌하는 인간으로 표현한 로댕의 작품에 비판이 쏟아졌다. 로댕의 생각은 달랐다.

나는 그들을 의기양양한 신성한 집단으로 보이게 하지 않았습니다. 그들의 영웅적인 행위를 그렇게 미화하는 것은 결코 진실에 맞지 않기 때문입니다. …… 왜냐하면 그들은 자신들의 대의와 죽음의 공포 사이에서 일어나는 내면의 싸움으로 주저하면서 자신의 양심 앞에 외로이 서 있기 때문입니다. 그들은 스스로 선택한 고귀한 희생을 이루어낼 수 있는 힘이 있는지 계속해서 자문자답합니다. 정신은 그들을 앞으로 밀고 가지만 그들의 발은 나아가기를 거부합니다. 굶주림에 연약해진 몸은 걸을 힘도 없지만, 그에 못지않게 희생에 대한 공포 때문에 그들은 고통스럽게 발을 뗍니다. …… 고귀한 주제의 겉모습에 그치지 않고 가장 잔인한 고통으로 약해졌지만 여전히 생명을 갈구하는 그들의 몸과 그들의 정신을 이끌고 가는 용감한 힘을 함께 드러내는 데 성공한 것을 스스로 축하하고 싶습니다.[15]

로댕이 옳았다. 칼레의 시민들이 보여준 고귀한 정신이 왜 고귀한지 왜 기억해야 하는지를 평범한 사람들이 눈으로 보고 마음으로 느낄 수 있게 했기 때문이다. 그 덕분에 그저 신화 속에 나오는, 나와 상관없는 영웅 서사로 끝났을 이야기가 살아 있는 현실의 모습으로 영원한 생명을 얻었다. 예술이 그래서 위대한 것 아닌가 싶다. 유럽 여행 때 칼레에 가서 시청 앞에 있는 〈칼레의 시민〉 상을 보고자 했으나 도저히 일정이 맞지 않았다. 그중 한 사람인 장 데어를 지구 반대편에서 만나게 되니 우연도 이런 우연이 없고 행운도 이런 행운이 없다. 그가 법률가였다는 말도 있다. 그래서 더욱 반가웠다.

　'노블리스 오블리제'의 상징처럼 회자되는 칼레의 시민들 이야기가 과장된 것이라는 주장도 있다. 역사가들의 견해는 그쪽이 더 우세한 것 같다. 칼레의 시민들이 그런 차림새로 영국 왕 앞에 나아간 것은 패자가 승자에게 하는 의례적인 항복의식으로 유럽의 관행이었다고 한다. 영국 왕은 칼레의 시민들을 처형할 의사가 없었고 칼레의 시민들도 그렇게 알고 있었다는 것이다. 세월이 지나 민족주의 감정이 확산되면서 사실을 과장해 영웅 서사를 만들어냈다는 것이 요지다.[16]

　충분히 그랬을 수 있다. 하지만 프루아사르의 《연대기》나 그 기초가 된 장 르벨(1290~1370)의 《진정한 연대기》[17]에 다소 부정확하고 과장되거나 미화된 부분이 있다고 하더라도 칼레의 시민들이 보여준 고귀한 정신이 빛을 잃는 것은 아니라고 생각한다. 비록 항복의식이 의례적인 것이었고 실제로는 처형하지 않을 것을 알고 있었다고 해도 적의 왕 앞에 나아가 굴욕을 감당하는 일은 누구라도 피하고 싶을 것이기 때문이다.

　병자호란 때 인조의 항복의식을 생각해보면 알 수 있다. 인조는 항복하기로 결정하고서도 직접 청 태종 앞에 나아가는 것만은 피하려고 온갖 노력을 다했다. 청 태종이 인조를 죽이지 않겠다고 약속한 상태에서 한 의식이고 잔치까지 베풀었지만, 삼전도의 굴욕은 수백 년이 지난 지금까지도 치욕의 역사로 기억되고 있지 않은가 말이다.[18] 인조야 어쩔 도리가 없었지만 칼레의 시민들은 굳이 나서지 않아도 되는 사람들이었다. 그냥 가만히 있기만 하면 되는데도 동료 시민들을 대신해 자청했다. 쉬운 일 아니다. 내가 하기 힘든 일이면 남들도 하기 힘들다. 아무나 할 수 있는 일 결코 아니다.

'대교약졸', 베르니와 피카소

아르헨티나의 현대 작품에 대한 갈증은 나중에 라틴아메리카미술관 Museo de Arte Latinoamericano과 근대미술관Museo de Arte Moderno에서 조금 풀었다. 라틴아메리카미술관은 이름 그대로 라틴아메리카 작가들의 작품을 전시하고 있는데, 브라질 작가들의 특별전이 열리고 있었다. 근대미술관에서는 두 개의 특별전이 열리고 있었는데, 아르헨티나에서 위대한 예술가로 추앙받는 안토니오 베르니(1905~1981)와 피카소였다. 두 작가의 작품 모두 수채화와 스케치 등 소품들이었다.

베르니는 당대의 현실을 직시하며 적극 개입하는 작품을 많이 그린 것 같았다. 〈빵과 노동〉PAN y TRABAJO을 요구하는 시위대를 그린 대작과 뼈가 앙상할 정도로 비쩍 마른 엄마가 아기에게 젖을 먹이는 모습을 그린 작품은 경제위기 속 빈곤층의 현실을 고발했다. '정치'POLiTiCA라고 쓴, 텔레비전 모양의 머리를 가진 거대한 문어가 한 남자의 눈에 다리를 집어넣으면서 또 하나의 다리로는 나신인 여성의 허리와 다리를 징그럽게 칭칭 감고 있는 작품은 정치권력의 도구가 된 바보상자의 적나라한 모습을 보여준다.

밀실에서 사람을 고문하는 그림, 투구를 쓰고 곤봉을 든 자들이 길거리에 쓰러진 사람을 두들겨 패는 그림, 고문으로 살해당한 것이 분명한 남성을 군인들이 관에 넣는 그림을 포함해 아르헨티나가 통과해온 고난의 현대사를 환기하는 작품이 많았다. 국민을 상대로 '추악한 전쟁'을 벌인 그 무서운 군사정권 시절 이런 그림들을 그리는 데에는 엄청난 용기가 필요했을 것이다. 생각이 그렇게 가자 베르니가 다시 보였다.

내 눈에는 근대미술관에 걸려 있는 베르니의 작품들이 하나같이 소박해서 그의 작품이라는 설명이 없다면 그림 공부를 막 시작한 사람의 습작이라고 해도 믿을 정도였다. 모르고 보면 어린아이의 그림이라는 오해를 사기에 딱 좋은 피카소의 작품들이야말로 그 점에서는 타의 추종을 불허한다. 피카소는 워낙 화풍이 특이하고 작품을 많이 보았기 때문에 눈에 익숙해져서 알아보게 된다. 내 수준에서는 작품을 제대로 이해해서가 아니라 피카소의 작품이기 때문에 감탄한다고 말하는 편이 진실에 가까울 것이다.

피카소에 대해 다시 한 번 생각하게 된 것은 스페인 말라가에 있는 피카소미술관을 방문했을 때였다. 전시실 곳곳에 피카소의 어록이 적혀 있었는데 미술에 대한 신념과 함께 사람의 몸을 얼마나 치열하게 연구했는지 말한 것을 보고 감명을 받았다. 나 자신을 돌아보며 부끄럽기도 했다. 여전히 그의 작품을 이해할 능력은 없지만 상식을 깨뜨릴 뿐만 아니라 서툴러 보이기까지 하는 그의 그림이 그냥 단순한 기교에서 나온 것이 아니라는 점만은 분명했다. '최고의 경지에 오른 기교는 서툴게 보인다'大巧若拙는 노자의 말씀은 이런 경우를 두고 하는 말이 분명하다.

예술가는 사람들을 깨워야 한다. 그들이 사물을 인식하는 방법을 혁명적으

〈시위〉(위). 빵과 노동을 요구하는 시위 군중의 감정이 사라진 듯한 얼굴과 눈이 인상적인 베르니 작품이다. 1934년, 180×250cm. © José Antonio Berni, Argentina.

〈정치〉(아래). 우민화의 정치적 도구가 된 텔레비전의 모습을 그렸다.
1975년경, 30×39cm. © José Antonio Berni y Luis Emilio De Rosa, Argentina.

로 바꿔야 한다. 그들이 받아들이려고 하지 않는 이미지를 창조해야 한다. 입에 거품을 물게 만들어야 한다. 그들이 정말로 이상한 세상에 살고 있다 는 것을 이해하게 만들어야 한다. 그들을 편안하게 만들지 않는 세상, 그들 이 으레 그러리라고 생각하는 것과 다른 세상 말이다.

에비타에 대한 환상

레콜레타Recoleta 묘지는 아르헨티나 명문가의 납골묘가 모여 있는 곳이 다. 시내 한복판에 거대한 공동묘지가 있는 셈인데, 석조건물 모양의 납 골묘가 끝도 없이 서 있는 이곳에 아르헨티나 역사에서 내로라하는 사 람들이 잠들어 있다. 수많은 관광객이 이곳에 오는 것은 순전히 에바 페 론 때문이다.

아르헨티나 사람들이 에비타Evita라고 부르며 여전히 사랑하는 에바 페론의 묘에는 추모객들이 꽂아놓은 꽃들이 많았다. 남편인 페론의 집 안이 아니라 친정인 두아르테 가문의 납골묘에 있는 것이 특이했다. 페 론의 유해는 시내 다른 곳에 안치돼 있다고 하는데 에바 사망 후 페론이 이사벨 페론과 재혼했기 때문인지 모르겠다.

한편으로는 노동계급과 동맹을 맺고 진보적인 (듯한) 사회정책을 추 진하면서 다른 편으로는 철권통치를 휘두르며 나치 전범들을 받아들여 보호하고 협력한 파시스트 페론, 세 번이나 대통령에 당선됐다. 첫 번째 임기를 마치고 두 번째 선거에서 인기 높은 아내 에바를 부통령 후보로 삼아 당선됐으나 군부 쿠데타로 쫓겨났다. 18년 동안(1955~1973) 스페 인의 독재자 프랑코의 품에서 망명 생활을 했다. 와신상담 끝에 1973년

9월 이번에는 두 번째 아내 이사벨 페론을 부통령 후보로 삼아 대통령에 당선됐지만 1년도 되지 않은 1974년 7월 1일 사망했다. 아무런 경험 없이 남편의 대통령직을 이어받은 이사벨 페론은 심화되는 정치적 혼란과 경제위기 속에서 1976년 3월 군참모총장 비델라가 이끄는 군부에 정권을 빼앗겼다. 아르헨티나는 군대가 국민을 상대로 치르는 '추악한 전쟁'의 늪으로 침몰해갔다.

아르헨티나 정치는 지금까지도 페론주의자와 반페론주의자 사이의 투쟁으로 전개되고 있고, 에바 페론은 여전히 성녀처럼 추앙받고 있다. 참으로 알 수 없는 인물들이고 알 수 없는 나라다. 남미 대륙에서 축복받은 땅 아르헨티나가 아직도 제 길을 찾지 못하고 비틀거리는 데에는 페론의 유산을 청산하지 못하고 있는 게 한몫하지 않을까 싶다.[19]

에바 페론의 삶에 관해 제일 많은 자료를 볼 수 있는 곳은 에비타 박물관Museo Evita이다. 그의 삶에 관한 자료와 화려한 의상 등 유물을 비치해 '성녀'의 이름을 유지하는 데 기여하고 있다. 어떻게 평가하든, 아르헨티나 현대사와 뗄 수 없이 얽혀 있고 지금도 사람들의 마음에 살아 있는 그의 삶은 한번 둘러볼 가치가 있다.

사실 굳이 레콜레타까지 간 것은 에바 페론보다도 메르세데스 소사의 납골묘가 혹시 있지 않을까 기대해서였다. 그런데 없었다. 사망 후 유해를 화장해 아르헨티나 곳곳에 뿌렸다고 했다. 과연 소사다웠다. "인간의 권리에 대한 믿음과 부정의를 보는 고통과 진정한 평화를 보고 싶은 소망"을 최고의 음악성과 카리스마로 표현한 소사, "전통적이면서 현대적이고, 토속적이면서 세계적이며, 거칠면서도 섬세한" 소사의 노래는 라틴아메리카 민중에게 "희망과 정의의 목소리"voice of hope and justice였고 "목소리 없는 사람들의 목소리"voice of the voiceless였으며 "어머니 지구의

〈위대한 환상 즉 위대한 유혹〉. 아르헨티나 사회의 모순을 상징하는 인물들을 에바 페론이
성녀처럼 인자한 모습으로 내려다보고 있다. 에바는 두 손에 고급 승용차와 돈뭉치를 들고 있다.
에바의 정체를 풍자한 예술가의 안목이 과연 날카롭다.
안토니오 베르니, 1962년, 245×241.5cm. © José Antonio Berni, Argentina.

살아 있는 표상"이었다. 그런 소사가 원한 것은 정치에 영향받지 않고 노
래에 전념할 수 있는 평온한 삶이었다. 2009년 10월 4일 74세를 일기로
눈을 감았다. 키르치네르 대통령은 소사의 유해를 3일 동안 의사당에 안
치하고 국가 애도 기간으로 선포했다.[20] 부에노스아이레스에서 소사의
기념물을 찾아보지 못한 것이 참 아쉽다.

젊은 이름으로 가득한 군사정권 희생자 기념공원

부에노스아이레스 시내를 조금 벗어난 라플라타강 하구에 군사정권 희생자들을 추모하는 기념공원이 있다. 이곳은 군사정권이 사람들을 살해하고 시신을 유기하던 장소다. 바다를 향해 툭 터진 잔디밭에 들어서면 교통표지판 모양으로 군사정권의 인권침해를 상징하는 다양한 푯말이 늘어서 있고, 언덕에는 "생각하는 것이야말로 혁명적인 활동이다"Pensar es un hecho revolucionario라는 마리 오렌산스의 작품이 서 있다. 생각은 오직 인간의 능력이므로, 생각하는 것을 포기하는 것은 인간이기를 포기하는 것이며, 무슨 짓이든지 저지르게 된다는 한나 아렌트의 말을 떠오르게 하는 작품이다.

얇은 돌판을 깔끔하게 쌓아올린 벽을 따라가면 유리로 된 단정한 형태의 기념관이 있다. 건물 안에는 예술품들을 전시해놓았다. 돌담 안쪽에는 연도별로 희생자들의 이름과 나이가 새겨져 있는데, 20대와 30대가 압도적으로 많다. 그러려니 하면서도 그래서 더 먹먹하다. 언젠가 우리나라도 민주주의를 위해 희생한 이들을 기리는 장소를 갖게 된다면 젊은이들이 제일 많을 거 같다. 희생자들의 이름을 새긴 돌판은 끝없이 이어진다.

애기가 나온 김에 파소콜론가Av. Paseo

생각하는 것이야말로 혁명적인 활동이다. 독재정권의 인권유린에 눈 감고 외면한 책임을 되새기게 한다.

기념광장의 벽. 몇 겹으로 끝이 없는 듯 이어진 벽의 돌판 하나하나에 새겨진 희생자의 이름과 나이를 보면 젊은이들이 압도적으로 많다.

Colon와 고가도로가 만나는 지점 아래 있는 '정의 기억 진실' 광장도 언급하고 싶다. 다음 날 역사박물관을 찾아가는 길에 우연히 발견했는데, 고가도로 아래 공간에 만들었다. 특별한 것이 아무것도 없다. 간단한 설명과 포스터, 만화로 군사정권의 인권유린과 그에 대한 저항을 간단히 소개하고 계단에 앉아 쉴 수 있게 해놓은 것이 전부였다.

웅장하고 화려하기는커녕 너무 평범하고 허름하다고 할 수도 있을 만큼 소박해서 처음에는 낯설기까지 했다. 그런데 계단에 앉아 가만히 생각해보니 그럴 일이 아니었다. 길 가던 사람들이 '이게 뭐지?' 하고 잠깐 들여다볼 수 있는 곳이었다. 인권유린과 저항의 역사가 특별한 사람들 사이에 벌어진 대단한 일이 아니라 평범한 사람들의 일상의 문제임을 느낄 수 있게 해놓은 것 같았다.

로댕이 〈칼레의 시민〉 상을 높은 기단 위에 설치하는 대신 시청 앞 길

소박한 '정의 기억 진실' 광장. 무심코 길을 가다가 '이게 뭐지?' 하고 들어가 볼 수 있게 해놓았다.

에 내려놓기를 바랐던 것과 같은 문제의식이 아닌가 하는 생각이 들었다. 시민들이 같은 눈높이로 바라보고 어깨동무도 할 수 있게 해서 그들이 특별한 존재가 아니라 자기들과 같은 평범한 사람들임을 느끼게 하려고 했던 것이다.[21] 경건하게 마음을 가다듬거나 옷깃을 여미지 않고도 지나가다가 그냥 들어가 생각하고 느낄 수 있는 기념공간을 구상한 아르헨티나 사람들의 문제의식이 훌륭했다.

기억과 인권을 위한 공간

해방자Libertador거리 8151번지에는 '기억과 인권을 위한 공간'Espacio Memoria y Derechos Humanos이 있다. 군사정권 시절 해군 기술교육기관ESMA이 있던 기지다. 그러면서 가장 악명 높은 비밀감옥이었다. 정치범들을 비밀리에 구금해 고문하고 처형한 다음 시신을 유기했다. 이곳에서 실종된 사람이 5,000명을 넘을 것으로 추정된다.[22] 그 기지 전체를 원형 그대로 보존하면서 인권유린의 실상을 밝히고 희생자들을 기념하며, 기록을 보존하고 교육하는 장소로 쓰고 있다.

기지 초소 모습 그대로인 입구를 지나면 한눈에 군사기지였음을 알 수 있는 건물들이 보이는데 담장 옆에는 '기억'MEMORIA, '진실'VERDAD, '정의'JUSTICIA를 새긴 세 개의 큰 탑이 서 있다. 오른쪽 끝, 해군전투학교Escuela de Guerra Naval에는 국립기록관Archivo Nacional de la Memoria이 들어서 있고, 나머지 건물들에는 인권단체의 사무실이 입주해 있다. 남미공동시장Mercosur 국가들이 출연해서 만든 인권연구소Instituto Politicas Publicas en Derechos Humanos, IPPDH도 있다. 강당이었음 직한 전시장에는 인권침

기억과 인권을 위한 공간 입구. 비밀감옥으로 사용하던 당시의 해군기지 초소를 그대로 살려놓았다.

해의 실상은 물론 민주화 운동의 역사를 전시하고 있다. 오월광장 어머니들의 시위 장면을 찍은, 세계적으로 유명한 사진도 있다. 낯익은 얼굴들도 보인다. 강당 유리창에는 이곳에 수용됐던 피해자들의 사진을 흑백으로 프린트해놓았다. 사진들은 그들이 단지 숫자로 표시되는 추상적 존재가 아니라 살과 뼈로 이루어진, 개별적인 존재들임을 보여준다.

정치범을 고문했던 건물도 그대로 보존되어 있다. 이 건물은 입구에 커다란 유리벽을 세운 다음 고문 희생자들의 사진을 프린트해놓았다. 내부도 마찬가지다. 곳곳에 희생자들의 사진과 사건 자료들, 그들의 증언을 보여주는 비디오가 전시돼 간접으로나마 피해자들의 고통을 느낄수 있다. 강당에서는 기록 영화도 상영한다. 지하에는 사람을 고문하고 살해한 장소들도 그대로 보존돼 있다. 2층에는 피해자들을 가둬놓았던 장소가 재현되어 있다. 지하에서 고문당하는 피해자들의 비명소리가 2

세 개의 탑. 기억, 진실, 정의를 새긴 거대한 시멘트 탑이 왠지 처연한 느낌을 준다.

층까지 다 들렸을 것 같다. 그래서 그런지 제법 더운 날씨인데도 건물에서 섬뜩한 기운이 스며나오는 듯했다.

공적인 문제는 공동체의 모든 구성원이 보고 듣고 말할 수 있어야 한다. 국가권력이 저지르는 고문과 살해는 공동체의 존재 근거를 파괴하는 중대한 공적 문제임에도 비밀리에 이루어진다. 공중의 눈에 보이지 않으니 존재하지 않는 것으로 간주되고 공적 관심을 가질 가치가 없는 것으로 여겨진다. 희생자는 공동체의 구성원이 아닌 것처럼 배제된다.

고통은 주관적이고 사적이다. 고통을 전달하는 것은 불가능하다. 공적으로 드러낼 수 없다는 뜻이다. 고문은 피해자의 육체를 찢고 정신을 파괴하지만 말로 드러낼 수 없다. 어떤 방법으로도 그 고통을 재현하는 것은 불가능하다. 다른 사람이 느끼는 것도 불가능하다. 국가범죄의 피해자가 당한 고통은 공적인 영역에서 배제되고 사람들은 이해하려고도 하지 않는다.

과거사 기념관들은 이처럼 이중으로 불가능한 과제를 수행한다고 말할 수 있다. 공중의 눈이 닿지 않는 밀실에서 벌어진, 이미 사라진 과거의 사건, 전달할 수 없고 이해할 수도 없는 고통을 공적으로 드러내고 합당한 관심을 받게 해야 한다. 시민들이 보고 듣고 느끼고 말할 수 있게 하는 방법을 찾아야 한다.

강당 창문에 프린트해놓은 희생자들의 얼굴(위)과 고문 장소(아래).
나와 같은 사람인 저들이 이곳에서 당했을 고통을 생각하게 된다.

그것은 미래를 향한 희망의 근거다. 국가권력을 장악한 집단이 시민들을 고문하고 살해할 수 있다면 그것은 폭력과 공포로 유지되는 집단일 수는 있어도 인간의 공동체라고는 할 수 없다. 정치적 공동체의 전제조건인 인간 사이의 신뢰와 유대가 없기 때문이다. 인간은 어두운 본성을 가지고 있어 본질적으로 믿을 수 없는 존재다. 상황에 얽매여 살아가는 까닭에 어떻게 변할지 예측할 수도 없다. 그런 인간들이 만들어낸 국가는 말할 것도 없다. 공동체가 무너진 폐허에서 신뢰와 유대를 쌓아가려면, 예측 가능성의 섬을 만들어야 한다.[23] 그게 약속이다. 국가권력의 이름으로 저지른, 인간들의 범죄를 드러내고 책임을 묻고 희생자들을 위로하는 것이 바로 약속이다. 과거사 기념관의 역할이 바로 그거다.

2007년 이곳에서 정치범들에게 고문과 살인을 저지른 책임자들에 대한 기소와 재판이 시작됐다. 2011년 16명이 유죄판결을 받은 데 이어 2012년부터는 약 789명의 피해자들에 대한 범죄로 68명이 재판을 받고 있다.[24]

부에노스아이레스 시내 요지, 땅값이 엄청나게 비쌀 거대한 기지를 개발하면 막대한 수익을 거둘 텐데, 그대로 보존해 인권침해의 진실을 밝히고 희생자들을 기억하며, 미래 세대를 교육하는 장소로 사용하는 모습에 감명을 받았다.

기념공원, '기억과 인권을 위한 공간', 시내 곳곳에 마련된 기념물들은 1983년 라울 알폰신 정부가 실종자에 관한 국가위원회Comisión Nacional sobre la Desaparición de Personas를 설치한 이래 20여 년에 걸친 인권운동의 투쟁과 민주화의 성과를 보여준다.

아르헨티나를 비롯한 남미 군사정권들의 잔인함을 상징적으로 보여주는 것이 강제실종이다. CIA가 주도적으로 개입하고 남미 정보기관들이 협력한 콘도르 작전의 결과였다. 아르헨티나 군사정권은 곳곳에 비밀수용소를 설치해놓고 지식인과 학생, 노동자 등 정권에 반대하거나 그들을 지원하는 것으로 보이는 사람들을 납치해 수용한 다음 고문하고 살해했다. 공적 사법체계에서 벗어난 비밀수용소를 통해 추악한 전쟁을 벌임으로써 범죄를 감시할 수 없게 만든 반면 더 쉽게 고문하고 살해할 수 있었다. 그럴수록 공포는 커졌다.

군사정권은 희생자의 시신을 화장하거나 암매장하거나 바다에 유기했다. 심지어는 살아 있는 사람들을 비행기에 싣고 가 바다에 떨어뜨려 죽이기도 했다. 살해당한 피해자들의 어린 아기들 또는 출산을 앞두고 납치된 여성들이 낳은 아기들의 신분을 날조해 자기들이 입양하기도 했다. 그래서 새로운 단체가 만들어졌다. '오월광장의 할머니들'은 그렇게 사라진 아기들의 할머니들이 만든, 너무도 슬픈 단체다.

군사정권 기간 동안 실종자만 대략 3만 명에 이르는 것으로 추산된다. 실종자 문제는 아르헨티나의 상징으로 떠올랐고, 민간정부가 들어서자마자 가장 중대하고 시급한 정치 현안이 됐다. 반면 군사정권은 퇴진 직전 '국가화해법'National Pacification Act을 제정해 자신들이 저지른 모든 범죄를 '국가 전복행위에 대한 전쟁'의 일환으로 규정하고 면책했다.

실종자들에 대한 조사와 책임자 처벌은 새로 수립된 민간정부가 결코 피해갈 수 없는, 그러면서도 민주화 과정의 성공과 파국을 가름하는 민감한 문제였다. 피해자들과 인권단체들은 강력한 조사권과 재판권을 가진 특별위원회 설치를 요구했고 알폰신 정부가 대통령령으로 실종자위원회를 설치하자 크게 반발했다. 에르네스토 사바토가 이끄는 위원회는 천신만고의 노력 끝에 피해자들의 협조를 이끌어냈고, 1984년 9월 20일《이제는 그만》Nunca Mas이라는, 세계적으로 유명해진 보고서를 제출했다. 불과

9개월 남짓 활동한 실종자위원회가 거둔 성과는 예상을 뛰어넘었다.

위원회는 수많은 피해자와 주변 인물들의 증언을 듣고 정보를 수집했다. 전국에 설치된 300여 개의 비밀수용소와 8,961건의 강제실종 사건을 밝혀냈고 수많은 암매장 장소를 찾아내 발굴했다. 예컨대 1982년 2월에는 코르도바 근처에서 약 700명이 묻혀 있는 암매장지를 발굴해 시신들에 있는 고문과 학대와 총살 흔적을 확인했다. 하지만 위원회가 거둔 진정한 성과는 군사정권이 저지른 잔혹한 범죄의 실상을 공적으로 확인한 것이다. 진실을 밝히고 책임을 추궁하라는 정의의 요구가 폭포처럼 쏟아져 나오게 justice cascade 됐다.

정의를 실현하는 과정은 지난했다. 위원회 활동을 계기로 군사정권 책임자들에 대한 기소와 재판이 시작되자 군부는 공공연히 쿠데타를 일으키겠다고 위협했다. 알폰신 정부는 굴복했다. 1986년 12월 군사정권 시절에 저지른 정치적 폭력에 대한 조사와 기소를 금지하는 '최종해결법'을 제정한 데 이어 1987년 6월에는 상급자의 명령에 따라 범죄를 저지른 사람들을 모두 면책하는 '정당한 복종 면책법'을 제정했다. 군부의 압력에 굴복한 두 법으로 당시 진행되던 모든 수사와 기소, 재판이 중단됐고, 인권유린의 진상을 밝히고 가해자들을 처벌하는 일은 물 건너간 것처럼 보였다.

이 법들은 국내는 물론 국제사회에서 강력한 비판을 받았다. 미주인권위원회와 미주인권재판소, 유엔인권위원회 등 국제기구는 인권유린의 진실을 알 권리가 양도할 수 없는 인권이며, 국가는 반인도적 범죄의 진상을 조사하고 처벌할 의무를 면할 수 없고, 책임자 사면은 무효라는 보편적 법 원칙을 거듭 확인했다. 아르헨티나 국내에서 기소와 처벌의 길이 막히자 국제 인권단체들의 협력으로 미국·스페인·프랑스·독일·

이탈리아 등에서 가해자의 책임을 묻는 재판들이 진행됐다. 민간정부가 계속 이어지면서 군부의 영향력이 점차 줄어들었고, 2003년 8월 아르헨티나 의회는 '최종해결법'과 '정당한 복종 면책법'을 폐지했다. 2005년 6월 14일 대법원은 두 법을 무효로 선언했다.

대법원 위헌 판결을 계기로 인권유린 범죄자들에 대한 기소와 처벌의 길이 열렸다. 2003년 당선된 네스토르 키르치네르 대통령도 적극적으로 협력했다. 쿠데타 주역으로 대통령을 지낸 비델라가 무기징역형을 선고받는 등 2016년 8월까지 600여 명이 유죄판결을 받았고, 기소와 재판은 계속되고 있다.[25]

너무 몰입했는지, 비밀감옥의 음산한 기운에 압도됐는지 몸살에 걸린 듯 기운이 빠지고 몸 상태가 좋지 않았다. 밖으로 나오자 따가운 햇살이 내리쬐고 하늘은 파랗게 맑았다. 기운을 차릴 겸 벤치에 앉았다. 여러 생각이 오갔다. 우리보다 훨씬 더 어렵게 민주화 과정을 시작한 아르헨티나는 우여곡절을 겪으면서도 과거청산의 길을 한 걸음씩 밟아나가고 있는 듯싶었다.

칠레도 그랬지만, 아르헨티나 검찰과 법원도 군사정권의 꼭두각시고 협력자였다. 그러나 대법원은 오랜 방황 끝에 고문과 살인, 강제실종 등 반인도적 범죄를 사면하는 법이 무효라고 선언했고, 검찰은 인권유린 범죄자들을 적극적으로 수사해 기소하고 있다. 우리나라는? 한때 앞으로 좀 나아가는 것 같더니 완연히 뒷걸음질을 치고 있다. 우리나라 검찰과 대법원이 보여주는 모습은 정말 딱하고 걱정스럽다. 과거의 피해자들을 구제하는 것도 물론 중요하지만 앞으로 함께 살아갈 공동체의 가치와 원칙을 세우는 문제여서 더욱 그렇다.

사건은 일어났고 따라서 또다시 일어날 수 있다. 이것이 우리가 말하고자
하는 것의 핵심이다.[26]

몸도 안 좋고 뭘 먹고 싶은 생각도 없어서 교민 몇 분의 저녁 초대를 뿌
리치고 숙소로 돌아왔다. 컵라면 하나 끓여먹었다. 밤늦게 그분들이 호
텔로 찾아왔다. 시내에 나가 커피숍에서 바람 쐬며 이야기를 나눴다. 40
년 전까지 거슬러 올라가는 교민 첫 세대들의 삶에 관해 들었다. 실제에
비하면 100분의 1도 안 되겠지만 눈물 나는 이야기들이었다. 그 가난하
고 어렵던 시절, 적수공권으로 지구 반대편의 낯선 나라에 와서 맨손으
로 삶을 일군 이야기들이었다. 그렇게 힘들게 살면서 한국이 잘되기를
기원하며 조금이라도 도움될 일이 있으면 발 벗고 나서는 모습에 감동
하지 않을 수 없었다.

새벽에 《세월호, 그날의 기록》이 알라딘에서 올해의 책으로 선정됐다
는 소식이 날아왔다. 감회가 새로웠다. 2015년 한 해를 이 책 만드는 데
썼다. 2016년 3월 1일 책이 나오는 것도 보지 못한 채 여행을 떠날 때는
진이 다 빠졌다. 내 좁은 마음의 그릇으로는 감당할 자신이 없어 될 수 있
으면 자료를 보지 않고 기록팀에 맡겨놓으려고 했다. 하지만 그렇게 되
지 않았다. 어느 정도는 봐야 했다. 얼마나 울었는지 모르겠다. 눈물을
흘리고 나면 마음이라도 좀 정화돼야 하는데 그렇지도 않았다. 점점 기
운이 빠졌다.
책이 조금씩 모습을 드러내자 이번엔 걱정이 들기 시작했다. 혹시라
도 기록팀이 무슨 해코지라도 당하지 않을까 노심초사했다. 승객을 구
하는 데에는 관심이 없던 청와대와 해경 지휘부의 통화 내용과 국정원

관련 의혹처럼 그동안 가려져 있던 여러 이면을 밝혔기 때문이다. 그런 일이 없기를 바랐지만 중도에 여행을 포기하고 돌아와야 할지도 모른다고 생각했다. 그렇더라도 실망하지 않고 담담하게 돌아올 수 있도록 마음을 다지고 또 다졌다. 그런 반면에 이 책을 내는 게 과연 무슨 의미가 있을까 회의도 들었다. 몸은 세상을 떠돌면서도 머릿속엔 그 생각만 가득했다.

책이 나온 다음 인터넷에서 시민들의 반응을 보면서 헛일 한 건 아니구나 싶었다. 큰 위로를 받았다. 4·13 총선 결과를 보고 해코지에 대한 염려를 떨쳤다. 이제 여행을 마치는 마당에 올해의 책으로 선정되다니, 보람을 느꼈다. 뿌듯했다. 내가 그렇게 힘들었는데 기록팀의 젊은 친구들은 어떻게 감당했을까 하는 생각이 새삼스레 들었다. 내 마음 추스르기에 바빠 기록팀을 독려만 했지 위로 한번 해주지 못했다. 오늘 같은 날 함께하지 못해 정말 아쉬웠다.

과라니족의 역사를 안고 흐르는 이구아수 폭포

남미 여행의 마지막은 이구아수Iguazú 폭포다. 아르헨티나와 브라질의 국경을 가르며 흐르는 이구아수강이 빚어낸 걸작이다. 두 나라에 걸쳐 있기 때문에 먼저 아르헨티나 쪽 푸에르토이구아수로 가서 구경한 다음 브라질 쪽 포스두이구아수로 넘어간다.

푸에르토이구아수는 미시오네스Misiones주에 속한 작은 도시로 아르헨티나 동북쪽 끄트머리에 있다. 북서쪽으로는 파라나강을 통해 파라과이와, 동북쪽으로는 이구아수강을 통해 브라질과 접한다. 예수회 소속 선교사들이 지금의 파라과이, 아르헨티나, 브라질 접경지대에 선교마을을 설치해 원주민들을 집단으로 거주하게 한 데서 유래한 이름이다. 파라과이와 아르헨티나가 영유권 다툼을 벌였는데 1864년부터 70년 사이 삼국동맹 전쟁War of the Triple Alliance 결과 파라과이가 지는 바람에 아르헨티나에 귀속했다.

아버지에 이어 대통령이 된 파라과이 독재자 프란시스코 로페스는 브라질과 우루과이의 전쟁에 개입해 브라질과 아르헨티나를 상대로 전쟁을 일으켰다. 그 사이에 친 브라질 정권이 들어선 우루과이도 참전했다. 결국 파라과이는 국토의 많은 부분을 빼앗기고 인구의 60%, 15세 이상 남자의 90%가 희생되는, 믿기 힘들 정도의 패배를 당했다. 당시 52만 5,000명의 인구가 22만 1,000명으로 줄어들고 성인 남자는 2만 8,000명밖에 남지 않았다는 통계가 있을 정도니[27] 파라과이가 아직도 그 전쟁의 여파에서 다 벗어나지 못하고 있다는 평가도 이해할 만하다.

독재자의 어리석은 팽창욕구와 자존심이 낳은 비극이었다. 파라과이는 일찍부터 군사력 증강에 힘을 기울여 당시 약 6만 명의 정규군을 보유했다. 불과 8,500명의 정규군을 가진 아르헨티나와 1만 6,000명의 브라질, 2,000명의 우루과이를 합친 것보다 월등히 우세해 보였다. 그러나 브라질, 아르헨티나, 우루과이 세 나라의 인구가 1,100만 명으로 파라과이의 20배였다는 점을 고려하면 파라과이가 이긴다는 것은 백일몽이었다. 초기에 우세했던 전황은 브라질과 아르헨티나가 전열을 가다듬으면서 곧 역전됐고, 결국 수도 아순시온까지 점령당했다. 그런데도 독재자는 끝까지 도망하면서 전쟁을 계속했다. 결과는 온 나라의 초토화, 절멸에 가까운 참극이었다.

150년이 지난 지금 파라과이에서는 나라를 결딴낸 로페스가 오히려 영웅처럼 떠받들어진다니 어이가 없다. 약소국의 생존권을 위협하는 강대국에 대항해 싸웠다는 것이다.[28] 정치적으로 조작된 민족주의가 어떻게 역사를 왜곡하는지 보여주는 사례다. 파라과이가 여전히 혼돈에서 벗어나지 못한 채 헤매고 있는 것과 무관하지 않아 보인다.

이 지역 원주민의 다수는 과라니Guarani족, 투피Tupi족, 치키토Chiquito 족이다. 선교사들은 선교마을에 원주민들을 집단으로 수용해 가톨릭으로 개종시키고 세금을 걷었다. 식민 당국은 변경지역의 안전을 확보해주는 선교마을 설치를 장려했다. 예수회는 16세기 말부터 이 지역에 진출했는데 다른 선교회들과 달리 원주민들에게 어느 정도 자치를 허용했다고 한다. 가톨릭을 받아들이는 것 외에는 원주민들의 문화와 전통을 인정하고 보호했다. 선교마을은 경제적으로도 독립을 유지했는데 많을 때에는 원주민 숫자가 15만 명에 달했다.

포르투갈령에서는 원주민들을 가혹하게 대우했다. 노예 무역상과 포르투갈 정착민들의 습격으로 많은 선교마을이 불타고 원주민들이 살해되거나 노예로 끌려갔다. 상파울루와 리우데자네이루에는 노예시장까지 있었다. 다윈이 브라질을 "타락한 나라"라고 비판하며 다시는 오지 않겠다고 공언한 것도 노예제도 때문이었다.[29] 1630년대에 원주민들의 노예화가 정점에 달했다. 1638년 예수회 몬토야 신부는 교황 우르반 8세로부터 선교마을 원주민들의 노예화를 금지하는 칙령을 얻어내고 스페인 왕으로부터 과라니족의 무장과 훈련을 승인받아 민병대를 구성했다. 1732년에는 과라니족 민병대가 7,000명에 달할 정도로 규모가 커졌으며 노예 무역상들을 격퇴하기도 했다.[30]

1750년 스페인이 마드리드 조약을 체결해 이 지역을 포르투갈에 할양하면서 비극이 시작됐다. 예수회는 철수했으나 과라니족은 그럴 수 없었다. 세페 티아라후의 지도 아래 저항한 과라니족은 초기에 스페인 군 대를 물리치기도 했으나 1756년 2월 10일 스페인과 포르투갈 연합군에 게 졌다. 1,500명 이상이 살해됐다. 그런데 1761년 스페인과 포르투갈은 엘프라도 조약을 체결해 마드리드 조약을 폐기하고 이 지역 영유권을 다시 스페인이 갖기로 했다.[31] 강대국 놀음에 과라니족만 장기말처럼 희 생된 셈이다.

이 이야기를 소재로 한 영화가 〈미션〉이다. 과라니족의 저항과 희생 의 역사를 시간적 배경으로, 장엄한 이구아수 폭포를 공간적 배경으로 삼아 만들었다. 숭고할 정도로 아름다운 이구아수도 원주민들을 노예로 삼고 땅을 빼앗기 위해 저지른 학살로 얼룩져 있는 것이다. 가브리엘의 오보에에 담긴 애절한 선율은 과라니족의 슬픈 역사를 표현하는 듯하 다. 거장 엔니오 모리코네가 만든 곡에 키아라 페르라우가 가사를 붙여 〈넬라 판타지아〉Nella Fantasia를 만들었다. 사라 브라이트만이 불렀다.

환상 속에서
모든 사람이 평화롭고 정직하게 살아가는
정의로운 세상을 봅니다.
깊은 곳에서 인간성으로 충만하고
날아다니는 구름처럼
언제나 자유로운 영혼을 꿈꿉니다. ……

부에노스아이레스의 에세이사 공항을 이륙한 비행기가 이구아수에 가까이 가자 왼쪽 창가로 파라냐강과 밀림이 눈에 들어왔다. 끝없이 펼 쳐놓은 녹색 융단 사이로 파란빛이 도는 황토색 강이 도도하게 흐르고 있었다. 착륙하기 위해 선회하자 이구아수 폭포가 보였다. 호수처럼 넓어진 이구아수강 한가운데가 쫙 갈라지면서 물이 쏟아져 하얀 물기둥이 솟아오르고 거대한 폭포가 병풍처럼 펼쳐졌다.

2.7km의 길이에 적게는 150개, 많게는 300개의 폭포가 60~82m의 높이에서 떨어지는 세계 최대의 폭포다. 잠비아와 짐바브웨 사이의 빅토리아 폭포는 높이가 100m에 달하지만 폭은 1.6km로 이구아수 폭포보다 작다. '이구아수'란 과라니어로 '큰 물'이라는 뜻이다. 전설에 의하면 자신이 결혼하려고 마음먹은 여인 나이피Naipi가 연인 타로바Taroba와 카누를 타고 도망치는 것을 본 신이 화가 나서 강을 잘라 폭포를 만들고 이들에게 영원히 떨어지는 벌을 내렸다. 신이라는 게 하는 짓이 다 이 모양이다. 그나마 여기선 이구아수 폭포를 만들어냈으니 좀 낫다고 해야 할까?

밀림지대를 관통하는 거대한 강의 계곡에 만들어진 이구아수 폭포는 두 나라에서 모두 볼 수 있다. 아르헨티나 쪽은 면적이 더 넓고 '악마의 목구멍'이라고 하는, 물이 가장 많이 쏟아지는 곳을 바로 앞에서 볼 수 있다. 브라질 쪽은 병풍처럼 펼쳐진 이구아수 폭포의 전경을 감상하며 거대한 규모를 실감할 수 있어 어느 쪽도 놓칠 수 없다.

폭포 유역의 밀림에는 2,000종의 수목과 400종의 새, 80종의 포유류, 수없이 많은 곤충이 거대한 생태계를 이루고 있다. 브라질과 아르헨티나는 "신이 창조한 그대로 미래 세대에 물려준다"는 목표를 세우고 폭포지대를 국립공원으로 지정해 보존하고 있다. 가서 보면 빈말이 아니라 실제로 그렇게 노력하고 있음을 느낄 수 있다.

공항에서 이구아수 국립공원으로 갔다. 폭포 유역이 워낙 넓어서 폭포를 관람하는 산책로가 세 개로 나뉘어 있다. 낮은 산책로, 높은 산책로, 악마의 목구멍이다. 낮은 산책로는 폭포의 아랫부분을 볼 수 있고,

높은 산책로에서는 폭포를 내려다보며 감상할 수 있다. 그 다음 기차를 타고 악마의 목구멍역으로 가서 강 위에 만들어놓은 다리를 따라가면 폭포의 중심인 악마의 목구멍 앞에 설 수 있다. 엄청난 물보라를 맞을 각오를 해야 하는 것은 말할 것도 없다.

낮은 산책로를 따라가면 폭포보다 먼저 소리가 들린다. 천둥소리 같은 굉음이 점점 가까워지다가 어느 순간 거대한 물의 벽이 나타난다. 섬이 폭포 한가운데를 가리고 있어 유감이다. 이 엄청난 물이 도대체 어디서 흘러오는 것인지, 지구에 이처럼 물이 많았던 것인지, 거대함에 압도당하지만 아직은 맛보기에 지나지 않는다. 물기둥이 바닥에 떨어지며 튀어오르는 물보라가 화재 현장의 연기 기둥처럼 회색빛을 띠고 하늘로 솟아오른다. 거리가 먼데도 날아온 물방울들이 비처럼 내리고 몸이 젖는다. 사진기도 끊임없이 물보라를 뒤집어쓰는데 렌즈를 한두 번 닦으면 수건까지 흠뻑 젖어버리기 때문에 대책이 없다. 숲속으로 난 길을 따라 굽이굽이 돌면서 엄청나거나 더욱 엄청난 물의 벽을 보고 다니는 것이 이구아수 폭포 산책이다.

높은 산책로는 절벽 위에 난 산책로를 따라가면서 폭포를 내려다본다. 폭포로 떨어지기 직전 거대한 호수 같은 강물도 볼 수 있다. 멀리서 평온하게 유유히 흘러온 강물은 폭포를 앞에 두고 조금씩 흐름이 거칠어지다가 순간적으로 속도를 내며 천 길 낭떠러지로 떨어진다. 솟아오르는 물보라 때문에 폭포 아래는 전혀 보이지 않는다. 그저 끝없이 떨어지는 거대한 물밖에 없다. 천둥 같은 물소리에 땅이 울렸다.

폭포 제일 안쪽, 악마의 목구멍은 기차역에 내려서도 강물 위에 설치한 산책로를 따라 1.5km 정도 가야 한다. 거대한 호수가 중간 부분에서 쫙 갈라지며 U자 모양으로 움푹 팬 골짜기에 물이 쏟아져 내리는데 순간적으로 압도당해서 말이 나오지 않는다. 물보라가 너무 강력해서 사방이 하얀 물의 장벽에 휩싸여 아무것도 안 보이는 때도 있다. 저 밑에 모든 것을 빨아들이는 악마의 목구멍이 있을 것 같다. 온몸은 물에 빠진 생쥐 꼴이다. 아예 수영복만 입은 채 물보라를 즐기며 감상하는 젊은이들도 많았다.

이 장엄하고 숭고한 자연을 표현할 길이 없다. 그저 경외심뿐이다. 그냥 끝없이 떨어지는 물, 그리고 또 물밖에 없는데 아무리 쳐다봐도 질리지 않았다. 질리기는커녕 오히려 점점 더 빨려들어가는 듯한 기묘한 느낌이 들었다. 택시운전사가 악마의 목구멍을 너무 오래 쳐다보지 말라고 농담으로 한 소리가 이해될 정도였다.

전망대에는 악마의 목구멍을 소재로 한 알폰소 리치우토의 시가 걸려 있다. 폭포 앞에서 시인도 한계를 느낀 것 같아 위안을 받는다.

......
생동하는 소용돌이와 영원히 순환하는 안개를 바라보며, 깊은 감정을 느껴라
네 목소리로 묘사하려고 하지 마라.
신의 거울인 이 심연에 그저 고개 숙여라.

숙소가 엄청나게 무덥고 습했다. 에어컨을 켰지만 소용이 없고 도저히 잠을 이룰 수 없었다. 창문을 여니 그래도 조금 선선한 바람이 들어왔다. 뒤척거리는데 오늘 나를 태워준 택시운전사가 떠올랐다. 외모로 이미 짐작했지만 스스로 과라니족이라고 소개한 그는 영화 〈미션〉을 소재로 과라니족의 역사를 열심히 설명했다. 그러더니 자기 몸에 스페인의 피가 섞여 있다고 말했다. 정복자의 피가 섞인 과라니족의 후예로서 과

거대한 물의 벽. 이구아수 폭포의 끝없이 흐르는 거대한 물은 모든 것을 빨아들여 영원히 떨어지는 것 같다.

라니족의 역사를 받아들이는 감정이 어떠냐고 물었다. 잠시 침묵한 그가 대답했다. "너라면 어떨 것 같니?"

다음 날 아침 팔다리 이곳저곳이 모기에 물려 가려웠다. 혹시 지카바이러스에 감염되면 어떻게 하지, 잠시 걱정했다.

브라질로 넘어갔다. 여행 안내서에는 브라질 이구아수Iguaçu로 가는 버스가 국경에 내려주고 가버리기 때문에 출입국 절차를 거친 후 그 다음 버스를 타야 한다고 돼 있다. 숙소 주인도 그렇게 설명했는데 다행히도 기사가 기다려주었다. 브라질 이구아수 국립공원 하늘에는 짙은 구름이 끼어 있었다. 입구 보관함에 짐을 맡긴 다음 공원 안을 운행하는 버스를 타고 20분쯤 들어가 폭포에 도착했다.

브라질 쪽 이구아수 역시 절벽에 만든 산책로를 따라가면서 폭포를 구경하는데 아르헨티나 쪽보다 눈앞에 펼쳐지는 전망이 더 넓고 장엄하다. U자형으로 갈라진 절벽 안쪽에 있는 전망대에서 폭포 전경을 바라보거나 물이 제일 많이 쏟아져 내리는 절벽 맞은편에서 바라볼 수 있기 때문이다. 처음에는 탄성을 지르던 관광객들도 시간이 지나면서 점점 말이 없어진다. 나도 그랬다. 대지를 울리며 떨어지는 그 어마어마한 물의 벽 앞에 서면 그냥 완전히 압도될 수밖에 없다. 아무 생각이 없다. 이 거대한 자연 앞에서 한낱 티끌 같은 존재가 무슨 생각을 하겠는가.

넋을 놓고 구경하다 보니 어느새 오후 4시가 넘었다. 떠나야 할 시간이다. 남미 여행을 마무리해야 할 때가 온 것이다. 기대와 두려움으로 시작한 두 달이 언제 지나갔는지도 모르게 지나갔다. 안데스산맥의 숭고한 자연과 그 품에 깃들인 사람들의 흔적을 살펴보는 여정을 이렇게 이구아수 폭포에서 마무리했다.

뒤돌아보니 악마의 목구멍에서 거대한 물보라가 솟아오르고 있었다. 아쉽고 착잡하고 담담하고 홀가분했다. 조금은 뿌듯한 마음도 들었다. 다시 한 번 이구아수를 바라보면서 그 모습과 소리와 울림을 마음에 담았다. 숨을 크게 몰아쉬고, 그리고 발걸음을 돌렸다. 인간으로 태어난 것에 깊이 감사했다.

돌아오는 길

어린 시절 갖게 된 세상에 대한 동경과 호기심이 잉카와 티티카카, 모아이에 대한 환상으로 이어졌다. 어른이 되어서는 우여곡절의 역사가 안겨준 짐을 지고 민주화의 길을 힘겹게 헤쳐나가는 그 땅의 사람들에게 공감과 연민을 느꼈다. 세계사의 거친 파도에 길을 잃고 헤맨 그들의 역사에 우리의 모습이 있었다. 변호사로서 내가 해온 일과도 관련이 있어서 관심이 더욱 깊어졌다. 1992년 칠레 방문 후 안데스산맥의 장엄한 모습은 내 마음에 깊이 자리잡고 떠날 줄 몰랐다. 그렇게 이어진, 남미를 향한 꿈을 마무리하면서 내 삶의 한 단락을 매듭짓는 느낌이 들었다.

상파울루를 거쳐 귀국했다. 휴일을 맞아 자동차 통행이 금지된 상파울루 시내는 보행자들의 천국이었다. 나들이 나온 인파 속에 온갖 노점상이 손님을 끌고 곳곳에서 노래와 춤판이 흥겨웠다. 자유 도보여행을 마친 다음 이곳저곳 기웃거리며 거리를 걷고 박물관과 미술관을 둘러보며 하루를 보냈다.

돌아오는 길, 마음이 설렜다. 상파울루에서 인천까지 20시간 넘는 비행이 힘든 줄 몰랐다. 안데스 설산에서 헤매는 꿈을 꾸다가 수첩을 꺼내 끄적거리기를 되풀이하다 보니 시간이 갔다. 곧 착륙한다는 방송이 나왔다. 할 수만 있다면 내리자마자 신발을 벗고 땅에 입을 맞추고 싶은 마음으로 인천공항에 도착했다.

수첩을 덮는데 첫장에 적어놓은 글이 눈에 들어왔다. 언젠가 신영복 선생님의 서화에서 본 글인데 안데스로 떠나며 옮겨 적은 것이었다.

우리는 새로운 꿈을 설계하기 전에
먼저 모든 종류의 꿈에서 깨어나야 합니다.
꿈보다 깸이 먼저입니다.

꿈은 꾸어오는 것입니다.
그렇기 때문에
어디서, 누구한테서 꾸어올 것인지
생각해야 합니다.
그리고 꿈과 동시에
갚을 준비를 시작해야 합니다.

그리고 잊지 말아야 하는 것은
깸은 여럿이 함께해야 한다는 사실입니다.
집단적 몽유夢遊는
집단적 각성覺醒에 의해서만
깨어날 수 있기 때문입니다.[1]

남미 여행을 위한 간단한 안내

1. 여행 준비와 정보

1.1. 여행을 준비할 때 제일 중요한 것은 마음이다. 호기심과 설렘과 두려움과 망설임이 교차하며 갈피를 잡지 못하기 쉽다. 무엇을 어떻게 준비해야 할지 막막하기도 하다. 오랜 세월 동안 세상을 구경하는 꿈을 꾸면서 남미를 동경해온 나도 그랬다. 두 권을 추천하고 싶다. 하나는 인류학자 로버트 고든이 쓴 《인류학자처럼 여행하기》다. 이 책에서 "여행을·가치 있게 하는 건 두려움이다"라는 카뮈의 말을 듣고 용기를 얻었다. 그밖에도 이 책은 여행을 보는 관점과 여행자의 마음가짐부터 실제 준비와 여행지에서 주의할 사항에 이르기까지 경험에서 우러나온 구체적 조언을 담고 있다. 다른 하나는 정신과 의사 문요한의 《여행하는 인간》이다. 여행의 심리학이자 인문학이라고 할 수 있는 책인데 여러 가지 생각거리를 던져준다. 특히 저자가 나처럼 안식년을 얻어 유럽과 남미와 히말라야를 여행한 다음 쓴 글이라 공감하는 바가 더 컸다.

1.2. 현실적으로 제일 중요한 것은 비자다. 한국 여권으로 볼리비아를 뺀 남미 모든 나라에 무비자로 입국할 수 있다. 볼리비아는 비자가 필요하다. 사전에 비자를 받지 못한 경우 돈을 내고 도착비자를 받는 방법도 있다고 한다. 비자와 함께 황열병 예방주사를 맞은 증명서 원본이 있어야 한다는 점도 주의해야 한다.

1.3. 남미의 역사와 문화를 다룬 연구서들부터 여행 안내서와 여행기에 이르기까지 다양한 책이 출간돼 있으므로 종류별로 마음에 드는 것을 선택해 읽어보면 도움이 된다. 나는 《현대 라틴아메리카》, 《천만 시간 라틴 백만 시간 남미》(채경석, 북클라우드, 2016), 《셀프트래블 남미》(김진아·윤인혁, 상상출판, 2016)를 참고했다.

1.4. 인터넷에도 많은 정보가 있다. 국내외의 다양한 여행정보 사이트나 남미를 여행한 사람들이 쓴 블로그에 유용한 정보가 많다. 카톡에는 '남미사랑'이라는, 남미 여행자들의 공개 대화방도 있다. 참여자가 많아서 당장 내 관심사가 아닌 정보가 너무 많이 올라오는 게 단점

이지만, 현재 남미를 여행하는 사람들이 올리는 생생한 정보를 얻을 수 있고 원하면 한국인 여행자와 소통할 수 있는 장점도 있다.

1.5. 남미 역사나 관심 있는 분야를 다룬 서적을 읽어보는 것도 바람직하다. 구글에서 관심 있는 나라의 정보를 분야별로 찾을 수도 있다. 나는 평소에 《가디언》, 《뉴욕타임스》, BBC 와 알자지라의 국제기사를 틈틈이 읽고 갈무리해둔 것이 큰 도움이 됐다. 이들은 세계적으로 권위 있는 언론사답게 해당 국가의 정치, 경제, 사회, 문화와 여행에 이르기까지 다양한 분야에 걸쳐 깊이 있는 정보를 제공하고 있다. 자연스럽게 그 나라를 이해하게 됐다.

2. 언어

포르투갈어를 사용하는 브라질을 빼면 남미 전체가 스페인어를 쓴다. 스페인어로 소통할 수 있다면 제일 편하고 또 여행을 풍부하게 만들 수 있겠지만 영어만 해도 큰 불편 없이 다닐 수 있다. 하지만 스페인어로 간단한 인사말이나 일상 용어를 알면 도움될 때가 있다. 우리도 그렇듯이 현지어로 말하려고 노력하는 외국인을 보면 누구나 더 친절해지기 때문이다. 여행 초기에는 작은 스페인어 회화책을 가지고 다니며 틈나는 대로 단어를 외워 써보기도 했는데 시간이 지나면서 흐지부지됐다. 영어가 통하지 않을 때는 번역기 앱을 사용했다. 한국어와 스페인어 번역은 아직 부족한 점이 많지만 영어와 스페인어 번역은 거의 불편 없이 사용할 수 있는 수준이어서 매우 유용했다.

3. 여행 경비

3.1. 여행 경비를 준비하는 것도 신경이 많이 쓰인다. 남미는 불법 복제가 많이 일어난다고 해서 신용카드를 사용하기가 조심스럽고 현금을 많이 가지고 가는 것도 불안하기 때문이다. 비행기표나 장거리 버스, 숙소와 주요 관광지 예약같이 액수가 큰 것은 인터넷으로 예약할 수 있다. 카드는 은행이나 공공기관처럼 안전한 곳에서만 사용하고 나머지는 현금을 썼다. 현금은 몇 개로 나눈 다음 따로 넣어 한꺼번에 다 잃어버리지 않도록 하는 게 좋다.

3.2. 통화는 나라마다 다르다. 페루는 솔(sol), 볼리비아는 볼(bol, boliviano)이고, 콜롬비아와 칠레, 아르헨티나는 페소(peso)인데 이름은 같지만 다른 화폐다. 당연히 환율도 다르다. 환율은 환율계산기 앱을 사용하면 편리하게 계산할 수 있다.

3.3. ATM에서 현지 화폐를 인출할 경우 수수료를 공제한다. 환전소에서 달러를 현지 화폐로 환전할 수도 있다. 페루와 볼리비아에는 환전소가 많은데 칠레와 아르헨티나에는 환전소가 드물었다. 이스터섬의 경우 현금을 환전하든 ATM을 이용하든 수수료가 매우 비싸므로 산티아고에서 현금을 충분히 바꿔 가는 게 좋다.

4. 숙소

4.1. 숙소는 천차만별이다. 우유니 사막처럼 기본적인 여건이 열악한 곳 외에는 어딜 가나 여러 등급의 숙소가 있다. 한 방에 4인 내지 6인 정도 묵는 호스텔 기숙사(dormitory)는 무척 싸다. 다만 남녀노소 구별 없이 함께 사용하는 데서 오는 불편함을 감수해야 한다. 토레스델파이네 국립공원에서는 도미토리 숙소와 캠핑장만 이용할 수 있는데 판타스티코수르(www.fantasticosur.com)나 버티스(www.verticepatagonia.com)를 통해 예약할 수 있다. 다만 이곳의 도미토리 숙소는 상당히 비싸다.

4.2. 다양한 숙소 앱이 있는데 숙소에 관한 기본 사항과 서비스 내용, 위치 등 정보를 확인할 수 있으므로 자신의 취향과 경제 사정, 여행 일정을 고려해 선택하면 된다. 앱에 나와 있는 정보와 실제 상황이 다른 경우도 가끔 있다. 영어로 소통 가능하다고 했는데 안 되는가 하면 방에서 와이파이가 된다고 했는데 되지 않는 경우도 있었다.

4.3. 큰 도시에는 한국인이 운영하는 민박집도 있다. 아르헨티나의 엘칼라파테에는 린다비스타(Linda Vista)라는 별장식 고급 호텔도 있다. 한인 숙소에서는 한국인한테 정보를 얻을 수 있고 우리 음식도 먹을 수 있다. 한국 여행자들과 만날 수도 있다. 모든 일이 그렇듯 이 문제도 장단점이 있으므로 취향과 상황에 따라 선택하면 된다. 남미 곳곳에 있는 한국 민박집과 호텔의 주소와 연락처는 인터넷에서 쉽게 찾을 수 있다.

5. 교통

5.1. 남미 여행에서 겪는 어려움의 하나가 교통이다. 워낙 거대한 대륙이고 치안 문제도 있기 때문에 유럽처럼 자동차를 빌려 여행하는 것은 매우 힘들다. 다만 특정 지역이나 대도시에서는 가능하다.
안데스산맥의 험난한 지형 때문에 철도도 발달하지 않아 비행기와 버스에 의존할 수밖에 없다. 장거리 버스는 10시간 내지 15시간이 보통이고, 칠레와 아르헨티나의 경우 30시간을 훌쩍 넘는 노선도 드물지 않다. 남미에서는 기본적으로 이동 시간을 많이 잡아야 한다는 뜻이다.

국제 버스노선도 많다. 삼면은 바다로, 육지는 휴전선으로 막혀 있는 우리나라에서는 상상이 가지 않지만 국경을 맞대고 있는 나라 사이에는 육로 통행이 기본이다. 국경 가까이 있는 도시들 사이에는 거의 대부분 버스노선이 있다. 어느 나라든 버스표는 비행기표처럼 인터넷에서 쉽게 예매할 수 있고 앱도 있다.

www.clickbus.com.co

www.perubus.com.pe

www.ticketsbolivia.com

www.chilebuses.cl

www.recorrido.cl

tangol.plataforma10.com.ar

버스는 몇 가지 등급이 있는데 준 침대급(semi-cama)을 선택하면 45도 이상 누워 갈 수 있는 푹신한 좌석을 이용할 수 있다. 식사 시간에는 간단한 음식도 주고 화장실도 있다. 남미는 치안이 불안하고 장거리 버스를 대상으로 한 범죄도 일어난다고 하므로 조금 비싸더라도 평가가 좋은 회사의 준 침대급 이상을 선택하는 것이 바람직하다.

5.2. 시내 교통은 버스, 택시, 전철, 지하철 등 다양하므로 현지 사정에 따라 선택하면 된다. 칠레 산티아고와 아르헨티나 부에노스아이레스는 지하철 노선이 많아 웬만한 곳은 지하철을 이용하면 된다. 페루의 리마에는 전철이 있고 볼리비아 라파스에는 텔레펠리코라는 케이블카 노선이 있다. 나머지 도시에서는 버스나 일반 택시 또는 우버 택시를 이용할 수 있다. 라파스는 택시운전사가 강도로 돌변하는 사건도 일어나므로 반드시 '라디오 택시'를 타라는 것이 현지 당국의 권고다. 라디오 택시는 지붕에 전화번호판을 붙인 택시를 말한다.

5.3. 공항에 도착해서 숙소로 가거나 숙소에서 공항으로 가는 경우 교통편을 미리 확인해두는 것이 좋다. 웬만한 숙소는 셔틀버스나 택시를 제공하기 때문에 대중교통이 불편한 곳에 밤늦게 도착하거나 아침 일찍 출발할 경우 숙소에 셔틀을 부탁하거나 택시를 예약하는 것이 좋다.

5.4. 택시를 탈 경우 반드시 타기 전에 요금을 정해야 한다. 그렇지 않을 경우 바가지를 쓰게 될 가능성이 매우 높다. 사소하게 경로를 바꿀 때에도 마찬가지다. 이구아수 공항에서 택시

를 탈 때 처음엔 숙소에 들렀다가 폭포에 가기로 하고 요금을 정했는데 택시에 탄 다음 기사의 권유로 폭포에 먼저 들러 구경한 후에 기사가 다시 와서 숙소에 데려다주는 것으로 바꿨다. 그게 그거여서 요금을 다시 정해야 한다고는 생각하지 못했는데 숙소에 도착하자 기사는 원래 요금의 3배를 요구하며 바가지를 씌웠다. 과라니족이라며 자신들의 역사와 문화를 친절하게 설명하던 그의 돌변에 어안이 벙벙하고 기가 막혔다. 경찰을 부르느니 마느니 큰 소리까지 내면서 30분 넘게 옥신각신하다가 결국 중간선에서 타협했다. 여행 끝날 무렵 잠시 방심한 탓에 마무리가 씁쓸해졌다.

6. 현지 관광

6.1. 처음 가는 도시에서는 될 수 있으면 먼저 자유 도보여행을 했다. 웬만한 도시에는 이 프로그램이 있다. 인터넷 검색창에서 도시 이름과 'free walking tour'를 입력하면 프로그램의 내용과 시간, 모이는 장소가 나온다. 사전 예약을 요구하는 경우도 있지만, 하지 않아도 괜찮다. 가이드는 보통 젊은이들이며 2시간 반 내지 3시간 정도 함께 걸으며 진행한다. 몇몇 관광지만 대충 둘러보고 끝내는 경우도 있지만 그 나라의 역사와 사회에 관해 해박한 지식을 지닌 가이드를 만나 유익한 정보를 듣는 경우도 많다. 어느 경우든 현지인의 설명을 들으며 도시 분위기를 파악하고 중심가의 지리를 익힐 수 있어 도움이 된다. '프리' 워킹투어라는 말처럼 비용은 정해져 있지 않다. 끝난 다음 스스로 정한 액수를 내면 된다. 형편이 되지 않거나 내용이 마음에 들지 않으면 그냥 갈 수도 있다. 나는 10달러를 기준으로 적당히 가감해서 지불했다.

6.2. 반드시 사전에 예약해야 하는 관광지들이 있다. 대표적인 곳이 마추픽추다. 마추픽추에 들어가려면 예매 사이트(www.ticketmachupicchu.com)에서 입장권을 예매해야 한다. 입장권은 유적만 보는 마추픽추 입장권, 마추픽추 유적과 와이나픽추 입장권, 마추픽추 유적과 마추픽추산 입장권, 마추픽추 유적과 박물관 입장권으로 나뉘는데 입장권마다 하루 정원이 있다. 마추픽추 유적과 와이나픽추 입장권은 워낙 인기가 많아 오래전에 마감되므로 서둘러야 한다. 나도 두 달 이상 전에 알아봤지만 이미 매진된 다음이었다. 그래서 첫날은 마추픽추 유적, 이튿날은 마추픽추 유적과 마추픽추산 입장권을 구입했다.
입장권을 예매한 다음에는 교통편을 정해야 한다. 마추픽추를 가려면 쿠스코에서 아구아스 칼리엔테스로 가야 하는데 기차는 시간이 적게 걸리는 반면 다소 비싸고 버스는 싸지만 시간이 많이 걸린다. 페루철도(Perurail)와 잉카철도(Incarail) 두 회사가 기차를 운영하는데 시간대별로 여러 등급이 있으므로 마추픽추 입장권을 예매한 다음 그 일정에 따라 예약하면 된다.

6.3. 아르헨티나의 빙하국립공원도 마찬가지다. 특히 페리토모레노 빙하 트레킹은 사전에 예약하는 게 좋다. 엘칼라파테에서 묵을 숙소에 부탁하면 해준다. 빙하 내부로 들어가는 트레킹, '빅 아이스'(Big Ice)는 50세 미만이라야 참가할 수 있다. 페루 콜카계곡, 쿠스코의 성스러운 계곡과 무지개산, 볼리비아 우유니 사막 관광도 현지 여행사 프로그램을 통해서 했다. 하루 전날까지 현지 여행사에 예약하면 당일 여행사에서 차를 가지고 숙소까지 데리러 온다.

6.4. 박물관이나 미술관, 기념관의 경우 휴관일을 미리 확인해야 한다. 토요일과 일요일 모두 쉬는 경우, 둘 중 하루만 쉬는 경우, 월요일에 쉬는 경우 등 한 도시 안에서도 제각각 다른 경우가 있으므로 자칫하면 헛걸음할 수 있다. 문 여는 시간과 점심시간에 문을 닫는지도 확인하는 게 좋다. 보통 오전 10시에 열지만 11시에 여는 곳도 있고, 점심시간에 문을 닫는 데도 있다. 보고타의 '기억·평화·화해 센터'처럼 요일마다 문 여는 시간이 달라 헷갈리는 경우도 있고 예약을 요구하는 곳도 있다. 칠레 산티아고의 경우 민주화 운동 관련 기념물은 사전에 예약해야 볼 수 있는 곳들이 있었다.

6.5. 유적지와 박물관 할인권도 있다. 쿠스코의 경우 일정 기간 동안 시내와 주변에 있는 주요 유적지와 박물관들에 입장할 수 있는 할인권이 있다. 쿠스코의 아르마스 광장 옆에 있는 역사박물관에서 구입할 수 있다. 작은 도시에서는 숙소에서 할인권을 구할 수 있는 경우도 있으므로 숙소에 물어보는 게 좋다. 엘칼라파테의 빙하박물관이 그랬다. 입장료가 비싸기 때문에 할인권을 받으면 도움이 된다. 시내에서 운행하는 무료 셔틀버스도 탈 수 있다.

6.6. 우유니 사막과 산페드로데아타카마를 여행할 경우 보름달 뜨는 날을 확인해 일정을 조정하는 것이 좋다. 이곳은 밤하늘을 가득 채운 은하수를 볼 수 있고, 특히 아타카마는 천문대에 가서 은하수와 별을 보는 별보기 관광이 유명하다. 보름달이 뜨는 날을 전후해 최소한 일주일은 별보기 관광이 불가능하므로 별을 보는 데 관심 있는 여행자는 그 기간을 피해야 한다. 나는 그 생각을 못하고 일정을 짰는데 하필이면 60년 만에 슈퍼문이 뜨는 바람에 별보기 관광을 하지 못해 무척 아쉬웠다.

7. 준비물

7.1. 남미를 여행할 때 제일 곤란한 게 준비물이다. 어느 곳을 언제 어떤 일정으로 여행하느냐에 따라 준비물이 달라진다. 내가 여행한 기간은 남미에서 봄이었다. 두 달에 걸쳐 안데스 산맥의 북쪽에서 남쪽까지 여행했기 때문에 이른 봄부터 초여름 정도에 걸친 날씨가 모두 있었다. 안데스산맥의 고원지대는 일교차가 무척 커서 하루에도 여름과 겨울이 교차된다고 말할 수 있을 정도다. 고도가 높아 생각보다 기온이 낮은데 바람까지 심하게 불기 때문에 훨씬 더 춥게 느껴진다. 비는 거의 오지 않는다. 반면 파타고니아 지방은 날씨 변덕이 심하고 비나 눈이 자주 오기 때문에 방수와 보온에 신경 써야 한다. 방수바지를 가져가는 것도 권할 만하다. 나는 여름용과 가을용 옷을 준비했는데 전체적으로 조금 추웠다. 겨울용을 한 벌 준비하는 게 좋을 뻔했다. 옷은 종류별로 비닐봉지에 넣으면 정리하기도 좋고 비가 와도 안전하다.

7.2. 이와 다른 의미로 옷차림도 신경 쓸 필요가 있다. 한국 여행자들은 일반적으로 옷차림이 좀 화려한 편이다. 이국의 아름다운 여행지에서 화려한 옷을 입고 사진을 찍으면 더 멋진 추억을 남길 수도 있겠지만 너무 눈에 띄는 옷차림은 범죄의 표적이 될 위험이 상대적으로 크다. 혼자 여행하는 경우 특히 더 그럴 수 있으므로 조심하는 것이 좋다. 나는 현지의 보통 사람들이 보더라도 눈에 띄지 않을 정도의 평범한 옷차림을 했다. "여행에는 자기 자신과 현지 사회에 대한 책임이 뒤따른다"는 인류학자 로버트 고든의 말을 경청하는 게 좋겠다.

7.3. 배낭은 큰 것과 작은 것 두 개를 멨다. 앞배낭에는 사진기와 부속품이 제일 큰 자리를 차지했다. 평지에서는 상관없는데 산에서는 앞배낭이 상당히 성가셨다. 오르막에서는 무릎을 누르고 내리막에서는 발밑을 가렸다. 필요할 때에는 접어서 큰 배낭에 집어넣을 수 있는 부드러운 재질의 작은 배낭을 준비하는 게 좋겠다.

7.4. 우유니 사막을 여행할 경우 준비물에 신경을 쓰는 게 좋다. 우선 침낭이 있으면 도움된다. 시기에 따라 다르겠지만 워낙 고지대라 생각보다 기온이 낮은데 숙소에 난방이 되지 않아 춥다. 침대도 깨끗하지 않은 편이다. 부피가 부담스러울 수 있지만 얇고 가벼운 침낭을 준비하면 좋다. 커다란 비닐을 가지고 다니며 깔고 자는 여행자도 봤다. 그 외 장소에서는 저렴한 숙소에서도 침낭의 필요성을 느끼지 못했다. 전기와 물 사정도 좋지 않으므로 헤드랜턴과 휴지와 물티슈도 준비하면 도움이 된다.

7.5. 신발은 가벼운 트레킹화가 편하지만 파타고니아 트레킹을 할 경우 등산화를 신는 게 좋다. 나는 트레킹화를 신고 갔는데 파타고니아에서 고생했다. 산길에서 바위나 돌에 발을 부딪치면 무척 아팠고 너덜길에서 내려올 때 신발이 쓸리면서 발목이 불안한 때가 있었다. 결국 두 발의 새끼발톱이 다 빠져 다소 고생스러웠다. 비나 눈이 올 때 방수가 되지 않는 것도 번거로웠다.

7.6. 파타고니아 트레킹에 필요한 우비와 지팡이는 현지에서 구입했다. 우비는 몇 번 쓰니까 찢어져서 버렸고 지팡이는 준비 과정에서 도움을 받은 엘칼라파테의 린다비스타 호텔에 한국 여행자들을 위해 놓고 왔다.

7.7. 강렬한 햇빛과 바람, 건조하고 추운 날씨에 얼굴과 손의 피부를 보호하는 데 각별히 신경 써야 한다. 안데스의 날씨는 우리나라와 차원이 다르다. 평소 습관대로 손에 크림을 잘 바르지 않고 며칠 다녔더니 손등과 바닥이 다 터서 갈라지고 피가 날 정도가 됐다.

7.8. 고민스러운 것은 사진기다. 웬만한 사진은 휴대전화나 똑딱이 사진기로 충분하지만 나처럼 평소에 DSLR 사진기를 쓰는 경우 잘 선택해야 한다. 혼자 여행하는 터라 무게와 안전 문제를 고려해 오래전에 사용하던, 작고 가벼운 초기 모델의 DSLR과 똑딱이 사진기를 가지고 갔다. 그런대로 괜찮았는데 태양의 섬과 우유니 사막에서 밤하늘을 가득 채운 황홀한 은하수를 보면서 얼마나 후회했는지 모른다.

8. 안전

8.1. 남미는 전반적으로 치안이 좋지 않은 것으로 알려져 있다. 인터넷 여행 사이트에는 수많은 피해 사례가 올라와 있다. 이런 이야기들은 과장된 측면이 있기 때문에 곧이곧대로 다 믿을 필요는 없다. 하지만 범죄율이 높은 것은 사실이므로 주의해야 한다. 실제로 여행 중에 만난 사람들에게 여권, 지갑, 배낭을 도난당한 이야기를 들었고 강도를 당할 뻔했다는 말도 들은 적이 있다.

8.2. 일반적으로 미국 국무부 사이트(travel.state.gov)를 통해 치안정보를 확인했다. 이 사이트는 대도시의 경우 지역별로 위험도를 안내할 정도로 구체적 정보를 담고 있어 도움이 된다. 내가 가려는 곳이 이 사이트에서 지목한 위험지역일 경우 시간대와 교통편, 통행로 등을 신중하게 점검했다.

8.3. 현지 숙소 주인의 의견을 듣는 것도 좋은 방법이다. 내가 가려는 곳을 말하고 치안과 교통, 주의사항을 물어보면 친절하게 알려준다. 숙소 주인은 자기 손님이 안전하게 여행하기를 바라므로 정확한 정보를 알려주기 마련이다. 또 자기가 사는 곳이므로 사실과 다르게 과장해서 나쁘게 말할 이유도 없다. 자유 도보여행 때 현지 가이드에게 물어보기도 했다. 숙소 주인과 현지 가이드가 가지 말라고 하는 곳은 가지 않았고 하지 말라고 하는 행동은 하지 않았다.

8.4. 한국 사람들은 순진하고 사람들을 좋아하는 편이다. 큰 장점이지만 속마음을 잘 드러내고 너무 쉽게 믿는 경향도 있다. 한국에 관심과 호감을 표하며 접근하는 현지인들을 만나면 어떻게 하는 게 좋을지 판단하기 쉽지 않을 때가 있다. 모르는 사람이 특별한 이유 없이 호의를 보일 때에는 일단 경계하는 것이 좋다. 같이 얘기하고 싶다는 제안에 낯선 곳으로 따라가거나 음료나 술을 받아 마셨다가 낭패를 당하는 경우가 있기 때문이다.

8.5. 무엇보다 중요한 건 여권을 잘 보관하는 일이다. 다른 것은 다 잃어버려도 여권만은 안 된다. 여권을 잃어버리면 여행을 망치게 되고 일행에게도 민폐를 끼친다. 분실 여권은 범죄에 이용될 가능성이 크다. 한국 여권은 무비자로 방문할 수 있는 나라가 많아 범죄자들의 주요 표적이 되는 게 현실이다. 최대한 주의해서 보관하되 만에 하나 여권을 분실할 경우 찾으려고 시간 낭비하지 말고 즉시 현지 경찰에 신고하고 우리나라 영사관에 연락해야 한다. 여권 대신 발급받은 여행증명서로는 제3국에 입국하는 데 어려움이 있을 수 있으므로 미리 확인하는 게 좋다. 여행 떠날 때 여권 사본을 몇 장 준비했다. 숙소에 도착하면 여권은 금고에 넣거나 주인에게 맡겨두고 사본을 가지고 다녔다. 여권을 맡길 때는 영수증을 받아야 한다. 경찰에게 여권 제시를 요구받은 적은 없지만 박물관에 입장할 때 여권을 확인하는 경우가 있었다. 이럴 때 사본을 보여주면 된다. 마추픽추처럼 반드시 원본을 가져가야 하는 곳도 있다. 여권을 가지고 다녀야 할 때는 안주머니에 넣은 다음 여권 케이스와 옷을 고리로 연결해 소매치기가 쉽게 꺼내갈 수 없게 했다. 휴대전화와 지갑도 그렇게 했다.

8.6. 요즘은 휴대전화 앱을 이용해 항공권을 비롯한 교통편과 숙소, 관광지 입장권을 예약할 수 있기 때문에 일정과 연락처 등 모든 정보가 휴대전화에 들어 있는 경우가 많다. 만에 하나 휴대전화를 잃어버리거나 고장 날 경우에 대비해 주요 정보는 따로 적어놓는 것이 좋다. 나는 휴대전화가 말썽을 부려 계속 조마조마했는데 다행히도 귀국할 때까지 그럭저럭 작동해서 최악의 상황에 빠지지는 않았다.

8.7. 여행하는 동안 위험한 일은 당하지 않았다. 운이 좋았다. 지나고 보니 사람 사는 곳은 어디나 다 같다는 생각이다. 범죄율이 높은 곳이라 하더라도 범죄자는 극소수며 대부분의 시민은 성실하고 친절하다. 그 점을 믿었다. 말이 통하지 않아 어쩔 수 없는 경우는 있었지만 길을 묻거나 도움을 요청할 때 외면하는 사람은 본 적이 없다. 도와줄 것 같은 사람을 잘 선택해야 하지만, 모두들 도와주려고 했고 실제로 큰 도움을 받기도 했다. 하지만 우리나라도 그렇듯이 범죄자는 어디나 있기 마련이므로 조심해야 한다. 사소한 범죄라도 다른 나라에서 당하면 훨씬 더 큰 피해를 입게 되고 여행을 망칠 수 있다. 신중하게 행동하고, 만에 하나 불미스러운 일을 당하더라도 피해를 최소화할 수 있도록 대비책을 세워두는 것이 좋다. 그렇게 하면 안전하고 즐거운 여행을 하게 될 가능성이 높아진다. 나머지는 운에 맡겨야 한다. 운도 여행의 일부다. 받아들이는 수밖에 없다. 넘어질 경우엔 넘어진 자리에서 다시 일어서야 한다.

본문의 주

거대하고 다채로운 대륙, 남미

1. Maanasa Raghavan 외, 'Genomic evidence for the Pleistocene and recent population history of Native Americans', *Science*, 21 Aug. 2015, http://science.sciencemag.org/content/349/6250/aab3884; https://en.wikipedia.org/wiki/Genetic_history_of_indigenous_peoples_of_the_Americas.
2. Brian Handwerk, '"Great Surprise"—Native Americans Have West Eurasian Origins', *National Geographic*, November 22, 2013, http://news.nationalgeographic.com/news/2013/11/131120-science-native-american-people-migration-siberia-genetics/.
3. Pontus Skoglund 외, 'Genetic evidence for two founding populations of the Americas', Nature, 525, 3 September 2015, 104~108; Michael Balter, 'Mysterious link emerges between Native Americans and people half a globe away', *Science*, Jul 21. 2015, http://www.sciencemag.org/news/2015/07/mysterious-link-emerges-between-native-americans-and-people-half-globe-away.
4. https://en.wikipedia.org/wiki/Indigenous_languages_of_the_Americas.
5. Ariel Dorfman, *Heading South, Looking North: A Bilingual Journey*, Farrar, Straus and Giroux(Kindle Edition, April 2012), p.193~194.

콜롬비아, 내전에서 평화로

1. 토머스 E. 스키드모어·피터 H. 스미스·제임스 N. 그린, 《현대 라틴아메리카》, 우석균·김동환 외 옮김, 그린비(초판 1쇄, 2014. 5. 30.), 338쪽.
2. 'Colombian judges deny Alvaro Uribe third term poll', BBC NEWS, 2010. 2. 27. http://news.bbc.co.uk/2/hi/8539784.stm.
3. https://en.wikipedia.org/wiki/Colombian_peace_agreement_referendum,_2016.
4. Simon Bolivar, Cartagena Manifesto, . http://manifestoindex.blogspot.kr/2011/04/cartagena-manifesto-1812-by-simon.html.
5. https://en.wikipedia.org/wiki/Francisco_de_Paula_Santander.
6. 토머스 E. 스키드모어 외, 《현대 라틴아메리카》, 341~344쪽.
7. Daren Acemoglu와 James A. Robinson의 말이다. 윌리엄 이스털리, 《전문가의 독재》, 김홍식 옮김, 열린책들(초판 2쇄, 2016. 12. 15.), 261쪽에서 인용.
8. Joel Gillin, 'Understanding the causes of Colombia's conflict: political exclusion', *Colombia Reports*, Jan 5, 2015. http://colombiareports.com/understanding-causes-colombias-conflict-political-exclusion/.

9. https://en.wikipedia.org/wiki/Banana_massacre.

10. G. G. 마르케스, 《백 년 동안의 고독》, 최호 옮김, 홍신문화사(중판, 2016. 9. 1.), 350~373쪽.

11. http://leekihwan.khan.kr/entry/홀연히-출현한-금동대향로-그-찬란한-백제유산.

12. Carl Sagan, *COSMOS*, Ballantine Books(2013), p.325.

13. Paul Wolf, 'Colombian "Magnicidio" Remains a Mystery After 60 Years', *Upside Down World*, April 8, 2008, http://upsidedownworld.org/archives/colombia/colombian-magnicidio-remains-a-mystery-after-60-years/.

14. 윌리엄 이스털리, 《전문가의 독재》, 173쪽.

15. https://en.wikipedia.org/wiki/Jorge_Elicer_Gaitan.

16. Alice Loaiza, 'Why US Won't Support Peace in Colombia', , Telesur TV, 2016.11.20., http://www.telesurtv.net/english/opinion/Why-US-Wont-Support-Peace-in-Colombia-20161120-0015.html ; https://en.wikipedia.org/wiki/William_P._Yarborough.

17. http://colombiareports.com/parapolitics/.

18. DEBORAH SONTAG, 'The Secret History of Colombia's Paramilitaries and the U.S. War on Drugs', https://www.nytimes.com/2016/09/11/world/americas/colombia-cocaine-human-rights.html ; https://www.ictj.org/colombia-timeline/index_eng.html; Why US Won't Support Peace in Colombia.

19. 콜롬비아의 유력 주간지 *Semana*의 표현. Steven Ambrus, 'Dominion of Evil Colombia's paramilitary terror', *Amnesty International magazine*, Spring 2007에서 인용.

20. Adam Isacson, 'The Human Rights Landscape in Colombia', Written Testimony, *Hearing of Tom Lantos Human Rights Commission*, United States Congress, October 24, 2013, https://www.wola.org/analysis/the-human-rights-landscape-in-colombia-adam-isacsons-testimony-before-the-tom-lantos-human-rights-commission/.

21. https://en.wikipedia.org/wiki/Fernando_Botero.

22. 'Memory, Peace and Reconciliation Center/ Juan Pablo Ortiz Arquitectos', arch daily, 26 January 2015, http://www.archdaily.com/590840/memory-peace-and-reconciliation-center-juan-pablo-ortiz-arquitectos.

23. Nobel Lecture by Juan Manuel Santos, Oslo, 10 December 2016, 'Peace in Colombia: From the Impossible to the Possible', https://www.nobelprize.org/nobel_prizes/peace/laureates/2016/santos-lecture_en.html.

24. 'Colombia's Capitulation', *The New York Times*, editorial, July 6, 2005, http://www.nytimes.com/2005/07/06/opinion/colombias-capitulation.html.

25. Gustavo Gallón Giraldo y Otros v. Colombia, Sentencia C-370/06.

26. The Center for Justice & Accountability, 'Colombia: The Justice and Peace Law', http://cja.org/where-we-work/colombia/related-resources/colombia-the-justice-and-peace-law/?id=863.

27. DEBORAH SONTAG, 'The Secret History of Colombia's Paramilitaries and the U.S. War on Drugs'.

28. John Paul Lederach, 'Colombia's Peace Agreement', *The New York Times*, Nov. 25, 2016,

https://www.nytimes.com/2016/11/25/opinion/colombias-peace-agreement.html.

29. Adriaan Alsema, 'Transitional justice in Colombia: A very sharp double-edged sword', July 27, 2015; 'Colombia military assassinated more civilians under Uribe than FARC did in 30 years', January 5, 2017; 'Prosecutor warns ICC will try military commanders if Colombia transitional justice fails', January 26, 2017, *Colombia Reports*.

30. David Maas, 'Who will select the judges for Colombia's transitional justice system?', February 6, 2017, *Colombia Reports*.

31. http://www.bbc.com/news/world-latin-america-37477202.

32. 'Colombia's Revised Peace Accord', *The New York Times* editorial, Nov. 14. 2016.

33. 'Colombia Farc: The Norwegian who helped broker peace', BBC NEWS, 26 August 2016, http://www.bbc.com/news/world-latin-america-37206714.

34. https://www.regjeringen.no/en/topics/foreign-affairs/peace-and-reconciliation-efforts/innsiktsmappe/facilitation/id708238/.

35. https://en.wikipedia.org/wiki/Colombian_peace_process.

36. NICHOLAS CASEY, 'Colombia and FARC Sign New Peace Deal, This Time Skipping Voters', NOV. 24, 2016, *The New York Times*, https://www.nytimes.com/2016/11/24/world/americas/colombia-juan-manuel-santos-peace-deal-farc.html; Colombia's government formally ratifies revised Farc peace deal, *The Guardian*, 1 December 2016, https://www.theguardian.com/world/2016/dec/01/colombias-government-formally-ratifies-revised-farc-peace-deal.

37. Sibylla Brodzinsky, 'Last march of the Farc: Colombia's hardened fighters reach for a normal life', *The Guardian*, 3 February, 2017, https://www.theguardian.com/world/2017/feb/03/farc-colombia-peace-deal-transition-normal-life.

38. 'Colombia: Peace talks with ELN rebel group begin', BBC NEWS, 8 Febuary 2017, http://www.bbc.com/news/world-latin-america-38902638.

39. UN General Assembly, Annual report of the United Nations High Commissioner for Human Rights on the situation of human rights in Colombia, 23 March 2017, A/HRC/34/3/Add.3, 31~38항.

40. Fidh, 'Colombia: No peace for human rights defenders - Preliminary findings of a fact-finding mission', 24/07/2017, https://www.fidh.org/en/issues/human-rights-defenders/colombia-no-peace-for-human-rights-defenders-preliminary-findings-of.

41. 카탈리나 니뇨, 〈콜롬비아 정부와 무장혁명군 협상: 합의에 다가섰다는 것은 평화에 가까워졌다는 의미일까?〉, 《라틴아메리카이슈》, 서울대학교 라틴아메리카연구소(2016.6.), 108쪽.

42. Kyle Johnson, The undertainty of peace in Colombia, *Colombia Reports* Feb 1, 2017. http://colombiareports.com/uncertainty-peace-colombia/.

43. Adriaan Alsema, 'Pence calls Colombia's Santos, makes no commitment on peace aid', *Colombia Reports*, Feb 11, 2017.

페루, 잉카의 땅

1. https://en.wikipedia.org/wiki/Quinoa.
2. http://www.fao.org/quinoa-2013/en/.
3. 재레드 다이아몬드, 《총, 균, 쇠》, 김진준 옮김, 문학사상(개정증보판 1쇄, 2005. 12.19.), 152쪽;
   찰스 B. 헤이저 2세, 《문명의 씨앗, 음식의 역사》, 장동현 옮김, 가람기획(초판 1쇄, 2000. 12. 20.),
   20~24쪽.
4. https://en.wikipedia.org/wiki/Jose_de_San_Martin.
5. 토머스 E. 스키드모어 외, 《현대 라틴아메리카》, 306쪽.
6. 'Extradited Fujimori back in Peru', 22 September 2007, BBC NEWS, http://news.bbc.co.uk/2/
   hi/americas/7008302.stm; https://en.wikipedia.org/wiki/Alberto_Fujimori.
7. http://www.cverdad.org.pe/ingles/pagina01.php.
8. 도널드 매크로리, 《하늘과 땅의 모든 것 훔볼트 평전》, 정병훈 옮김, 알마출판사(1판 1쇄, 2017. 1. 20.),
   164~165쪽.
9. 찰스 다윈, 《비글호 항해기》, 장순근 옮김, 리젬(1판 2쇄, 2016. 5. 30.), 602~603쪽.
10. 움베르토 에코, 《장미의 이름(하)》, 이윤기 옮김, 열린책들(2014. 5. 25.), 638~639쪽.
11. 나는 로마와 파리에서 본 이집트 오벨리스크의 표면이 너무나 매끄러워 당연히 대리석일 것으로
    생각했다. 하지만 이집트 오벨리스크를 만든 재료는 붉은 색 화강암이다. 이 점을 지적해준 한양대
    법학전문대학원 박찬운 교수께 감사드린다. Http://www.ancient.eu/Egyptian_Obelisk; https://
    en.wikipedia.org/wiki/Obelisk.
12. 이기환의 흔적의 역사, 《경향신문》 2013.1.30. http://news.khan.co.kr/kh_news/khan_art_view.ht
    ml?artid=201208151146161&code=960201/.
13. https://en.wikipedia.org/wiki/Artificial_cranial_deformation.
14. https://en.wikipedia.org/wiki/Genetic_history_of_indigenous_peoples_of_the_Americas.
15. Scott Norris, 'Inca Skull Surgeons Were "Highly Skilled", Study Finds', *National Geographic
    News*, May 12, 2008.
16. http://lum.cultura.pe/.
17. https://en.wikipedia.org/wiki/Truth_and_Reconciliation_Commission_(Peru); http://
    www.cverdad.org.pe/ingles/pagina01.php.
18. 신시아 브라운, 《빅 히스토리》, 이근영 옮김, 프레시안북(초판 1쇄, 2009. 8. 15.), 272쪽.
19. Jose Miguel Helfer Arguedas, The Nasca Lines Mistery of the Desert, Ediciones Del
    Hipocampo Sac(2015), 27.
20. 신영복, 《더불어 숲 - 신영복의 세계기행》, 돌베개(개정판 6쇄, 2017. 1. 5.), 184쪽.
21. Carl Sagan, *COSMOS*, p.352.
22. 재레드 다이아몬드, 《총, 균, 쇠》, 237~239쪽.
23. 재레드 다이아몬드, 《총, 균, 쇠》, 251~252쪽.
24. 주경철, 《대항해시대》, 서울대학교출판부(초판 7쇄, 2008.12.22.), 252쪽.
25. Carl Sagan, *COSMOS*, p.324, p.326.
26. 크리스 하먼, 《민중의 세계사》, 천경록 옮김, 책갈피(초판, 2004. 11. 15.), 221쪽.
27. 헨드릭 빌렘 반 룬, 《라틴아메리카의 해방자 시몬 볼리바르》, 조재선 옮김, 서해문집(초판 2쇄, 2009.

6. 5.), 20~21쪽.

28. https://en.wikipedia.org/wiki/Alhambra_Decree.

29. https://en.wikipedia.org/wiki/Islam_in_Spain; https://en.wikipedia.org/wiki/Expulsion_of_the_Moriscos.

30. https://en.wikipedia.org/wiki/Limpieza_de_sangre.

31. 신시아 브라운, 《빅 히스토리》, 308~309쪽.

32. Antonio Pita, 'Spain decides to make up for its persecution of Jews — but won't do the same for Muslims', THE WEEK, June 30, 2014, http://theweek.com/articles/445777/spain-decides-make-persecution-jews--but-wont-same-muslims.

33. http://theonlyperuguide.com/peru-guide/cusco/highlights/plaza-de-armas-cusco/.

34. Sergio E. Serulnikov, 'The Túpac Amaru and the Katarista Rebellions', Latin American History, Mar 2016, http://latinamericanhistory.oxfordre.com/view/10.1093/acrefore/9780199366439.001.0001/acrefore-9780199366439-e-70.

35. https://en.wikipedia.org/wiki/Flag_of_Cusco; http://www.backspace.com/notes/2005/06/.

36. http://news.khan.co.kr/kh_news/khan_art_view.html?artid=201705250922011&code=960100; http://www.hani.co.kr/arti/culture/culture_general/794890.html.

37. UN Doc. A/Res/63/278.

38. http://therightsofnature.org/universal-declaration/.

39. 'NZ river given legal status of a person', The New Zealand Herald, 15 March 2017.

40. 삐에르 끌라스트르, 《폭력의 고고학》, 변지현·이종영 옮김, 울력(1판 1쇄, 2002.11.30.), 121쪽.

41. https://en.wikipedia.org/wiki/Neo-Inca_State.

42. https://en.wikipedia.org/wiki/Vilcabamba,_Peru.

43. 그레이엄 핸콕, 《신의 지문-사라진 문명을 찾아서》, 이경덕 옮김, 까치(3판 1쇄, 2017. 1. 20.), 62~71쪽.

44. https://en.wikipedia.org/wiki/Viracocha.

45. Carl Sagan, COSMOS, p.325.

46. https://en.wikipedia.org/wiki/Quetzalcoatl.

47. https://en.wikipedia.org/wiki/Florentine_Codex.

48. Keith Fitzpatrick-Matthews, 'Hancock's Fingerprints of the Gods, Part II Foam of the Sea: Peru and Bolivia', https://badarchaeology.wordpress.com/2014/01/05/hancocks-fingerprints-of-the-gods-part-ii-foam-of-the-sea-peru-and-bolivia/.

49. http://theonlyperuguide.com/peru-guide/the-sacred-valley/highlights/chinchero-2/

50. SIMON ROMERO, 'Debate Rages in Peru: Was a Lost City Ever Lost?', The New York Times, DEC 7, 2008, http://www.nytimes.com/2008/12/08/world/americas/08peru.html.

51. 신영복, 《더불어 숲》, 240쪽.

52. Pablo Neruda, 'The Heights of Macchu Picchu X', Canto General, trans. by Jack Schmitt, Univ. of California Press(2000), p.38.

53. Pablo Neruda, 'The Heights of Macchu Picchu VIII', Canto General, p.36.

54. Pablo Neruda, 'The Heights of Macchu Picchu XII', Canto General, pp.41~42.

55. https://news.yale.edu/2015/06/04/peru-yale-partnership-future-machu-picchu-artifacts
56. 재레드 다이아몬드, 《총, 균, 쇠》, 151~154, 190~191쪽; 찰스 B. 헤이저 2세, 《문명의 씨앗, 음식의 역사》, 184~185, 198, 205~214, 252~253쪽.
57. 찰스 B. 헤이저 2세, 《문명의 씨앗, 음식의 역사》, 198쪽.
58. 찰스 B. 헤이저 2세, 《문명의 씨앗, 음식의 역사》, 155~156쪽.
59. Charles Darwin, M.A., On the Origin of Species by Means of Natural Selection, or the Preservation of Favoured Races in the Struggle for Life, John Murray(1859), 466~467, http://darwin-online.org.uk/converted/pdf/1859_Origin_F373.pdf.

볼리비아, 잉카 하늘의 황홀한 은하수

1. 로렌스 화이트헤드, 〈볼리비아에서의 민주화 실패, 1977~1980〉, 《라틴아메리카와 민주화》, 오도넬·슈미터·화이트헤드 엮음, 염홍철 옮김, 도서출판 한울(초판, 1988. 3. 15.), 106쪽.
2. https://en.wikipedia.org/wiki/History_of_Bolivia.
3. https://en.wikipedia.org/wiki/Bolivian_gas_conflict.
4. Alex Bellos, 'Ancient Wonder Pre-Inca ruins found in lake Titicaca', The Guardian, 2000. 8. 24. http://www.theguardian.com/world/2000/aug/2.
5. https://en.wikipedia.org/wiki/La_Paz; https://en.wikipedia.org/wiki/Gonzalo_Pizarro; https://en.wikipedia.org/wiki/New_Laws; https://en.wikipedia.org/wiki/Encomienda.
6. Michael Storey, 'San Pedro prison: a very strange tourist attraction', INDEPENDENT, 27 August 2011, http://www.independent.co.uk/news/world/americas/san-pedro-prison-a-very-strange-tourist-attraction-2345166.html.
7. 주경철, 《대항해시대》, 517쪽.
8. https://en.wikipedia.org/wiki/Chili_pepper.
9. 주영하, 《음식인문학》, 휴머니스트(1판 3쇄, 2011. 8. 8.), 107~110쪽.
10. 주영하, 《음식인문학》, 110~112쪽.
11. 개빈 멘지스, 《1421 중국, 세계를 발견하다》, 조행복 옮김, 사계절(1판 2쇄, 2004. 5. 15.), 242, 454~455쪽.
12. 정경란 외, 〈고추의 우리나라 전래에 대한 재고〉, 《세계문학비교학회·전북대학교 국제문화연구소 2009년 춘계학술대회 발표집》 131~143쪽.
13. https://en.wikipedia.org/wiki/Pedro_Domingo_Murillo.
14. https://en.wikipedia.org/wiki/Plaza_Murillo.
15. 'Bolivia: New law backs President Evo Morales third term', BBC NEWS, 21 May 2013, http://www.bbc.com/news/world-latin-america-22605030.
16. Bolivian voters reject fourth term for Morales, 24 February 2016, http://www.bbc.com/news/world-latin-america-35647852.
17. Bolivia's Morales says he may run for fourth term despite referendum loss, REUTERS, DEC 18, 2016, http://www.reuters.com/article/us-bolivia-politics-morales-idUSKBN14802G.
18. https://www.transparency.org/news/feature/corruption_perceptions_index_2016#table.
19. https://en.wikipedia.org/wiki/National_Commission_of_Inquiry_Into_Disappearances.

20. 'Victims of Bolivian military rule 'erased from history'', 11 March 2014, http://www.bbc.com/news/world-latin-america-26514546; 'Bolivia's Dictatorship Victims' Long Wait for Justice', 9 September 2016, http://www.telesurtv.net/english/news/Bolivias-Dictatorship-Victims-Long-Wait-for-Justice--20160909-0009.html.

21. David Hill, 'Bolivia opens up national parks to oil and gas firms', 5 June 2015, https://www.theguardian.com/environment/andes-to-the-amazon/2015/jun/05/bolivia-national-parks-oil-gas.

22. Kevin Munoz, 'Corrupted Idealism: Bolivia's Compromise Between Development and the Environment', July 5, 2015, Truthout, http://www.truth-out.org/news/item/31724-corrupted-idealism-bolivia-s-compromise-between-development-and-the-environment.

23. https://en.wikipedia.org/wiki/Cotton.

24. https://en.wikipedia.org/wiki/Tiwanaku_empire.

25. Kim MacQuarrie, 'Why the Incas offered up child sacrifices', *The Observer*, 4 August 2013, https://www.theguardian.com/science/2013/aug/04/why-incas-performed-human-sacrifice.

26. Joseph Watts et. al. 'Ritual human sacrifice promoted and sustained the evolution of stratified societies', *Nature* 532, 228~231, 14 April 2016.

27. Sarah Kaplan, 'The 'darker link' between ancient human sacrifice and our modern world', *Washington Post*, April 5, 2016, https://www.washingtonpost.com/news/morning-mix/wp/2016/04/05/the-darker-link-between-ancient-human-sacrifice-and-our-modern-world/?utm_term=.69be099ce288.

28. 그레이엄 핸콕, 《신의 지문》, 109쪽.

29. 그레이엄 핸콕, 《신의 지문》, 110~113쪽.

30. https://en.wikipedia.org/wiki/Toxodon.

31. 'Bolivia leader Morales wants to ditch Gregorian calendar', BBC NEWS, 22 June 2016, http://www.bbc.com/news/world-latin-america-36595192.

32. Keith Fitzpatrick-Matthews, 'Hancock's Fingerprints of the Gods, Part II Foam of the Sea: Peru and Bolivia.'

33. John Wayne Janusek, *Ancient Tiwanaku*, Cambridge Univ. Press(2008), 85쪽.

34. Keith Fitzpatrick-Matthews, 'Hancock's Fingerprints of the Gods, Part II Foam of the Sea: Peru and Bolivia.'

35. 문요한, 《여행하는 인간》, 해냄(초판 2쇄, 2016. 8. 25.), 54~55쪽.

36. 로버트 고든, 《인류학자처럼 여행하기》, 유지연 옮김, 펜타그램(초판 1쇄, 2014. 7. 21.), 206~207쪽.

37. https://en.wikipedia.org/wiki/Chaco_War.

38. 토머스 E. 스키드모어 외, 《현대 라틴아메리카》, 313쪽.

칠레, 모네다를 넘어서

1. Leslie Mullen, *THE DRIEST PLACE ON EARTH*, Jun 8, 2002, ARTROBIOLOGY MAGAZINE, http://www.astrobio.net/extreme-life/the-driest-place-on-earth/; Pamela S. Turner, LIFE

on Earth - and Beyond: An Astrobiologist's Quest, Charlesbridge Publishing, Inc.(2008), 41~50쪽.

2. 임철규, 《그리스 비극-인간과 역사에 바치는 애도의 노래》, 한길사(1판 1쇄, 2007.10.10.), 287~316쪽.

3. Carl Sagan, *COSMOS*, pp.243~244.

4. https://en.wikipedia.org/wiki/Easter_Island.

5. Pablo Neruda, 'The Great Ocean V, Rapa Nu', *Canto General*, p.342.

6. http://saverapanui.org.

7. 개빈 멘지스, 《1421 중국, 세계를 발견하다》, 451쪽.

8. Cell Press, 'Genomic data support early contact between Easter island and Americas', *ScienceDaily*, 23 Oct. 2014.

9. https://en.wikipedia.org/wiki/Relocation_of_moai_objects.

10. 재레드 다이아몬드, 《문명의 붕괴》, 강주헌 옮김, 김영사(1판 22쇄, 2017. 8.11.), 142~143쪽.

11. Earth Watch Institute, 'Easter island's controversial collapse: More to the story than deforestation?', *ScienceDaily*, 18 Feb 2009.

12. Valenti Rull et. al., 'Three Millennia of Climatic, Ecological, and Cultural Change on Easter Island: An Integrative Overview', *Frontiers in Ecology and Evolution*, 2016.

13. 재레드 다이아몬드, 《문명의 붕괴》, 119쪽.

14. 재레드 다이아몬드, 《문명의 붕괴》, 140쪽.

15. 재레드 다이아몬드, 《문명의 붕괴》, 153쪽.

16. 재레드 다이아몬드, 《문명의 붕괴》, 143쪽.

17. 헤닝 엥겔른, 《인간, 우리는 누구인가》, 이정모 옮김, 을유문화사(초판 1쇄, 2010. 2. 15.), 169쪽에서 인용.

18. https://en.wikipedia.org/wiki/Tangata_manu.

19. www.museodelamemoria.cl.

20. Pascale Bonnefoy, 'Officers Arrested in 1986 Burning Death of U.S. Student in Chile,' July 21, 2015. *New York Times*.

21. https://en.wikipedia.org/wiki/Salvador_Allende.

22. 토머스 E. 스키드모어 외, 《현대라틴아메리카》, 502~504쪽.

23. https://en.wikipedia.org/wiki/Chilean_national_plebiscite,_1988.

24. https://en.wikipedia.org/wiki/Rettig_Report.

25. https://en.wikipedia.org/wiki/Valech_Report.

26. 가브리엘 가르시아 마르케스, 《칠레의 모든 기록》, 조구호 옮김, 크레파스(2판, 2000. 10. 13.), 277쪽.

27. https://en.wikisource.org/wiki/Salvador_Allende's_Last_Speech.

28. 로베르토 볼라뇨, 《칠레의 밤》, 우석균 옮김, 열린책들(초판 1쇄, 2010. 2. 5.), 99쪽.

29. Pablo Neruda, *Confiesco que he vivido*, Argos Vergara, S. A.(1974), p.394.

30. 가브리엘 가르시아 마르케스, 《칠레의 모든 기록》, 115~116쪽.

31. https://en.wikipedia.org/wiki/Death_of_Salvador_Allende.

32. 조안 하라, 《끝나지 않은 노래》, 한길사(오늘의 사상신서 123, 제2판, 1989. 2. 12.), 337~339쪽.

33. Fannie Lafontaine, 'No Amnesty or Statute of Limitation for Enforced Disappearance: The Sandoval Case before the Supreme Court of Chile', *Journal of International Criminal Justice* 3(2005), 469~484; Cath Collins, 'Human Rights Trials in Chile 15 Years after the Pinochet Case', *Aportes DPLf*, No. 18 (December 2013), 22~25.

34. Ariel Dorfman, *Heading South, Looking North: A Bilingual Journey*, p.256.

35. Ariel Dorfman, *Heading South, Looking North: A Bilingual Journey*, p.258.

36. https://www.transparency.org/news/feature/corruption_perceptions_index_2016.

37. https://freedomhouse.org/report/freedom-world/freedom-world-2016.

38. http://democracyranking.org/wordpress/rank/.

39. Pablo Neruda, *Confiesco que he vivido*, p.197. 번역은 김선화 씨의 도움을 받았다.

40. 조안 하라, 《끝나지 않은 노래》, 305~306쪽.

41. Pablo Neruda, *Confiesco que he vivido*, p.12.

42. Mapuche International Link, http://www.mapuche-nation.org/english/frontpage.htm.

43. UN Doc. A/RES/60/147. 21 March 2006.

44. Cristián Correa, 'Two Judgments in Chile Mark Progress in Prosecuting State Agents for Enforced Disappearances', ICTJ, 6/19/2017, https://www.ictj.org/news/judgments-chile-progress-prosecuting-state-disappearances.

45. 자크 데리다, 《법의 힘》, 진태원 옮김, 문학과지성사(1판 1쇄, 2004. 7. 21.), 57쪽.

46. https://en.wikipedia.org/wiki/Southern_Patagonian_Ice_Field.

아르헨티나, 소사의 나라

1. 유발 하라리, 《사피엔스》, 조현욱 옮김, 김영사(1판 78쇄, 2017. 5. 30.), 402~408, 424~425쪽.

2. 신영복, 《강의》, 돌베개(초판 20쇄, 2008.8.4.), 284쪽.

3. 조나단 스위프트, 《걸리버 여행기》, 신현철 옮김, 문학수첩(초판 51쇄, 2002.10.5.), 310쪽.

4. 김찬삼, 《김찬삼의 세계여행 1》, 한국출판공사(중판, 1991. 5. 27.), 301~302쪽.

5. 〈삶에 감사합니다〉(Gracias a la Vida). '새로운 노래' 운동의 선구자인 칠레 가수 비올레타 파라(Violeta Parra)가 작사, 작곡해 처음으로 불렀다.

6. 다윈, 《비글호 항해기》, 386~387쪽.

7. 다윈, 《비글호 항해기》, 362, 368쪽.

8. 개빈 멘지스, 《1421 중국, 세계를 발견하다》, 143~145, 433쪽.

9. 다윈, 《비글호 항해기》, 820~823쪽.

10. http://madres.org/.

11. http://www.statue.com/site/rodin-the-kiss.html.

12. https://www.bellasartes.gob.ar/en/the-collection-highlights/6297.

13. https://en.wikipedia.org/wiki/Siege_of_Calais_(1346-47).

14. Steve Muhlberger가 편집한 *Tales from Froissart*에서 인용, https://faculty.nipissingu.ca/muhlberger/FROISSART/CALAIS.HTM; https://en.wikipedia.org/wiki/Jean_Froissart; https://en.wikipedia.org/wiki/Froissart's_Chronicles.

15. https://artsearch.nga.gov.au/Detail.cfm?IRN=36789.
16. Nicolas Offenstadt, 'History refuses to look kindly upon the good burghers of Calais', *The Guardian*(15 August 2002), https://www.theguardian.com/education/2002/aug/15/highereducation.news.
17. https://en.wikipedia.org/wiki/Jean_Le_Bel.
18. 한명기, 《역사평설 병자호란》, 푸른역사(초판 3쇄, 2013. 11. 9.), 220~225쪽.
19. 토머스 E. 스키드모어 외, 《현대 라틴아메리카》, 463~473쪽.
20. http://www.nytimes.com/1988/10/09/arts/mercedes-sosa-a-voice-of-hope.html?pagewanted=all; http://www.nytimes.com/2009/10/05/arts/music/05sosa.html; https://www.theguardian.com/music/2009/oct/05/mercedes-sosa-obituary; http://www.npr.org/templates/story/story.php?storyId=113496521; https://en.wikipedia.org/wiki/Mercedes_Sosa.
21. https://artsearch.nga.gov.au/Detail.cfm?IRN=36789.
22. https://es.wikipedia.org/wiki/Escuela_de_Mecánica_de_la_Armada.
23. 한나 아렌트, 《인간의 조건》, 이진우·태정호 옮김, 한길사(한길그레이트북스 011, 1판 1쇄, 1996. 8. 20.), 308~310쪽.
24. https://esmatrial.wordpress.com/; Prosecutors warn ESMA trial is slowing, Santiago Del Carril, March 3, 2017; THE THIRD ESMA MEGA-TRIAL. November 25, 2016, Buenos Aires Herald.
25. Argentina's last military dictator on trial for human rights abuses, November 3rd 2009, Merco Press; Ghosts of Olavarría: Human Rights Trial in Argentina Seeks Justice for Victims of Military Dictatorship, August 27, 2014 Nick MacWilliam, Upsidedown World; Ex-Military Officers Convicted of Human Rights Crimes During Argentina Dictatorship, JONATHAN GILBERT AUG. 25, 2016, *New York Times*.
26. 프리모 레비, 《가라앉은 자와 구조된 자》, 이소영 옮김, 돌베개(초판 1쇄, 2014. 5. 12.), 247쪽.
27. https://www.britannica.com/event/War-of-the-Triple-Alliance.
28. 'Paraguay's awful history - The never-ending war', *The Economist*, Dec 22nd 2012; Paraguay's president Fernando Lugo ousted from office, *The Guardian,* 22 June 2012.
29. 다윈, 《비글호 항해기》, 811, 814쪽.
30. https://en.wikipedia.org/wiki/Guarani_people.
31. https://en.wikipedia.org/wiki/Treaty_of_Madrid_(13_January_1750).

돌아오는 길

1. 신영복, 《처음처럼》, 돌베개(개정신판 4쇄, 2016. 5. 14.), 26쪽.

안데스를 걷다

안데스의 숭고한 자연과 역사에 보내는 헌사

초판 1쇄 발행 2017년 12월 4일 **초판 2쇄 발행** 2018년 1월 25일
지은이 조용환 **펴낸이** 박동운 **펴낸곳** (재)진실의 힘
출판등록 제300-2011-191호(2011. 11. 9)
주소 서울시 종로구 창덕궁길 29-6 5층 **전화** 02-741-6260
홈페이지 www.truthfoundation.or.kr **이메일** truthfoundation@hanmail.net

기획 송소연 **편집** 최세정 **디자인** 공미경 **제작·저작권 관리** 이사랑 **인쇄·제본** 한영문화사

* 책값은 뒤표지에 적혀 있습니다. 잘못 만든 책은 산 곳에서 바꾸어 줍니다.

ISBN 979-11-957160-1-2 03980

* 이 도서의 국립중앙도서관 출판예정도서목록(CIP)은 서지정보유통지원시스템
홈페이지(http://seoji.nl.go.kr)와 국가자료공동목록시스템(http://www.nl.go.kr/kolisnet)에서
이용하실 수 있습니다. (CIP제어번호 : CIP2017030597)